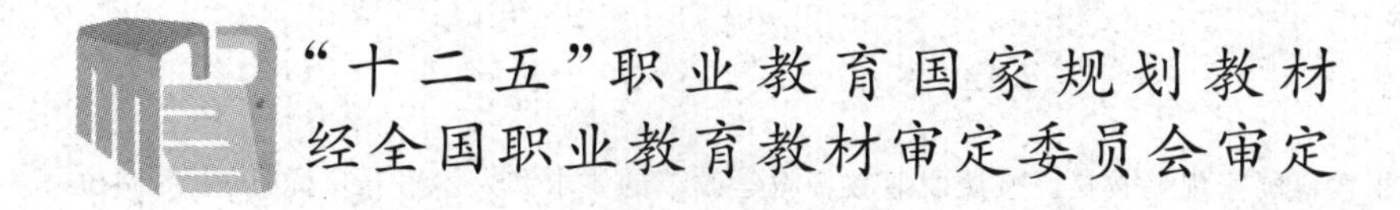

"十二五"职业教育国家规划教材
经全国职业教育教材审定委员会审定

蔬菜生产技术

（北方本）

第3版

黄晓梅　主编

中国农业大学出版社
·北京·

内容简介

本教材是“十二五”职业教育国家规划教材。按照职业教育教学改革的要求和人才培养目标，以生产岗位需求为出发点，以“项目为导向、工作任务为驱动”，以培养学生的可持续发展能力为教育理念，构建完整的工作过程即是完整的学习过程的课程体系，使“教、学、做”相结合，充分体现职业教育特色。

全书分导言、13个项目和12个附表，项目包括：蔬菜生产的基本原理、蔬菜生产的主要设施及应用、蔬菜生产的基本技术、瓜类蔬菜生产技术、茄果类蔬菜生产技术、豆类蔬菜生产技术、白菜类蔬菜生产技术、根菜类蔬菜生产技术、葱蒜类蔬菜生产技术、薯芋类蔬菜生产技术、绿叶菜类蔬菜生产技术、多年生蔬菜生产技术、芽苗菜生产技术。本教材吸纳了大量的蔬菜生产新技术，教材图文并茂，内容充实，实用性强。

本教材可供高职高专园艺、园林、农学、农艺、植物保护等相关专业学生使用，也可作为农民和农业科技人员的培训教材和参考书籍。

图书在版编目(CIP)数据

蔬菜生产技术(北方本)/黄晓梅主编. —3版. —北京：中国农业大学出版社，2014.9
ISBN 978-7-5655-1018-2

Ⅰ.①蔬… Ⅱ.①黄… Ⅲ.①蔬菜园艺 Ⅳ.①S63

中国版本图书馆CIP数据核字(2014)第159053号

书　名　蔬菜生产技术(北方本)　第3版
作　者　黄晓梅　主编

策划编辑　姚慧敏　伍　斌
责任编辑　姚慧敏
封面设计　郑　川
责任校对　王晓凤　陈　莹
出版发行　中国农业大学出版社
社　址　北京市海淀区圆明园西路2号
邮政编码　100193
电　话　发行部 010-62818525，8625
读者服务部 010-62732336
编辑部 010-62732617，2618
出　版　部 010-62733440
网　址　http://www.cau.edu.cn/caup
e-mail cbsszs @ cau.edu.cn
经　销　新华书店
印　刷　北京时代华都印刷有限公司
版　次　2015年3月第3版　2015年3月第1次印刷
规　格　787×1092　16开本　19.25印张　474千字
定　价　41.00元

中国农业大学出版社
“十二五”职业教育国家规划教材
建设指导委员会专家名单
（按姓氏拼音排列）

编审人员

主　编　黄晓梅（黑龙江农业职业技术学院）

副主编　陈先荣（新疆农业职业技术学院）

张清友（黑龙江农业职业技术学院）

刘峻蓉（云南农业职业技术学院）

刘松虎（信阳农林学院）

参　编　王子崇（河南农业职业学院）

李小艳（山西林业职业技术学院）

主　审　周克强（黑龙江农业职业技术学院）

李　烨（哈尔滨市农业科学院）

前言

本教材是根据《教育部关于加强高职高专教育人才培养工作的意见》及《关于加强高职高专教育教材建设的若干意见》的精神和要求，在中国农业大学出版社的精心策划和组织下编写的，可供高职高专园艺、园林、农学、农艺、植物保护等相关专业学生使用，也可作为农民和农业科技人员的培训教材和参考书籍。本教材被教育部批准为"十二五"职业教育国家规划教材。

本教材充分体现高等职业教育人才培养目标，以蔬菜生产岗位需求为出发点，以职业综合能力培养为核心，以高级蔬菜园艺工职业资格考核为依托，按照"工学交替"人才培养模式，以"项目为导向、工作任务为驱动"，使"教、学、做"相结合，充分体现职业教育特色，使"理论与实践一体化，课程与岗位一体化，教学与生产一体化，学生与员工一体化，学习与工作一体化"。本书是在多年深化教学改革的基础上，由院校与行业企业共同开发的教材。

蔬菜生产技术是园艺、园林、农艺、植物保护等相关专业的核心课程。本教材根据高职高专人才培养的目标，遵循学生的认知规律，按照工作过程设置项目，即蔬菜生产岗前培训，蔬菜生产的主要设施及应用、蔬菜生产的基本技术、各类蔬菜栽培技术等编写，共13个项目。项目下设子项目，包括相关知识、工作任务、拓展知识、项目小结、练习与思考、能力评价等内容。另外，根据岗位工作实际应用增加了蔬菜生产常用技术附录。教材充分反映出高等职业教育的特点。

参加本教材编写的人员都是来自全国各地从事本专业课程教学多年的骨干教师，并且聘请行业企业管理者和专家根据岗位能力要求共同研究编写大纲，集思广益，对编写的内容进行悉心的构思和磋商，使教材适应高职高专人才培养目标的教学需要。编写的具体分工是：张清友编写导言；刘峻蓉编写项目一蔬菜生产的基本原理、项目十二多年生蔬菜生产技术、项目十三芽苗菜生产技术；黄晓梅编写项目二蔬菜生产的主要设施及应用、项目四瓜类蔬菜生产技术；陈先荣编写项目三蔬菜生产的基本技术、项目五茄果类蔬菜生产技术；王子崇编写项目六豆类蔬菜生产技术、项目八根菜类蔬菜生产技术；李小艳编写项目七白菜类蔬菜生产技术、项目十薯芋类蔬菜生产技术；刘松虎编写项目九葱蒜类蔬菜生产技术、项目十一绿叶菜类蔬菜生产技术。全书由黄晓梅统稿，由黄晓梅、陈先荣、刘峻蓉和刘松虎校稿。本书由周克强教授和李烨副研究员审稿，并提出许多宝贵的修改意见，在此一并表示衷心的感谢。本教材得到了行业企业的管理者和专家的支持与协助，并参阅了许多国内外文献，在此也向有关专家和作者表示诚挚的谢意。

由于编者水平有限，加之时间仓促，书中缺点和不妥之处在所难免，望读者批评指正，以便进一步修改。

编　者

2014 年 4 月

目 录

导　言

蔬菜是人类生活中最重要的副食品之一，在人们的膳食结构中占有极突出的地位。随着社会经济的发展，人口的增多，人民生活水平的提高，尤其是城市规模的不断扩大，人们对蔬菜的需要量不断增加，同时对蔬菜的供应品种、品质以及供应时期要求也更加多样化。

一、蔬菜的定义与特点

1. 蔬菜的含义

广义的蔬菜是指可供佐餐的植物和微生物的总称，包括草本或木本植物、菌类、蕨类和藻类，如香椿、蘑菇、紫菜、海带以及某些调味品等。狭义的蔬菜指具有柔嫩多汁产品器官，可以用来作为副食品的一、二年生及多年生草本植物。

2. 蔬菜的特点

(1)种类繁多　包括草本植物、木本植物和菌藻类植物，据不完全统计，目前世界范围内的蔬菜种类有 200 多种，但目前普遍栽培的只有五六十种，大部分还属于半栽培种和野生种，可供开发利用的蔬菜资源丰富，开发潜力巨大。

(2)食用器官多样化　包括蔬菜的根(如萝卜、胡萝卜等的肉质根)、茎(如莴笋、菜薹的嫩茎；马铃薯、山药、草石蚕的块茎；芋、荸荠的球茎；生姜、莲藕的根状茎等)、叶(如菠菜、白菜的嫩叶；大白菜、结球甘蓝的叶球；大蒜、洋葱的鳞茎；芹菜的叶柄)、花(朝鲜蓟、金针菜的花；花椰菜的花球)、果(如瓠果、浆果、荚果)等。

(3)营养丰富　含有丰富的维生素、矿物质、纤维素及其他营养物质，是维持人体生命所需要维生素和矿物质的重要来源。

(4)生产周期短，效益高　蔬菜属于高产作物，一般产量 $37.5\sim75\ t/hm^2$，高产者达 300 t 以上。蔬菜从栽植到收获生产周期短，一般 40～90 d，见效快，生产效益好。蔬菜产品除以鲜菜供应市场外，还可进行保鲜贮藏、加工，鲜菜结合贮藏加工，不仅外运远销增加蔬菜产后附加值，而且可以延长蔬菜供应期，解决供需矛盾，扩大流通领域。

(5)产品不耐贮藏　蔬菜产品含水量高,易萎蔫和腐烂变质,贮藏运输受到一定限制。制订生产计划时应充分考虑到蔬菜的这一特点。

3.蔬菜在人们健康生活中的作用

蔬菜种类繁多,蔬菜的营养价值主要体现在以下几个方面。

(1)提供维生素　蔬菜含有对人体需要的各种维生素,例如胡萝卜、白菜、韭菜、甘蓝、菠菜等蔬菜中含有较多的维生素A;芫荽、马铃薯、金针菜等蔬菜中含有较多的维生素B_1;菠菜、白菜、雪里蕻等蔬菜中含有维生素B_2;白菜、辣椒、番茄、黄瓜、甘蓝、花椰菜等蔬菜中维生素C含量特别丰富。蔬菜中富含的胡萝卜素和维生素C,几乎不存在于粮食谷物中。因此,人们食用蔬菜,不断地补充人体内的维生素,才能保证身体的健康。

(2)矿物质的来源　人体组织中含有20多种矿物质,蔬菜中含有人体需要的各种大量和微量元素,尤其是钙、镁、磷较丰富。菠菜、芹菜、白菜、甘蓝、胡萝卜等蔬菜中含铁质较高;绿叶菜类含有较多的钙质。目前研究发现,有些微量元素如碘、硒、铁等对人体的健康至关重要,缺碘易引起甲亢,硒对于防治癌症有独特作用,铁可以防止贫血。大蒜、洋葱、黄豆和白菜含有较多的硒。海带、紫菜中含有较多的碘。

(3)纤维素的重要来源　纤维素使肠胃中的食物疏松,刺激大肠蠕动,预防便秘,减轻有毒物质的积累,降低肠癌的发病率。减少胆固醇的吸收、降低血脂、维持血糖正常等作用。例如芹菜、韭菜等蔬菜的纤维素含量较高。

(4)蛋白质及碳水化合物的来源　有些蔬菜含有较高的碳水化合物和蛋白质,如地下块根、块茎、根茎类蔬菜大多富含淀粉;水果型瓜类含糖量较高;豆类蔬菜含有大量蛋白质。这些蔬菜可作为杂粮食用,是人体热能的一种来源。

(5)维持人体内酸碱平衡　人体摄入的各种食物其酸碱性差异较大,肉、乳、蛋、米、面等食物由于蛋白质、脂肪和糖较多,摄入人体后在代谢的过程中易产生乳酸、丙酮酸、磷酸等酸性物质而呈酸性反应。而蔬菜、水果等食物因含钾、钠、钙、镁等矿物质较多,呈碱性反应,可以中和酸性物质。虽然蔬菜、水果中含有柠檬酸、苹果酸、琥珀酸等,但易于与金属离子结合成有机盐,后经转化成离子、二氧化碳和水。

(6)医疗保健作用　由于蔬菜产品含有大量对人体有益的物质,或含有特殊的营养物质,具有重要的医疗保健作用,如芹菜可以降血压,山药可健脾胃、补气,生姜解表温里,大蒜杀菌止痢等,经常食用新鲜蔬菜对人体有很好的保健作用。

(7)促进食欲等其他作用　蔬菜中有柠檬酸、苹果酸、琥珀酸等有机酸;辣椒、生姜、葱蒜类含有挥发性物质和辛辣味;茴香、芫荽、芹菜等有特殊的芳香物质;蔬菜还含有叶绿素、胡萝卜素、茄红素等,这些物质的存在使蔬菜产生了各种特殊的风味,从色、香、味等方面丰富了蔬菜品质,还可以刺激人的视觉、味觉、嗅觉,引起食欲。

二、蔬菜生产及其特点

蔬菜生产是根据蔬菜市场供需关系和当地的生产条件,通过合理的茬口安排,品种选择、栽培管理等措施,获得适销对路、优质高产蔬菜产品的过程。蔬菜生产的完整过程应该包括市场考察、生产计划制订、生产资料准备、栽培管理、采后处理等一系列环节。

蔬菜生产的方式多种多样，概括起来分为露地生产和保护地生产两大类。露地生产是在当地适宜的生长季节里进行露地直播或育苗移栽，成本较低；保护地生产是在不适宜蔬菜生长的季节，利用设施进行蔬菜反季节生产的方式，主要解决淡季蔬菜供应，保护地蔬菜生产又有无土栽培、软化栽培、促成栽培、早熟生产、延迟生产、越夏生产等形式。各种生产方式相结合可解决蔬菜的周年均衡供应。蔬菜生产具有生产技术复杂，投入大，产出高的特点。

1. 蔬菜生产具有明显的市场性

蔬菜生产是以获得商品蔬菜为目的的生产方式，发展蔬菜生产时，一定要考虑到销售对效益的影响。在大中型城市近郊发展蔬菜，一般是零售为主，蔬菜生产种类选择可以多样化，而在城市远郊或不发达地区发展蔬菜，同一种类蔬菜一定要形成规模，同时还要不断提高生产技术，保证采收季节在元旦、春节或“五一”等节日集中上市，才能吸引跨市、跨省客户采购，只有蔬菜规模生产才能促进销售，增强市场竞争力。

2. 蔬菜生产技术性强，专业化程度高

蔬菜产品品质直接影响价格和销量，要求优质高产，对产品的大小、形状、色泽、风味等要求严格。因此，从田间管理到采后处理等，均要求按照一定技术规范进行操作，技术性强，用工较多。

现代商品蔬菜生产集约化程度高，蔬菜生产多数需要育苗移栽，管理上精耕细作，重视采后处理和商品品牌。在生产设施、经营模式、栽培管理方面均围绕一类或一种特产蔬菜生产，在商品生产中占有重要的位置，也为加工厂提供原料，如江苏、山东的石刁柏生产基地、四川茎用芥菜生产基地、山东济宁根用芥菜生产基地则分别是为石刁柏罐头、榨菜和酱菜提供原料的基地。特产蔬菜如章丘的大葱，金乡、苍山、中牟的大蒜，新疆的哈密瓜，兰州的百合，湖南的黄花菜，益都、望都的干辣椒等，在国内及出口创汇中都占有重要地位。

3. 蔬菜生产季节性强，生产水平受当地蔬菜生产条件的限制

蔬菜生产条件包括当地自然条件、人力资源（数量和质量）、物资供应、设施条件、农业机械化水平等。不同的蔬菜产量和质量易受各种不良环境条件的影响，形成产品供应的淡、旺季，尤其是露地蔬菜生产和供应季节性明显。因此，各地充分利用当地生产条件，利用多种保护地设施进行反季节蔬菜生产，可以有效地解决供需之间的矛盾，达到周年均衡供应。

高水平蔬菜生产需要一定数量的专业技术人员、性能优良的栽培设施和较高的机械化管理水平，以及供应充足的种子、农药、肥料等。目前，我国以蔬菜生产为主体的温室面积居世界第一位，设施类型主要为塑料拱棚和日光温室。在一些大中城市郊区蔬菜温室栽培面积已超过当地菜田总面积的10%，已经形成了以山东寿光为核心的设施蔬菜种植中心，辽东半岛种植基地、西北以新疆为代表的外向型蔬菜基地等。

4. 蔬菜产量高，效益好

蔬菜亩产值为粮食的5.5倍，棉花的3.9倍，油料的5倍；净利润为粮食的10.1倍，油料的6.7倍。成本利润为粮食的2.6倍，油料的1.6倍，蔬菜生产的经济效益明显优于粮、棉、油的经济效益。历来有“一亩园，十亩田”之说。蔬菜可以与大田作物、果树等间作套种，充分利用光能、空间、地力，提高复种指数，增加单位面积的产量和效益。蔬菜可以与大田作物、果树等间作套种，充分利用光能、空间、地力，提高复种指数，增加单位面积的产量和效益。蔬菜产业已成为农村发家致富奔小康的重要支柱产业。

5.蔬菜生产必须符合国家颁布的有关标准和规定

蔬菜质量的好坏与人们的健康关系十分密切,因此蔬菜的生产过程和产品质量必须符合国家颁布的有关标准和规定。现阶段我国主要颁布的规定和标准有《无公害蔬菜安全要求》、《绿色食品标准》、《有机产品国家标准》与《有机食品管理办法》等。

三、我国蔬菜发展现状与目标

近年来,随着我国经济建设的持续、高速、稳定的发展和人民生活水平的日益提高,我国实施了"菜篮子"工程,蔬菜产业发展极为迅速,成为种植业中仅次于粮食的第二大农作物和中国农业农村经济发展的支柱产业。

1.我国蔬菜发展现状

改革开放以来,蔬菜业的发展势头方兴未艾,产销两旺,市场繁荣,价格趋向合理,生产规模、布局和市场基本适应,新品种、新材料、新技术在生产中得到广泛应用。

(1)取得的成绩

①蔬菜生产面积和产量稳定增长,均衡供应水平提高　蔬菜种植面积和产量不断扩大,2009年,我国蔬菜播种面积达1 841万hm^2,蔬菜产量6.18亿t,蔬菜播种面积和产量均居世界第一。2009年我国蔬菜年人均占有量已达440多kg,超出世界平均水平200多kg。蔬菜单产也成倍增加,1997年山东省寿光市改良型温室黄瓜生产曾创下450 t/hm^2以上的全国最高产量纪录。

2002年全国各类蔬菜设施面积已经突破200万hm^2,其中日光温室面积约46.7万hm^2,居世界第一。由于冬暖型塑料大棚(日光温室)的出现,带动大、中、小型拱棚及遮阳棚等全面发展,从根本上改变了我国北方地区蔬菜生产的状况,为蔬菜业的发展注入了新的生机和活力,成为促进蔬菜生产发展的主要力量。保护地蔬菜生产的发展,极大地丰富了冬春蔬菜供给的花色品种,使各种蔬菜的供应期显著延长,推动蔬菜生产向新的更高水平迈进。

②注重新技术应用,蔬菜产品的技术含量提高　随着新技术、新品种的推广应用,我国蔬菜生产的科技进步步伐加快,表现为蔬菜生产良种化,栽培管理规范化、机械化和现代化,蔬菜产销信息化、专业化、集成化。

优质高产高效多抗性优良蔬菜品种的育成和推广应用,以及由国内外引进的安全生产关键技术等,极大地提高了蔬菜生产的技术含量,为促进蔬菜产业的发展奠定了良好基础。商品菜和外向型蔬菜生产的发展,使蔬菜产业向采用新技术、新品种、新材料以提高产品的质量和产量转变。各地已形成了以高新科技示范园为龙头,以科技示范户为基础的蔬菜科技推广体系,实施"丰收计划"、高新技术开发、高产协作攻关、新品种及新技术引进,如生物技术、微滴灌技术、嫁接技术、科学配方施肥技术、CO_2施肥技术、有机生态型无土栽培技术、以生物防治和农业措施为主的病虫害综合控制技术等广泛应用,无公害、绿色及有机蔬菜基地建设迅猛发展,蔬菜产品的生产由高产型向优质高效转变。

采用综合技术防治病虫害是获得蔬菜优质高产的重要保证,据报道,近年来广泛采用了蔬菜病虫害综合防治技术成果,每年可挽回鲜菜损失4.8×10^7 t,约占总产量的1%。粮、棉、菜立体种植技术的广泛应用,在较少的耕地面积上生产出更多的农业产品,在平原农业区,将粮食作物和棉花分别与洋葱、大蒜、胡萝卜、马铃薯等蔬菜实行立体种植(间作、套作)，可显著增加经济效益，缓解我国人多地少的矛盾。

③充分利用区位及资源优势，发展规模化的商品蔬菜基地　全国各地充分发挥各自的地理和资源优势，开发地区性专业蔬菜生产基地已初具规模，并显示出规模化生产基地的极大优越性和较高的经济效益，如山东寿光的综合蔬菜基地、山东金乡县大蒜基地等。随着国际市场对保鲜蔬菜、速冻蔬菜以及脱水蔬菜需求的增长，以加工企业为龙头的外向型生产基地迅速发展，全国各地建成了一批出口蔬菜加工基地，如新疆、内蒙古的加工番茄生产基地、甘肃的脱水洋葱基地等，形成了以加工企业为龙头带动周边地区蔬菜发展的新兴模式。

④蔬菜产业化经营水平迅速提高，市场销售体系基本建立　全国各地在实施“菜篮子”工程建设和农村发展优质、高产、高效农业过程中，建立了专门的蔬菜业管理和服务机构，充实了专业技术力量，区域布局优化，流通格局基本形成，理顺了产、供、销管理体系，并建立和完善了产、供、销一体化的经济实体，为农民开展产前、产中、产后服务，极大地促进了蔬菜商品生产的发展。

全国基本上形成了以国家级市场为中心，地方或区域性市场为补充的完整市场销售体系，这些大型蔬菜批发市场的建立，极大地促进了蔬菜产品向更广泛的地域流通。集散型、运销型、保鲜与加工型等现代蔬菜流通模式已基本成型，进一步带动了市场所在地的蔬菜规模化生产，契约销售、订单销售、中介销售、网上销售等多形式的交易方式为蔬菜销售提供了有力的保障，也使菜农及时从市场上获得各种信息，生产品质优良适销对路的产品，获得更好的经济效益。

自 1995 年以来，国家先后开通了山东寿光至北京、海南至北京、海南至上海、山东寿光至哈尔滨，哈尔滨至海口共 5 条蔬菜运输“绿色通道”，总里程达 1.6 万 km，贯穿全国 18 个省、自治区、直辖市，将最北边的黑龙江与最南端的海南连为一体。绿色通道开始于公路，后又发展到铁路。蔬菜“绿色通道”的开通，使蔬菜能够在较短的时间内，以较低的费用运送到城市，不仅为市民提供了新鲜的蔬菜，而且也增加了菜农的收入，保证了菜农的利益。

⑤出口贸易逐年增长，成为平衡我国农产品国际贸易的重要手段　随着对外贸易的不断扩大，蔬菜已经成为我国主要的出口农产品之一。目前我国蔬菜出口集中在日本、韩国、东盟十国等亚洲国家和香港地区，以及俄罗斯等独联体国家。日本等国家和地区夏季台风、高温、暴雨等灾害性天气频繁发生，蔬菜生产难度大，成本高，而我国黄土高原、云贵高原夏季凉爽，是得天独厚的天然凉棚，适宜种植蔬菜，成本低，质量好。我国“三北”地区相对暖和，光照好，适宜发展日光温室蔬菜生产，华南以及长江上中游地区是天然的温室，适宜发展露地蔬菜。

蔬菜出口创汇的比重在不断增加，有些蔬菜驰名国内外市场，出口世界各地，每年为国家创大量的外汇。蔬菜出口量从 2000 年的 320 万 t 增加到 2009 年的 802.7 万 t，增幅超过 150%；出口额 2009 年达到 67.7 亿美元，比 2000 年提高了 2 倍多；2013 年上半年我国蔬菜出口 450.9 万 t，同比增长 0.8%，出口额 54.6 亿美元，同比增 13.7%；贸易顺差 52.6 亿美元，同比增 14.5%。出口的鲜菜有大葱、大蒜、洋葱、牛蒡、生姜；加工菜有榨菜、姜芽、酱菜；干菜有辣椒、大蒜片、金针菜、干姜、木耳、香菇、莲子、藕粉等；罐头食品有石刁柏、竹笋、番茄、草莓、豌豆、蘑菇等；脱水菜有大葱、菠菜等绿叶菜类；速冻菜有豆类、花椰菜、蒜薹和菠菜等。

⑥绿色食品蔬菜和有机蔬菜产品备受青睐　随着人们生活水平的提高和环保意识及自我

保健意识的增强，有机（天然）蔬菜、无公害产品、绿色食品蔬菜备受欢迎，也将成为今后蔬菜生产的主要方向。同时，建立完善的蔬菜产品品质检验监督机制，使广大消费者吃上“放心菜”，是确保蔬菜业健康发展的重要保障。

我国绿色蔬菜食品发展一直受到国家及有关部门的高度重视，自1992年中国绿色食品发展中心成立以来，我国先后制定了《无公害蔬菜安全要求》、《绿色食品标准》和《有机产品国家标准》等；从2001年起农业部在全国范围内实施无公害食品行动计划，各地也相继颁布了“蔬菜、水果中的化肥、农药残留量检测标准”以及“无公害蔬菜质量标准”、“无公害蔬菜产地环境质量标准”、“无公害蔬菜生产技术规程”等，基本实现了主要农产品生产和消费无公害；国家经贸委等八部委提出了提倡绿色消费，培育绿色市场，开辟绿色通道的三绿工程实施计划，这一些政策方案的出台，为推动绿色食品蔬菜产业的发展起了重要作用。

总之，我国蔬菜生产的科技水平日渐提高，综合生产能力增强，产品向种类多样化、品质优良化发展，并可基本做到周年均衡供应，不仅充分满足人民群众日益增长的需求，而且在国际市场也占有重要地位，在我国农产品出口创汇中占有很大份额。

2.存在的主要问题

①蔬菜基础设施建设和技术装备有待提高　各地蔬菜基础设施薄弱，抵御灾害能力差，应急能力不足，特殊季节期间价格波动幅度趋大，宏观指导和调控能力需要加强。温室设施因人为因素和自然灾害垮塌、受损事件时有发生。面对如2005年的台风“麦莎”、2007年3月东北地区的暴风雪灾害、2008年初的南方冰冻雪灾等自然灾害，温室设施显得十分脆弱，频频遭到大面积温室等设施垮塌、倾覆、变形等损伤和破坏。2009年11月，北方地区暴雪天气给蔬菜生产造成较大影响，5省露地蔬菜受灾300万亩（1亩＝666.7 m^2），减产三成；损毁温室大棚60万亩，大棚蔬菜减产一半左右；造成全国36个大中城市蔬菜价格普遍上涨。

面对火灾、雪灾、台风等灾害，温室设施设计和建造需严格遵从建筑防火要求，加强电源、加温系统、加温燃料的安全管理意识，重视温室设计、节电设计、温室结构强度，应急通道、应急水源等设施必不可少。长期以来，温室设施因灾损失严重，而农业保险商业化经营困难，一直难以形成规模，保障范围极其有限。因此，重视已发生的温室倒塌案例，寻找预防灾害的方法，将对设施园艺健康快速发展十分有益。

②蔬菜产业内涵发展不足，标准化生产规模比例偏低　设施蔬菜要取得高的产出，不仅要求设施类型好，还包括适宜品种的选择，相应的栽培技术及茬口搭配等各项技术的提高。各地考虑到自然气候条件的因素，因地制宜地建造蔬菜生产设施，以当地的气候条件和经济状况来决定设施类型，但设施蔬菜生产属于高投入高产出、技术和劳动密集型的产业，东北、西北地区只有建造节能日光温室，才能进行冬季生产，相对投入高，每亩节能日光温室的建造成本在4万～7万元；华北、华中地区日光温室和塑料大棚可以配合使用，实现周年生产。节能日光温室等设施的投入与露地生产每亩500～700元的投入相比还是较高的。

目前，蔬菜良种大部分依赖进口。我国培育的设施蔬菜品种大多耐贮运能力差，不适合长途运输，以至于设施蔬菜生产用种主要依赖进口。露地生产的加工出口蔬菜也受进口国的苛刻条件限制，大多只能种植来自进口国的种子。国外进口种子昂贵，加大了生产成本。另外多数地区蔬菜生产物资种类和数量供应不足，新材料、新品种、新器械等不能及时供应给生产一些，尤其在新菜区和边远菜区表现较突出。老菜区由于长期连作，无序引种和流通、蔬菜品种数量的增多以及反季节蔬菜栽培规模不断扩大等原因，不仅导致原有病虫害发生严重，而且还造成病虫害的种类逐年增加，加大了病虫害的防治难度。

蔬菜的监督检查体系不健全以及受零散蔬菜生产规模的限制，目前尚难以对整个蔬菜的标准化生产进行有效的组织和管理，生产过程中过量使用激素、农药施用欠合理、有机肥施用不足、大量施用氮肥等现象仍然严重，虽然我国个别地方的单产已接近世界水平，但平均产量水平却与世界水平差距较大，标准化生产工作推广缓慢。

③生产组织化程度不高，产业利益分配不合理　菜农蔬菜种植规模偏小的现象普遍，生产组织化程度不高。从国家大宗蔬菜体系在全国抽样调查的 2 317 户蔬菜种植户情况来看，蔬菜种植面积不超过 5 亩的有 1 384 户，占了调查的 60%。小规模的蔬菜生产导致资金、技术投入不足，不利于先进技术和设施设备的推广应用，蔬菜种植方式落后，产品科技含量低，在很大程度上阻碍了蔬菜劳动生产率的提高。

蔬菜产业中实现产品的商品流通离不开中间商，但是中间商获取了蔬菜产业中的很大一部分利润，在蔬菜产业中利益分配不合理。据对海南尖椒在北京的销售调查，结果是海南尖椒平均生产成本仅 2.028 元/kg，菜农利润仅为 0.472 元/kg，仅占流通过程中总利润的14.72%，包括运输和批发在内的营销环节费用为 1.386 元/kg，经销商利润 1.11 元/kg，占流通过程总利润的 34.62%，而零销售环节费用 1.166 元/kg，零售商利润 1.624 元/kg，占流通过程总利润的比重高达 50.66%。因此，需要进一步培育和规范农民专业合作社，建立和完善产、供、销一体化的经济实体，促进设施农业产销合作组织发展，大力培养设施农产品农民经纪人，给予从事蔬菜生产经营的企业适当的优惠条件等，为农民开展产前、产中、产后服务，提高蔬菜生产者的收益，促进产业利益合理分配。

④蔬菜产品采后增值加工处理不足，质量安全监测体系有待进一步强化　目前，我国的蔬菜采后产品的整理、包装、贮存、运销、加工等处理尚处于初级阶段，初加工品多，精深加工品少，产品的科技含量低，附加值小，缺乏市场竞争力。尽管我国从 20 世纪 80 年代初开始，先后修建了许多座气调库，但多属简易库，且大多建在大城市，虽然使蔬菜保鲜条件得到极大改善，但产地的分级、清洗、预冷、冷藏运输等采后处理及冷链系统仍没有形成，导致损耗率居高不下。目前，全国的蔬菜贮藏能力仅为商品量的 25%左右。国外发达国家的农副产品加工率占总产量的 70%～90%，加工后增值达 90%以上，而我国农副产品加工率只占总产量的 25%左右，且以初加工为主，加工后只增值 35%左右。

蔬菜产品质量安全监测体系有待进一步强化，蔬菜产品质量不稳定，农药残留问题依然严重。近年来，随着各级管理部门对农产品质量安全的重视，特别是《农产品质量安全法》和《食品安全法》的相继实施，我国蔬菜质量安全水平在不断提升，2009 年我国蔬菜农药残留的合格率达到 96.4%。但 2010 年初发生的海南豇豆农残超标事件表明我国蔬菜质量安全问题仍然严重。在国际市场上，一些发达国家对包括蔬菜在内的农产品进口设置了严格的技术性贸易壁垒，包括添加剂、微生物和辐照等问题已经被提上议事日程。蔬菜食品质量安全已对我国蔬菜出口造成较大影响，主要问题是农药残留超标、重金属含量超标、使用被禁止的色素、标签不规范以及含有腐烂物质等。

⑤物流产业发展滞后，成为制约蔬菜产业发展的瓶颈　我国蔬菜业已经形成了大流通的总体格局，但目前冷链物流没有得到确认和发展，主要以冰块的原始方法运输，这种运输方法

损耗率达到了20%～30%，而美国等发达国家利用冷链物流一般损耗在5%左右。再者蔬菜物流成本比较高，以35 t运输车辆为例，每1 000 km的跨区域蔬菜贩运，平均每吨的运销总成本为249元，每千克蔬菜运销成本达到0.25元，因此要降低运输成本。

3.我国蔬菜发展方向

农业部办公厅发布了《全国蔬菜重点区域发展规划(2009—2015年)》(农业部种植业管理司)。按照产地环境优良，气候适宜，区位优势明显，产业基础好，对全国蔬菜市场调剂作用大的原则，编制设施蔬菜发展规划。分为冬春蔬菜功能区(华南冬春蔬菜区、长江上中游冬春蔬菜区)；夏秋蔬菜功能区(黄土高原夏秋蔬菜重点区域、云贵高原夏秋蔬菜重点区域)；设施蔬菜功能区(黄淮海与环渤海设施蔬菜重点区域)；蔬菜出口功能区(东南沿海出口蔬菜重点区域、西北内陆出口蔬菜重点区域、东北沿边出口蔬菜重点区域)。目前，农业部规划的蔬菜八大重点生产区域已经逐步形成，今后我国的蔬菜产业应该围绕"大生产、大流通、大市场"来发展。

21世纪我国蔬菜业发展的总目标是：以现代蔬菜科技和现代工业技术为强大支柱，逐步走生产、运销、加工社会化分工的产业发展道路，实现由传统生产到以现代科技和现代经营管理为基础的现代化生产的转变；运用现代科技，大幅度提高土地和设施的利用率、劳动生产率和产品的商品率及利用价值，降低生产成本，大幅度提高蔬菜的产量、品质和产值；加强抗逆、抗病虫、耐贮运和适宜加工、适宜机械化栽培的专用品种选育；蔬菜市场逐步达到数量充足、供应均衡、品质优良、种类多样、清洁卫生和食用方便，争取在较短时间内，把我国由世界蔬菜大国建设成为世界蔬菜强国。

今后我国蔬菜发展趋势从生产上要向基地化、设施化、多样化、产业化发展；从供应上要向均衡化、方便化、无害化、保健化、营养化目标努力；从科技上向规范化、高新化、高效化、轻省化追求。即以效益为中心，积极发展外向型蔬菜和无公害蔬菜，建立科技支撑体系、质量标准支撑体系、市场支撑体系，实现蔬菜生产的市场化、区域化、优质化、一体化。

四、蔬菜生产技术课程的学习任务和方法

蔬菜生产技术课程是园艺专业、农学专业的重要课程之一。

本课程的学习任务：学习本课程的主要任务是掌握蔬菜生产的基本理论和基本技能。

【专业能力】掌握当地主要蔬菜种类和主栽品种特点、气候条件等，制定当地主栽蔬菜周年生产计划和成本预算；能够根据当地条件确定茬口安排和高产高效栽培模式，掌握设施蔬菜生产过程中的设施设备检修及管理操作技能；掌握主要蔬菜的生长发育规律、环境条件要求，会蔬菜育苗，制定蔬菜育苗技术规范；制定田间管理方案，实施并能解决生产过程中遇到的问题；具有组织与实施蔬菜生产技术培训的能力，并能灵活应用当前蔬菜生产上推广的新品种和新技术，为以后从事蔬菜生产和科学研究奠定坚实的基础。

【方法能力】具备在蔬菜生产现场发现问题、综合分析问题和解决生产实际问题的能力；具有蔬菜市场调研和分析能力，会进行蔬菜节本增效分析，制订年度生产计划及本地蔬菜生产技术规程的能力；按蔬菜生产任务要求组织生产，能协调各方面公共关系；能按技术规范要求对生产效果进行检查和技术总结；能进行蔬菜科学研究实验、新品种引进、改进生产技术和初步发明创新的能力。

【社会能力】具备从事农业职业活动所遵循的思想和行为规范，热爱“三农”服务“三农”，具有爱岗敬业、精益求精、认真负责的工作态度；具备在生产一线工作的适应能力，感受企业文化，融入企业环境，学会协调各方面关系，诚实守信，具备艰苦奋斗、踏实肯干、自主立业、开拓创新和团队合作的精神；具有环境保护意识。

蔬菜生产技术是一门实践性较强的应用课程，首先必须理论密切联系生产实际；其次，要加强动手操作，参与到生产实践过程中，在做中学，掌握必要的生产管理技能。

项目一

蔬菜生产的基本原理

岗位要求

针对学生就业的岗位需求调查，无论是从事蔬菜设施设备检修或管理岗，还是蔬菜育苗岗或蔬菜生产管理岗、蔬菜采后处理岗或营销岗等都需要学习掌握蔬菜生产的基本原理。

知识目标

了解蔬菜的起源、生长发育周期；学习蔬菜的三种分类方法；掌握三种分类法的异同；掌握通过调控生长环境，提高蔬菜质量及产量的方法技术。

能力目标

能熟练地识别当地的各类蔬菜，并能将蔬菜按照不同分类方法进行分类；能根据蔬菜生长所需条件适时进行光、温、水、肥等环境调控，采取措施提高产量品质；能正确判断常见蔬菜所处的生育时期等。

子项目 1-1　蔬菜的分类与识别

任务分析

我国栽培的蔬菜植物很多，不同蔬菜种类的生物学特性、生态适应性和栽培管理方法等差异很大，为了更好地研究、栽培和利用蔬菜，了解蔬菜的起源并进行科学的分类十分必要。

蔬菜的分类方法主要有植物学分类、食用器官分类和农业生物学分类。在蔬菜生产中，以农业生物学分类较为常用。如何熟练地识别当地的各类蔬菜，并将其按照不同的方法进行分类，调控田间环境，是完成该项目的主要目标。

任务知识

一、蔬菜的起源

1. 温带南部起源区

气候温和，有明显的季节差别，起源于这一地区的蔬菜适宜在温和的季节生长，有不同程度的耐寒性。

(1)地中海岸起源区　该区属海洋性气候。夏季炎热、干燥，冬季温和多雨。该区起源的蔬菜都适宜在气候温和多雨的季节生长，要求湿润的土壤，耐寒不耐旱。代表性蔬菜主要有甘蓝、莴苣、芹菜、萝卜、豌豆、蚕豆、洋葱、大蒜、食用大黄等。

(2)中亚高山起源区　该区属大陆性气候，全年温差大，昼夜温差明显，夏季炎热干燥、冬季严寒多雨。该区起源的蔬菜以洋葱为代表，还有大葱等葱蒜类蔬菜。它们虽好温和，但也耐热、抗寒，根系不发达，地上部耐旱，要求肥沃湿润的土壤，并且具有在长日照下形成贮藏器官，夏季干燥时则停止生长进入休眠的特性。

(3)近东平原起源区　该区属大陆性气候，温度和雨量较为均衡，以菠菜和豌豆为代表，此外还有蚕豆、胡萝卜、芦笋等。该区起源的蔬菜喜好温和气候，对严寒和炎热的忍耐力较弱。对土壤湿度和空气湿度要求不高，根部的耐旱能力较强。

(4)中国中南山地起源区　该区属亚热带季风区，气候温和湿润，土壤肥沃，有明显的季节性差别。冬季温度低，但不严寒，夏季较温和，为世界蔬菜作物最大、最古老的一个中心。代表性蔬菜有白菜、芥菜、芥蓝、韭菜、萝卜、毛豆等。它们要求温和湿润的气候，不耐炎热与干燥，夏季炎热多雨时生长不良。

2. 热带各起源区

全年温暖，没有很大的寒暑差别，此区起源的蔬菜都喜温暖而不耐寒。

(1)印度东南部和南洋群岛起源区　该区属海洋性气候，全年温和，经常多雨。无严寒酷暑及干湿的季节性差别。空气湿度大，光照强度也不高，有以黄瓜为代表的果菜类；以山药为代表的薯芋类；以莲藕为代表的水生蔬菜；还有竹类、冬瓜、生姜、山药、黄秋葵等。它们要求温暖、湿润的气候和充足的土壤水分。

(2)非洲中部草原起源区　该区属热带大陆性气候，全年温暖，空气干燥，阳光充足，有明显的旱季和雨季，蔬菜主要有西瓜、甜瓜、豇豆、豌豆、扁豆、葫芦、细香葱、芫荽等。要求温暖干燥的气候和充足的阳光，抗热耐旱，但对阴冷多湿的气候不适宜。

(3)中、南美洲草原起源区　该区气候与非洲中部草原起源区相似。代表性蔬菜有番茄、辣椒、南瓜、佛手瓜、菜豆、甘薯、豆薯、玉米等。要求温暖、干燥和阳光充足，但它们的抗热和耐旱能力稍弱。

(4)南美洲高山起源区　该区属热带高山植物区，气候温和，无明显的寒暑，雨量较少而集中，只有马铃薯一种蔬菜植物起源于此地。马铃薯在起源地雨季生长，旱季休眠，生长期间要求温和的气候和适当的水分。地上部不耐霜冻，块茎在温和的季节里生长良好。

虽然长期适应原产地环境条件使各种蔬菜对环境条件都有特定要求，但是由于不同起源中心甚至是同一起源中心的不同地区间的气候条件存在差异，从而使不同蔬菜在生物学特性上有较大差别。即使是同一种蔬菜移至异域，在人工选择的过程中也会形成不同的生态型及品种。这也是当今蔬菜栽培成功的主要原因。

二、蔬菜分类对生产的指导意义

我国栽培的蔬菜植物有200多种，其中普遍栽培的有50～60种，在同一种类中，又有许多变种，每一变种还有许多品种。不同蔬菜种类的生物学特性、生态适应性和栽培管理方法等差异很大，为了更好地研究、栽培和利用蔬菜，科学的分类十分必要。

工作任务1　蔬菜的分类

任务说明

任务目标：了解蔬菜的三种分类方法；重点掌握农业生物学分类法的依据及每一类蔬菜的农业生物学共性。

任务材料：蔬菜实物、幻灯展示的蔬菜图片。

任务方法与要求：课堂学习蔬菜分类的三种方法。

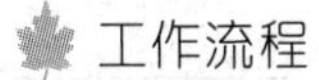

工作流程

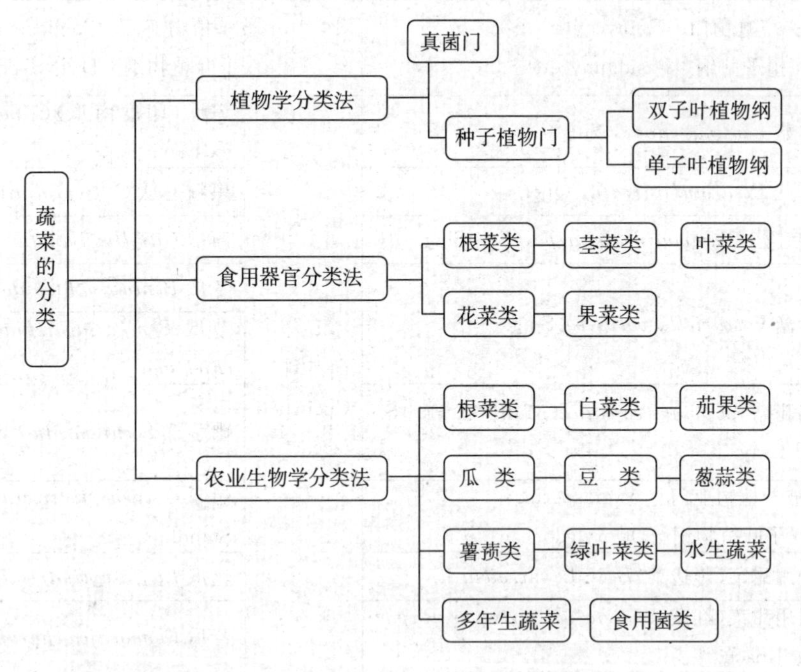

子任务一 蔬菜的植物学分类

植物学分类是按照门、纲、目、科、属、种、亚种、变种来分类，每个种、亚种、变种分类。如大白菜属于十字花科(Cruciferae)、云薹属(*Brassica*)、云薹种(*Campestris* L.)、大白菜亚种(ssp. *pekinensis*(Lour)Olsson)、结球白菜变种(*Cephalata*Tsen et Lee)。这种分类方法有利于区分蔬菜植物之间的亲缘关系，对于指导育种工作和防病治病有重要意义。按照这种分类方法，蔬菜植物可分为32个科，210多个种，常见的约60个种。

我国经常栽培的蔬菜植物总共有20多个科，其中绝大部分属于种子植物。以双子叶植物的十字花科、豆科、茄科、葫芦科、伞形科、菊科，单子叶植物的百合科、禾本科为主。常见蔬菜的植物学分类见表1-1。

表1-1 常见蔬菜的植物学分类表

真菌门 Eumycoyta 担子菌纲 Basidiomycetes		被子植物亚门 Angiospermae 双子叶植物纲 Dicotyledoneae	
木耳科 Aurjcular-iaceae	黑木耳 *Auricularia auricular* Underw.	葫芦科 Cucurbi-taceae	黄瓜 *Cucumis sativus* L.
	银耳 *Tremella fuciformis* Berk.		甜瓜 *C. melo* L. 香瓜 var. *makuwa* Makino 网纹甜瓜 var. *reticulatus* Naud. 越瓜 var. *conomon* Makino
	蘑菇 *Agaricus bisporus* Sing.		南瓜 *Cucurbita moschate* Duch.
伞菌科 Agarjcaceae	双孢菇 *Agaricus bisporus* (Lange)Sing.		西葫芦(美洲南瓜)*C. pepl* L.
			飞碟瓜 *Cucurbitaceae Trichosanthes* L.

续表 1-1

真菌门 Eumycoyta 担子菌纲 Basidiomycetes	
口蘑科 Tricholomat－aceae	香菇 *Lentinus edodes* Sing.
	平菇 *Pleurotus ostreatus* Quel.
	金针菇 *Flammulina velutipes*(Fr.)Sing.
光柄菇科 Pluteaceae	草菇 *Volvariella volvacea* Sing.
鬼伞科 Coprinacea-e	鸡腿菇 *Coprinus comatus*(Mull. ex Fr.)S. F. Gray.
被子植物亚门 Angiospermae 双子叶植物纲 Dicotyledoneae	
藜科 chenopodiaceae	叶用甜菜(莙达菜)*B. V. L.* var. *cicla* L.
	根用甜菜(红菜头)*Beta vulgaris* var. *Rapacea* Koach.
	菠菜 *Spinacia oleracea* L.
蓼科 Polygonaceae	食用大黄 *Rheum officinale* Baill.
番杏科 Aizoaceae	番杏 *Tetragonia expensa* Murray.
落葵科 Basellaceae	红花落葵 *Basetla rubra* L.
	白花落葵 *B. alba* L.
苋科 Amaranthaceae	苋菜 *Amaranthus mangoslanus* L.
十字花科 Cruciferae	萝卜 *Raphanus sativus* L.
	芜菁 *Brassica rapa* L.
	芜菁甘蓝 *B. napobrassica* Mill.
	甘蓝类 *B. oleracea* L. 羽衣甘蓝 var. *acephala* DC. 结球甘蓝 var. *capitata* L. 抱子甘蓝 var. *gemmifera* Zenk 花椰菜 var. *botrytis* L. 青花菜 var. *italica* Plench. 球茎甘蓝 var. *caulorapa* DC.
	大白菜 *B. campestris* ssp. *pekinensis* (Lour)Olsson

被子植物亚门 Angiospermae 双子叶植物纲 Dicotyledoneae	
葫芦科 Cucurbitaceae	笋瓜(印度南瓜)*C. maxima* Duch. ex Lam.
	黑籽南瓜 *C. ficifolia* Bouche
	西瓜 *Citrillus Lanatus* Mansfeld
	冬瓜 *Benincasa hispida* Cogn.
	节瓜 *Benincasa hispida* Cogn. var. *chieh-qua*
	佛手瓜 *Sechium edule* Swartz
	瓠瓜 *Lagenaria siceraria* (Molina) Standl.
	丝瓜 *Luffa cylindrical* Roem.
	苦瓜 *Momordica charanlia* L.
	蛇瓜 *Trichosanthes anguina* L.
伞形科 Umbelliferae	胡萝卜 *Daucus carota* L.
	芹菜 *Apium gravcolens* L. 根芹 A. g. var. *rapaceum* DC.
	水芹菜 *Oenanthe stolonifera* Wall.
	芫荽 *Coriandrum sativum* L.
	小茴香 *Foeniculum vulgare* Mill.
	大茴香 *F. dulce* Mill.
	美洲防风 *Pastinaca sativa* L.
	香芹菜 *Patroselinum hortense* Hoffm
菊科 Compositae	莴苣 *Lactuca sativa* L. 莴笋 var. *angustana* Irish. 长叶莴苣 var. *longifolia* Lam. 皱叶莴苣 var. *crispa* L. 结球莴苣 var. *capitata* L. 散叶莴苣 var. *intybacea* Hort.
	茼蒿 *Chrysanthemum coronarium* L. (var. *spatioum* Bailey)

续表 1-1

真菌门　Eumycoyta 担子菌纲　Basidiomycetes		被子植物亚门　Angiospermae 双子叶植物纲　Dicotyledoneae	
十字花科 Cruciferae	小白菜 *B. campestris* ssp. *chinensis*(L.)Makino	菊科 Compositae	菊芋 *Helianthus tuberosus* L.
	芥蓝 *B. alboglabra* Bailey.		苦苣 *Cichorium endivia* L.
	芥菜 *B. juncea* Coss. 叶芥菜 var. *foliosa* Bailey. 子芥菜 var. *gracilis* Tsen et Lee 根芥菜 var. *Megarrhiza* Tsen et Lee 榨菜 var. *tsatsai* Mao.		菊花脑 *Chrysanthemum nankingensis* H. M.
	辣根 *Armoracia resticana* Gaertn.		朝鲜蓟 *Cynara scolymus* L.
	豆瓣菜 *Nasturtum officinale* R. Br.		婆罗门参 *Tragopogon porrifolius* L.
	荠菜 *Capsella bursa-pastoris*(L.)		紫背天葵 *Gynura bicolor* DC.
	乌塌菜 var. *rosularis* Tsen et Lee.		牛蒡 *Arctium lappa* L.
	菜薹 var. *utilis* Tsen et Lee.	被子植物亚门　Angiospermae 单子叶植物纲　Monocotyledoneae	
锦葵科 Malvaceae	黄秋葵 *Hibiscus exculents* L.	天南星科 Araceae	芋 *Colocasia esculenta* Schott.
	冬寒菜 *Malva crispa* L.		蘑芋 *Amorphophalus Blume* ex Decne.
豆科 Laguminosae	菜豆 *Phaseolus vulgaris* L.	禾本科 Gramineae	毛竹笋 *Phyllostachys pubescens* Mazel
	豇豆 *Vigna sesquipedalis* Wight.		甜玉米 *Zea mays* var. *rugoso*. Bonaf.
	大豆(毛豆)*Glycine max* Merr.		茭白(茭笋)*Zizania caduciflora* Hand-Mozz
	蚕豆 *Vicia faba* L.	香蒲科 TyPHaceae	蒲菜 *Typha latifolia* L.
	豌豆 *Pisum sativum*	泽泻科 Alismataceae	慈姑 *Sagitaria sagittifolia* L.
	扁豆 *Lablab purpureus*(L.)Sweet	莎草科 Cyperaceae	荸荠(马蹄)*Eleocharis tuberosa* (Roxb.)Roem. et Schult.
	苜蓿(金花菜)*Medicago hispida* Gaertn.	百合科 Liliaceae	韭菜 *A. schoenoprasum* L.
	葛 *Pueraria hirsute* Schnid		大葱 *A. fistulosum* L.
	豆薯(凉薯)*Pachyrrhizus arosus* Urban.		洋葱(圆葱)*Agrimonia cepa* L.
	蔓生刀豆 *Canavalia gladiate* DC.		大蒜 *A. sativum* L.
	四棱豆 *Psophocarpus tetragonolobus* (L.) DC		胡葱 *Allium ascalonicum* L.
菱科 Trapaceae	角菱 *T. bispinosa* Roxb.		细香葱(分葱)*A. schoenoprasum* L.
茄科 Solanaqceae	马铃薯 *Solanum tuberosum* L.		韭葱 *A. porrum* L.
	茄子 *S. melongena* L.		兰州百合 *L. davidii* Duch.
	番茄 *Lycopersicon esculentum* Mill		卷丹百合 *Lilium lancifolium* Thunb.
	辣椒 *Capsicum annuum* L.		石刁柏(芦笋)*Asparagus officinalis* L.

续表 1-1

真菌门 Eumycoyta 担子菌纲 Basidiomycetes		被子植物亚门 Angiospermae 双子叶植物纲 Dicotyledoneae	
茄科 Solanaqceae	枸杞 *Lycium chinense* Mill.	百合科 Liliaceae	龙芽百合 *L. brownii* var. *viridulum* Baker
	酸浆 *Physalis pubescens* L.		金针菜(黄花菜)*Hemerocallis flava* L.
楝科 Maliaceae	香椿 *Toona sinensis*(A. Juss)Roem.		薤(藠头)*A. chinensis* G. Don.
唇形科 Labiatae	草石蚕 *Stachys sieboldii* Miq.	襄荷科 Zingiberaceae	姜 *Zingiber officinale* Roscoe.
	薄荷 *Mentha arvensis* L.		囊荷 *Z. mioga* Roscoe.
	紫苏 *Perilla frutescens* L.	薯蓣科 Duoscoreaceae	山药 *Dioscorea batatas* Decne.
睡莲科 NymPHaeaceae	莲藕 *Nelumbo nucifera* Gaertn. 莼菜 *Brasenia schreberi* J. F. Gmel.		甜薯 *D. alata* L.
旋花科 Convolviaceae	蕹菜 *I. pomoea aquatica* Forsk.		
	甘薯 *I. batatas* Lam.		

子任务二　蔬菜的食用器官分类

根据蔬菜食用器官的不同进行分类,如根、茎、叶、花、果、种子及其变态。

1. 根菜类

以肥大的肉质根部为产品的蔬菜,可分为:

(1)直根类　以肥大主根为产品,如萝卜、芜菁、胡萝卜、牛蒡、根用甜菜等。

(2)块根类　以肥大的直根或营养芽发生的根为产品,如甘薯、豆薯、葛等。

2. 茎菜类

以肥大的茎部为产品的蔬菜,可分为:

(1)肉质茎类　以肥大的地上茎为产品,有莴苣、茭白、茎用芥菜、球茎甘蓝等。

(2)嫩茎类　以萌发的嫩芽为产品,有石刁柏、竹笋等。

(3)块茎类　以肥大的地下茎为产品,有马铃薯、菊芋、草石蚕等。

(4)根茎类　以地下的肥大根茎为产品,有姜、莲藕等。

(5)球茎类　以地下的球茎为产品,有慈姑、芋等。

(6)鳞茎类　以肥大的鳞茎为产品,有大蒜、洋葱、百合等。

3. 叶菜类

以叶片及叶柄为产品的蔬菜,可分为:

(1)普通叶菜类　有小白菜(不结球白菜)、叶用芥菜、菠菜、茼蒿、苋菜、莴苣、叶用甜菜、落葵等。

(2)结球叶菜类　形成叶球的蔬菜,有大白菜、结球甘蓝、结球莴苣、包心芥菜等。

(3)香辛叶菜类 叶有香辛味的蔬菜,有葱、韭菜、芫荽、茴香等。

4. 花菜类

以花器或肥嫩的花枝为产品的蔬菜,可分为:

(1)花器类 有金针菜。

(2)花枝类 有花椰菜、菜薹等。

5. 果菜类

以果实和种子为产品的蔬菜,可分为:

(1)瓠果类 南瓜、黄瓜、冬瓜、丝瓜、苦瓜、瓠瓜等。

(2)浆果类 茄子、番茄、辣椒。

(3)荚果类 菜豆、豇豆、刀豆、蚕豆、豌豆、毛豆等。

(4)杂果类 甜玉米、黄秋葵、菱角等。

凡食用器官相同的,其生物学特性及栽培方法也大体相同,如肉质根类。当然也有例外,有些蔬菜同属一种食用器官分类,栽培方法却相差甚远,如一些瓜类和豆类蔬菜。而有的蔬菜尽管分属不同食用器官分类,但栽培方法却非常相似,如甘蓝的几个变种等。

子任务三 蔬菜的农业生物学分类

这种分类方法以蔬菜的农业生物学特性为依据,比较适合生产要求,同时综合了植物学分类法和食用器官分类法的优点。按照农业生物学分类,可分为13类。

1. 白菜类

包括白菜、甘蓝、花椰菜、青花菜、球茎甘蓝、芥蓝、雪里蕻、芥菜等,以柔嫩的叶片、叶球、花球、花薹、肉质茎等为食用器官。这类蔬菜的变种、品种很多。植株生长迅速,根系较浅,要求栽培土壤的保水保肥力要好,对氮肥要求较高。大多为二年生植物,第一年形成产品器官,第二年抽薹开花。生长期间要求温暖的气候条件,能耐寒而不耐热。均用种子繁殖。

2. 根菜类

包括萝卜、胡萝卜、根用芥菜、根用甜菜等,以其肥大的直根为食用部分,均为二年生植物,种子繁殖,不宜移栽。它们均起源于温带,要求温和的气候,耐寒不耐热。要求土层疏松深厚,以利于形成良好的肉质根。

3. 绿叶菜类

这类蔬菜均是以幼嫩的绿叶或嫩茎为产品的蔬菜。包括莴苣、芹菜、菠菜、茼蒿、蕹菜、苋菜、茴香、落葵等。这类蔬菜生长迅速,植株矮小,适于间、套作。种子繁殖。要求肥水充足,尤以速效性氮肥为主。对温度条件的要求差异很大,可分为两类:苋菜、蕹菜、落葵等耐热,其他大部分喜温和较耐寒。

4. 葱蒜类

包括大蒜、洋葱、大葱、韭菜等,都属于百合科。根系不发达,要求土壤湿润肥沃。生长期间要求温和气候,但耐寒性和抗热力都很强,对干燥空气的忍耐力强。鳞茎形成需长日照条件,其中大蒜、洋葱在炎夏时进入休眠。用种子繁殖或无性繁殖。

5. 茄果类

包括茄子、辣椒、番茄等,喜温不耐寒,只能在无霜期生长,根群发达,要求有深厚的土层。

对日照长短的要求不严格。

6.瓜类

包括黄瓜、冬瓜、南瓜、丝瓜、瓠瓜、苦瓜等所有葫芦科植物。茎为蔓生。雌雄同株，异花。要求温暖的气候而不耐寒，生育期要求较高的温度和充足的阳光。

7.豆类

包括菜豆、蚕豆、豌豆、扁豆、毛豆等豆科植物。其中蚕豆和豌豆耐寒，豇豆和扁豆等耐夏季高温，其余都要求温暖的气候条件。有发达的根群，能充分利用土壤中的水分和养料，因有根瘤菌固氮，故需氮肥较少。种子直播，根系不耐移植。

8.薯芋类

包括马铃薯、菊芋、生姜、山药等，一般为含淀粉丰富的块茎、块根类蔬菜。除马铃薯不耐炎热外，其余的都喜温耐热。要求湿润肥沃的轻松土壤。生产上多用营养器官繁殖。

9.水生蔬菜

这类蔬菜都生长在沼泽地区，包括莲藕、慈姑、茭白、荸荠、水芹、豆瓣菜等。大部分用营养器官繁殖。除了水芹和豆瓣菜要求凉爽气候外，其余水生蔬菜都要求温暖的气候及肥沃的土壤。

10.多年生蔬菜

包括金针菜、竹笋、石刁柏、香椿等。该类蔬菜一次播种后，可连续栽培多年。

11.食用菌类

包括蘑菇、香菇、平菇、木耳等。以子实体为食用器官，国内报道的已有720余种，人工栽培的近50种，其余为野生采集。

12.芽苗类

是一种新开发的蔬菜，它是用植物种子或其他营养贮藏器官，在黑暗、弱光（或不遮光）的条件下直接生长出可供食用的芽苗、芽球、嫩芽、幼茎或幼梢的一类蔬菜。

13.野生蔬菜类

我国可食用野生蔬菜达600余种。有些种类人工驯化栽培成功，如马齿苋、菊花脑、马兰、紫背天葵、荠菜等。

工作任务2　蔬菜的识别

任务说明

任务目标：通过实训，识别蔬菜，进一步巩固蔬菜的分类知识。

任务材料：市场常见的蔬菜实物及幻灯展示的蔬菜图片。

任务方法与要求：在教师的引导下完成蔬菜的识别及正确的分类。

工作流程

子任务一　蔬菜的外部形态观察

①到当地大型菜市场、生产田和蔬菜标本圃等地，详细观察各种蔬菜的生长状态及形态特

征，确定所属科属及类型。

②观察各种蔬菜的食用部分，了解其食用器官的形状、颜色、大小等。

③利用课件、标本等在室内识别本地没有种植的各种蔬菜。

子任务二　蔬菜的内部结构观察

①对观察的蔬菜进行切分，仔细观察其内部结构。

②绘制部分蔬菜的内部结构图。

子任务三　填写调查表

完成当地常见蔬菜调查表：

蔬菜名称	植物学分类	食用器官分类	农业生物学分类	蔬菜产地

子项目 1-2　蔬菜的产品形成

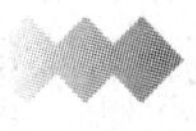

任务分析

蔬菜的生长发育与栽培环境条件密不可分，了解并掌握不同种类蔬菜对光照、温度、水分、土壤的要求，便于在栽培时尽可能地创造、提供蔬菜适宜的生产环境，从而达到优质高产的目的。

任务知识

一、蔬菜的生长与产品器官的形成

蔬菜在不同的生长发育时期，有不同的生长中心，各种产品器官——块根、块茎、鳞茎、叶球、花球、果实、种子，都不是在同一时期以同等速度生长和形成的。当生长中心转移到产品器官的形成时，是形成产量的主要时期。

由于蔬菜种类不同，形成产品器官的类型也不同。以果实及种子为产品的一年生蔬菜如瓜菜、茄果类和豆类，它们产品器官（果实或嫩种子）的形成有赖于同化器官的生长，以保证果实及种子正常生长。但如果茎叶徒长，同化物质都运转到新生的枝叶中去，也不能获得果实和种子的高产。

以地下储藏器官为产品的蔬菜如薯芋类、根菜类和鳞茎类等。当营养生长到一定的阶段，在适宜的环境下才能形成地下储藏器官。如马铃薯块茎的形成，要求较短的日照和较低的夜温。如果在高温条件下，地上部茎叶可能徒长，而地下部的块茎不一定能形成。但品种之间又有差别，早熟种对短日照及低温的要求不严格，晚熟种要求比较严格。例如，大蒜、洋葱鳞茎的形成，则要求较长的日照及较高的温度，如在低温及短日照条件下，不会形成鳞茎。此外，在长日、低温下，或短日、高温下，也不易形成鳞茎。当块茎和鳞茎迅速膨大时，植株其他部分的营养物质就会运转到这些块茎和鳞茎中去，也就是生理活性弱的器官中的营养物质，就会运转到生理活性强的器官中去。

以地上部茎叶为产品器官的蔬菜如白菜、甘蓝、绿叶菜等，其产品器官叶丛、叶球、球茎或一部分短缩茎是养分的集中部位。叶球是叶的变态；块茎、球茎是茎的变态；肉质根和块根是根的变态。营养生长时期形成大量的同化器官是储藏器官的高产保证。不结球的叶菜类在营养生长不久以后，便开始形成产品器官；结球的叶菜类，要营养生长到一定程度以后，才形成叶球。

二、蔬菜的生长与环境条件

蔬菜的生长与栽培环境条件密不可分，其栽培环境是指其生存地点周围空间的一切因素的总和，主要包括温度、湿度、光照、土壤营养和气体条件等。

(一)温度条件及其调节

1. 不同种类蔬菜对温度的要求

根据蔬菜种类对温度的要求，可分五类(表 1-2)。

表 1-2 不同蔬菜种类对温度的要求

类别	主要蔬菜	温度要求及生长特性
多年生宿根蔬菜	韭菜、金针菜、芦笋、葱蒜类、茭白等	生长适温 12～25℃，可忍耐 30℃以上高温。地上部能耐高温，冬季地上部枯死，以地下宿根(茎)越冬
耐寒蔬菜	除苋菜、蕹菜以外的绿叶菜类，除大白菜、花椰菜以外的白菜类、大蒜等	生长适温 17～20℃，可长期忍受－2～－1℃的低温和短期的－5～－3℃低温，个别蔬菜可短时忍受－10℃的低温。耐热性较差，温度超过 21℃生长不良
半耐寒蔬菜	根菜类、大白菜、莴苣、马铃薯、蚕豆及豌豆等	生长适温 17～20℃，大部分蔬菜能忍耐－2～－1℃的低温。最高忍耐 30℃，耐寒力稍差，产品器官形成期温度超过 21℃生长不良
喜温蔬菜	茄果类、黄瓜、菜豆等	生长适温 20～30℃，40℃以上生长不良。不耐低温，15℃以下开花结果不良，10℃以下停止生长，0℃以下致死
耐热蔬菜	丝瓜、苦瓜、冬瓜、南瓜、豇豆、西瓜、甜瓜等	生长适温 30～35℃，有的蔬菜在 40℃时仍能正常生长，不耐低温。喜高温，有较强的耐热能力

2. 蔬菜不同生育期对温度的要求

(1)发芽期　种子发芽时要求较高的温度，喜温耐热性蔬菜的发芽适温为 20～30℃，耐寒、半耐寒、耐寒而适应性广的蔬菜为 15～20℃。在适温范围内，温度越高，出土越快。在幼苗出土后至第一片真叶展开前，应适当降温，以免幼苗下胚轴生长过快，形成高脚苗。

(2)幼苗期　能适应的温度范围较宽。生产上可将幼苗期安排在温度较高或较低的月份，如白菜苗期安排在7～8月份高温季节，番茄苗期安排在早春低温季节，以便将产品器官形成期安排在温度最适宜的月份或延长结果期，提高产量。

(3)产品器官形成期　此期适应的温度范围较窄。果菜类适温为20～30℃，根、茎、叶菜类一般为17～20℃，生产上应尽可能将这个时期安排在温度最适宜的月份。

(4)营养器官休眠期　要求较低的温度，降低呼吸消耗，延长贮存时间。

(5)生殖生长期　生殖生长期间，不论是喜温性蔬菜还是耐寒性蔬菜，均要求较高的温度。果菜类蔬菜花芽分化期，日温应接近花芽分化的最适温度，夜温略高于花芽分化的最低温度。一年生蔬菜的花芽分化一般不需要低温诱导，但一定大小的昼夜温差对花芽分化却有促进作用。二年生蔬菜的花芽分化需要一定时间的低温诱导。

3.温周期对蔬菜生育的影响

蔬菜在一天中，白天温度高些，晚上温度低些，昼夜温差也有一定的范围，并不是越大越好。一般适宜于光合作用的温度比适宜于生长的温度要高些。在自然条件下，夜间及早晨往往生长得较快。如果日温低，夜温也要降低。如热带植物的昼夜温差应在3～6℃，温带植物在5～7℃，而对沙漠植物则温差要在10℃以上。温周期还影响某些种子的发芽，如茄子，一天里高温和低温交替出现时，才能获得较高的发芽率，且高温时间短、低温时间长的效果比高温时间长、低温时间短的效果好。

生产中在茬口安排和确定播种季节时把产品器官的形成期安排在昼夜温差较大的时期，以利于养分的积累，促进产品器官膨大。一般设施生产温度管理时，晴天光照充足，昼夜温差要大些；而阴天昼夜温差应小些。

4.春化作用

低温诱导花芽分化或促进开花的作用，称春化作用。春化作用对于花芽分化、生化组成甚至生长锥的形态建成均有影响。蔬菜通过春化阶段以后，在较长日照及较高温度下花芽生长及抽薹开花。对低温条件要求不太严格，比较容易通过春化阶段的品种称冬性弱的品种；春化时要求条件比较严格，不容易抽薹开花的品种称冬性强的品种。

根据蔬菜通过春化方式不同，可分为2类。

(1)种子春化型　从种子萌动开始即可感受低温通过春化阶段，如白菜、芥菜、萝卜、菠菜等。种子春化处理的条件首先是种子处在萌动状态。但这类蔬菜作物的大苗，甚至成株也能低温通过春化，甚至对低温更敏感。事实上，许多以萌动种子通过春化的类型，在自然条件下大多是以幼苗甚至很大的植株通过低温的。

种子春化所需温度在0～10℃，以2～5℃为宜，低温处理持续的时间为10～30 d。冬性强的品种要求较低温度或较长时间的处理，而冬性弱的品种在较高的温度或较短的时间内也有作用。

(2)绿体春化型　植株幼苗生长到一定的大小才能感受低温而通过春化阶段，如甘蓝、洋葱、大蒜、芹菜等。不同的蔬菜种类通过春化阶段时要求苗龄大小、低温程度和低温持续时间不完全相同。绿体春化型植株通过春化时的大小可以用日历年龄来表示，也可以用生理年龄、茎的直径、叶数或叶面积来表示。

无论是种子春化型还是绿体植株春化型，如提早开花而不形成产品器官，称先期（未熟）抽薹。生产上往往因播期不当或管理失策而导致先期抽薹，造成经济损失。绿体春化型的蔬菜春季作为商品蔬菜栽培时，宜选用冬性强的品种，安排好适宜的播种期，避免遭受长期低温而发生先期抽薹。

5. 温度的调节

蔬菜生长过程中，温度过高时，呼吸作用大于光合积累，蒸腾作用增强，生长速度反而降低，因此阴雪天气应该降低环境温度，以免影响蔬菜的产量和品质。温度过低，会使蔬菜发生寒害和冻害。应采用各种措施加以调节，使其满足蔬菜的生长发育。可以通过合理安排生产季节，满足生长发育的要求；利用保护地设施，地面覆盖等改善温度条件；利用农业措施如及时中耕、垄作、灌水排水等，调节温度。炎夏季节进行蔬菜生产或育苗应结合遮阳网、防虫网等的使用降低温度，满足蔬菜生产的需要。

（二）光照条件及其调节

光照对蔬菜植物的影响主要有光照强度、光质和光周期 3 个方面。

1. 光照强度对蔬菜生长发育的影响

根据蔬菜对光照强度要求的不同分为 4 种类型。

（1）强光性蔬菜　包括大部分瓜类、茄果类、豆类、大部分薯芋类。适宜的光照强度为 50～60 klx。这类蔬菜遇到阴雨天气，产量低、品质差。

（2）中光性蔬菜　包括白菜类、根菜类、葱蒜类，它们不要求很强光照，但光照太弱时生长不良。适宜的光照强度为 30～40 klx。因此，这类蔬菜于夏季及早秋栽培时应覆盖遮阳网，早晚应揭去。

（3）耐阴性蔬菜　包括生姜、绿叶菜等，耐阴能力较强，适宜的光照强度为 20 klx。

（4）耐弱光性蔬菜　包括食用菌类，生长要求弱光环境，适宜光照强度一般低于 10 klx。

为了尽量利用太阳光能，扩大受光面积，在栽培上应该使植株生长迅速，使其在栽植或播种后很快占满地面（即封垄）。

2. 光质对蔬菜的生长与发育的影响

光质指光的组成成分。太阳光的可见部分占全部太阳辐射的 52%，不可见的红外线占 43%，而紫外线只占 5%。

太阳光中被叶绿素吸收最多的是红光，同时作用也最大，黄光次之，蓝紫光的同化作用效率仅为红光的 14%。在太阳散射光中，红光和黄光占 50%～60%，而在直射光中，红光和黄光最多只有 37%。所以在弱光下，散射光比直射光对蔬菜生长的效用大，但由于散射光的强度总是小于直射光，因而光合产物也不如直射光的多。

在长的光波下栽培的植物，节间较长而茎较细；在短的光波下栽培的植物，节间较短而茎较粗。红光能加速长日照植物的发育和延迟短日照植物的发育；而蓝紫光能加速短日照植物的发育和延迟长日照植物的发育。

有些产品器官如马铃薯、球茎甘蓝等，它们块茎及球茎的形成也与光质有关，如球茎甘蓝膨大的球茎在蓝光下容易形成，而在绿光下不易形成。

许多水溶性的色素如花青苷等，都要求有强的红光，紫外光有利于维生素 C 的合成。因此，在温室栽培的番茄或黄瓜的果实，它们的维生素C含量往往没有露地栽培的高，而且容易发生徒长。而露地蔬菜处于完全光谱条件下，植株生长比较协调。

3.光照时数对蔬菜生长发育的影响

光照时数不仅影响光合作用，而且对蔬菜的开花、营养贮藏器官的形成、植株分枝习性等都有影响。如葱蒜类蔬菜鳞茎的形成需要长日照条件，薯蓣类和水生蔬菜的营养贮藏器官形成要求短日照条件，而有些豆类蔬菜在短日照条件下蔓生能变为矮生，如长豇豆、高刀豆、赤豆。

4.光周期对蔬菜生长发育的影响

光周期现象是蔬菜作物生长和发育(花芽分化，抽薹开花)对昼夜相对长度的反应。蔬菜作物按照生长发育和开花对日照长度的要求可分为长日性、短日性和中光性蔬菜。

(1)长日性蔬菜　较长的日照时数(12～14 h以上)促进植株开花，短日照延迟开花或不开花。如白菜、甘蓝、芥菜、萝卜、胡萝卜、芹菜、菠菜、莴苣、蚕豆、大葱、洋葱等。

(2)短日性蔬菜　较短的日照时数(12～14 h以下)促进植株开花，在长日照下不开花或延迟开花。如豇豆、扁豆、苋菜、丝瓜、空心菜、木耳菜以及晚熟大豆等。

(3)中光性蔬菜　在较长或较短的日照条件下都能开花，光照时间要求不严，只要温度适宜，春季或秋季都能开花结果。如黄瓜、番茄、菜豆、早熟大豆等。

光周期不仅影响到蔬菜的花芽分化、开花、结实、分枝习性，甚至影响一些地下贮藏器官如块茎、块根、球茎、鳞茎等的形成。许多短日照的豆类蔬菜，如长豇豆、高刀豆、赤豆等，在短日照下，原来是蔓性的可以变为矮生，而且在主茎基部着生许多侧枝；而在长日照下，侧枝着生节位显著提高，第一花序着生节位亦较高。一些瓜类在短日照及较低温度下，雌花的比例也明显增加。

5.光照的利用

光照条件和蔬菜的产量质量关系密切，栽培上必须尽量改善光照，充分利用光能。首先采用各种农业技术措施，尽可能提高光照的利用率。如利用设施等尽早定植延长光照利用时间、立体种植、合理密植、及时间苗定苗、整枝打杈、搭架(或吊蔓)等。

(三)水分条件及其调节

1.蔬菜对水分的要求

(1)不同种类蔬菜对土壤湿度的要求　凡根系强大、能从较大土壤体积中吸收水分的种类抗旱力强；凡叶片面积大、组织柔嫩、蒸腾作用旺盛的种类，抗旱力弱。但也有水分消耗量小，且因根系弱而不能耐旱的种类。根据蔬菜对水分的需要程度不同，把蔬菜分为：

①水生蔬菜。这类蔬菜根系不发达，根毛退化，吸收力很弱，而它们的茎叶柔嫩，在高温下蒸腾旺盛，植株的全部或大部分必须浸在水中才能生活，如藕、茭白、荸荠、菱等。

②湿润性蔬菜。这类蔬菜叶面积大、组织柔嫩、叶的蒸腾面积大、消耗水分多，但根群小，而且密集在浅土层，吸收能力弱，因此要求较高的土壤湿度和空气湿度。在栽培上要选择保水力强的土壤，并重视浇灌工作。如黄瓜、白菜、芥菜和许多绿叶菜类等蔬菜。

③半湿润性蔬菜。这类蔬菜叶面积较小，组织粗硬，叶面常有茸毛，水分蒸腾量较少，对空气湿度和土壤湿度要求不高；根系较为发达，有一定的抗旱能力。在栽培中要适当灌溉，以满

足其对水分的要求。如茄果类、豆类、根菜类等蔬菜。

④半耐旱性蔬菜。这类蔬菜的叶片呈管状或带状，叶面积小，且叶表面常覆有蜡质，蒸腾作用缓慢，所以水分消耗少，能忍耐较低的空气湿度。但根系分布范围小，入土浅，几乎没有根毛，所以吸收水分的能力弱，要求较高的土壤湿度。如葱蒜类和石刁柏等蔬菜。

⑤耐旱性蔬菜。这类蔬菜叶子虽然很大，但叶上有裂刻及茸毛，能减少水分的蒸腾，而且都有强大的根系，根系分布既深又广，能吸收土壤深层水分，故而抗旱能力强。如西瓜、甜瓜、南瓜、胡萝卜等蔬菜。

(2)蔬菜对空气湿度的要求　各种蔬菜对空气湿度的要求大体可分为4类。

①耐湿性蔬菜。要求空气湿度较高，如白菜类、绿叶菜类和水生蔬菜等。适宜的空气相对湿度一般为85%～95%。

②喜湿性蔬菜。要求空气湿度中等，如马铃薯、黄瓜、根菜类等。适宜的空气相对湿度一般为70%～80%。

③喜干燥蔬菜。要求空气湿度较低，如茄果类、豆类等。适宜的空气相对湿度为55%～69%。

④耐干燥蔬菜。要求空气湿度很低，如西瓜、甜瓜、南瓜和葱蒜类蔬菜等。适宜的空气相对湿度为45%～55%。

2.蔬菜不同生育期对水分的要求

(1)发芽期　要求较高的土壤湿度，水分不足影响及时出苗。播前应充分灌水或在土壤墒情好时播种。

(2)幼苗期　植株叶面积小，蒸腾量少，需水量不多。但根群分布浅吸水能力弱，不耐干旱，需保持一定的土壤湿度，防止湿度过高。

(3)营养生长旺盛期和养分积累期　此期是根、茎、叶菜类一生中需水量最多的时期。在养分贮藏器官形成初期应适当控水，以抑制叶、茎徒长，转向养分积累，促进产品器官的形成。当进入产品器官生长盛期后，应勤浇多浇。

(4)开花结果期　对水分要求严格，水分过多过少均易使茎叶徒长而引起落花落果。所以，在开花期应适当控制灌水，当果实坐住，进入结果期后，尤其在果实膨大期或结果盛期，需水量急剧增加并达最大量，为果菜类一生中需水最多的时期，应当供给充足的水分使果实迅速膨大与成熟。

3.水分的调节

生产上通过合理的灌溉、保水、排水等措施来调节土壤水分；保护地内采用通风排湿、覆盖地膜、适时中耕等措施降低空气湿度。

(四)土壤条件及其调节

1.土壤质地

(1)沙土　土质疏松，孔隙大且多，通气透水能力强，生长于沙质土壤上的植物根系分布深而广，植株生长快，便于实现早期丰产优质；砾质土的特点与沙质土类似，种植作物需进行土壤改良。

(2)壤土　质地较均匀，松黏适度，通透性和保水保肥性好；黏质土致密黏重，孔隙细小，透气和透水性差，易积水，但有机质含量较高。

(3)黏土 黏土上种植的蔬菜的根系入土不深，根系分布浅，易受环境胁迫的影响。

2. 土壤酸碱度

土壤酸碱度指土壤溶液的酸碱度，常用 pH 表示。土壤 pH 影响到土壤的结构、养分活化和离子交换。在酸性土中有利于对硝态氮的吸收，过酸的土壤往往引起 P、K、Ca、Mg 等的缺乏，在多雨地区还会缺 B、Zn、Mo 等元素；而中性、微碱性土有利于对铵态氮的吸收；在碱性土壤中有些植物易发生失绿症，易出现 Fe、B、Cu、Mn、Zn 等元素的缺乏，在 pH>7.5 的石灰性土壤中，矿物磷由于和钙结合而降低了有效性。主要蔬菜对土壤酸碱度的适应范围见表 1-3。

表 1-3 主要蔬菜对土壤 pH 的适应范围

土壤 pH	蔬菜种类
6.8～6.0	白菜、花椰菜、芹菜、莴苣、菠菜、圆葱、甜瓜、石刁柏
6.8～5.5	萝卜、胡萝卜、甘蓝、芥菜、黄瓜、辣椒、大蒜
6.8～5.0	南瓜、西瓜、茄子、菜豆、番茄、豌豆、甜玉米、苤蓝

3. 土壤营养调节

(1)不同种类蔬菜对营养的需求 叶菜类对氮素营养的需求量较大，根、茎菜类、叶球类等有营养贮藏器官形成的蔬菜对钾的需求量相对较大，而果菜类需磷较多一些。

蔬菜大多喜硝态氮，对铵态氮敏感作物 在蔬菜栽培中应注意控制铵态氮的适当比例，铵态氮一般不宜超过氮肥总施肥量的 1/4～1/3，当铵态氮不适当地增加时，钙和镁的吸收量都下降，产量显著下降，菠菜对铵态氮更敏感。

蔬菜为喜钙肥与镁肥的高肥作物，根菜类、结球叶菜、瓜类、茄果类蔬菜吸钙量高于农作物或其他经济作物。嫁接蔬菜对缺镁反应敏感，镁不足易发生叶枯病；芹菜、菜豆等对缺硼比较敏感，需硼较多。

一些蔬菜对其他营养元素也有特殊要求，如大白菜、芹菜、莴苣、番茄等。

(2)蔬菜不同生育期对土壤营养的要求 发芽期主要依靠自身营养生长，一般不需要土壤营养。幼苗期，对土壤营养要求严格，单株需肥量虽少，但在苗床育苗时，由于植株密集，相对生长量大，需要充足的营养，要求较多的氮、磷、钾，果菜类花芽分化期对缺磷比较敏感。产品器官形成期是蔬菜一生中需肥量最大时期，根、茎、叶球类蔬菜的产品器官形成期，对钾的需求量明显增大，应注重钾肥施用。

果菜类进入结果期是产量形成期，需要充足的营养，需要较多的磷，但要氮、磷、钾配合施用。种子形成期或贮藏器官形成后期，茎叶中的养分要进行转移，需肥量减少。

蔬菜生产中，应该根据蔬菜生长对土壤营养的需求进行合理施肥，满足蔬菜对各种营养元素的要求。

三、提高蔬菜的产品质量的方法

(一)蔬菜产品质量

1. 感官品质

蔬菜感官品质是指可以通过人们的视觉、嗅觉、触觉和味觉等进行综合评价的质量特征和特性。一般指产品器官的大小、形状、色泽、表面特征、鲜嫩程度、整齐度及果菜类产品成熟的一致性等。产品外观品质的具体指标,因蔬菜种类、地区不同,食用习惯、食用方法以及贮藏加工的不同要求而异。

新鲜度又称货架寿命,货架期长短受采后诸多生理活动如呼吸、衰老、贮存环境条件及病害等的影响。产品应颜色纯正,色泽鲜明光亮,含水量适宜。

2. 营养品质

蔬菜的营养品质是指蔬菜产品中所含有的对人体健康起作用的化学成分具有的特性,包括纤维素、矿物质、蛋白质、脂肪、碳水化合物等。

(1)营养性　营养成分如蛋白质、脂肪、碳水化合物、水分、维生素、矿物质、纤维素等。

(2)嗜好性　①色,即光学特性,如色彩、光泽、表面光滑与否等;色素,如叶绿素、酚类色素、类胡萝卜素、甜菜红素等;②香,即芳香成分;③味,即美味,如糖——甜、有机酸——酸等;特殊味——辣、微苦等;④质地,即力学特性,如硬度、破碎、弹性、摩擦性、黏性;组织构造;细胞构成物质(纤维、果胶)、舌感、齿感。

(3)安全性　主要指蔬菜中有无自然产生的毒素、大气污染、重金属污染及影响人体健康微生物、异味等;农业生产中的农药、肥料、水对蔬菜造成的污染及施用人、畜粪尿带来的虫卵、病菌等微生物,将严重影响人体健康。

3. 流通性

指在流通环节中的变化如减量、变色、营养值变化、色香味变化、组织软化、微生物变化等,还包括贮藏、输送、包装的规格、标准化等。

4. 加工特性

有调理蔬菜、干燥蔬菜、速冻蔬菜、菜汁、罐头等不同用途。蔬菜加工对产品的品质常有特殊要求。如供制果酱用番茄品种,需要有较高的含酸量和番茄红素含量。

(二)影响蔬菜质量的因素

1. 蔬菜种类及品种

不同蔬菜种类甚至同一作物的不同品种在生长过程中,它的营养成分含量、产品形状、大小、颜色、风味、质地等均有较大差异,是作物的自身遗传性所决定的。因此,生产上宜选择高产优质的蔬菜种类和品种。蔬菜在成熟过程中营养成分不断地变化,有的产品越接近成熟,糖的含量越多,味道越甜(如西瓜、甜瓜)。但也有的产品相反,如豆类的种子。

2. 环境条件

蔬菜生长发育过程中的各种生态环境因子,如不同的地域、温度、光照、水分、气体、营养、生物等都影响产品质量。

3.栽培技术

包括施肥，调控温、光、气、湿。适宜地整地作畦，合理植株调整，及时防治病、虫、草、鼠害，适时产品采收和采后处理，是提高产品品质的最重要手段之一。

4.采收

及时采收才能获得良好的外观品质、内在品质与风味。采收的时期决定于产品的成熟度，蔬菜产品的成熟有两种不同的含义。

(1)商品成熟　即产品器官生长到适于食用的成熟度，具有该品种的形状，大小，色泽及品质，如茄子、黄瓜、菜豆等采收嫩果，而种子并未成熟。

(2)生理成熟　其产品器官是生理上成熟的果实。其种子也已成熟。如西瓜、甜瓜、番茄等。如果提早采收，产量低和品质差。

对于一次性采收的蔬菜，如大白菜、结球甘蓝、马铃薯、萝卜等，只要气候适宜，采收的时间可以适当延迟。对于多次采收的种类，如番茄、辣椒、黄瓜、菜豆等，在结果前期，采收次数勤些有利于后期果实的生长。有的产品在成熟过程中碳水化合物的变化主要是由糖转变为淀粉，干物质增加。如豆类的种子，薯芋类的块茎或块根，越到成熟，淀粉含量越多，也越耐贮藏。番茄等产品，在成熟过程中主要是由淀粉转变为糖，过于成熟以后，质地变软，就越不耐贮藏。宜在早晨或傍晚采收，避开中午的高温。

5.采后处理与贮藏

(1)产品的采后处理、分级与包装　对产品的修理与洗涤。把枯萎、腐烂、有病的部分去掉，按照国家的有关标准和要求进行分级可以增加商品价值。按照产品的大小及体积进行包装，直接面向消费者的可包成小包装，适于超级市场的自动销售的需要。这种小包装的工具可用纸袋、纸盒或塑料包。产品采收后的预冷、修理、洗涤、分级及包装，可以用机械化、自动化操作完成。

(2)贮藏技术　温度高贮藏时间短；温度低贮藏的时间长。除了瓜类、茄果类要求较高的温度(7.2～10℃)外，多数蔬菜在0℃及90%～95%空气相对湿度贮藏效果较好。用“调节空气”贮藏，可以大大延长贮藏时间而不丧失其原来的品质。

(三)提高质量的技术措施

1.选择抗逆性强的优质蔬菜品种

根据生产目的、栽培季节和栽培条件选择抗逆性强、丰产优质的蔬菜品种是确保产品品质的首要因素。

2.实行科学的耕作制度，优化栽培技术措施

通过深耕晒地、熟化土壤、轮作换茬、间作套作、种地养地结合等多种方式，协调营养生长与生殖生长的平衡，不断提高土壤肥力。优化管理技术如合理施肥、科学灌溉及先进的温室温、光、气、湿调控，新兴结构材料、覆盖材料的应用，以及微滴灌溉技术和营养液施肥，综合防治病、虫、草害等的有效利用，将极大提高蔬菜品质。

3.适时采收

适时采收，降低贮运损耗，保持和改进产品品质。过早采收保持绿色的时间较长，但品质

差，延迟采收也会增加对腐烂的敏感性，导致品质变劣。采收时如产品受到损伤常易感染病菌腐烂，由于损伤还会使呼吸显著增强，而缩短贮藏期，故采收要求及时和避免损伤。

4.强化采后处理

加强蔬菜采后处理，除正常的修剪、分级外，部分蔬菜在采后还要进行洗涤，以去掉产品上的尘垢、泥土、病虫和残留的药剂，改进产品的外观，随即进行分级。分级可按照品质、颜色、形状和大小进行。包装是使蔬菜标准化、商品化、保证安全运输和贮藏的重要措施。适当地包装，能保护产品的品质、减低损耗。因为它能在产品搬动、运输的过程中，减少因相互摩擦、碰撞、挤压而造成的机械损伤；可以减少病虫害蔓延；减少水分损失，防止萎蔫，保持新鲜度；包装后的产品还可以减少沾污，有利于保持清洁和便于出售。

工作任务　蔬菜生长环境因子的测定技术

任务说明

任务目标：熟悉小气候观测仪器的使用方法，熟练掌握温室小气候观测的技术。为设施小气候环境监测和调整提供依据。

任务材料：温室、大棚、干湿球温湿度计、最高温度表，最低温度表、套管地温表或热敏电阻地温表、光照度、便携式红外 CO_2 分析仪等。

任务方法与要求：在教师的指导下分组完成蔬菜生长环境因子测定的各任务环节。

工作流程

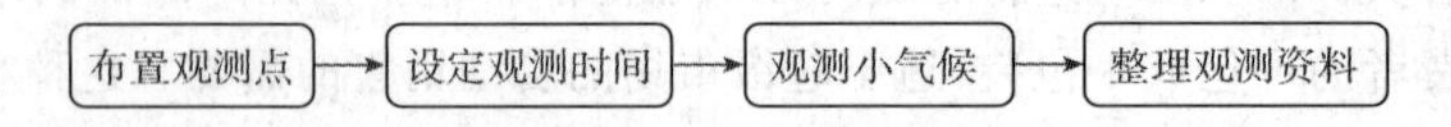

子任务一　布置观测点

设施内水平测点数量，根据设施的面积大小而定，面积为 300～600 m^2 的日光温室可布置 9 个测点(图 1-1)。其中点 5 位于设施的中央，称之为中央测点。其余各测点以中央测点为中心均匀分布。

↑北

1×	2×	3×
4×	5×	6×
7×	8×	9×

图 1-1　设施内环境观测水平测点分布图

测点高度因设施高度、作物状况、设施内气象要素垂直分布状况而定，在无作物时，可设 0.2，0.5，1.5 m 3 个高度；有作物时可设作物冠层上方 0.2 m，作物层内 1～3 个高度；土壤中温度观测应包括地面和地中根系活动层若干深度，如 0.1，0.2，0.3 m 等几个深度。如果人力、物力不足，可适当减少测点，但中央测点必须保留。

子任务二　设定观测时间

选择典型的晴天或阴天进行观测。设施小气候观测的日界定为每日的 20 时。空气温、湿度、土壤温度、CO_2 浓度等测定，每隔 1 h 一次。分别为 20,22,24,2,4,6,8,12,14,16,18 时共 11 次，如温室揭、盖帘时间与上述时间超过 0.5 h，则应在揭盖帘后，及时加测一次。光照度在每日揭帘、盖帘时段内间隔 1 h 一次。

子任务三 观测小气候

在某一点上按光照→空气温、湿度→ CO_2 浓度→土壤温度的顺序进行观测，在同一点上取自上而下，再自下而上进行往返两次观测，取两次观测的平均值。

子任务四 整理观测资料

绘制设施内的光照分布图、等温线图、湿度日变化图、地温日变化图等。

【项目小结】本项目从蔬菜的分类及起源入手，首先介绍了蔬菜的三种分类方法：植物学分类法、食用器官分类法、农业生物学分类法，这三种分类法各有其优缺点，在农业生产上较为实用的是农业生物学分类法；接着介绍了蔬菜生长与产品器官形成、与环境条件之间的密切关系，阐述了通过人为调控环境条件可以为蔬菜创造适宜的生产环境，从而提高蔬菜产品质量的方法；最后以三个工作任务：蔬菜的分类、蔬菜的识别、蔬菜生长环境因子的测定技术等，进一步加深了对蔬菜生产基本原理的理解，并在实践中加以应用，以适应工作岗位的需求。

【练习与思考】

一、填空题

1. ________、________、________、________等蔬菜是绿体春化型蔬菜，特点是________能感应低温而通过春化阶段。

2. 蔬菜的分类方法有________分类法、________分类法、________分类法等。

3. 蔬菜产品的质量包括产品________特性、________特性、________和产品清洁度等。

4. 蔬菜不同种类对营养的需求有差异，如叶菜类对________营养需求量比较大，根、茎菜类以及叶球类蔬菜对________的需求量相对较大，而果菜类需________较多一些。

5. 设施栽培的蔬菜，由于中、短光波透过量较少，容易发生________现象。

二、判断题

6. 胡萝卜按植物学分类属伞形科蔬菜。 ( )

7. 芹菜属喜温性蔬菜。 ( )

8. 瓜类、薯蓣类蔬菜在土质疏松、通透性良好的沙壤土栽培，品质较好。 ( )

9. 无公害蔬菜生产中不允许使用任何化学农药和化学肥料。 ( )

10. 豆类蔬菜都是喜温性蔬菜。 ( )

三、简答题

11. 比较蔬菜三种分类方法的优缺点。

12. 简述蔬菜不同生育期对温度、湿度、光照和营养的要求。

13. 影响蔬菜质量的因素有哪些？如何提高蔬菜产品质量？

14. 举例说明种子春化型蔬菜与绿体春化型蔬菜的特性，说明其在生产中的意义。

15. 根据农业生物学分类法对当地蔬菜进行分类，并指出其在植物学分类上的科属和食用器官。

【能力评价】

在教师的指导下，以班级或小组为单位进行蔬菜分类识别及蔬菜生长环境因子测定的实验实践。实践活动结束后，分小组、学生个人和教师三方共同对学生的实践情况进行综合能力评价，结果分别填入表1-4和表1-5。

表1-4　学生自我评价表

姓名			班级		小组	
试验任务		时间		地点		
序号	自评内容			分数	得分	备注
1	在工作过程中表现出的积极性、主动性和发挥的作用			5分		
2	资料收集的全面性和实用性			10分		
3	措施详细，有创新			10分		
4	有协作、有交流、有结果、有记录			10分		
5	能充分利用现有条件，完成的效果好			10分		
6	对试验过程中出现的问题有反思、有总结			10分		
7	仪器观测方法的规范性和熟练程度			10分		
8	数据记录及整理的规范程度			5分		
9	结论与生产实际相符程度			5分		
10	绘制相关数据图的规范性和熟练程度			20分		
11	态度端正程度，作业按时完及答案正确率			5分		
合计				100分		
认为完成好的地方						
认为需要改进的地方						
自我评价						

表1-5　指导教师评价表

指导教师姓名：________　评价时间：____年____月____日　课程名称：________

试验任务				
学生姓名	所在班级			
评价内容	评分标准	分数	得分	备注
目标认知程度	工作目标明确，工作计划具体结合实际，具有可操作性	5分		
情感态度	工作态度端正，注意力集中，有工作热情	5分		
团队协作	积极与他人合作，共同完成工作任务	5分		
资料收集	所采集的材料和信息对工作任务的理解、工作计划的制定起重要作用	5分		

续表 1-5

生产方案的制订	提出的方案合理、可操作性强，对最终任务的顺利完成起决定作用	10 分		
方案的实施	操作规范、熟练	45 分		
解决生产实际问题	能够较好地解决生产实际问题	10 分		
操作安全、保护环境	安全操作，生产过程不污染环境	5 分		
技术性的质量	完成的技术报告、生产方案质量高	10 分		
合计		100 分		

项目二

蔬菜生产的主要设施及应用

岗位要求

本项目面向的职业岗位是蔬菜设施建造、检修及蔬菜生产管理岗，工作任务是熟练掌握蔬菜设施的建造、检修及棚室环境条件调控，岗位工作要求是掌握蔬菜设施结构类型、性能、建造及应用；设施环境消毒及光照、温度、湿度、水肥营养等调控技术；能熟练进行卷帘机安装、使用及覆盖材料的修补；完成节水管线安装调控和加温设备检修、使用；分析解决生产中技术问题。

知识目标

掌握蔬菜生产的主要保护设施类型、性能及其应用；了解建造设施所用材料的主要类型和特性；掌握设施的建造方法和环境调控方法。

能力目标

能熟练地完成地膜覆盖，覆盖质量良好。能建造电热温床，合理铺设电热线，正确连接控温仪及电源。能够完成大棚温室的建造及其环境调控技术。

蔬菜生产设施主要有简易覆盖、风障畦、阳畦、温床、塑料拱棚、日光温室、加温温室、现代化大型连栋温室等类型。它们的产生是根据生产的需要及生产条件，由小到大、由简单到复杂、由低级到高级逐渐发展起来。近年来，随着科学技术水平不断提高，设施的发展更为迅速。在一些发达国家，由计算机自动化控制的蔬菜工厂已投入生产运行，蔬菜保护地生产开始向现代化、工厂化方向迈进，为蔬菜生产开辟了更加广阔的前景。

子项目 2-1　园艺设施建造场地选择与布局

任务分析

园艺设施建造场地与结构性能、环境调控、经营管理等方面关系很大，因此，在建造前要慎重选择场地。场地的选择主要考虑气候、地形、地质、土壤以及水、电、暖、交通等。

任务知识

一、场地选择

设施建造场地选择南面开阔、高燥向阳、无遮阴的平坦矩形地块；选择避风向阳地带；选择土壤肥沃疏松，有机质含量高，无盐渍化和其他污染源的地块；选择靠近水源、水质好、无污染，冬季水温高的地块；选择交通便利的地块，电力总负荷应充足；选择无污染的地块。

二、设施园区布局

为了充分发挥各种设施的作用和便于组织管理生产，各种设施应相对集中，统一规划，合理设置。大型连栋温室、日光温室、大棚应各自成群，数量多时每群再规划为若干个小区，每个小区成一个独立体系。分区的原则优先考虑主要生产设施的方向和布局，以充分利用土地，尽可能多安排生产设施。

规模大的还要考虑锅炉房、堆煤场、变电所、作业场地、水源、仓库等附属建筑物和办公室、休息室等非生产用房的布局。应该把和每个园艺设施都发生联系的作业室、锅炉房、变电所等共用附属建筑物放在中心部位，将园艺设施生产场地分布在周围。

工作任务　园艺设施建造计划的制订

任务说明

任务目标：了解园艺设施建造场地选择与布局的要求，掌握园艺设施建造计划制订的技术。

任务材料：测量绳、卷尺。

任务方法与要求：在教师的指导下分组完成园艺设施建造计划的制订。

工作流程

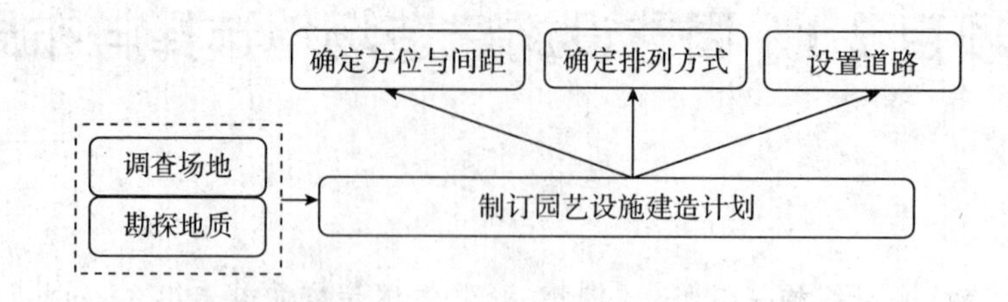

子任务一　调查场地与勘探地质

1. 调查场地

对场地的地形、大小和有无障碍物等进行调查，特别要注意与邻地和道路的关系。先看场地是否能满足需要，其次要看场地需要平整的程度，以及有无地下管道等障碍。此外，还要调查供水、送电和交通等情况。

2. 勘探地质

施工前在场地的某点，挖进基础宽的 2 倍深，用场地挖出的土壤样本，分析地基土壤构成和下沉情况以及承载力等。一般园艺设施地基的承载力在 50 t/m^2 以上。

子任务二　制订园艺设施建造计划

1. 确定方位与间距

园艺设施的场地应为东西延长的长方形，根据设施类型建成温室生产区、大棚生产区、办公区等。将温室、连栋温室放在最北面，向南依次为大棚、阳畦、小拱棚等，连栋温室、大棚和小棚一般采用南北延长，温室阳畦一般采用东西延长。

间距以每栋设施不互相遮光为宜，根据纬度不同，调整设施间距。大棚前后排之间的距离 5 m 左右，即棚高的 1.5～2 倍。大棚左右距离等于棚的宽度，也可 1～2 m，以不遮光为宜。一般东西延长的温室前后排距离为温室高度 2～3 倍，即 6～7 m；南北延长的前后排距离为温室高度的 0.8～1.3 倍。

2. 确定排列方式

设施排列方式主要有对称式和交错式两种(图 2-1)。

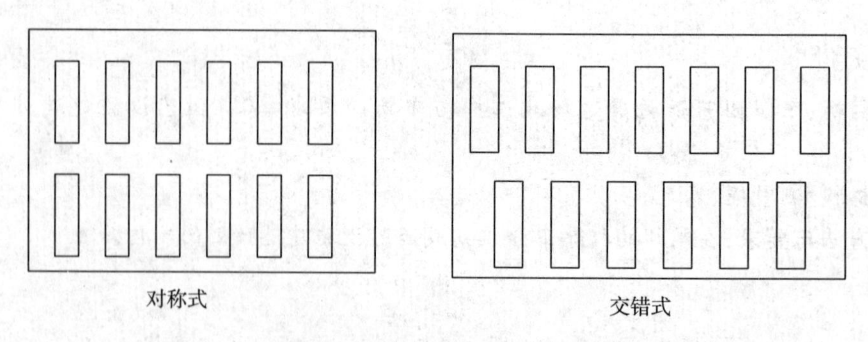

图 2-1　园艺设施排列方式

对称式排列的设施内通风性较好，高温期有利于降温，但低温期的保温效果较差；交错式排列的设施群内无风的通道，挡风、保温性能好，但高温期的通风降温效果不佳。

3. 设置道路

主干道路宽 6 m，允许两辆汽车并行或对开，设施间支路宽能在 3 m 左右。保证雨雪季节畅通。注意道路与灌水、排水渠的设置。

4. 非生产性建筑计划

在布局上保证各个设施单元之间的联系，包括锅炉房、变电所、作业室、仓库、办公室、供水系统等附属设施的联系（图 2-2）。管理栋、作业室、电气室、锅炉房等设在中心。

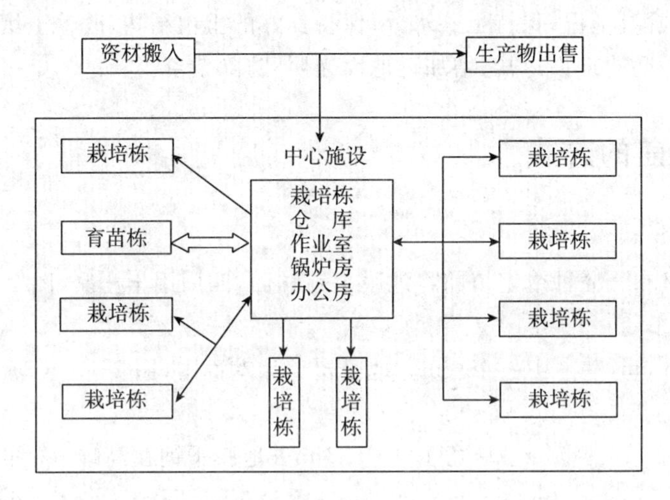

图 2-2　设施图的用地配置

子项目 2-2　地膜覆盖

任务分析

地膜覆盖是利用很薄的塑料薄膜覆盖于地面或近地面的一种简易栽培方式，是现代农业生产中既简单又有效的增产措施之一。具有促进植株生长发育，提早开花结果，增加产量、减少劳动力成本，我国目前在 40 多种作物上大面积推广，占世界地膜覆盖面积 70%以上。

任务知识

一、地膜的种类与性能

地膜的种类很多，应用最广泛的为 0.005～0.015 mm 厚的聚乙烯地膜。按覆盖面积 70%～80%计算，每 667 m^2 用膜 7.5～10 kg，超薄地膜用 5 kg 左右。

1. 无色透明地膜

使用广泛。透光率高，一般可使土壤最低温度提高 2～4℃。

2. 有色地膜

黑色地膜、绿色地膜、银灰色地膜和黑白双面地膜等，对太阳辐射光谱的透射、反射和吸收性能不同，进而对作物的生长发育也有不同的影响。

3. 具有特殊功能的地膜

具有特殊功能的地膜包括耐老化长寿地膜、除草地膜、有孔地膜等。

二、地膜覆盖的效应

地膜覆盖具有提高地温；保持土壤水分；保持良好的土壤结构，改善土壤的理化性状；提高土壤中的速效养分；防止地面返盐；增加近地面光照；防除杂草。

三、地膜覆盖的方式

1. 平畦覆盖

畦宽 1.0～1.2 m。播种或定植前将地膜平铺畦面，四周用土压紧（图 2-3）。

2. 高垄覆盖

垄底宽 50～85 cm，垄高 10～15 cm。地膜覆盖于垄面上（图 2-4）。

3. 高畦覆盖

畦面高出地平面 10～15 cm，畦宽 1.0～1.2 m。地膜平铺在高畦上（图 2-5）。

4. 沟畦覆盖

将畦做成 50 cm 左右宽的沟，沟深 15～20 cm，把育成的苗定植在沟内，然后在沟上覆盖地膜（图 2-6），这种方式可提早定植 7～10 d。

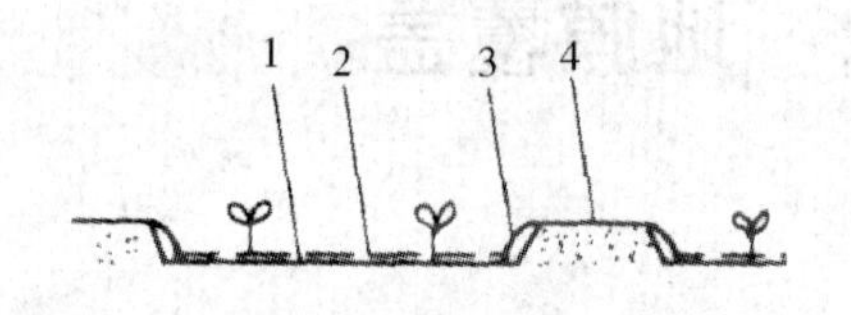

图 2-3　平畦地膜覆盖栽培横剖面示意图

1. 畦面　2. 地膜　3. 压膜土　4. 畦埂

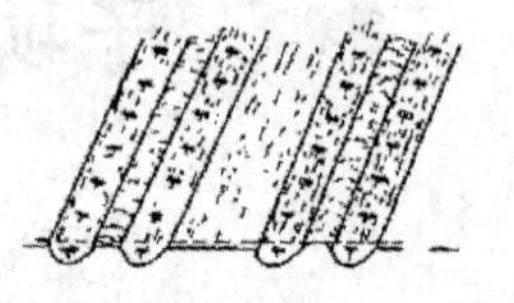

图 2-4　高垄覆盖

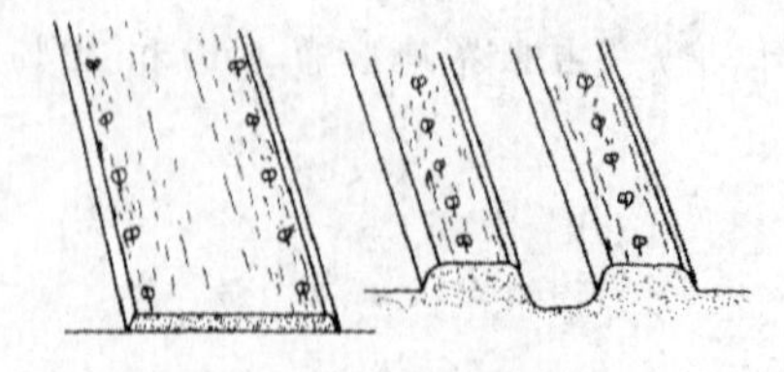

图 2-5　高畦覆盖

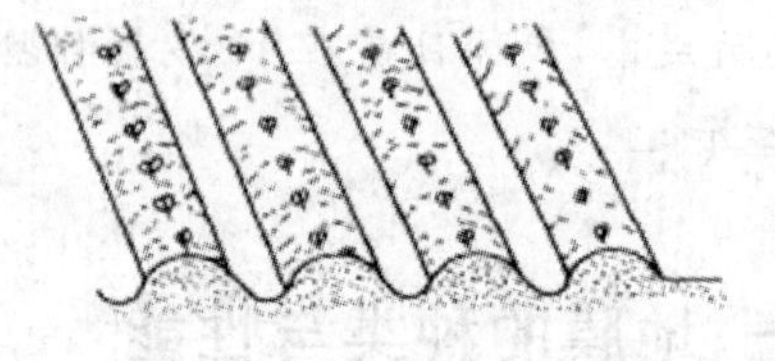

图 2-6　沟畦覆盖

5. 穴坑覆盖

在畦或垄上打成深 10～15 cm 穴坑，穴内播种或定植作物，然后在穴顶上覆盖地膜，等苗顶膜后割口放风。

工作任务　地膜覆盖技术

任务说明

任务目标：了解地膜的种类和特性、地膜覆盖的效应和方式；掌握地膜覆盖的技术流程和技术。

任务材料：地膜、农药、有机肥和化肥、生产用具等。

任务方法与要求：在教师的指导下分组完成地膜覆盖各任务环节。

工作流程

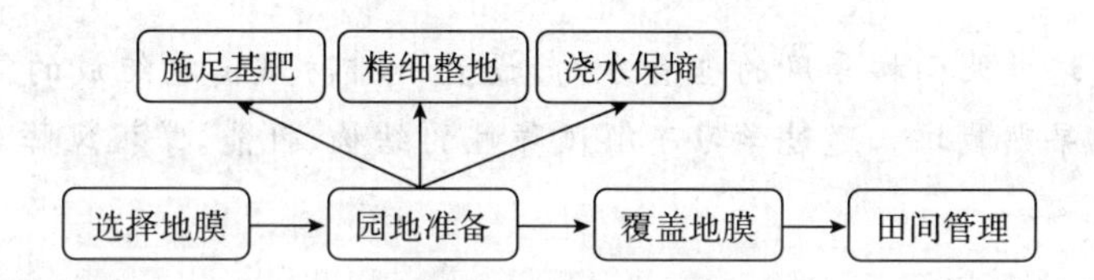

子任务一　选择地膜

农用地膜厚度标准不得低于0.008 mm。一般667 m^2 地膜用量为3.5 kg。

子任务二　园地准备

1.施足基肥

基肥施用量占全生长期的70%～80%，以有机肥为主，化肥以复合肥、钙镁磷肥最好，耕犁时撒施，通过翻、耙使之与耕层土壤混合，然后作畦。

2.精细整地

一般垄（畦）高10～15 cm，垄要做成"圆头垄"。

3.浇水保墒

如果土壤墒情不好，在覆膜前要灌水，保证底墒，使苗齐、全、壮。

4.喷除草剂

用量少于不覆地膜的。如土壤含水量过高，应待湿度适宜时再喷除草剂。

子任务三　覆盖地膜

人工覆膜时最少3人一组，一人铺展地膜，二人分别在畦两侧培土将地膜边缘压上，地膜要拉紧、铺正，并与垄面紧密接触，压紧封严。覆盖面积占垄（畦）面的3/5。

采用机械覆膜技术，作业质量好，地膜展得平、贴得实、封得严，作业效率高，小型拖拉机配套机具能提高5～15倍；667 m^2 比人工覆膜省0.5～1.0 kg地膜。

子任务四　田间管理

1.检查地膜

前期经常检查地膜，如地膜破洞、翘边现象，要及时用土压实。

2. 经常浇水

生长后期或高温期应及时浇水，采用小水勤浇。

3. 剔出杂草

膜下如果有杂草应及早剔出，以免产生草荒。

子项目 2-3 风障畦的设置

任务分析

风障畦是在栽培畦北面按季风的垂直方向，设置一排防风篱笆组成的简易保护设施。用于蔬菜越冬和露地早熟栽培。通过学习了解风障畦的结构、性能，掌握风障畦的建造技术。

任务知识

一、风障畦的结构与性能

风障畦是由风障和栽培畦组成。风障由篱笆、披风和土背组成。风障多用玉米秆、芦苇、稻草、山茅草、苇席、草包片、高粱秸秆、旧塑料薄膜等材料构成。

风障的作用是减弱风速；提高近地面的气温和地温；增加畦面 CO_2 浓度；保持较高的空气相对湿度。此外，风障还有防霜、防流沙、防暴风的作用；畦温比露地高 6℃左右。

二、风障畦的类型

1. 小风障畦

在栽培畦的北侧立高 1～2 m 的挡风屏障。防风效果较差，春季有效防护范围 2 m 左右。一般只用于在早春定植前期的防风、保温防护。

2. 大风障畦

分为简易风障畦和完全风障畦（图 2-7）。

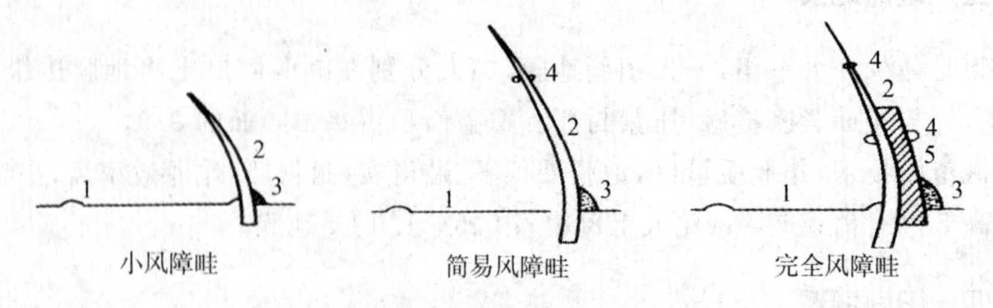

图 2-7 风障畦示意图

1. 栽培畦 2. 篱笆 3. 土背 4. 横腰 5. 披风

(1)简易风障畦 又称迎风障，在栽培畦北侧只设一排篱笆，高 2.0～2.5 m。

（2）完全风障畦　由篱笆、披风、土背和栽培畦四部分组成。风障高2.0～2.5 m，并附有1～1.5 m的披风。

三、风障畦的应用

春季主要用于春季叶菜类的早熟栽培，水萝卜、小白菜等；也用于耐寒蔬菜，如甘蓝春季提早定植；秋冬季芹菜、韭菜、菠菜、小葱等蔬菜的越冬栽培；蔬菜的假植贮藏等。

工作任务　风障畦的建造

任务说明

任务目标：了解风障畦的结构、性能、类型和应用；掌握风障畦建造的流程和技术。

任务材料：篱笆骨架材料、披风草、生产用具等。

任务方法与要求：在教师的指导下分组完成风障畦建造各任务环节。

工作流程

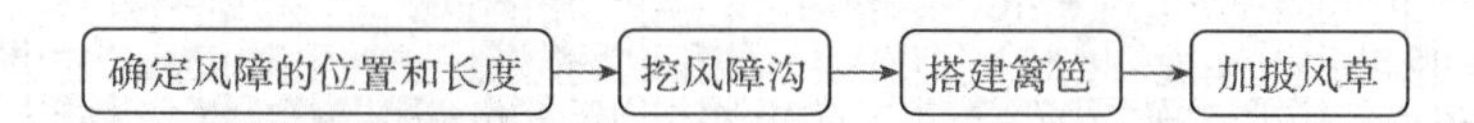

子任务一　确定风障的位置和长度

1. 风障的方位和角度

风障延长方向与当地季候风的方向垂直，东西延长或南偏东5°的方向；风障与地面的夹角，冬、春季以保持70°～75°为好。温暖季节与地面垂直。

2. 风障的间距

完全风障主要在冬春季使用，风障间距为5～7 m，或相当于风障高度的3.5～4.5倍。简易风障主要用于春季及初夏，距离为8～14 m。小风障的距离为1.5～3.3 m。

3. 风障的长度和排数

设置长排风障时，单排风障不如多排的防风、保温效果好。但在风障材料不足时，减少设置排数而延长风障的长度效果好。

子任务二　挖风障沟

在风障畦的北侧挖一道深20～30 cm、宽30～40 cm的沟，挖出的土翻到北面。

子任务三　搭建篱笆

高粱秸或芦苇等材料，按照与畦面呈70°～80°的角，放入沟内埋好，并将挖出的沟土培在风障基部。为了固定风障角度和增加坚固性，可在风障两端和中间事先深埋数根木杆。

子任务四　加披风草

在风障背后加披草苫子，再覆以披土，披土的高度为40～50 cm。在风障离地面1～1.5 m

处加一道腰拦,大风障则需加二道腰拦,即用竹竿或数根高粱秸横向于风障两面夹好、绑紧。

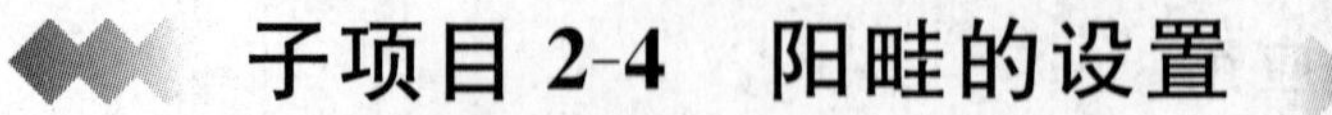

子项目 2-4　阳畦的设置

任务分析

阳畦又叫冷床,在华北地区作为露地蔬菜播种床、移植床。在高寒地区,用作移植床。通过学习了解阳畦的结构、性能、类型;掌握阳畦的建造技术。

任务知识

一、阳畦的结构与性能

1. 阳畦的结构

阳畦由风障、畦框、透明覆盖物(玻璃、塑料薄膜)、保温覆盖物(草帘、蒲席)组成。

2. 阳畦的性能

(1)温度季节、日变化　阳畦的温度随外界气温的变化而变化。畦内晴天温度较高,阴雪天气温度较低。昼夜温差可达 10～20℃。畦面四周温度低于中间,北侧温度高于南侧。

(2)湿度的变化　阳畦内湿度随着温度变化而变化,白天最低空气相对湿度为 30%～40%,夜间封闭后湿度可达 80%～100%。

二、阳畦的类型

1. 普通阳畦

(1)抢阳畦　北框高于南框,畦面向南成坡面,故名抢阳畦。一般北框高 40～60 cm,南框高 20～40 cm,畦面宽 1.8 m,畦长 6～10 m(图 2-8)。

(2)槽子畦　南北两框接近等高,似槽形。框高 30～50 cm,框宽 35～40 cm,畦面宽1.7 m,畦长 6～10 m。

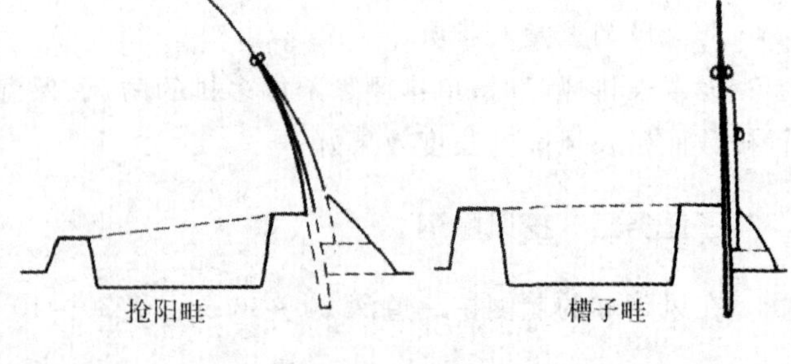

图 2-8　阳畦

2. 改良式阳畦

改良阳畦又称小暖窖、立壕子等,是在阳畦的基础上改良而来,提高了防寒保温效果。按屋面形状可以分为一面坡式改良阳畦和拱圆式改良阳畦(图 2-9)。长 20～30 m。一面坡式改良阳畦的前屋面与地面的夹角为 40°～45°,拱圆式改良阳畦接地处夹角为 60°～70°。

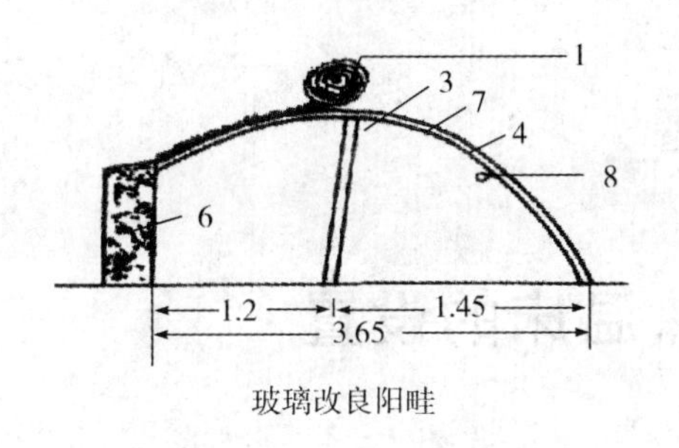

玻璃改良阳畦

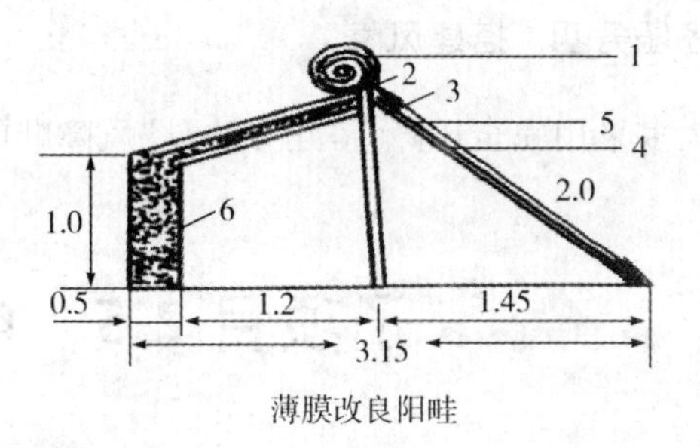

薄膜改良阳畦

图 2-9　改良阳畦(单位:m)

1.草苫　2.土顶　3.柁、檩、柱　4.薄膜　5.窗框　6.土墙　7.拱杆　8.横杆

三、阳畦的应用

各地普遍使用,用于蔬菜季育苗、假植贮藏、早熟栽培、延后栽培和越冬栽培等。

工作任务　阳畦的建造

任务说明

任务目标:了解阳畦的结构、性能、类型和应用;掌握阳畦建造的流程和技术。

任务材料:砖、透明覆盖物、不透明覆盖物、生产用具等。

任务方法与要求:在教师的指导下分组完成阳畦建造各任务环节。

工作流程

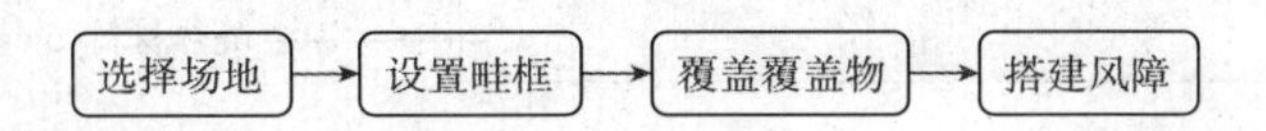

子任务一　选择场地

选择地势高燥、土壤质地好、灌溉方便的地块,周围无高大遮阴物,方向为东西向延长。

子任务二　设置畦框

秋末开始施工,土壤封冻以前完工,畦框用土或砖砌成,分为南北两框及东西两侧框。

子任务三　覆盖覆盖物

1.覆盖透明覆盖物

在畦框上做支架,然后覆盖塑料薄膜或者玻璃窗。

2.加盖不透明覆盖物

阳畦的防寒保温设备,采用草苫和蒲席覆盖。

子任务四　搭建风障

大多采用完全风障，搭建方法见“风障畦的建造”。

子项目 2-5　电热温床的设置

任务分析

电热温床是以电加温线通电加温的温床。具有增温性能好，温度控制精确，设备简便，成本较低，安全等优点。通过学习了解电热温床的结构、应用，掌握电热温床的建造技术。

任务知识

一、电热温床的结构

以电加温线铺在阳畦中构成，电加温线上铺培养土。电热温床结构纵断面见图 2-10。

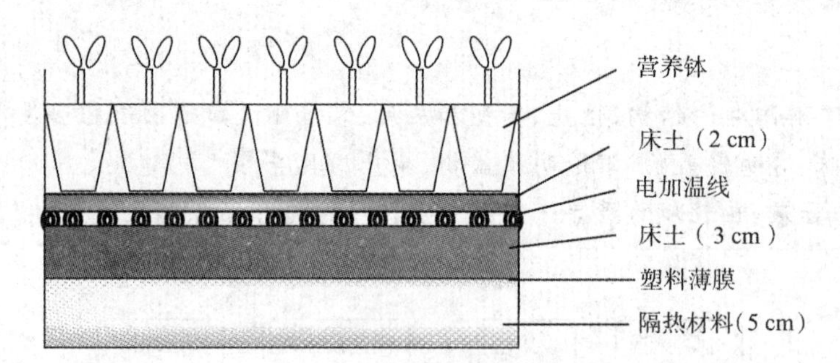

图 2-10　电热温床结构纵断面示意图

二、加温原理及设备

电热线加温是利用电流通过电阻大的导体，将电能变成热能而使床土增温。电热温床具有升温快、地温高、均匀，通过控温仪自动控制床温的。

电热加温的设备主要有电热加温线、控温仪、继电器、电闸盒、配电盘等。其中，电热加温线(表 2-1)和控温仪(表 2-2)是主要设备，应用较多的是上海农业机械研究所生产的。

表 2-1　电加温线的主要参数(电压:220 V)

型号	功率(W)	长度(m)
DR208	800	100
DV20406	400	60

续表 2-1

型号	功率(W)	长度(m)
DV20608	600	80
DV20810	800	100
DV21012	1 000	120
DP22530	250	30
DP20810	800	100
DP21012	1 000	120

表 2-2　控温仪的型号及参数

型号	控温范围(℃)	负载电流(A)	负载功率(kW)	供电形式
BKW-5	10～50	5×2	2	单相
BKW	10～50	40×3	26	三相四线制
KWD	10～50	10	2	单相
WKQ-1	10～50	5×2	2	单相
WKQ-2	10～40	40×3	26	三相四线制
WK-1	0～50	5	1	单相
WK-2	0～50	5×2	2	单相
WK-10	0～50	15×3	10	三相四线制

三、电热温床的应用

多在温室、大棚内的平畦下面铺设电热线而成。主要用于蔬菜育苗和扦插繁殖。

工作任务　电热温床的设计与建造

任务说明

任务目标：了解电热温床的结构和应用；掌握电热温床建造的流程和技术。

任务材料：电热线、控温仪、透明覆盖物、不透明覆盖物、电工用具、生产用具等。

任务方法与要求：在教师的指导下分组完成电热温床建造各任务环节。

工作流程

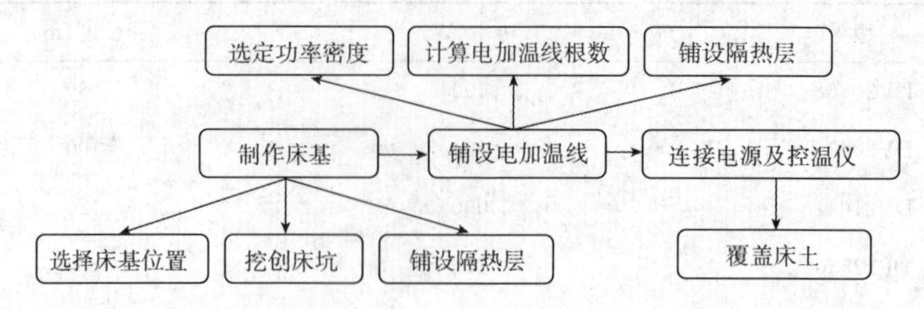

子任务一　制作床基

1. 选择床基位置

电热温床的床基应设在有保护设施的场地，如日光温室、大棚等。

2. 挖床坑

床坑深 25～30 cm，平整床基。

3. 铺设隔热层

隔热层材料就地取材，如稻糠、麦秸、稻草、木屑、马粪等均可。先铺上 5～10 cm 厚保温材料，上面再盖一层塑料薄膜，薄膜上覆盖 3～5 cm 厚的培养土。

子任务二　铺设电加温线

1. 选定功率密度

电热温床的功率密度是指每平方米铺设电加温线的瓦数。适宜的功率密度参考表 2-3，电热育苗床功率随气候条件、散热条件和作物需种类而异，一般功率取 90～120 W/m^2。

表 2-3　电热温床适宜的功率密度

（葛晓光，1995）　　W/m^2

设定地温(℃)	基础地温(℃)			
	9～11	12～14	15～16	17～18
18～19	110	95	80	—
20～21	120	105	90	80
22～23	130	115	100	90
24～25	140	125	110	100

2. 计算电加温线根数

根据单根电加温线的功率、电热温床功率密度及苗床面积计算。

$$电加热线根数=\frac{功率密度\times苗床长\times苗床宽}{单根电加温线功率}$$

3. 计算布线道数和间距

根据每根电加温线的长度和苗床的长、宽，求电加温线要在苗床上往返道数。

$$布线道数=\frac{电加温线-苗宽\times2}{床长\times0.2(m)}\qquad 布线平均间距=\frac{床宽}{布线到数+1}$$

4. 布线

为方便接线，布线道数应为偶数。苗床的边缘散热快，两边线距适当缩小，中间线距适当拉大。根据计算好的布线间距，在苗床两端用竹棍固定电加温线(图 2-11)。

图 2-11 电热温床布线方法示意图

5. 电热线使用注意事项

①电热线使用时只能并联，不能接长或剪短。

②整盘电热线不得在空气中通电试验和使用，以免烧坏绝缘层而漏电。

③电热线使用时要拉紧放直，不能交叉、重叠和打结，接头用胶布包好，防止漏电。

④在苗床作业时，一定要切断电源之后进行，保证安全。注意不要损伤电热线。

⑤收线时，清除盖在上面的土，轻轻提出，不要用锹深挖、硬拔、强拉，以免切断电热线或破坏绝缘层。电热线取出后洗净，卷成盘捆好，放在阴凉处保存。

子任务三 连接电源及控温仪

控温仪按仪器说明接通电源，并把感温插头插在温床的适当位置。接线时，功率＜2 000 W(10 A 以下)可采用单相接法；功率＞2 000 W 时，采用单相加接触器(继电器)和控温仪的接法；功率电压较大时可采用 380 V 电源，选用与负载电压相同的交流接触器。

图 2-12(a)为单相直接供电，即将电热线与电源通过开关直接连接。这种接法电源的启闭靠人控制，很难准确控制温度。

图 2-12(b)为单相加控温仪和继电器连接法。当电热线的总功率大于控温仪最大允许负载时，可采用这种方法。

图 2-12(c)为单相加控温仪法。当电热线的总功率小于或等于控温仪最大允许负载时，可采取这种方法。这种接法可以自动控制温度。

图 2-12(d)为三相四线制线路加控温仪和继电器连接法。苗床面积大，需此连接方法。

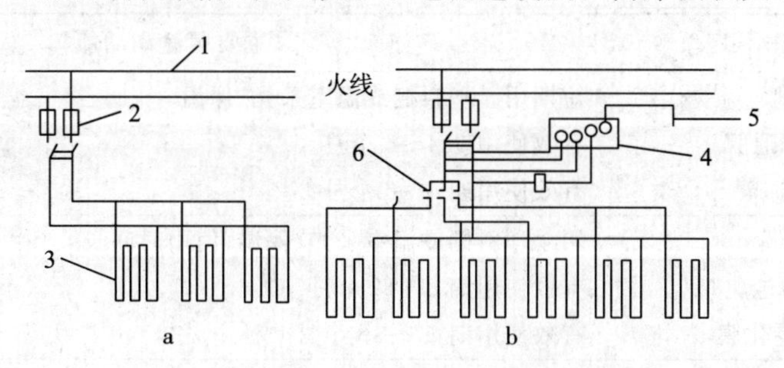

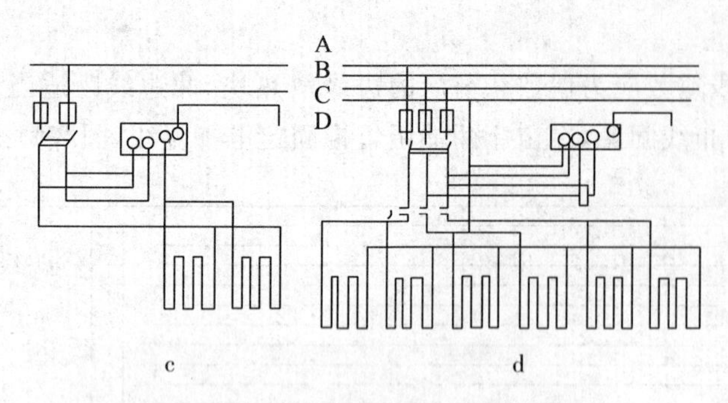

图 2-12　电热线及控温仪的连接方法

1. 电源线　2. 电闸　3. 电热线　4. 控温仪　5. 感温头　6. 交流接触器

子任务四　覆盖床土

布线后，用万用表检查电加温线畅通后，覆盖 10 cm 厚营养土。若用营养钵或育苗盘育苗，则在先覆盖 0.5～5 cm 的土，踏实，摆放营养钵或育苗盘。

子项目 2-6　塑料拱棚的设置

任务分析

塑料拱棚是一种建造容易、使用方便、投资较少的保护地栽培设施，可以进行提早、延后栽培，延长作物的生长期，达到早熟、晚熟、增产稳产的目的，生产上广泛应用。通过学习了解塑料拱棚的结构、性能、类型和应用，掌握塑料拱棚的建造技术和扣棚技术。

任务知识

一、设施塑料薄膜的种类与性能

按原料分为聚氯乙烯棚膜(PVC)、聚乙烯(PE)棚膜和乙烯-醋酸乙烯聚物(EVA)农膜；按农膜的功能及特性分为无滴膜、有滴膜、复合膜。塑料薄膜的种类及功能见表 2-4。

表 2-4　设施塑料薄膜的种类及功能

	种　类	主要用途和功能
普通膜	普通农膜	短期用于塑料棚或温室采光、保温
	PVC 普通膜	有效使用期 4～6 个月
	PE 普通膜	有效使用期 4～6 个月
防老化膜	防老化膜	用于塑料棚或温室采光、保温，使用时间长
	PVC 防老化膜	有效使用期 8～12 个月
	PE 防老化膜	有效使用期 12～18 个月

续表 2-4

种	类	主要用途和功能
双防膜	双防膜	防雾滴、防老化,用于塑料棚或温室采光、保温,使用时间长
	PVC 双防膜	有效使用期 8～10 个月,流滴持效期 4～6 个月
	PE 双防膜	有效使用期 12～18 个月,流滴持效期 2～4 个月
多功能复合膜	多功能复合膜	用于塑料棚或温室,有防老化、防雾滴、保温、防病等多种功能
	PE 多功能复合膜	有效使用期 12～18 个月,流滴持效期 3～6 个月,保温、防病
	EVA 多功能复合膜	有效使用期 18～24 个月,流滴持效期 8 个月以上,保温、高透光
调光膜	调光膜	用于塑料棚或温室采光、保温,能调节光照度和光质
	漫反射膜	将直射光转变成均匀的散(漫)射光,促进光合作用
	光转换膜	能将太阳光谱中的紫外光或红外光转变成红橙光,促进光合作用
	有色膜	专用于覆盖某种作物,如紫色膜可用于棚、室栽培韭菜等蔬菜
	反光膜	用于增加棚、室内光照度;促进果实成熟

二、塑料小棚的类型、结构及应用

1. 塑料小棚的结构和类型

小棚的规格一般高为 1～1.5 m,宽 1.5～3 m,长度 10～30 m。拱架主要是用细竹竿、毛竹片、荆(树)条,直径 8 mm 钢筋等弯成拱形,上面覆盖塑料薄膜。应用的形式见图 2-13。

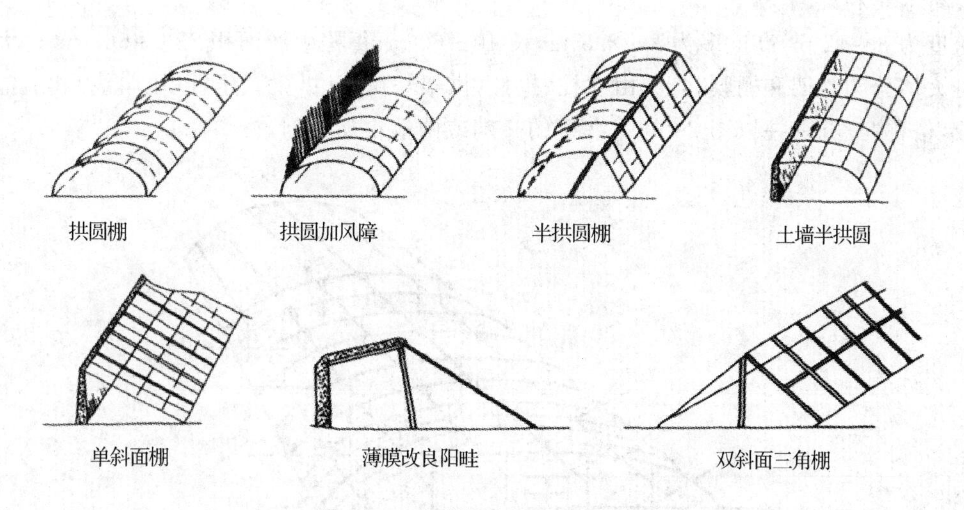

图 2-13 小拱棚的几种覆盖类型

2. 小棚的应用

小棚应用广泛,可以采用草苫覆盖防寒,因此,在早春定植期可早于大棚。主要用于耐寒性蔬菜的早春生产及喜温蔬菜的提早定植;秋季延后或越冬栽培耐寒蔬菜;蔬菜育苗等。

三、塑料中棚的类型、结构及应用

1. 塑料中棚的结构和类型

(1)拱圆形中拱棚　一般跨度为3～6 m。长度根据需要及地块长度确定。

(2)半拱圆中拱棚　棚向为东西方向延长，北面筑1.5 m左右高的土墙和砖墙，南面设立拱架，拱架的一端插入地中，另一端搭设在墙上，形成半拱圆形拱架，上面覆盖塑料薄膜。

2. 中棚的应用

可加盖草苫防寒，性能优于小棚。用于果菜类蔬菜、水果和花卉的春早熟和秋延后栽培。

四、塑料大棚的类型、结构、性能及应用

(一)塑料大棚的类型

大棚按棚顶形状分为拱圆形和屋脊形，我国绝大多数为拱圆形。按骨架材料则可分为竹木结构、钢架混凝土柱结构、钢架结构、钢竹混合结构等。按连接方式又可分为单栋大棚、双连栋大棚和多连栋大棚。

(二)塑料大棚的结构

1. 竹木结构大棚

跨度为8～12 m，高度多为2～2.5 m，长40～60 m，每栋生产面积333～667 m^2。大棚的结构可大体分为骨架和棚膜，骨架由立柱、拱杆(拱架)、拉杆(纵梁)、压杆(压膜线)和地锚等部件组成，俗称“三杆一柱”(图2-14)。在棚的一端或两端设立棚门。

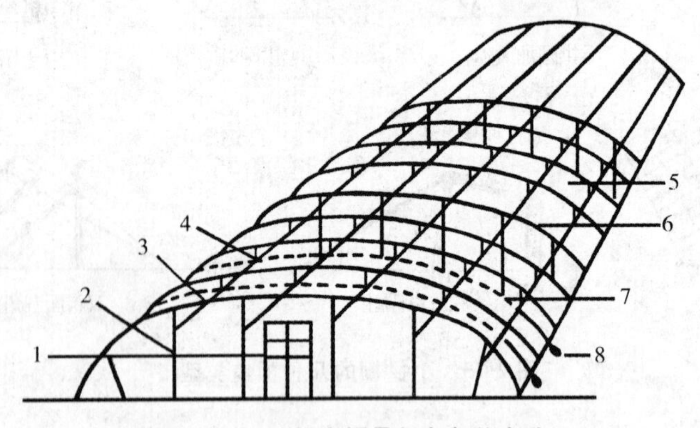

图2-14　塑料大棚骨架各部位名称

1. 棚门　2. 立柱　3. 拉杆　4. 吊柱　5. 棚膜　6. 拱杆　7. 压杆　8. 地锚

(1)立柱　支撑拱杆和棚膜的重量，并且承载雨雪负荷和受风压与负风压(向上的引力)的作用，纵横成直线排列。

竹木结构大棚立柱多，棚内遮阴面积大，作业不方便，可采用“悬梁吊柱”式(图2-15)，即用

固定在拉杆上的小悬柱代替，使立柱减少 2/3。

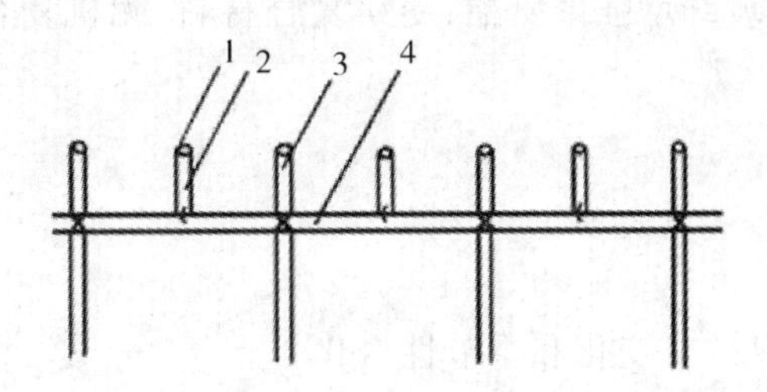

图 2-15　“悬梁吊柱”示意图

1. 与拱杆连接的位置　2. 吊柱　3. 立柱　4. 拉杆

(2)拱杆　固定在立柱上支撑棚膜的骨架。拱杆可用直径 3～4 cm 的竹竿或直径 6 cm 左右的木杆。

(3)拉杆　纵向连接立柱的木杆或竹竿，使立柱与拱杆构成的每一组大棚拱架“手拉手”连在一起，使整个大棚的拱架成为一个整体，提高稳定性和抗负载能力。

(4)压杆　是在大棚膜上面位于两拱杆之间的木杆或竹竿。起到固定棚膜并使之绷紧的作用。压杆的两端用 8 号铁线或绳子在大棚的两侧与地锚相连。有专用的塑料压膜线。

(5)棚门　大棚两端各设一个大门，门的大小要考虑作业方便，利于保温。

2. 钢架结构大棚

骨架用钢筋或钢管焊接而成，宽一般 10～12 m，高多为 2.5～3 m，长 50～60 m。单栋面积一般在 667 m^2 左右。特点是坚固耐用，空间较大，中间无立柱或少立柱，便于作业，遮光少，使用寿命长。在生产上广泛应用。因骨架结构的不同可分为：单梁拱架、双梁平面拱架(图 2-16)、三角形(图 2-17)拱架。

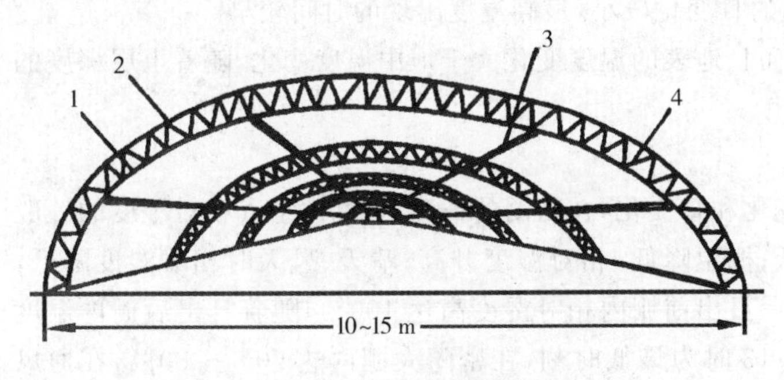

图 2-16　钢架大棚

1. 下弦　2. 上弦　3. 纵拉杆　4. 拉花

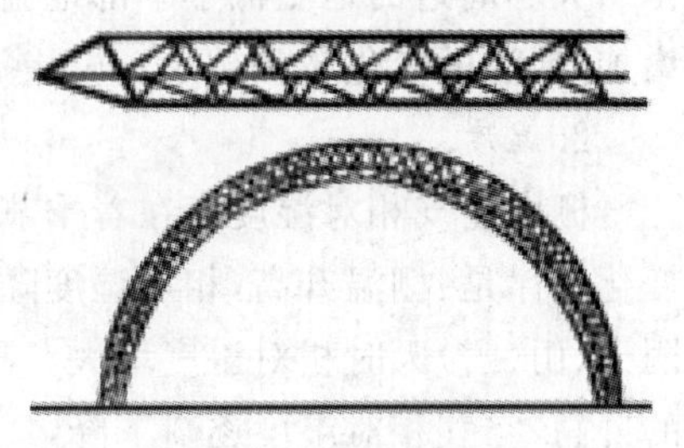

图 2-17　三角形钢拱架

3. 镀锌钢管装配式大棚

采用镀锌的薄壁钢管为骨架建造而成，无立柱。用专门的连接部件把拉杆与拱杆紧紧固定在一起，增强了抗压能力。

4. 混合结构大棚

结构与竹木结构大棚基本相同，部分结构用其他材料代替，用钢材代替立柱的称作钢木结构大棚；用混凝土做立柱的称作混合结构大棚。

5.其他新型材料大棚

目前还有采用玻璃钢、玻纤增强聚氨酯、菱镁复合材料、无机复合发泡材料等为骨架建造的大棚。

(三)大棚的性能

1.温度

大棚内温度存在着明显的日变化和季节性变化。

(1)温度的日变化　与外界基本相同,即白天气温高,夜间气温低。但变化比外界气温剧烈,晴天温差大,阴天温差小。晴天时温差30~35℃,阴天15℃左右棚内最低气温出现在日出之前,比最低土温出现的时间早2 h左右。日出后1~2 h棚温迅速升高,7~10时气温回升最快,在不通风的情况下平均每小时升温5~8℃。最高温出现在12~13时。15时前后棚温开始下降,平均每小时下降5℃左右。夜间气温下降缓慢,平均每小时降温1℃左右。

大棚早春增温能力一般为8~10℃;外界气温升高时增温值可达20℃以上。大棚内存在低温霜冻和高温危害的危险。大棚在夜间有时会出现棚温低于外界温度的"逆温现象"。

(2)温度的季节性变化　大棚内的气温和露地气温季节性变化趋势相同,除6月份炎热季节外,各季节大棚内的气温均高于露地气温。

(3)棚内温度分布　棚内不同部位的温度状况有差异,日出后,大棚东侧的温度较西侧高。中午高温区在棚的上部和南端;下午西侧温度较东侧高。大棚内垂直方向上的温度也不相同,白天棚顶部的温度高于底部3~4℃,夜间下部的温度高于上部1~2℃。大棚四周近边缘位置的温度比中央部分低。

(4)大棚的地温　大棚内的地温也存在着明显的日变化和季节变化,与气温相比,地温比较稳定,且地温的变化滞后于气温。晴天上午太阳出来后,地温迅速升高,14时左右达到最高值,15时后温度开始下降。阴天地温的日变化较小,最高温度出现的时间较早。

大棚周边的地温低于中部地温,而且地表的温度变化大于地中温度变化,随着土层深度的增加,地温的变化越来越小。

2.湿度

棚内空气相对湿度存在着季节变化和日变化,在密闭的情况下,棚内空气相对湿度的一般变化规律是:棚温升高,相对湿度降低;棚温降低,相对湿度升高;晴天、风天时相对湿度降低,阴天、雨(雪)天时相对湿度增大。早晨日出前棚内相对湿度高达100%,随着日出后棚内温度的升高,空气相对湿度逐渐下降,12~13时为最低时刻,在密闭大棚内达70%~80%,在通风条件下,可降到50%~60%;午后随着气温逐渐降低,空气相对湿度又逐渐增加,午夜可达到100%。

3.光照

大棚内光照状况与天气、季节及昼夜变化有关,还与棚的方位、结构、建筑材料、覆盖方式、薄膜洁净和老化程度等因素有关。

(1)光照的季节变化　南北延长的大棚光照强度由冬—春—夏的变化是不断加强,透光率不断提高;随着季节由夏—秋—冬,棚内光照则不断减弱,透光率也降低。

(2)棚内的光照分布　大棚内光照存在着垂直变化和水平变化。从垂直看,越接近地面,光照度越弱；越接近棚面，光照度越强。从水平看，南北延长的大棚棚内的水平照度比较均匀，水平光差只有1%左右。东西向延长的大棚，不如南北延长的大棚光照均匀。

(四)大棚的应用

塑料大棚主要用于喜温蔬菜、半耐寒蔬菜的春提前和秋延后栽培，以及果树的促成栽培。在花卉上，可作花卉的越冬设备。

工作任务1　塑料大棚建造

任务说明

任务目标：了解塑料大棚的基本设计、建造原理；掌握塑料大棚的建造技术。

任务材料：经纬仪、立柱、拉杆、拱杆、铁丝、石头、建造工具等。

任务方法与要求：在教师的指导下分组完成大棚建造的各任务环节。

工作流程

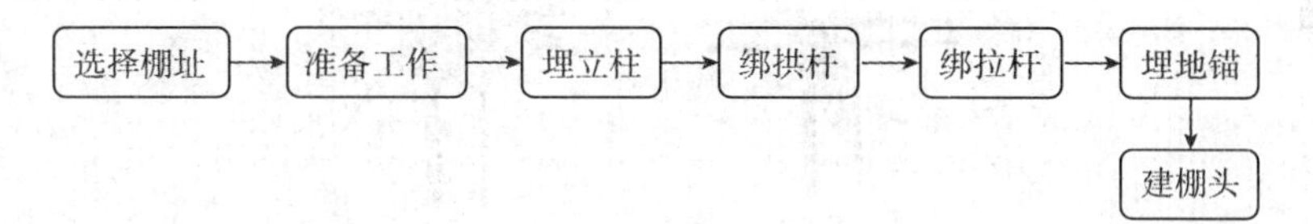

子任务一　选择棚址

棚址应选地势平坦、土壤肥沃、地下水位较低、排水良好、避风向阳，在东西南三面没有高大的建筑物或树木，光照充足的地点。产地环境条件符合NY 5010—2002的规定，土壤的卫生标准应符合NY 5010—2001的规定，水质符合GB 5084规定的标准。

子任务二　准备工作

建棚时间以栽培时间确定，用于秋延后栽培，应在8月之前建完；用于春季提早栽培，应在入冬封冻前建完。

1. 准备建材

立柱应用直径5～8 cm的松木方或硬杂木。拱架应选用直径2～4 cm、长3～5 m的竹竿，有条件的地方可用宽3 cm左右的毛竹片，纵向拉杆应选用直径2～2.5 cm、长4～6 m的粗竹竿。建棚材料的数量要根据建棚的数量和大小来定。所用杆、柱等材料应去皮、去枝杈、烤直、修整成圆杆，使能接触到棚膜的部位达到光滑、不能造成膜的损伤。

2. 定位放样

大棚方位以南北走向为好，根据大棚的建造规格，设计大棚的跨度和长度，长宽比值等于或大于5较好。大棚的高跨比，北方大棚高跨比以1∶(4～6)为宜；南方高跨比为1∶(2.5～3)。一般棚宽4～8 m，长30～50 m，高1.6～2 m。建立大棚群时，应使棚间距达到1.2～1.5 m，棚头距离4～5 m，有利运输和通风，避免遮阴。

确定大棚4个角，使4个角均成直角，打下定位桩，在定位桩之间拉好定位线，最好用水平仪矫正平整地面。每一拱杆由3～5根立柱支撑，拱杆间距1～1.2 m。标出宽度两端立柱位置点，然后两端拉线标出纵向立柱各点，点上白灰放样，然后挖建棚用的坑，包括埋立柱、拱杆、地锚的坑，坑深50～60 cm。

子任务三　埋立柱

用木杆或水泥预制柱。下垫基石或红砖，为确保牢固，在立柱下端钉一横木。在立柱顶端向下30 cm处打孔，以备固定拉杆用。同一排立柱高度一致，不同排按照标定高度埋立柱，立柱纵横成行，以保证拱杆弧度一致。

子任务四　绑拱杆

以3～6 cm直径的竹竿、木杆为拱杆，把拱杆放入立柱上端"V"字槽内，接头用铁丝绑好，具体绑法如图2-18所示，用铁丝通过立柱顶端的小孔，将拱杆与立柱绑牢，并用布条或湿稻草缠好，以防磨坏棚布。拱杆的两端要埋入挖好的坑里，所有杆都在一条直线上。

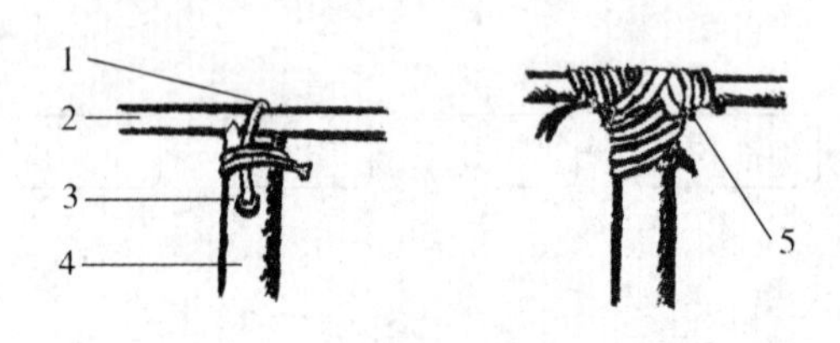

图2-18　大棚骨架连接处处理示意图

1.铁丝　2.拱杆　3.钻孔　4.支柱　5.缠布或湿稻草

子任务五　绑拉杆

在拱架顶部和距地面60～80 cm的两侧，沿棚长度方向，对称绑上3道纵向拉杆，绑时立柱纵横成行，拱架之间应保持原有距离。

子任务六　埋地锚

在相邻两个拱杆之间埋一个地锚，棚的外侧挖坑深50 cm，用8号铁线绑上砖或大致大小的石头，埋入坑中，铁线上露20～30 cm呈环形，用于固定压膜线。

子任务七　建棚头

在两端的拱架下，插入4～6个支柱，将支柱与棚架绑在一起形成棚头，在背风处棚头中部设门，门宽0.7 m，高1.3～1.5 m。迎风的棚头采用逐步降低棚架高度的办法过渡。

工作任务2　棚膜的选择与扣棚技术

任务说明

任务目标：了解塑料大棚薄膜的种类和特性。正确选择大棚薄膜；熟练掌握塑料大棚薄膜焊接技术和扣棚技术。

任务材料： 塑料薄膜、皮尺、电熨斗、焊接架、铁锹、压线等。

任务方法与要求： 在教师的指导下分组完成棚膜的选择与扣棚的各任务环节。

工作流程

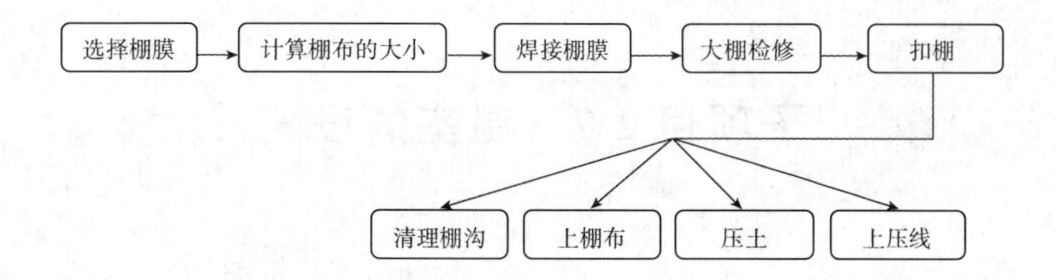

子任务一 选择棚膜

棚膜应根据塑料薄膜的种类及功能、用途、生产季节、覆盖时间进行选择。

子任务二 计算棚布的大小

一般棚布宽是棚宽加上 2.5～3.5 m，棚布长是棚长加上 5～6 m。棚膜幅数等于棚布宽除以薄膜宽。一般薄膜厚度为 0.08 mm 时，每 667 m^2 大棚用薄膜量为 125 kg 左右。

子任务三 焊接棚膜

薄膜的连接方式有电热焊接、棚布粘接胶粘接、石子绑接等。大棚棚布用电热焊接，扣棚后棚布破碎，用棚布粘接胶黏结或用石子和细绳连接。

聚乙烯薄膜用 110℃，聚氯乙烯用 130℃的电熨斗粘接，焊接流程：把薄膜的接口放在粘接架上，把接口处的薄膜擦净，薄膜接口重合 2～3 cm，上面放上报纸或牛皮纸等，用烧热的电熨斗在薄膜的接口上用力均匀地运行，接口焊接牢固、不老化。

子任务四 大棚检修

扣棚前应对大棚架进行检修，如果是木制大棚所有的木头接头都要用布或牛皮纸包裹上，防止上棚布或刮风时磨破薄膜。

子任务五 扣棚

1. 清理棚沟

大棚四周埋棚布边的位置清理出沟，沟深 10 cm，宽 20 cm。

2. 上棚布

扣棚时间一般在定植前 20～30 d 进行，烤地增温，黑龙江省一般 3 月中下旬扣棚，如果有前茬作物或采用多层覆盖提早定植，则在 2 月中下旬扣棚。扣棚应选在晴暖无风天的上午。棚布延大棚南北向放在大棚西侧，然后上棚布，切勿将棚布上反，否则不能发挥薄膜的功能。棚布要求铺正、拉紧。

3. 压土

棚布四周用土压紧埋实。

4. 上压线

每两条拱杆间上一条压线，可以用木杆、8 号铁线、绳等作压线，压线两端固定在预埋的地锚上，以防棚膜被风吹起，压线要分次拉紧。

子项目 2-7　温室的设置

任务分析

我国近代温室产业始于 20 世纪 30 年代的冬季不加温“日光温室”。大规模的温室生产在 20 世纪 70 年代末。1995 年开始引进国外大型连栋温室。温室在生产上广泛应用于提早、延后及越冬栽培。通过学习了解温室的结构、性能、类型和应用，掌握塑料温室的建造。

任务知识

一、温室的类型

1. 按照温室透明屋面的型式划分

按照温室透明屋面的型式可将温室分为单屋面温室、双屋面温室、拱圆屋面温室、连接屋面温室、多角屋面温室等(表 2-5)。

表 2-5　按照温室透明屋面的型式划分的温室类型

类型	型式	代表型	主要用途
单屋面	一面坡	鞍山日光温室	园艺作物生产、育苗
	立窗式	瓦房店日光温室	园艺作物生产、育苗
	二折式	北京改良温室	园艺作物生产、育苗
	三折式	天津无柱温室	园艺作物生产、育苗
	半拱圆式	鞍Ⅱ型日光温室	园艺作物生产、育苗
双屋面	等屋面	大型玻璃温室	园艺作物生产、科研
	不等屋面	3/4 式温室	园艺作物生产、育苗
	马鞍屋面	试验用温室	科研
	拱圆式	塑料加温大棚	园艺作物生产、育苗
连接屋面	等屋面	荷兰温室	园艺作物生产、育苗
	不等屋面	坡地温室	园艺作物生产、育苗
	拱圆屋面	华北型温室	园艺作物生产、育苗

续表 2-5

类型	型式	代表型	主要用途
多角屋面	四角形屋面	各地植物园或公园	观赏植物展示
	六角形屋面	各地植物园或公园	观赏植物展示
	八角形屋面	各地植物园或公园	观赏植物展示

2.按温室骨架的建筑材料划分

按温室骨架的建筑材料分为竹木结构温室、钢筋混凝土结构温室、钢架结构温室、铝合金温室等。

3.按温室透明覆盖材料划分

按温室透明覆盖材料分为玻璃温室、塑料薄膜温室和硬质塑料板材温室等。

4.按温室能源划分

可分为加温温室和日光温室。

5.按温室的用途划分

按温室用途分为花卉温室、蔬菜温室、果树温室、育苗温室等。

二、单屋面温室

是数量最多的一种温室，在园艺作物栽培中最常用。单屋面温室主要由墙体、前屋面（透明屋面）、后屋面（也叫后荫坡或不透明屋面）、保温覆盖物及加温设备等组成。

1.加温温室

（1）哈尔滨改良式温室　一面坡式单屋面温室，一般长 30～40 m，宽 6～7 m，中柱高 2～2.5 m，透明屋面与水平面的夹角约为 30°。炉灶和烟道位于中部偏北，兼做作业通道（图 2-19）。南侧低矮，作业不便。因此，在一面坡温室的基础上，在透明屋面前加设约 0.8 m 的立窗，构成立窗式温室。

（2）北京改良式温室型　前屋面上部为天窗、下部为地窗，形成两个折面式屋面，故称二折式温室（图 2-20）。跨度 5～6 m、中柱高 1.6～2.0 m、长 12～48 m，多为烟道加温，少量采用暖气加温。天窗长 2.3 m 左右，与水平面的夹角为 15°～22°；地窗长 1.2～1.6 m，与水平面呈 35°～40°夹角。温室采光、保温和受光条件较好，室内局部温差较大，作业方便。

（3）三折式温室　温室内部无立柱。骨架用丁字钢或角钢及圆钢焊接成，宽度为 15～20 cm，中间用腹杆焊成“W”形，然后连接成 3 个不同角度的折面，称三折式（图 2-21）。顶天窗长 2.5～3.5 m，角度约 10°。腰窗长 2.7～3.9 m，角度 20°～24°。地窗长 1.0 m 左右，角度 40°左右。后屋面宽为 1.35～1.50 m。与二折式温室比较，具有空间高，跨度大，栽培面积加大，土地利用率高，便于操作的特点。室内采光好。防寒保温好，局部温差较小。不适宜在高寒地区使用。

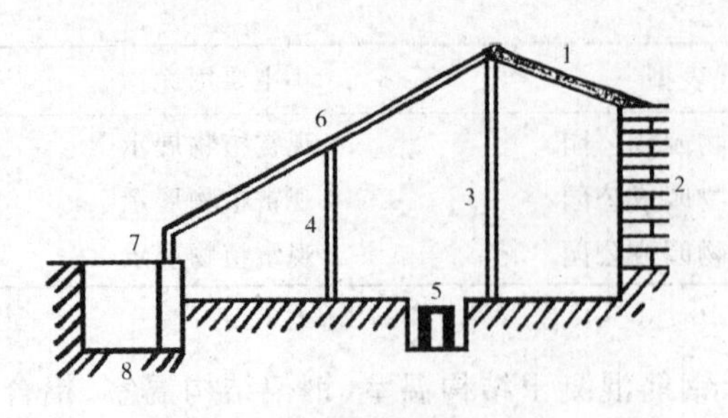

图 2-19　哈尔滨式温室

1. 后荫坡　2. 砖墙　3. 中柱　4. 前柱子　5. 烟道
6. 透明屋面　7. 立窗　8. 防寒沟

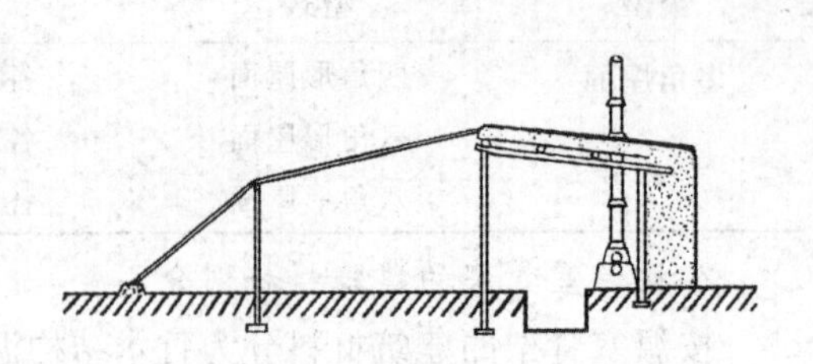

图 2-20　北京改良式温室

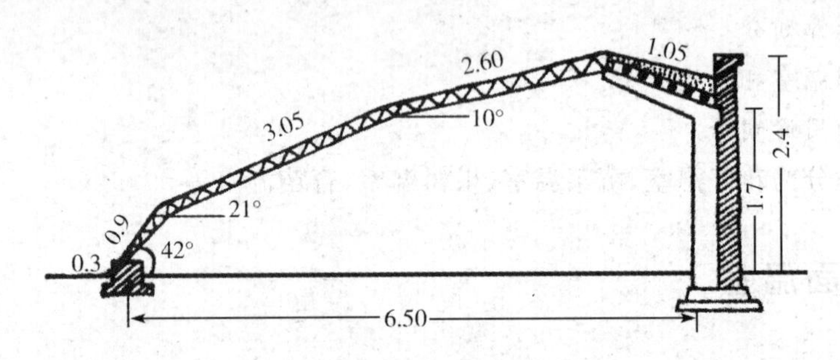

图 2-21　钢三折式加温温室(单位:m)

2. 节能日光温室

(1)鞍Ⅱ型节能日光温室　由鞍山市园艺研究所设计的一种无立柱圆拱结构的节能日光温室(图 2-22)。该温室前屋面骨架为钢结构,无立柱,墙体为砖结构空心墙体,或是内衬珍珠岩(或干炉渣)组成的复合墙体,后屋面是钢架结构上铺木板或草垫、苇席、旧薄膜等,再抹 2 cm 左右的泥,总厚度 40～50 cm。该温室采光、增温和保温性能良好,空间较大。

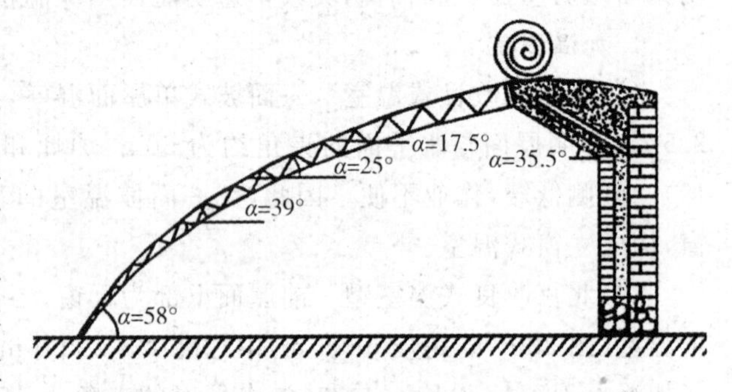

图 2-22　鞍Ⅱ型节能日光温室结构示意图

(2)辽沈Ⅰ型节能日光温室　温室跨度 7.5 m,脊高 3.5 m。后屋面仰角30.5°,后墙高度 2.5 m,后荫坡水平投影长度 1.5 m。墙体为砖与聚苯板的复合墙体,后屋面采用聚苯板等复合材料为保温层,拱架材料采用镀锌钢管(图 2-23)。在北纬 42°地区,不加温可进行果菜越冬生产。能承受 30 年一遇的风雪,耐久年限可达 20 年。

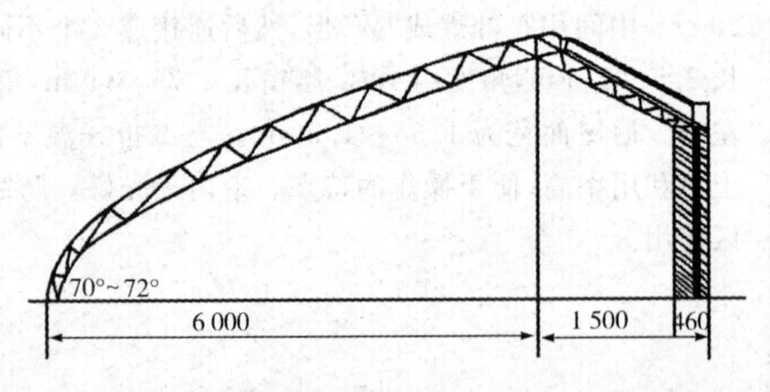

图 2-23　辽沈Ⅰ型节能日光温室结构示意图(单位:mm)

(3)改进冀优 2 型节能日光温室　温室跨度 8 m,脊高 3 m,后荫坡水平投影长度 1.5 m;后墙和两侧山墙为空心砖墙。骨架为钢管或钢筋焊接成的桁架结构(图 2-24)。该温室在华北地区,温室内最低温度一般在 10℃以上。与其他类型的温室相比,跨度大,脊高也较高,栽培空间大,适于果树设施栽培,但防寒保温能力较差,不适于在高寒地区使用。

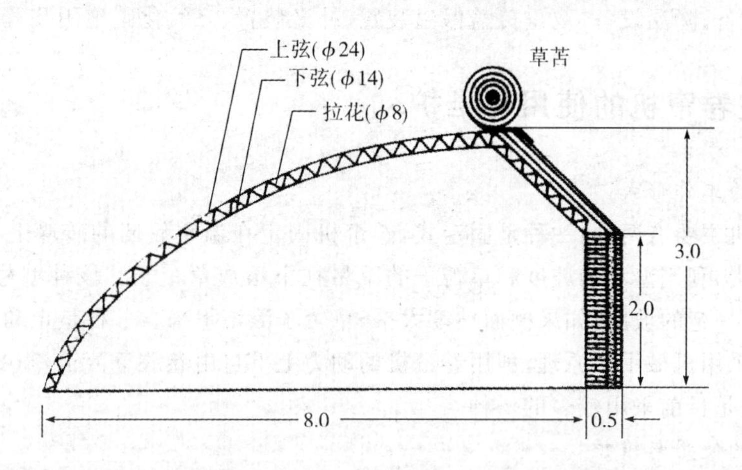

图 2-24　改进冀优 2 型节能日光温室结构示意图(单位:m)

(4)43 型温室　是大庆市 1996 年由内蒙古引进的一种适应于北纬 43°以北地区种植的温室。在北纬 43°地区,基本不加温就可进行叶菜越冬生产和果菜类春季早熟、秋季延后生产。原结构主要以竹木结构为主,近年来也逐步采用钢筋、钢管等材料;墙体有土墙、砖墙等几种结构。

(5)东农 98-Ⅰ型节能日光温室　是由东北农业大学设计,温室为半地下式,栽培水平面比室外低 30～50 cm,适于北纬 45°～47°地区使用。东西延长,方位角为南偏西 5°～7°,跨度为 6.5 m,后屋面投影长度为 1.5 m,温室长度为 50 m。脊高 3.4 m,后墙高度为 2.4 m。屋面骨架为双弦圆拱形钢架结构,前底角为 63°,后屋面仰角也为 30°。

三、双屋面温室

多南北延长。在温室的东西两侧,按照两坡相同的斜面安装玻璃(图 2-25),从日出到日落都能得到光照,因此又称为全日照温室。优点是受光均匀,能够充分调节室内环境,适合栽培各种蔬菜。其缺点是保温性较差,需要有良好的采暖设备。

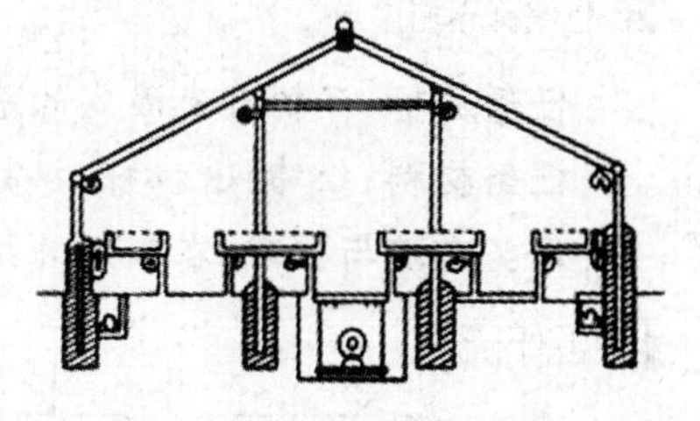

图 2-25　双屋面温室

四、连栋温室

连栋温室两个以上相同类型、同一规格的双屋面玻璃温室或拱圆顶温室连接而构成。

屋脊形连栋温室主要以玻璃作为透明覆盖材料,其代表型为荷兰的芬洛型(Venlo)温室,1.2 万 hm^2,多数分布在欧洲。日本建造屋脊型连接屋面温室。覆盖材料为塑料薄膜或硬质塑料板材。我国生产中应用拱圆形屋面连栋温室,主要以塑料薄膜为透明覆盖材料,这种温室主要在法国、以色列、美国、西班牙、韩国等国家广泛应用。

连栋温室一般采用南北走向,光照分布均匀,室内温度变化平缓。与单栋相比,单位建筑面积建设成本降低,抗风雪能力增强,土地利用率提高。能耗少。室内设备齐全,包括通风换气装置、加温设备、降温设备、双重覆盖保温装置、补光装置、二氧化碳施用装置等。

五、温室卷帘机的使用与维护

1.卷帘机的工作形式

目前卷帘机主要有两种:一种是固定式,卷帘机固定在温室后墙的砖垛上,利用机械动力把草苫子卷上去,利用温室的坡度和草苫子的重量往下滚放草帘子。该种型号的卷帘机造价较高,温室要有一定的坡度,如果棚面坡度太平,草帘子滚不下来。一种是走动式,后墙没有砖垛,安装简单,采用机械手的原理,利用卷帘机的动力上下自由卷放草苫子,不受温室坡度大小的限制,该机型是目前采用较多的一种。

2.卷帘机的使用与维护

卷帘机使用和维护是保证机械正常运转和寿命长短的主要方法。在使用和维护中要注意以下问题:

①卷帘机主机的传动部分(如减速机、传动轴承等),要每年添加一次润滑油。

②在安装过程中要把卷帘绳子的长度(松紧)调整的一样,将卷起的草苫子处在一条直线上。在使用过程中要经常对卷帘绳子进行调整。

③每年对卷帘机部件涂一遍防锈漆。

工作任务　日光温室的建造

任务说明

任务目标:了解日光温室的基本设计、建造原理;掌握日光温室的建造技术。

任务材料:经纬仪、拉杆、拱杆、铁丝、石头、建造工具等。

任务方法与要求:在教师的指导下分组完成日光温室的各任务环节。

工作流程

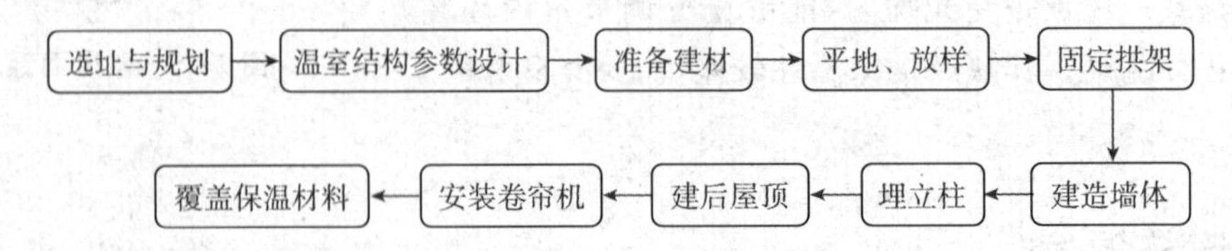

子任务一　选址与规划

1.选址

场地应选择在地势平坦、高燥、土层深厚,地下水位低,富含有机质,水源充足、避风向阳及南面空阔,交通方便,远离环境污染源,灌水、排水方便,具备田间电源的位置。产地环境条件符合 NY 5010—2002 的规定，土壤的卫生标准应符合 NY 5010—2001 的规定，水质符合 GB 5084规定的标准。

2. 场地规划

规划应有利于防寒保温，便于采光，经济利用土地，方便作业。

(1)温室面积　长度以 60～80 m 为宜，跨度以 7.5～8.5 m 最为适宜。

(2)温室方位　方位坐北朝南，东西延长，在东北、华北北部冬季严寒地区和上午多雾地区，温室以东西向正南偏西 5°～10°为宜；在华北中部、南部上午少雾地区则应正南偏东 5°～10°，以利于上午充分接受阳光照射。

(3)温室间距　前后温室的间距应为前栋温室最高点高度的 2.5～3 倍。在风大的地方，为避免道路变成风口，温室错开排列。

子任务二　温室结构参数设计

主要包括温室跨度、高度、前后屋面角度、墙体和后屋面厚度、后屋面水平投影长度、防寒沟尺寸等。参数确定应重点考虑采光、保温、作物生育和人工作业空间等问题。

北纬 40°～50°，冬季温度低、光照弱，因此，在日光温室结构设计上，应注重采光和保温。北纬 32°～35°，冬季温度高，日照少。在日光温室结构设计上，应注重采光和通风。

1. 温室跨度

指从温室北墙内侧到南部透明屋面底角间的距离。跨度以 6～8 m 为宜，北纬 40°以北地区采用 6～7 m 跨度最为适宜，北纬 40°以南地区可适当加宽。长度以 60～80 m。

2. 温室高度

指温室屋脊到地面的垂直高度。高跨比为 1∶(2.3～2.5)。跨度 6～7 m，在北纬 40°以北，高度 2.8～3.0 m 为宜；北纬 40°以南，高度 3.0～3.2 m 为宜。

3. 温室前、后屋面角度

增大前角能增加温室的透光率。一般日光温室前部角度为 60°～70°。在北纬 32°～43°地区，后屋面仰角应为 30°～40°，纬度越低后屋面角度要大一些，反之则相反。温室屋脊与后墙顶部高度差应在 80～100 cm，有利于增加墙体及后屋面蓄热。

4. 温室墙体和后屋面的厚度

墙体和后屋面起到承重和保温蓄热作用。日光温室的墙体厚度，应达到当地冻土层的厚度，总的要求是内侧墙不上霜。在江淮平原、华北南部墙厚度 0.8～1.0 m 为宜，华北平原北部、辽宁南部墙厚度 1.0～1.5 m 为宜。若用夹心砖墙，总厚度多为 0.5～0.6 m。墙体内层采用蓄热系数大、外层采用导热率小的异质材料，如内侧石头或砖墙，外侧培土或堆积秸秆、柴草等，或采用空心墙或珍珠岩、炉渣、聚苯板等夹心墙。

5. 后屋面水平投影长度

后屋面长度影响采光和保温，在北纬 38°～43°地区，温室高度在 3.0～3.5 m 范围内，后屋面水平投影长度以 1.0～1.6 m 为宜。

6. 防寒沟

在日光温室前 20 cm 处，以及温室的周围挖深 60～100 cm，宽 25～50 cm 的防寒沟，沟内用塑料薄膜封底，其上加入杂草踏实或放入深 1 cm 的 PS 板，上面再覆盖薄膜，防止雨水流入,上面压土。以隔断温室土壤向温室周围土壤的横向传导散热。

子任务三　准备建材

建筑材料最好选用导热系数小的材料,以减少温室放热。日光温室建造用料见表 2-6。

表 2-6　节能日光温室建造用料表(占地 672 m^2)

名称	规格	数量	用途
水泥	330 cm×10 cm×10 cm 钢筋混凝土柱	45 根	后立柱
立柱	310 cm×10 cm×10 cm 钢筋混凝土柱	22 根	中立柱Ⅰ
	220 cm×10 cm×10 cm 钢筋混凝土柱	22 根	中立柱Ⅱ
	120 cm×8 cm×8 cm 钢筋混凝土柱	44 根	前立柱、斜柱
塑料	宽 3 m、厚 0.12 mm 无滴膜	120 kg	前屋面棚膜
薄膜	宽 3 m、厚 0.01～0.05 mm 普通膜	8 kg	后坡防水膜
	宽 1.3 m、厚 0.007～0.008 mm 地膜	5 kg	地面覆盖
铁丝	8 号	300 kg	紧拉铁丝
	12 号	30 kg	绑拱杆,横杆
	18 号	15 kg	绑压膜杆
竹竿	长 8.5 m,直径 9 cm 左右	22 根	拱杆
	长 6 m,直径 7 cm 左右	14 根	前立柱上横杆
	长 7 m,直径 5 cm 左右	2 根	卷棚膜两头
	长 2～3 m,直径 2 cm 左右	700 根	垫杆、压膜杆
园木棒	长 2.2 m,直径 10～12 cm	49 根	后坡柁和山墙后坡垫棒
	长 7 m,直径 10 cm 左右	4 根	前墙前坡垫杆
草苫	长 9 m、宽 1.2 m、厚 4 cm	92 个	覆盖保温
坠石	重 20～30 kg 石块或水泥混凝土块	54 块	固定拉紧铁丝
基石	面积为立柱横断面 2～3 倍石块	133 块	各排立柱基石
铁钉	长 5～8 cm	260 个	固定铁丝
拉绳	长 18 m,直径 0.8 cm 左右麻绳	184 根	拉放草苫

子任务四　平地、放样

温室建造施工时间,一是种植秋冬茬的温室,在雨季之前建完。二是种植冬春茬的温室,在 10～11 月份前建完,为减少土壤蓄热损失,温室建造宜在当地日均气温 10～14℃前完工。

根据设施规划和设计规格,打下定位桩,在定位桩之间拉好定位线,矫正平整地面。

子任务五　固定拱架

将拱架一端焊接到后屋顶的焊点上，另一头固定到基座上的焊点上，使所有主拱架的高度、角度保持一致，焊接固定。

子任务六　建造墙体

土墙可采用板打墙、草泥垛墙、土坯砌墙。墙基部宽 100 cm，向上逐渐收缩，顶端宽 80 cm。在后墙离地面 100 cm 处留通风窗，规格 40 cm×50 cm，窗框用水泥预制件。墙内侧铲平抹灰，墙顶可用水泥预制板封严，以防漏雨墙坍塌。建造砖石结构墙体的步骤如下：

1. 砌墙基

墙基深度一般 40～50 cm，宽 100 cm，沟内填入 10～15 cm 厚的掺有石灰的二合土，夯实后用石头（或砖）砌垒、墙基砌到地面以上，在墙基上铺两层油毡纸。

2. 砌墙

墙体采用异质复合壁，内墙用石块、砖块。外墙用空心砖或土坯。墙里 37 cm、外 24 cm，中间 10～12 cm PS 板或墙里 24 cm、外 12 cm，中间 16～20 cm PS 板内，空心墙内也可填充蛭石、珍珠岩等轻质隔热材料。砌空心墙时，要随砌墙，随往空心墙内填充隔热材料。外两侧墙体之间每隔 3 m 砌砖垛，连接内外墙，也可用预制水泥板拉连，以使墙体坚固。

3. 设置通风口

设置在后墙上，距上沿三砖以下（18 cm），通风口大小为 50 cm×50 cm，通风口间距 7 m。通风口双层，冬季中间加 PS 板；后墙和后坡都设间距 10 m 交叉设置。

子任务七　埋立柱

按照放线点挖出立柱的坑，立柱埋深 40～50 cm，立柱采用 10 cm×10 cm 钢筋混凝土柱，立于石头或水泥预制柱基上，上部向北倾斜 5～10 cm。立柱东西向成行，高度一致。

子任务八　建后屋顶

后横梁采用 10 cm×10 cm 钢筋混凝土柱，放在后立柱顶端，呈东西延伸。檩条采用直径 10～12 cm 的圆木或者水泥预制件做成，其一端压在后横梁上，另一端压在后墙上，固定好后，在檩条上东西方向拉 60～90 根 10～12 号的铁丝，铁丝两端固定在温室山墙外侧的土中。铁丝固定好以后，在整个后屋面上部铺一层塑料薄膜，然后再铺保温材料，北方大部分地区，后屋面多采用草苫保温材料进行覆盖，草苫覆盖后，将塑料薄膜再盖一层。

子任务九　安装卷帘机

骨架安装完后，用角钢或圆钢在骨架的后屋坡上焊接机架，将电机安装在电机架上，垂直安装减速器，使电机轮与减速器轮垂直后固定减速器，减速器的输出轴与卷绳轴在同一水平线上，卷绳轴支架的间距为 3～4 骨架，经过垂直和水平校准，焊接在温室骨架后坡上。

子任务十　覆盖保温材料

1. 覆盖薄膜

日光温室透明覆盖物主要采用PVC膜、PE膜、EVA膜。应选择耐高低温抗老化无滴膜。用量每667 m^2 100 kg。

2. 加盖不透明覆盖物

保温材料是保温被或草帘。专用温室保温被，规格为2.5 m×7.5 m，每667 m^2 需要40条左右。保温能力在10℃左右，可用10年。稻草帘规格1.3 m×12 m，厚5 cm。一般覆盖可提高温度1～2℃，易被淋湿，操作不便。

子项目2-8　设施环境调控技术

任务分析

设施环境包括光照、温度、湿度等因素，设施环境调控是蔬菜早熟、优质、高产的基础。设施环境调控技术是根据不同蔬菜不同阶段生长要求，科学调控每个环境因子的参数指标，给作物提供最佳的适宜生长环境，达到设施栽培的高产、高效的目标。

任务知识

一、影响设施光照条件的因素

1. 设施的透光率

设施的透光率是指在设施内的光照强度与外界自然光照强度的比，用百分率表示。透光率的高低反映设施采光性能的好坏。透光率越高，设施的采光性能越好。

2. 覆盖材料对透光特性的影响

太阳光照射到设施覆盖物上，一部分太阳辐射能被覆盖材料吸收，一部分被反射，另一部分透过覆盖材料进入设施内。覆盖材料的污染和老化加大吸收率而降低透射率，棚膜附着水滴，强烈吸收太阳的红外光，并且增加反射率。

3. 设施结构对透射率的影响

包括设施的屋面角、类型、方位、间距等对透光率的影响。

二、设施内热量支出途径

1. 贯流放热

把透过覆盖物和维护结构（指墙体和后屋面等）的放热过程称为贯流放热，它的传热主要分为三个过程：一是保护设施内表面，吸收了从其他方面来的辐射热和从空气中来的对流热，在覆盖物内外表面形成温差；二是以传导的方式，将内表面的热量传至外表面；三是在保护设施的外表面，又以对流的方式将热量传至外界空气中。

2.缝隙放热

设施内的热量通过放风口、覆盖物及维护结构的缝隙、门窗等，以对流的方式将热量传至室外，这种放热称为缝隙放热。

3.地中传热

设施内在垂直方向与深层土壤、水平方向与设施外的土壤进行热交换。

工作任务1　设施内光照调控技术

任务说明

任务目标：了解设施内光照的变化规律以及影响的因素，掌握设施内光照调控技术。

任务材料：反光幕、遮阳网等。

任务方法与要求：在教师的指导下分组完成设施内增强光照和降低光照的调控技术环节。

工作流程

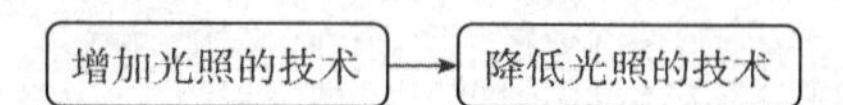

子任务一　增加光照的技术

1.设计合理的设施方位和采光屋面角度

日光温室在高纬度地区透明屋面以南偏西5°～10°为宜，因为高纬度地区早上揭苫晚，偏西一点可充分利用中午和下午的光照。我国黄淮流域气候温暖的中低纬度地区则以南偏东5°～10°为宜，充分利用上午的日照。

2.设计合理的设施结构及骨架材料

保证骨架强度的基础上使用细材，减少骨架。

3.选择透光率高且稳定的专用薄膜

冬季温室生产首选PVC多功能复合膜，塑料大棚首选EVA多功能复合膜，其次选用PE多功能复合膜。

4.充分利用反射光

把后墙用白灰涂白，能增加室内的反射光量。在后墙张挂反光幕，可使反光幕前3 m的范围内光照强度增加7.8%～43%。地面也可以铺设地膜，增加光照。

5.保持膜面平整、清洁

扣膜时棚布拉平拉紧。减少薄膜上皱褶影响透光率。经常打扫或清洗设施的透明覆盖物，保持表面清洁。

6.调整作物布局，合理密植

高棵和高架作物对中下部遮光，要适当稀植。不同种类作物搭配种植时，矮棵或矮架作物在南部和中部，高棵或高架作物在北部和两侧。最好进行高、矮间作或套作栽培，如番茄、茄子与草莓的间套作。

7. 人工补光

连阴天和冬季温室采光不足时，上午卷帘前和下午放帘后各补光2～3 h。一般用白炽灯、日光灯、碘钨灯、高压气体放电灯等。

子任务二　降低光照的技术

覆盖遮阳物(草苫、草帘、竹帘、遮阳网、普通纱网、不织布等)；玻璃面涂白灰；塑料膜抹泥浆；透明屋面流水。

工作任务2　设施内温度调控技术

任务说明

任务目标：了解设施内温度的变化规律以及影响因素；掌握设施内温度调控技术。

任务材料：薄膜、人工加温设备、遮阳网等。

任务方法与要求：在教师的指导下分组完成设施内提高温度和降低温度的调控技术环节。

工作流程

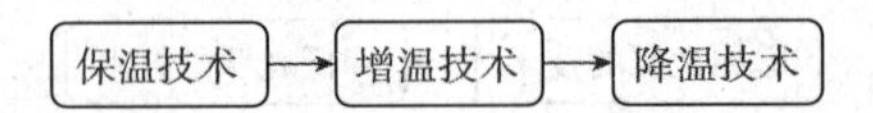

子任务一　保温技术

1. 增加设施自身的保温能力

(1)保持墙壁的厚度和墙体的干燥　墙越厚，保温性越强。墙体干燥时墙土间空隙多，土粒间连接差，传热慢，保温性好。

(2)加厚屋顶　屋顶厚度根据各地设施内外温差来确定，北方冬季严寒地区，屋顶的秸秆屋厚度不能少于30 cm，用薄膜或油毡封闭起来，上面抹一层的泥层。

2. 减小缝隙放热

设施密封要严实，薄膜有孔隙以及墙体的裂缝等及时粘补和堵塞。通风口和门窗关闭要严，门的内、外两侧应加挂保温帘。

3. 采用多层覆盖

内增设二层保温幕、小拱棚，或利用无纺布等进行简易覆盖保温。

4. 提高防寒覆盖物的保温能力

增加覆盖物的厚度，如采用棉被、纸被加草苫以及其新型保温防寒材料。

5. 减少散热

(1)设施四周设置风障　一般用于多风地区，于设施的北部和西北部设置为宜。

(2)设置防寒沟　通常在设施周围设置宽30 cm、深50 cm的防寒沟。

子任务二　增温技术

1. 增加透光量

采用光照调节提高室内的温度，用无滴薄膜覆盖的温室其最高温度可比覆盖有滴膜的温室高 4～5℃。

2.提高地温

白天土壤吸热量多，地温提高后，夜间地面放出热量增多，利于增温。

3.增加设施自身的保温能力

(1)采用复合墙体、屋顶　墙体、屋顶　内侧用蓄热能力强的材料，外侧用隔热好(导热率低)的材料，增加白天蓄热量，夜间放热增温，同时又可减少热量散失。

(2)增大保温比　保温比是指设施内的土壤面积与覆盖物及墙体等的围护面积之比。保温比最大值为1。设施的保温比越大，保温能力越强。适当减低设施的高度，有利于提高设施保温性能。

4.人工加温

单屋面温室采用炉灶煤火加温，少量采用暖气或地热加温。日光温室一般采用临时加温，方式有炉火加温、火盆加温、明火加温、电热加温等。

子任务三　降温技术

1.通风换气降温

开启设施不同部位的通风口，冷热空气进行交换，使温度下降。

2.遮光降温

遮光 20%～30%时，室温相应可降低 4～6℃。在距离设施顶部 40 cm 处挂遮阳网。也可在透明覆盖物表面涂白，通过降低光照降低温度。

3.屋面流水降温

流水层吸收屋面 8%左右太阳辐射，并能冷却屋面，可降低 3～4℃。

工作任务 3　设施内湿度调控技术

任务说明

任务目标：了解设施内湿度的变化规律以及影响因素；掌握设施内湿度调控技术。

任务材料：微灌设备或者滴管设备、喷雾器等。

任务方法与要求：在教师的指导下分组完成设施内提高湿度和降低湿度的调控技术环节。

工作流程

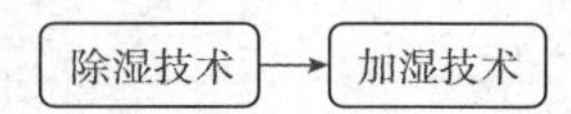

子任务一　除湿技术

1.通风排湿

通风是降低湿度的重要措施，排湿效果最好。

2.减少地面水分蒸发

室内覆盖地膜；浇水后及时中耕、松土，减少表层土壤水分。

3.合理使用农药和叶面肥

设施内尽量采用烟雾剂、粉尘剂取代叶面喷雾。叶面喷雾用药量不要过大，并且选晴天的上午喷药，喷药后及时通风排湿。

4.减少薄膜的聚水量

尽量选择无滴膜。

5.改进灌水技术

设施内采用微灌技术、滴灌技术等灌溉新技术。

6.增温降湿

寒冷季节设施内温度较低时，通过适当加温等措施，降低空气相对湿度。

子任务二　加湿技术

加大灌水量和喷水、喷雾。

工作任务4　设施土壤调控技术

任务说明

任务目标：了解设施内土壤的特点；掌握设施土壤调控技术。

任务材料：腐熟有机肥、微生物菌肥、化学消毒剂等。

任务方法与要求：在教师的指导下分组完成设施内提高湿度和降低湿度的调控技术环节。

工作流程

子任务一　更换土壤

棚室使用3～5年后就会程度不同地表现出土壤板结，治理需要很长的时间，最佳的方法就是更换土壤。铲除棚室内土壤表层2～3 cm土壤，换上优质肥沃的田土。

子任务二　合理轮作

不同作物间进行轮作，克服连作障碍，减轻病害的发生。

子任务三　土壤消毒

1.物理消毒技术

(1)太阳能消毒　夏季棚室休闲期进行。将稻草或小麦秸切成4～6 cm长小段，按每667 m^2 500～1 000 kg均匀撒在地面上，每667 m^2 再撒100～200 kg的石灰，土壤翻20 cm以上，覆盖塑料薄膜，阳光持续照射10～15 d。白天地表土壤温度60～70℃，杀死大部分病菌、线虫。

秋季棚室日光消毒法。方法是晴天棚室土壤深翻20 cm以上。土面覆盖塑料薄膜，阳光照射10～15 d。土壤温度达到50℃以上，可以杀死土中的部分病菌和虫卵，抑制病虫害发生。

(2)蒸汽消毒　将 20 cm 以上的土壤堆成堆,用防水防高温布盖严,通入蒸汽 1～2 h。

2.化学消毒技术

土壤药剂消毒采用用多菌灵 1 ∶ 100 比例配药土,按 1.25 g/m² 撒在地面上与土拌均匀;或者用甲醛 500 倍液,喷施地表,覆膜 1 周,放风 2 周;或者用 2.5%美曲膦脂粉 5 g/m² 加细土 1 kg 撒入苗床,杀灭蝼蛄、蚯蚓和鼠类等。

子任务四　增施有机肥

有机肥能使土壤疏松透气,营养元素全,提高地温,还能向棚室内放出大量的二氧化碳气体,减轻或防止土壤盐类浓度过高,增施优质堆肥或厩肥每 667 m² 1 500～2 500 kg,深翻。

子任务五　施微生物菌肥

施微生物菌肥能改善土壤微生物种群,增加土壤肥力的持效性,提高植株抗病能力。一般在高温闷棚后施用,施肥深度 5～8 cm 为好,不可深于 10 cm,防止深层土壤氧气不足。

【拓展知识】

蔬菜工厂

蔬菜工厂是指完全由计算机自动控制的设施条件下,高度技术集成的、可连续稳定运行的蔬菜生产系统。在美国、日本及欧洲一些国家,蔬菜工厂已从实验阶段转向实用化生产。

(一)蔬菜工厂的类型

1.人工光源利用型(图 2-26)

厂房采用不透光、隔热性能较好的材料做成,植物生长所需的光源来自于高压卤素灯、荧光灯、生物灯等。工厂内的环境几乎不受自然条件的影响,植物的生长环境较为稳定,如美国的生菜工厂、荷兰的食用菌工厂、日本的芽菜工厂等。目前在日本等国作为商品性运营的植物工厂,都是完全利用人工光源的完全控制型植物工厂。但人工光源的光较弱,喜光的作物难以栽培。

2.太阳光能利用型

以太阳光作为光合作用光源的植物工厂,是设施园艺的高级类型。厂房为大型的玻璃温室或连栋的塑料温室,温室设各种环境因子的监测和调控设备,室内采用营养液栽培或基质栽培。这类植物工厂已在世界上许多国家开始使用,但是其机械化或自动化程度不同。我国在上海、广东、南京、沈阳、北京等地引进了这种类型的大型温室,目前的使用效果不尽如人意,主要原因是其运行成本太高。这类植物工厂受到自然条件的影响,作物生产不太稳定。

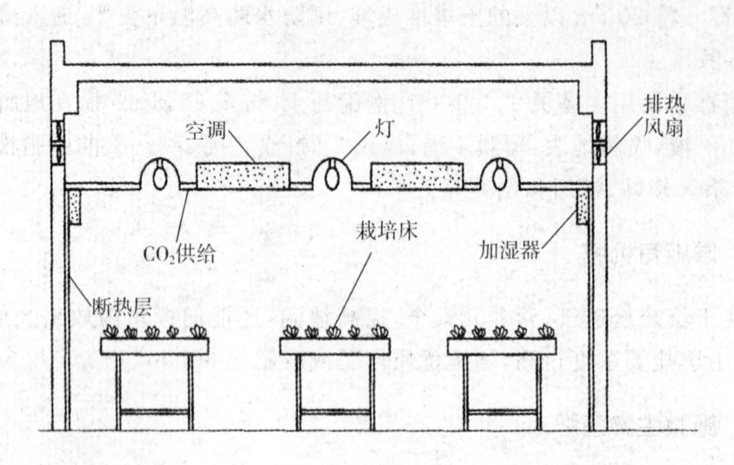

图 2-26　完全人工光源利用型植物工厂示间图(伊东等,1995)

3. 太阳光能并用型(图 2-27)

利用太阳光和补充人工光源作为光合作用光源的植物工厂,是太阳光能利用型植物工厂的发展型。通常以玻璃作为透明覆盖材料,内部采用遮黑幕或泡沫颗粒来调节光照,夜间补充人工光源,安装有自动控制的空调设备,环境条件较稳定。

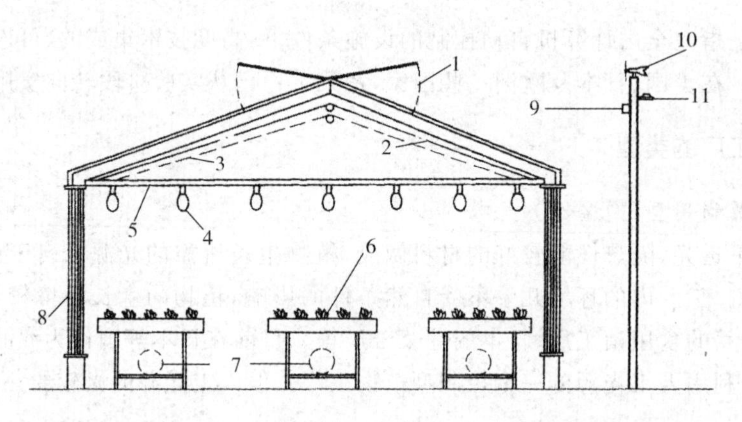

图 2-27　太阳光能并用型植物工厂示意图

1. 自动启闭天窗　2. 遮阳网　3. 保温幕　4. 补光灯　5. CO_2 供给　6. 栽培床
7. 冷暖空调通道　8. 自动启闭侧窗　9. 降雨感应器　10. 风向风速计　11. 太阳辐射能感应器

(二)蔬菜工厂的主要生产技术

1. 营养液栽培技术

营养液栽培的方法有许多种,日本在这方面技术比较先进,如 NFT、湛液培、喷雾培、固体基质培(包括岩棉培、砾培、砂培等),其中以岩棉培和 NFT 为主,而岩棉培更是占到营养液栽培面积的近 50%。典型的营养液栽培装置的形式:①三水式 NFT 装置——栽培床用泡沫制成,有一定的斜度(1/100~1/8),底部营养液呈薄膜状缓缓流动,自动供肥,设有杀菌装置;②协和式——塑料栽培床,分成若干单元,适用于果菜栽培;③M 式——栽培槽"U"形泡沫连接而成,里面铺聚乙烯薄膜;④新和式等量交换装置——栽培槽分成两部分,相互间进行营养液等量交换；⑤诚和式——循环式岩棉栽培装置，在栽培槽中央安装排水管，从下到上依次铺放粒状岩棉垫、岩棉块和定型灌水管，采用滴灌方式，多余的营养液经排水管流回集水槽供循环使用。蔬菜工厂中多采用移动栽培装置，有平面式、立体式和倾斜式。

2. 环境控制技术

日本植物工厂环境控制的方法主要有以下两大类：①过程控制——反馈控制、ON-OFF控制、PID控制；②计算机控制——分布式控制，分时集中控制，分层网络化、智能化控制。

(三)蔬菜工厂的应用

世界各地的蔬菜工厂以生产莴苣、香芹等生长期短的叶菜为主，少部分生产番茄等果菜。

【项目小结】

园艺设施的主要类型有风障畦、阳畦、温床、塑料拱棚、温室等。通过对生产中主要园艺设施的结构、类型、性能的学习，掌握生产中主要园艺设施的建造技术及环境调控技术，要求熟练掌握园艺设施的选址和布局、设施建造的任务环节和技术，以及施工过程中应注意的关键问题。通过对覆盖材料性能的学习，了解各种覆盖材料在生产中的选用原则及选择技术，目的是学生更好地掌握设施在生产中的应用。

【练习与思考】

一、填空题

1. 地膜覆盖形式________、________和________。

2. 设施蔬菜生产的主要类型有________、________、________、________和________。

3. 大棚骨架主要由________、________、________和________。

4. 节能日光温室结构由________、________和________构成。

5. 塑料薄膜拱棚主要用于________、________、________和________。

二、判断题

6. 塑料大棚光照状况除受季节、天气状况影响外，还与大棚的、方位、结构、建筑材料、覆盖方式、薄膜清洁及老化程度等因素有关。

7. 塑料结构大棚主要热源是太阳辐射热，因此棚内温度随天气阴、晴、雨、雪及昼夜交替而变化。

8. 节能日光温室前屋面采用透明覆盖材料，以太阳辐射能为热能，有蓄热及保温功能。

9. 塑料大棚的种类有竹木结构、悬梁吊柱竹木拱架大棚、钢材结构大棚、钢管装配式大棚和混合结构大棚。

10. 节能日光温室的基本类型有？竹木结构温室、钢竹混合结构日光温室、钢架无柱结构温室和钢木混合结构日光温室。

三、简答题

11. 简述地膜覆盖栽培的效应及地膜覆盖技术。

12. 如何建造电热温床？

13. 如何建造塑料大棚？

14. 简述大棚内温度，光照，湿度变化规律。

15. 设施温度，水分分布不均匀受哪些因素影响；怎样调控？

【能力评价】

在教师的指导下，以班级或小组为单位进行设施的建造和设施环境的调控。任务结束后，分小组、学生个人和教师三方共同对学生完成任务的情况进行综合能力评价，结果分别填入表 2-7 和表 2-8。

表 2-7　学生自我评价表

姓名			班级		小组	
试验任务		时间		地点		
序号	自评内容			分数	得分	备注
1	在工作过程中表现出的积极性、主动性和发挥的作用			10 分		
2	资料收集的全面性和实用性			10 分		
3	设施选址与规划布局科学			10 分		
4	设施结构参数设计合理			10 分		
5	设施建造材料准备齐全			10 分		
6	定位放样正确			10 分		
7	设施建造操作的规范性			20 分		
8	设施建造操作的熟练程度			10 分		
9	解决生产实际问题的能力			10 分		
合计				100 分		
认为完成好的地方						
认为需要改进的地方						
自我评价						

表 2-8　指导教师评价表

指导教师姓名:______　评价时间:____年____月____日　课程名称:______

生产任务					
学生姓名		所在班级			
评价内容	评分标准		分数	得分	备注
目标认知程度	工作目标明确，工作计划具体结合实际，具有可操作性		5 分		
情感态度	工作态度端正，注意力集中，有工作热情		5 分		
团队协作	积极与他人合作，共同完成工作任务		5 分		
资料收集	资料和信息收集全面，而且准确		5 分		

续表 2-8

设施建造方案的制订	制订的生产方案合理、可操作性强	10 分		
方案的实施	操作规范、熟练	45 分		
解决生产实际问题	能够较好地解决生产实际问题	10 分		
操作安全	安全操作	5 分		
技术性的质量	完成的技术报告、技术方案质量高	10 分		
合计		100 分		

项目三

蔬菜生产的基本技术

岗位要求

作为蔬菜生产企业管理人员或技术员等，按照绿色食品蔬菜生产等国家标准和行业标准操作，制订计划和安排生产任务，增加农村工作经历和工作经验，能与农户进行有效沟通，有效落实生产技术；适应企业组织管理环境，熟知劳动生产安全规定，以企业员工身份进行团队工作，保证蔬菜产品质量安全，达到合格蔬菜品质要求。

知识目标

掌握蔬菜的季节选择原则及茬口安排制度；学会蔬菜的营养土育苗、穴盘育苗及嫁接育苗的技术；掌握蔬菜基本的田间管理技术；掌握绿色食品蔬菜的标准化生产技术。

能力目标

正确识别常见蔬菜种子，学会种子播前处理和播种，完成常见蔬菜的设施育苗和嫁接育苗；掌握蔬菜生产的田间管理操作技能，绿色食品蔬菜的主要生产环节，并能解决生产过程中遇到的问题。

子项目3-1　蔬菜栽培制度与生产计划的制订

任务分析

蔬菜的栽培制度是指在一定时间内，在一定土地面积上安排各种蔬菜布局的制度。它包括因地制宜地扩大复种面积，采用轮、间、套、混作等技术，安排蔬菜栽培的次序，并配备合理的施肥与灌溉制度、土壤耕作与休闲制度，即俗称的“茬口安排”。

科学地安排蔬菜茬口，是使蔬菜生产更好地面向市场，全年均衡供应多样化产品的可靠保证。要把种类繁多的蔬菜作物安排到栽培制度中去，露地栽培结合保护地栽培，通过早春促成栽培，秋冬延迟栽培，冬季保护地栽培等，达到排开播种，周年生产。

任务知识

一、蔬菜栽培制度

1.轮作和连作

(1)轮作与连作的概念　在同一块菜地上，按一定的年限，轮换栽种几种性质不同的蔬菜称“轮作”，俗称“换茬”或“倒茬”。连作是指在同一块土地上不同茬次或者不同年份内连年栽培同一种蔬菜的耕作方式。主茬隔副茬亦为连作。

(2)蔬菜轮作的原则　同类的蔬菜，例如茄果类的番茄、茄子、辣椒对于营养的要求和病虫害大致相同，在轮作中可作为一种作物处理；同时不同类而同科的蔬菜，如马铃薯不宜互相轮作。绿叶菜类蔬菜生长期短，应配合在其他作物的轮作区中栽培，不独自占一轮作区。各类蔬菜凡是吸收土壤营养不同；对土壤酸碱度的要求不同；根系深浅不同；互不传染病虫害的相互轮作较好。有些蔬菜能改善土壤结构；前作物对后茬作物有抑制杂草的作用，可以安排在轮作区。

禾本科、十字花科、百合科、伞形花科蔬菜较耐连作；茄科、葫芦科(南瓜例外)、豆科、菊科等蔬菜不耐连作。多数需隔2～4年种植。

2.间作、混作和套作

(1)间作、混作与套作的概念　两种或两种以上的蔬菜隔畦、隔行或隔株有规律地同时栽培在同一块土地上的耕作方式称为间作；在同一块土地上不规则地混合种植称为混作；前作蔬菜生育早期或后期在其畦(行间或株间)间种植后作蔬菜称为套作。

(2)间、套、混作的原则和类型　蔬菜间套作的类型可分为菜菜间套作、粮菜间套作和果(桑)菜间套作等。需要将蔬菜的不同种类、品种合理搭配，形成合理的田间群体结构，并采取相应的配套栽培技术措施，提高复种指数，增产、增收。

3.多次作和重复作

在同一块土地上，一年内连续栽培多种蔬菜，可收获多次的称“多次作”；重复作是一年的整个生长季节内连续多次栽培同一种作物，多应用于绿叶菜或其他生长期短的作物。如东北等寒冷地区两年三熟，夏茬—越冬茬—夏茬。华北、华中和东北、西北的部分地区一年两熟，主要模式有：春茬—秋茬；夏茬—秋茬；越冬茬—夏秋茬。

二、蔬菜生产计划

制订生产计划应遵循"以需定产，产稍大于销"的原则，根据当地的蔬菜需求量、消费习惯、生产水平等制订。考虑到生产以及销售过程中一些不测因素的影响，在制订计划时还要有安全系数。一些蔬菜产区，还要考虑军工、特需、外贸出口、支援外地等任务，以及外来蔬菜的影响等，都应列入生产计划内。

工作任务　蔬菜栽培茬口的安排与生产计划的制订

任务说明

任务目标：了解蔬菜生产的季节安排及不同茬口；掌握周年生产中的茬口安排技术。

任务材料：各类蔬菜相关的书籍、生产用具、纸、笔记本等。

任务方法与要求：在教师的指导下分组讨论，制订自己家乡或生活地区的蔬菜周年生产计划。

工作流程

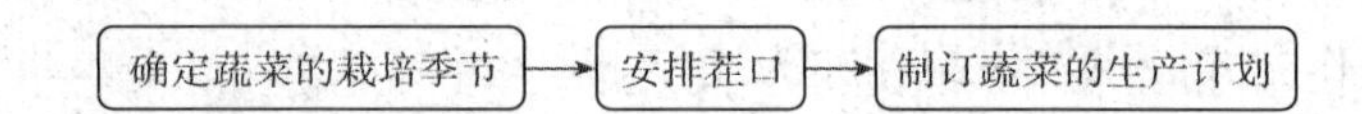

子任务一　确定蔬菜的栽培季节

1. 确定露地蔬菜的栽培季节

露地蔬菜生产应将所种植蔬菜的整个栽培期安排在其能适应的温度季节里，而将产品器官形成期安排在温度条件最为适宜的月份里。如喜温性蔬菜和耐热蔬菜以春夏季栽培效果好；半耐寒性和耐寒蔬菜适宜在夏秋季栽培。

2. 确定设施蔬菜的栽培季节

种植蔬菜的整个栽培期安排在其能适应的设施环境，将产品器官形成期安排在该种蔬菜的露地生产淡季或产品供应淡季里。普通日光温室、塑料拱棚、风障畦等，多于早春播种或定植，初夏收获，或夏季播种、定植，秋季收获。加温温室和改良型日光温室(有区域限制)，可周年生产，确定栽培季节较灵活。设施蔬菜的产品上市期应该与露地蔬菜大量上市期错开，尽可能将上市时间安排在国庆节后至来年的"五一"期间，其中温室蔬菜主要围绕元旦和春节上市来安排生产，普通日光温室与塑料大棚蔬菜应以5～6月份和9～11月份为主要上市期。

子任务二　安排茬口

露地蔬菜根据当地气候条件进行安排，主要茬口有越冬茬、春茬、夏茬和秋茬。设施蔬菜主要茬口有温室冬春茬；温室、塑料拱棚及阳畦春茬；温室和塑料大棚夏秋茬；日光温室和塑料大棚秋茬;温室秋冬茬;温室和风障畦越冬茬等。

子任务三 制订蔬菜的生产计划

1. 蔬菜生产计划

制订蔬菜种植面积和产量计划;蔬菜品种种植计划及产品逐月上市计划;茬口安排等。

为方便掌握总体情况,把以上 3 种生产计划根据需要进行组合(表 3-1)。

表 3-1 某村××年蔬菜种植计划

田块序号	栽培模式	茬口安排	品种名称	全年茬次	耕地面积(hm^2)	播种面积(hm^2)	产量指标	预定产值	
								单价(元/t)	总计(元)
1									
2									

2. 技术作业计划

制订单项蔬菜逐月技术作业及效率定额和育苗计划。

3. 生产成本核算及财务收支计划

4. 其他计划

如蔬菜栽培技术措施,蔬菜单位面积分项作业用工计划,蔬菜种子计划,蔬菜生产用物料购置计划,蔬菜产品供应计划等,根据具体需要而定。

子项目 3-2 蔬菜播种育苗技术

任务分析

在现代蔬菜生产中,育苗已形成了一个独立的产业。蔬菜种子及育苗部分内容面向的岗位是蔬菜育苗职业岗位,工作任务是完成各类蔬菜的育苗。工作要求是通过市场调查分析,学会进行生产安排,选择合适的品种,掌握蔬菜育苗技术。

任务知识

一、蔬菜种子

1. 蔬菜种子的概念

蔬菜生产所采用的种子含义比较广,泛指所有的播种材料。总括起来有四类:第一类是植物学上真正的种子,如葫芦科、豆科、茄科、十字花科等蔬菜种子;第二类种子属于植物学上的果实,如菊科、伞形科、藜科中的部分蔬菜。果实的类型有瘦果,如莴苣;坚果如菱果;双悬果如胡萝卜、芹菜、芫荽等;聚合果如根甜菜、叶甜菜;第三类种子属于营养器官,有薯蓣类蔬菜、水生蔬菜等，多用鳞茎（大蒜、胡葱），球茎（魔芋），根状茎（韭菜、生姜、莲藕），块茎（马铃薯、山药、菊芋）等营养体繁殖；第四类种子则为食用菌类的菌丝组织，如蘑菇、草菇、木耳等。

2. 种子的大小与寿命

蔬菜种子按大小可以分为3类：大粒种子，千粒重100～1 000 g，如瓜类、豆类等；中粒种子，千粒重为10～16 g，如菠菜、萝卜等，千粒重为3～6 g，如白菜类、茄果类和葱韭等；小粒种子，千粒重1～2 g，如芹菜、莴苣等。

蔬菜种子的寿命指种子能保持其生命力的年限。种子的寿命取决于本身的遗传特性，种子的成熟过程以及休眠贮藏条件等。

二、蔬菜的育苗方式

蔬菜育苗占地面积一般为定植田面积的1/40～1/10，依育苗场所及育苗条件，可分为设施育苗和露地育苗。设施育苗是现代育苗的重要方式。

依温度、光照条件和管理特点又可细分为增温育苗及遮阳降温育苗；依育苗所用的基质，可分为床土育苗、无土育苗和混合育苗；依育苗用的繁殖材料，可分为播种育苗、扦插育苗、嫁接育苗、组培育苗等；依护根措施，可分为容器护根育苗、营养土块育苗等；实际生产中的育苗方法，常是几种方式的综合。

工作任务1　蔬菜的种子识别

任务说明

任务目标：了解蔬菜种子的分类；掌握各类蔬菜种子的结构及特征特性，为种子处理、播种、育苗和贮藏奠定基础。

任务材料：各类蔬菜种子、各类种子标本、放大镜、天平、培养皿、滤纸、刀片等。

任务方法与要求：在教师的指导下分组完成各类蔬菜种子的形态识别和结构识别，并能区分新陈种子。

工作流程

子任务一　形态观察

用肉眼或者放大镜观察种子的形态，包括种子外形、大小、色泽，表面的光洁度、沟、棱、毛刺、网纹、蜡质、突起物等。常见蔬菜种子形态见图3-1。

1. 种子外形

有球形、扁卵形、盾形、心脏形、肾形、披针形、纺锤形、棱柱形及不规则形等。

2. 种子大小

大粒、中粒、小粒三级。如大粒种子有豆科、葫芦科等。中粒种子有茄科、藜科等。小粒种子有十字花科、百合科等。可用千粒重表示。

3. 种子颜色

指果皮或种皮色泽。黄、褐、黑、紫、灰、红、白、杂色等。

4. 种子表面特征

表面是光滑、有无茸毛或刺毛、呈瘤状突起或凹凹不平，呈棱状或网状细纹，有无蜡质等。

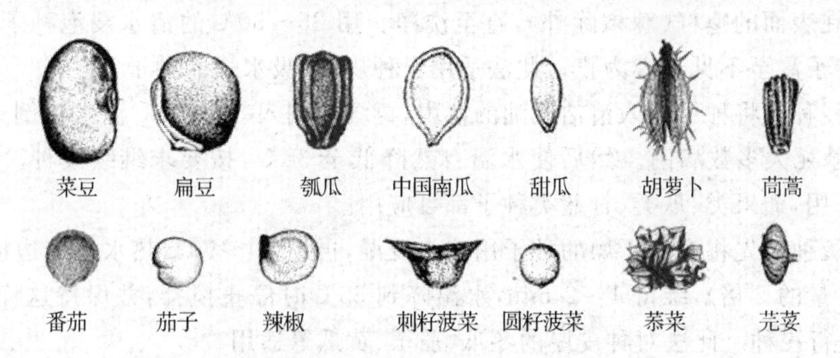

图 3-1　常见蔬菜种子形态（蔬菜种子大全，吴志行，1993 年）

子任务二　结构观察

取蔬菜浸泡过的种子，用刀片纵切，用放大镜等观察各部分结构。蔬菜种子的结构包括种皮和胚，有些种子还含有胚乳。绘图说明各部位名称，如种皮、胚根、胚轴、胚芽、子叶及胚乳。

子任务三　识别新陈种子

蔬菜新种子，生命力较强，播后发芽快，幼苗生长旺盛；种子越陈，生命力越弱。区别新陈种子根据感官鉴定，采用看、闻、搓、浸 4 种方法来检查。根据种子和胚外表特征，同时闻种子的气味，新种子气味清香，陈种子有不同程度的霉味，将种子用手搓，看是否易破碎，或容易脱皮和开裂等。

工作任务 2　播种前种子处理

任务说明

任务目标：根据各类蔬菜种子的特征、特性，选用适合不同蔬菜种子的处理方法。

任务材料：代表性蔬菜的种子（黄瓜、茄子、苦瓜等）、滤纸、培养皿、烧杯、化学药剂、毛巾、托盘、恒温箱等。

任务方法与要求：在教师的指导下分组，重点完成水浸种的三种处理方式；掌握种子浸泡时间，并在合适的温度下进行催芽；了解其他种子处理方式方法。

工作流程

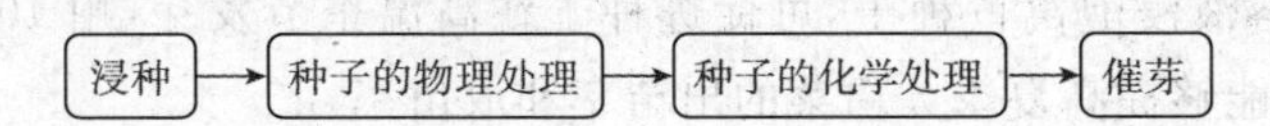

子任务一　浸种

根据浸种水温可分为一般浸种、温汤浸种和热水烫种。

(1)一般浸种　把种子放在洁净无油的盆内,倒入清水。搓洗种皮上的果肉、黏液等,不断换水,除去浮在表面的瘪籽(辣椒除外),直至洗净。用25～30℃的清水浸泡种子。每5～8 h换一次水。种子浸至不见干心为止。此法适用于种皮薄、吸水快的种子。

(2)温汤浸种　将种子放入清洁无油的盆内,再缓缓倒入50～55℃温水边倒边搅拌,维持10～15 min,杀死大多数病菌。然后使水温自然降低至30℃,按要求继续浸种。此种方法有一定的消毒作用,茄果类、瓜类、甘蓝类种子都可应用。

(3)热水烫种　先将充分干燥的种子用凉水浸湿,再用80～90℃热水边倒边搅动(热水量不可超过种子量的5倍),维持1～2 min,水温降到55℃时停止搅拌,并保持这样的水温7～8 min,而后进行浸种。此法对种皮厚的冬瓜、茄子、黄瓜等适用。

子任务二　种子的物理处理

1. 干热处理

对于喜温类蔬菜种子和没有完全成熟的种子,采用干热处理。一般用于番茄和瓜类蔬菜,以干燥种子在60～70℃温度中经4～5 h至3 d的处理,可消毒防病,能促进发芽,提早成熟,增加产量。

2. 变温处理

把萌动的种子,先放到－5～－1℃处理12～18 h(喜温的蔬菜温度应取高限),再放到18～22℃处理6～12 h;或者在28～30℃放置12～18 h,16～18℃放置6～12 h,直至出芽。经过变温处理后,对低温适应性增强。

3. 低温处理

把开始萌动(咧嘴)的种子,放在0～2℃的低温条件下处理1周,每天要投洗种子,防止芽干。

子任务三　种子的化学处理

1. 微量元素浸种

用硼酸、硫酸锰、硫酸锌、钼酸铵等,用单一元素或将几种元素混合进行浸种,浓度一般为0.01%～0.2%。瓜类浸种12～18 h,茄果类浸种24 h,可促进幼苗的根系生长,加快生长发育。

2. 激素、渗透剂等浸种

150～200 mg/kg的赤霉素溶液浸种12～24 h可促进发芽,100 mg/kg激动素溶液或500 mg/kg乙烯利溶液浸泡莴苣种子,可促进种子在高温季节发芽,用100 mg/kg吲哚乙酸(IAA)浸种大白菜,能够提高夏季大白菜的出苗率和成苗率。

3. 药液浸种或药剂拌种

药液用量一般是种子量的2倍,常用浸种药液有800倍50%多菌灵溶液,800倍甲基托布津、100倍甲醛溶液、10%磷酸三钠溶液、1%硫酸铜溶液、0.1%高锰酸钾溶液等。

拌种常用药剂有克菌丹、敌克松、福美双等，拌种的药粉、种子都必须是干燥的，否则会引起药害和影响种子蘸药均匀度，用药量一般为种子重量的0.2%～0.5%，药粉需精确称量。拌种通常先把种子放入一定容器如罐或瓶内，加入药粉加盖后摇动5 min，使药粉充分且均匀地粘在种子表面。

子任务四 催芽

将浸泡过的种子置于适宜的温下，促使种子迅速而整齐一致的萌发。催芽期间要每隔4～5 h翻动一次种子，并用清水淘洗。待有50%～80%种子出芽即可终止催芽进行播种。

工作任务3 蔬菜播种技术

任务说明

任务目标：了解确定播种期的确定原则；学会计算播种量，根据栽培季节、种子特性等确定各类蔬菜的播种方法；掌握播种技术要点。

任务材料：各类蔬菜的种子、纸、笔、农膜、生产用具等。

任务方法与要求：在教师的指导下分组完成不同蔬菜的播种，掌握各任务环节。

工作流程

子任务一 确定播种期

播种期要根据生产计划、当地气候条件、苗床设施、育苗技术、栽培种类等具体情况确定。一般由定植期减去秧苗的苗龄即是适宜的播种期。

子任务二 计算播种量

播种前首先应确定播种量。根据种子的纯度、净度、发芽率、千粒重等，按下列公式计算播种量。在生产实际中播种量应视不同情况，适当增加安全系数(0.5～4不等)。

单位面积播种量=单位面积出苗数/(每克种子粒数×种子纯度×种子净度×种子发芽率)

子任务三 播种

1.露地播种

播种方式分为撒播、条播和穴播三种。条播时用划行器或锄头开浅沟；撒播钉齿耙拉播沟；穴播用小铲或镐头刨坑，然后播种。覆土覆膜。覆土厚的与种子的大小、结构和特性有关，如种子发芽需要光照的蔬菜，芹菜、芫荽、莴苣等宜浅播。

2.保护地播种

(1)普通地床及育苗盘播种　配好的床土铺8～10 cm厚，搂平，浇足底水，最好浇温水，底水深度6～8 cm，均匀一致，均匀撒播种子，覆土1～2 cm，搂平床面，覆盖塑料薄膜。

(2)营养钵播种　营养钵内装床土，并稍按实，土面平整、距钵沿 2 cm。把营养钵从苗床一端开始摆放，要求摆平、摆放紧密。浇足底水，最好浇温水，底水深度 6～8 cm，水渗下后每钵播种 3～4 粒发芽种子。覆土 1～2 cm，搂平床面，覆盖塑料薄膜。

工作任务 4　穴盘无土育苗

任务说明

任务目标：了解基质的各种类型，正确选择穴盘和各种材料，掌握无土育苗技术。

任务材料：珍珠岩、蛭石、草炭、消毒鸡粪等有机肥、化肥、穴盘等生产用具。

任务方法与要求：在教师指导下分组完成基质选择配比、营养液管理、苗期管理等任务环节。

工作流程

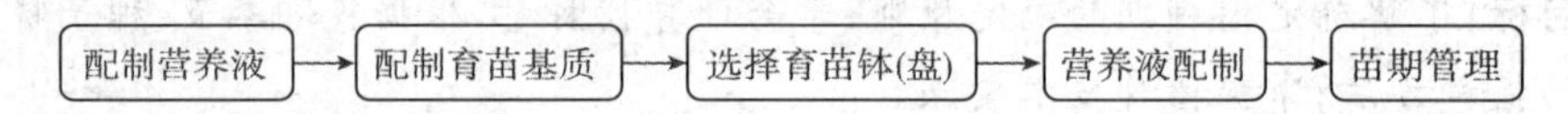

子任务一　配制营养液

1. 简单配方

主要是为蔬菜幼苗提供必需的大量元素和铁，微量元素则依靠浇水和育苗基质来提供，参考配方见表 3-2。

表 3-2　无土育苗营养液简单配方

营养元素	用量(mg/L)	营养元素	用量(mg/L)
四水硝酸钙	472.5	磷酸二铵	76.5
硝酸钾	404.5	螯合铁	10
七水硫酸镁	241.5		

2. 精细配方(表 3-3)

表 3-3　无土育苗营养液的微量元素用量

营养元素	用量(mg/L)	营养元素	用量(mg/L)
硼酸	1.43	五水硫酸铜	0.04
四水硫酸锰	1.07	四水钼酸铵	0.01
七水硫酸锌	0.11		

除上述的两种配方外，目前生产上还有应用更简单的营养液配方。该配方是用氮、磷、钾复合肥(N∶P∶K 含量为 15∶15∶15)为原料，子叶期用 0.1%浓度的溶液浇灌，真叶期用0.2%～0.3%浓度的溶液浇灌，该配方主要用于营养液含量较高的草炭、蛭石混合基质育苗。

子任务二　配制育苗基质

育苗选用草炭、蛭石、珍珠岩、炉渣等基质，需要进行基质消毒，主要有蒸汽消毒、药剂消毒、日光消毒3种方法。

冬、春育苗基质配方为草炭∶蛭石＝2∶1；夏季育苗基质配方为草炭∶蛭石∶珍珠岩＝1∶1∶1，或者草炭∶蛭石∶珍珠岩＝2∶1∶1。

子任务三　选择育苗钵(盘)

无土育苗主要适用育苗盘，有聚苯乙烯和聚苯泡沫两种，蔬菜育苗宜选用聚苯泡沫盘。夏秋季育苗用白色的聚苯泡沫盘，冬春季以黑色育苗盘为宜。育苗穴盘孔穴有方形和圆形两种，方形孔穴应用较多。

育苗钵(图3-2)侧面和底部均带孔眼，内装基质，放入深1～2 cm营养液盘中进行育苗。

图3-2　无土育苗用育苗钵(蔬菜生产技术，韩世栋，2006年)

穴盘的基质用量，72孔，4.1 L；128孔，3.2 L；288孔，2.4 L；392孔，1.6 L。实际应用中应加上10%的富余量。

子任务四　营养液配制

营养液管理有喷灌法和浸液法两种。喷灌法一般夏季每2 d喷1次，冬季每2～3 d喷1次。采用育苗钵的多用浸液法。

子任务五　苗期管理

苗床白天要保持充足的光照，进行适温管理，夜间降低温度，保持较大的昼夜温差。一般夏季每天喷水2～3次，冬季每2～3 d喷水1次。

工作任务5　育苗营养土的配制技术

任务说明

任务目标：了解育苗营养土的各配料类型，正确选择各种材料；掌握配制消毒技术。

任务材料：园土、河沙、有机肥、化肥、农膜、消毒农药、铁锹等生产用具。

任务方法与要求:在教师的指导下分组完成配料选择、场地消毒、混拌、消毒等任务环节。

工作流程

子任务一　设施消毒

营养土育苗是普遍采用的传统育苗方法,适合于小规模和就地育苗,目前在我国温室大棚生产中使用普遍,但难以实现种苗产业化。

温室的前茬作物收获后应及时清除残枝落叶,施肥并深翻土地。温室在播前 15～20 d 维修火道,加温烤地,翻晒床土作畦,要求做到土壤细碎,平整。播前 1 周温室熏蒸消毒,密闭 1 周后使用;棚内墙壁,架柜及工具可用 1∶(50～100)甲醛溶液喷洒消毒。

子任务二　营养土的调配混合

营养土是经过人工按一定比例调制混合好的适于幼苗生长的肥沃土壤。营养土的主要成分为园土、有机肥、细沙或细炉渣、速效化肥等。园土一般用大田土,葱蒜类、豆类茬口,最好是充分熟化的旱田土。适合育苗用的有机肥必须是充分腐熟的马粪、羊粪、猪粪、鸡粪等质地较为疏松的热性肥料,有机肥需捣碎后才能用于育苗。细沙和炉渣的主要作用是调节育苗土的疏松度。速效化肥主要使用优质复合肥、磷肥和钾肥,一般播种床土每立方米的总施肥量 1～2 kg。

营养土分播种床土和分苗床土。一般播种床土配方比例:园土 5～6 份,腐熟有机肥 4～5 份,;分苗床土配方:园土 6～7 份,腐熟有机肥 3～4 份。园土和有机肥过筛后,掺入速效肥料,并充分拌和均匀,铺在育由床内。播种床铺土厚 8～10 cm,分苗床铺上厚 12～20 cm。

子任务三　营养土消毒

物理消毒方法有蒸汽消毒、太阳能消毒、微波消毒等。

药剂消毒可用甲醛、50%多菌灵、井冈霉素、恶霉灵、50%的福美双、敌克松、五代合剂、美曲膦酯等。

将消毒药剂喷洒到土壤中,也可以混拌农药,每立方米营养土用药 150～200 g,混拌均匀后堆放,并用薄膜封堆,7～10 d 后再用于育苗。

工作任务 6　嫁接技术

任务说明

任务目标:以瓜类蔬菜为代表,掌握插接、劈接、靠接技术,并能完成嫁接苗的管理。

任务材料:黄瓜或西瓜种子、白籽或黑籽南瓜种子、营养钵、穴盘、农膜、消毒农药、嫁接针、嫁接夹等用具等。

任务方法与要求:在教师的指导下分别完成瓜类蔬菜砧木苗、嫁接苗的培育;学会插接、劈接和靠接三种嫁接方法以及嫁接后的管理等任务。

工作流程

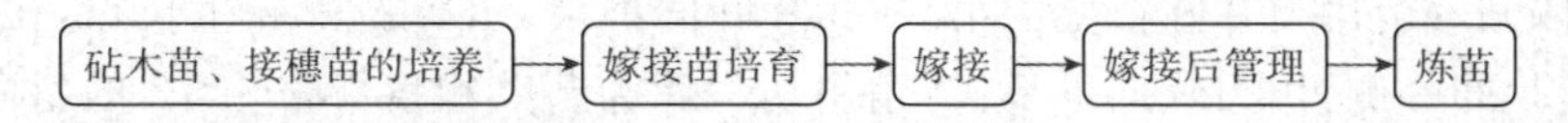

子任务一　砧木苗、接穗苗的培养

嫁接育苗是将一种蔬菜植株的枝或芽接到另一植物体的适当部位，使两者结合成一个新植物体的育苗技术。用来嫁接的枝或芽叫接穗，承受接穗的植株叫砧木。蔬菜嫁接育苗主要应用于瓜类和茄果类蔬菜。蔬菜嫁接方法多样，有靠接法、插接法、劈接法、贴接法、中间砧法、靠劈接法、套管法等，其中以靠接法、插接法、劈接法和贴接法应用较为广泛。

一般瓜类蔬菜砧木苗和接穗苗根据采用的嫁接方法不同，错期播种。砧木播在营养钵、营养袋或大一些的穴盘内，接穗集中播种在苗床上，或锯末盘，或平底穴盘里。茄果类蔬菜砧木和接穗育苗多播在营养钵、营养袋或大一些的穴盘内。

子任务二　嫁接方法

1. 靠接法

靠接法主要应用冬、春设施果菜类嫁接栽培。

(1)瓜类蔬菜靠接　要求砧木苗与接穗苗茎粗细相似，砧木苗两片子叶展开后、真叶展开前开始嫁接。一般黄瓜较黑籽南瓜早播种 5～7 d，黄瓜一叶一心期，砧木真叶展开前进行嫁接；西葫芦与黑籽南瓜同时播种或黑籽南瓜播种 2～3 d 后再播种西葫芦，接穗与砧木苗的真叶展开前嫁接。接穗与砧木苗均用密集播种法培养小苗。

嫁接时去掉南瓜的生长点和真叶，在子叶的下胚轴上部距生长点约 0.5 cm 处下刀，切口斜面长 0.8～1.0 cm。再将黄瓜幼苗的下胚轴距子叶 1.0 cm 处由下向上切一个 30°～40°的切口，深度达茎粗 1/2～2/3，再将砧木和接穗两个相反方向的切口对齐嵌合在一起，使黄瓜的子叶在上，南瓜子叶在下，用嫁接夹将接口夹好，立即栽到营养土方(钵)上(图 3-3)。栽时注意把两株苗根部分开，以便以后黄瓜断根，嫁接口距地应有 1～2 cm 的距离，并及时用喷壶洒水。

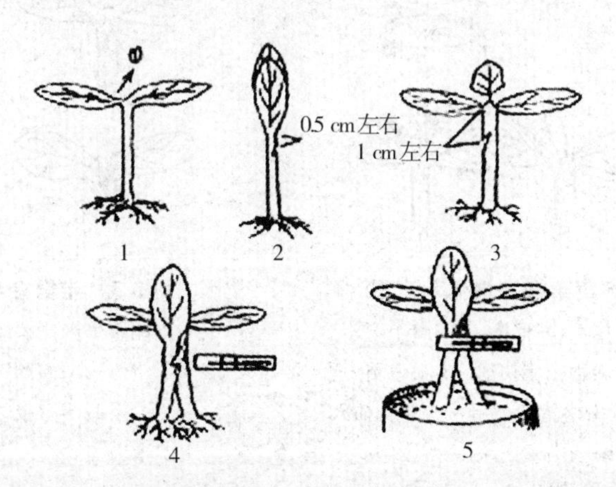

图 3-3　瓜类蔬菜靠接操作示意图(蔬菜生产技术，韩世栋，2006 年)

1. 砧木苗去心　2. 砧木苗茎削接口　3. 接穗苗茎削切　4. 接口嵌合固定　5. 栽苗

(2)茄果类蔬菜靠接　要求砧木苗与接穗苗茎粗细相近，砧木苗茎高 12～15 cm 以上，4～5 片真叶展开；接穗苗茎高 12 cm 以上，2～3 片以上真叶展开。砧木一般较接穗提前 5～6 d

播种。砧木苗直接播种于育苗容器内或2叶期移植于育苗容器内，接穗苗密集播种培育小苗。

嫁接时取砧木苗用刀片在苗茎的第2～3片叶间横切，去掉新叶和生长点，在第2片真叶下、苗茎无叶片的一侧，用刀片向下呈40°角斜切一深为苗茎粗度1/2～2/3的斜向切口，切口斜面长1 cm左右，在接穗苗第1片真叶下，无叶片一侧，紧靠子叶，沿40°夹角，向上斜切一刀，刀口长同砧木切口，刀口深达苗茎粗的2/3以上；再将砧木和接穗两个相反方向的切口对齐嵌合在一起，用嫁接夹从接穗一侧入夹，将结合部位固定住；接穗苗的根系与砧木苗根部分开栽入育苗钵内。

2. 插接法

插接法是用竹签或金属签在砧木苗茎的顶端或上部插孔，把削好的蔬菜接穗苗茎插入插孔内而组成一株嫁接苗。要求接穗苗茎较砧木苗茎细一些。可分为上部插接和顶部插接两种形式，以顶部插接应用较普遍。

瓜类蔬菜嫁接适期为砧木第1片真叶初展或展至硬币大小，接穗子叶新叶未出或刚露尖。砧木比接穗早播3～7 d，砧木苗直接播种于育苗容器内，接穗苗密集播种。嫁接时先把砧木生长点及真叶去掉，再用同接穗茎粗相同的竹签子或金属签，从一侧子叶基部向对侧朝下斜插，插孔长0.5～1 cm，但竹签尖端不要插破茎的表皮，也不要插入髓部。接穗在子叶下0.8～1.0 cm处下刀斜切，根据竹签或铁签的单斜面或双斜面，切出单斜面或双斜面，切口长0.6～1 cm，切削好接穗后，立即拔出竹签，将接穗苗的切面对准砧木苗茎的插孔插入（图3-4）。

3. 劈接法

劈接法也叫切接法，是将砧木苗茎去掉心叶和生长点后，用刀片由顶端将苗茎纵劈一切口，把削好的蔬菜苗穗插入并固定牢固后形成一株嫁接苗。根据砧木苗茎的劈口宽度不同，劈接法又分为半劈接和全劈接两种方式。劈接法主要用于苗茎实心的蔬菜嫁接，以茄子和番茄等茄科蔬菜应用较多；瓜类苗茎空心，多用半劈接法。具体如图3-5所示。

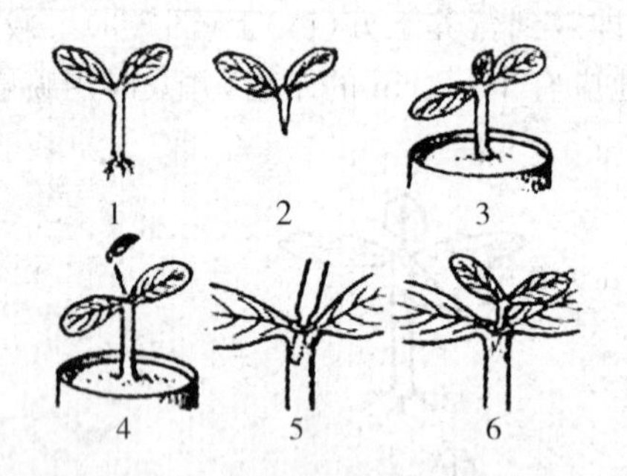

图3-4 瓜类蔬菜插接操作示意图

（蔬菜生产技术，韩世栋，2006年）

1. 接穗苗 2. 接穗苗茎切削 3. 砧木苗

4. 砧木苗去心 5. 砧木苗茎插孔 6. 接穗插入

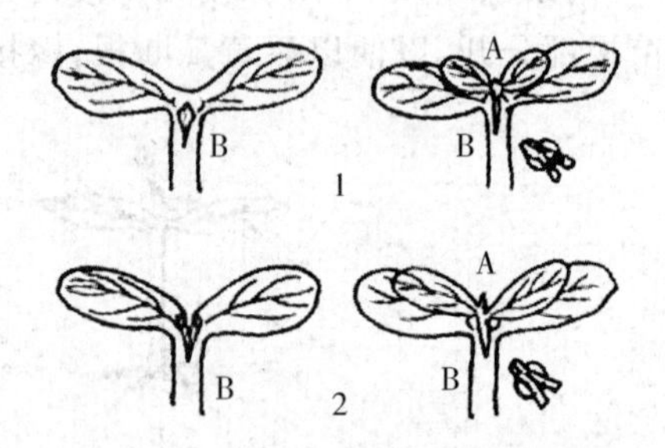

图3-5 半劈接与全劈接示意图

（蔬菜生产技术，韩世栋，2006年）

A. 接穗 B. 砧木

1. 半劈接 2. 全劈接

子任务三 嫁接后管理

嫁接后的苗应立即移栽到育苗钵中，边嫁接边移栽边浇水，浇水后摆入小拱棚内苗床上。嫁接前一天或当天早晨向砧木和接穗植株及棚膜上喷800倍的多菌灵消毒，待植株干后嫁接。嫁接后8～10 d为嫁接苗的成活期。此期适宜温度是白天25～30℃，夜间20℃左右。小拱棚内的空气湿度保持在90%以上。嫁接前3 d见弱光,3 d后适量放风,接受短时间的光照,并随着嫁接苗的成活生长,逐渐延长光照的时间。嫁接苗成活后,撤掉小拱棚。8～10 d后,把嫁接成活的苗集中到一起管理;嫁接质量较差、生长差的苗也集中到一起,继续在原来的条件下进行管理,待生长转旺后再转入常规管理。发现枯萎或染病致死的苗及时剔除。

靠接苗生长正常后,用刀片断根,断根后的3～4 d内,接穗容易发生萎蔫,要进行遮阴,同时在断根的前一天或当天上午还要将苗床浇一次透水。并随时抹掉砧木苗上的萌蘖、侧枝,以及接穗苗上产生的不定根。15～20 d后嫁接苗进入常规管理,可以定植。

工作任务7　苗期管理技术

任务说明

任务目标:了解不同蔬菜苗期的特性;掌握不同蔬菜的苗期管理技术。

任务材料:黄瓜品种的种子、农膜、农药、化肥、生产用具等。

任务方法与要求:在教师的指导下分组完成蔬菜育苗期的环境调控、分苗、倒苗、囤苗、炼苗等各任务环节。

工作流程

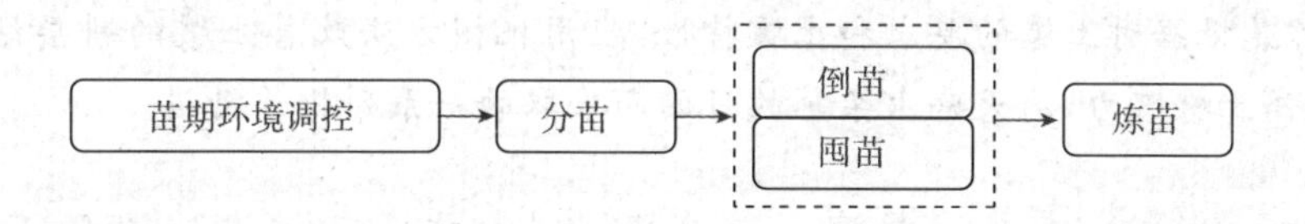

子任务一　苗期环境调控

苗期管理要调节好温度、湿度、光照和营养条件,以满足幼苗生长发育的需要。苗期温度管理的重点是掌握“三高三低”,即“白天高、夜间低;晴天高、阴天低;出苗前、移苗后高,出苗后、移苗前和定植前低”。一般播种前浇足底水,到分苗前不再浇水,分苗前1 d浇水,以利起苗,栽苗时要浇足稳苗水,缓苗后再浇一透水。分苗至定植期地面见干见湿为宜。尽可能的改善光照条件,保持采光面清洁,做好草苫的早揭、晚盖,及时间苗和分苗。

子任务二　分苗

一般分苗1～2次。早春气温低时,应采用暗水法分苗。高温期应采用明水法分苗,即先栽苗,全床栽完后浇水。分苗后3～4 d内不需通风,待秧苗中心的幼叶开始生长时通风降温。光照强时,应适当遮阴。

子任务三　倒苗、囤苗

囤苗指采取人工措施挪动幼苗,使根系受到一定损伤,以控制茎叶生长。用营养钵或其他容器育苗,定植前搬动几次,即可达到囤苗目的。温室苗床上一般把后方和前方的苗倒1～2次,中间部分的苗,提起来在原地放下即可,以保持整个苗床幼苗长势一致。如采用切块囤苗,在定植前 7～10 d，苗床浇水，水渗完前用长刀切成 10 cm×10 cm 的方土块，切块后 6～7 d 土块干硬，即可起苗定植于大田。

子任务四　炼苗

定植前 7～10 d 开始锻炼秧苗，降温控水，加强通风和光照。如果是为露地栽培培育的秧苗，最后应昼夜都撤去覆盖物，达到完全适应露地环境的程度，但必须注意防止夜间霜害；保护地生产培育的秧苗应以能适应定植场所的气候条件为锻炼标准。

子任务五　育苗中问题处理及预防

育苗中易出现烂种或出苗不齐、“戴帽”出土、沤根、徒长、僵苗、等情况，需要正确判断找到原因，采取相应的管理措施。

子项目 3-3　菜田标准化耕作技术

任务分析

土壤耕作是根据对土壤的要求和土壤特性，应用机械方法改善土壤的耕层结构和理化性状，以达到提高土壤肥力，消灭病虫杂草的目的而采取的一系列耕作措施。

任务知识

一、农业标准化生产

农业标准化生产能全面改善农产品品质、提高内在和外观质量，促进扩大市场份额，有助于催生优质农产品品牌。各地以市场为导向，制定实施农业标准，综合运用新技术、新成果，实现农业资源的综合利用和生产要素的优化组合，为提高农业效益创造了条件。当前在商品蔬菜生产中，实行农产品市场准入制度和检验制度，按照无公害、绿色食品或有机食品蔬菜等不同的要求，实施标准化生产，并制定了农产品生产标准(技术规程)，以治理“餐桌污染”，以确保农产品质量。

二、菜田土壤的基本耕作

菜田耕作措施包括翻耕、耙、松、镇压、混匀、整地、作畦、中耕、培土等内容。

1. 翻耕

翻耕类型有深耕和浅耕两种。深耕深度以 20～25 cm 为宜，生产季节浅耕深度为 0～20 cm。一般沙性较重的土壤以耕深 15～18 cm 为宜。耕翻方式有平翻耕法和垄作耕法两种。铁锹人工翻地 15～22 cm，机耕用小型旋耕机耕深 15～30 cm；机引壁犁耕深 20～30 cm。耕翻的原则是深耕细耙，平整细碎，清除砖石瓦块。

2.深松耕

指分层松耕而不打乱土层的耕作措施。耕作深度较深，可疏松犁底层，保持地面覆盖，减少水分蒸发，防止风蚀。适用于干旱、半干旱和丘陵地区。

3.旋耕

旋转过程中进行切割、打碎、掺和土壤，一次作业可同时完成松土和碎土，多用于水田。使用机具为旋耕机或旋耕犁。相当于把犁、耙、平三次作业一次完成。

三、菜田表土耕作

表土耕作是用农机具改善 10 cm 以内的耕层土壤状况的措施。它主要包括耙地、耱田、镇压、开沟、作畦、起垄、筑埂、中耕、培土等作业，多数在耕地后进行。

工作任务1　菜田耕作技术

任务说明

任务目标：掌握菜田整地作畦、中耕铲耥等技术。

任务材料：铁锹、小型旋耕机等生产用具等。

任务方法与要求：在教师的指导下分组完成蔬菜定植前的整地耕作各任务环节。

工作流程

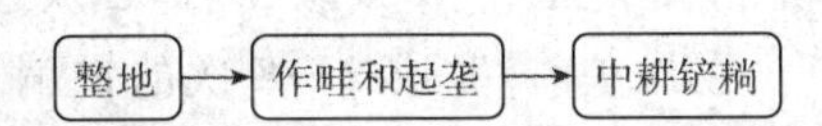

子任务一　整地

1.耕翻时期确定

菜田整地的时期，应根据气候条件、栽培制度和土壤情况具体确定。在北方单作区以秋耕为主，而双主作区可分秋耕（或冬耕）、春耕和夏耕，其中秋耕是最基本的形式。秋耕在秋茬作物收获后、土壤结冻前进行；春耕主要指将秋天已耕过的地块耙地、镇压、保墒，给未秋耕的地块进行春耕，为春种或定植做好准备；夏耕要求是早、深、细，争取早深翻，增加晒茬时间。

2.耕翻方法

（1）秋耕　翻耕的深度 15～30 cm，通常机耕翻地深度可达 15～25 cm，一般农具为 20～30 cm。

（2）春耕　已秋耕的地块，当土壤化冻 5 cm 左右时，开始耙地。未秋耕的地块，只要土壤化冻深度达 16～18 cm 时，即可翻耕，随翻随耙。

（3）夏耕　翻耕深度在 25～30 cm，耕后及时耙耢收墒。

3.表土土壤耕作方法

（1）耙地　①耙地时间确定。秋耕的地块，春季耙地起垄或作畦，春耕的地块，随翻随耙。②耙地操作程序。根据种植作物和土质情况确定耙地深度，轻耙为 8～10 cm，重耙 12～

15 cm;采用顺耙、横耙、对角线耙等耙地方式,做到不漏耙、不拖堆,相邻作业重耙量不超过15 cm。

(2)耢地　①耢地时间确定。掌握宜耕期进行。②耢地操作程序。用耙耢平,使耕层内无大土块及大孔隙,1 m^2 内大于直径 5～10 cm 土块不得超过 5 个,沿播种垂直方向于 4 m 宽地面上高低差不超过 3 cm。

(3)镇压　播前镇压,镇压时要掌握适宜土壤含水量。

子任务二　作畦和起垄

1. 作畦

在整好地的基础上,按设计的畦长和宽放线、定桩;在线内先用铁锹翻地,深度为 30 cm,边翻边打碎土块,然后用耙子拉平整细畦面。平畦畦面与地面持平;高畦畦面高于地表面;低畦畦面低于地面;边拉平整细畦面边筑畦埂。高畦可用机具一次成形。平畦埂高于地面 10～15 cm,畦宽 1.3～1.7 m,长 6～10 m;高畦高度 15～20 cm,畦面宽 1.3～1.5 m;低畦间走道比畦面高。

2. 起垄

随耕翻随用机具或木犁起垄,垄宽 50～70 cm,高度 12～16 cm;稍稍镇压一下,使垄体光滑平整。

子任务三　中耕铲耥

1. 中耕铲耥时期确定

在生长期进行 2～3 次中耕铲耥,定植 4～5 d 缓苗后,必须进行松土,垄作直播的蔬菜,幼苗出土后 2～3 叶时,松土除草。在封垄前,完成 2～3 次的铲耥。每次松土铲草后 1～2 d 内必须起垄。

2. 铲耥技术要求

定植或播种后第一次铲趟要浅、近苗浅、远苗深。第二次铲趟增加深度。第三次铲耥要浅,防止伤根。

工作任务 2　蔬菜的中耕、除草与培土技术

任务说明

任务目标:了解蔬菜定植后的田间土壤翻耕管理方式,及时进行间苗定苗、中耕松土、除草、培土等,满足蔬菜生长期的需要。

任务材料:各类蔬菜田、铁锹、手铲、中耕机等农机具。

任务方法与要求:在教师的指导下分组完成菜田土壤管理的各任务环节实训。

工作流程

子任务一　间苗与定苗

大田直播蔬菜，间苗要分 2～3 次进行，间苗应尽早进行为好。最后一次间苗每穴只留 1 株，叫作“定苗”。

子任务二　中耕

一般中耕深度为 3～6 cm 或 9 cm 左右。苗期中耕宜深，成株期宜浅耕。株行距小者中耕宜浅些；切断老根后容易发生新根的蔬菜，可以深中耕；根系较浅，根受伤后再生能力较差，宜浅耕。播种出苗后、雨后或灌溉后中耕可以破除表土板结；定植蔬菜田中耕时要求不动土坨。中耕的适宜次数为 3～4 次，封垄后停止中耕，并常与除草相结合。中耕的方法，目前手工与机械并用，将来应逐步扩大机械中耕的面积，以提高工作效率。

子任务三　除草

除草应在杂草幼小而生长较弱的时候进行。除草的方法主要有人工除草、机械除草及化学除草 3 种。

子任务四　培土

培土通常与中耕除草结合进行，可以加厚土层促进植株软化，增进产品质量；对于根茎类培土，可以促进地下茎的形成；越冬或低温期培土具有防寒和提早定植作用，夏秋培土具有防热等作用，但临时性培土要及时扒开。

子项目 3-4　田间标准化管理技术

任务分析

了解蔬菜生产过程中土肥水、植株调整、开花坐果期管理等基本技术，结合生产实践，能熟练进行蔬菜的植株调整技术操作。

任务知识

一、蔬菜的吸肥特点

蔬菜是高度集约栽培的作物，复种指数高，蔬菜种类、品种繁多，供食部位、生长特性各异，对土壤营养条件要求不相同，不同蔬菜对土壤营养元素的吸收量也不同。“有收无收在于水，收多收少在于肥。”

蔬菜为喜肥、耐肥的作物，喜硝态氮，对铵态氮敏感；多数蔬菜吸钾量大，吸钙、硼量也高于其他作物；蔬菜不同生育期对营养元素吸收的特点不同。

二、绿色食品蔬菜的产品质量标准

根据中华人民共和国农业行业标准，绿色食品蔬菜标准规定了食品的外观品质、营养品质和卫生品质等内容，是衡量绿色食品蔬菜最终产品质量的指标尺度。

1. 农药残留

国际上通用的农药检测标准是联合国粮农组织和世界卫生组织（FAO/WHO）1983 年在荷兰通过的允许农药残留量的世界统一标准。我国对 A 级绿色食品蔬菜中的农药残留限量也做了规定。

2. 硝酸盐含量

硝酸盐在人体内容易还原成亚硝酸盐，并进一步与肠胃中的胺类物质合成极强的致癌物质—亚硝胺，导致胃癌、食道癌，因此绿色食品蔬菜对硝酸盐的含量有一定的限制。

3. 蔬菜内在品质

蔬菜内在品质主要包括蔬菜的维生素、矿物质、纤维等营养成分的含量，一些具有某些特殊作用的蔬菜还对其特别成分的含量进行了规定，如干椒的辣椒素、大蒜的大蒜素等。

工作任务 1　蔬菜定植技术

任务说明

任务目标：了解菜田的选地规划原则；掌握定植前的确定原则，定植方法和密度等技术。

任务材料：各类蔬菜成品苗、运苗车等运输工具、手铲、打洞器等生产用具等。

任务方法与要求：在教师的指导下分组完成各类蔬菜的定植。

工作流程

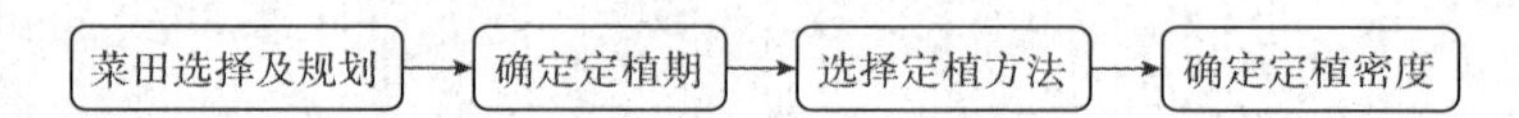

子任务一　菜田选择及规划

选交通便利、水源充足、远离污染源的地块，菜田规划有道路与排灌系统等，以便于机械耕作，进行系统轮作，并合理布局田间道路与防护林带，并可设置临时性的田间土道。土壤耕层最好能达 1 m 以上，应在 25 cm 以上。壤土、沙壤土与黏壤土均适宜于蔬菜的栽培。大多数的蔬菜以在中性和微酸性的土壤中生长较为适宜。

子任务二　确定定植期

蔬菜定植时期主要根据当地的气候与环境条件而定。北方生长期短，蔬菜生产要求早熟，以早定植为宜。耐寒性蔬菜 10 cm 土层温度达到 5～10℃时进行定植；喜温性蔬菜定植要求 10 cm 深的土层温度不低于 10～15℃，而且必须在终霜过后进行，此外，还要考虑蔬菜产品的上市时间，使上市高峰期位于露地蔬菜的供应淡季。

子任务三　选择定植方法

定植时根要伸展开，浇透水，才能使幼苗尽快恢复生长。北方地区早春定植秧苗时，浇水的量和水温要控制好。低温期定植多使用暗水定植法，高温季节定植多采用明水定植。冬春季选无风的晴天上午定植，应浅栽；夏秋季下午或傍晚栽植，低洼潮湿的土壤要浅栽，阴雨天及刮风天不宜栽苗，栽植时不宜摘叶，营养土块栽得低于地平面为好。

子任务四　确定定植密度

早熟品种或栽培条件不良时，密度宜大，晚熟品种或适宜条件下栽培时定植密度宜小。田间管理精细，则可增加栽植密度；果菜类栽培用整枝搭架的，比不整枝搭架者密些，单干整枝比双干整枝者密些；机械化管理的，应适当扩大行距。

工作任务2　蔬菜追肥与灌水技术

任务说明

任务目标：了解各类蔬菜的需水需肥特性；掌握蔬菜的灌溉和施肥技术。

任务材料：有机肥、化肥、配套灌溉设施、肥料运输推车、铁锨、手铲等生产用具等。

任务方法与要求：在教师的指导下分组完成各类蔬菜基肥、追肥的施用；进行各类蔬菜灌溉的各任务环节实训。

工作流程

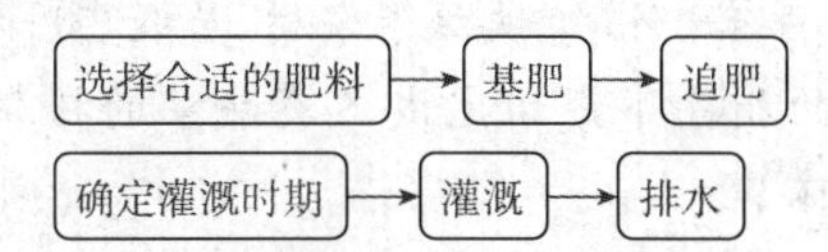

子任务一　间苗与定苗

直播蔬菜，间苗要分2～3次进行，应尽早进行为好。最后一次每穴只留1株定苗。

子任务二　根据蔬菜种类选择合适的肥料

栽培蔬菜以施用有机肥为主，使用时需充分腐熟，多用作基肥，也可作追肥。化肥多作追肥，也可用作基肥或根外追肥。

子任务三　蔬菜追肥的施用

追肥的肥料种类多为速效化肥和充分腐熟的有机肥，每次用量不宜过多。果菜类蔬菜应于果实膨大期追肥。叶菜类蔬菜，特别是结球菜类蔬菜，开始结球时要吸收较多的钾，氮、钾肥应同时追施，但对于绿叶菜不宜叶面喷施氮素化肥。根菜类根部膨大期必须补施氮肥。

施肥方法有穴施、撒施、叶面追肥和随水冲施等几种方法。

子任务四　确定合适的灌溉时期

首先看天浇水，即根据气候变化浇水；其次看地浇水，沙土地、黏土地、盐碱地等浇水量和次数不同；再看苗情浇水，即依据蔬菜的长势长相、种类或品种来灌溉；还要结合蔬菜不同的生育阶段浇水；最后结合栽培措施灌溉。

子任务五　确定菜田灌溉方式

地面灌溉，即明水灌溉，包括沟灌、畦灌和漫灌等形式，适用于水源充足，土地平整的菜地，或倾斜角度小的地块。推广应用面积较大的是喷灌、滴灌和渗灌，需要专门的管道系统将水引入田间。

子任务六　菜田排水

菜田排水目前主要是明沟排水。在排水不多或沙质土地区利用灌水毛渠排水。对不耐涝的蔬菜利用排水系统，随降随排。土壤深层的积水地深沟排水，或暗管排水。

工作任务3　蔬菜的植株调整技术

任务说明

任务目标：根据蔬菜植株的生长特性，确定合适的植株调整类型，通过植株调整及时控制各类蔬菜的生长，促进增产增收。

任务材料：菜田各类蔬菜、手套、竹竿、铁丝等架材、吊绳、剪子、梯架等生产用具。

任务方法与要求：在教师的指导下分组完成各类蔬菜的搭架、绑蔓、整枝、摘心、疏花、疏果、摘叶、压蔓、落蔓等各任务环节。

工作流程

搭架 → 吊蔓绑蔓 → 整枝打杈 → 摘卷须、摘叶、束叶

子任务一　搭架、绑蔓及落蔓

1. 搭架

搭架的作用主要是使植株充分利用空间，改善田间的通风、透光条件。常见架形有绳架、单柱架、人字架、圆锥架、篱笆架、横篱架、棚架等。搭架必须及时，架竿固定要牢固，插竿要远离主根 10 cm 以上，避免插伤根系。

2. 绑蔓、引蔓

绑蔓指黄瓜、番茄等攀援性较差的蔬菜，利用麻绳、稻草、塑料绳等材料将其茎蔓固定在架杆上，生长点绕到杆上。绑蔓时多用“8”字形绑蔓。

3. 压蔓

压蔓是将西瓜、南瓜等爬地生长的蔓性蔬菜的部分茎节压入土中或用块状物压在蔓上。在压蔓部位可以长出不定根，有助于吸收营养和防风固定作用。

4. 吊蔓、落盘蔓

设施内吊蔓栽培，将尼龙绳一端固定在种植行上方的棚架或铁丝上，另一端固定在植株基部或用小棍固定于地面，并随时将茎蔓缠绕于绳上。当植株茎蔓生长到架顶，采摘和管理不便时，定期将茎蔓从支架上解开，将下部茎蔓的老叶、病叶等打去，将老茎盘绕于畦面上，或朝一个方向顺延后绑蔓固定，保持植株生长点始终在合适的高度。

子任务二　整枝打杈

对于茎蔓生长旺盛的果菜类蔬菜，为控制其营养生长，通过一定的措施人为地创造一定的株形，以促进果实发育的方法，称为整枝。整枝的具体措施包括打杈、摘心等。

常见整枝方式有单干整枝（单蔓整枝）、双干整枝（双蔓整枝）等。摘除植株的顶芽叫作摘心，又称“打顶”或“闷尖”。摘除侧枝或腋芽叫作打杈。单干（蔓）整枝全部摘除侧芽，只留顶芽向上生长；双干（蔓）整枝指除顶芽外第一果穗下又留一侧枝与顶芽同时向上生长形成双杆。

子任务三　摘卷须、摘叶、束叶

摘卷须、摘叶、束叶等是调整蔬菜的叶面积和空间分布，减少不必要的养分消耗。应该在晴天的上午进行，摘下的卷须、叶等，要集中带出田外，集中处理。

束叶就是用绳等将蔬菜的叶片拢起后捆绑起来。束叶主要适用于十字花科的大白菜和花椰菜等蔬菜，多在生长的后期进行，选晴天下午，叶片含水量少，组织变软时进行。

工作任务4　蔬菜的保花保果技术

任务说明

任务目标：了解蔬菜开花坐果特点；重点掌握果菜类蔬菜的疏花蔬果、保花保果技术。

任务材料：瓜类、茄果类菜田、手套、小喷壶、毛笔、坐果灵、鲜花素或硼肥等。

任务方法与要求：在教师的指导下分组完成瓜类、茄果类蔬菜的蘸花、疏花疏果等任务环节。

工作流程

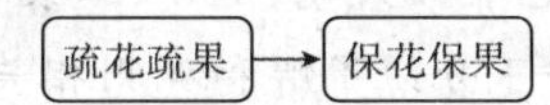

子任务一　疏花疏果

以营养器官为产品的如大蒜、马铃薯、莲藕、百合、豆薯等蔬菜，尽早摘除花蕾有利于地下产品器官的肥大。以较大型果实为产品器官的蔬菜，如番茄、西瓜等蔬菜作物，去掉畸形、有病的果实，促进保留下来的果实发育。马铃薯在块茎形成时，用比久 3 000 mg/kg 喷洒叶面能抑制地上部生长，使大部分花蕾与花脱落，可增加产量。

子任务二　保花保果

蔬菜生产中易落花落果的蔬菜，如番茄、辣椒、茄子、菜豆等，宜采取保花保果措施，以提高坐果率。在早春低温(低于13～15℃)或高温期(高于33～35℃)不坐果需要蘸花。在菜豆开花期喷施硼肥可减少落花落果,或者盛花期和结实期用比久(B9)喷洒,可以提高豆荚品质,减少纤维含量。

黄瓜、丝瓜等生产中应用鲜花素、花蕾保或者坐果灵等蘸花。蘸花时前期温度低生长慢时和结果后期长势弱时,蘸干花,高温生长快时蘸鲜花。

子项目3-5　绿色食品蔬菜标准化生产技术

任务分析

本部分内容对应的是蔬菜生产管理岗位,工作任务是各类绿色食品蔬菜的生产。工作要求是产前严格按照绿色食品标准选择生产基地,大气、土壤、水源要求符合标准,进行精耕细作,抓好田间管理,重点做好肥水管理、花果管理和病虫害的综合防治等,通过全程监控,获得合格的绿色食品蔬菜。

任务知识

绿色食品蔬菜

我国规定绿色食品蔬菜分为AA级和A级两类。绿色食品蔬菜实行标志管理(图3-6),AA级绿色食品标志字体为绿色,底色为白色,A级绿色食品标志字体为白色,底色为绿色。

图3-6　绿色食品标志

工作任务1　绿色食品蔬菜产地选择

任务说明

任务目标:了解绿色食品蔬菜产地选择的原则;掌握产地的大气、水源、土壤三项主要环境监测标准。

任务材料:良好环境的菜田、绿色食品大气、水源、土壤三项监测标准。

任务方法与要求:在教师的指导下分组了解和观测相关部门的绿色食品大气、水源、土壤三项监测的各任务环节。

工作流程

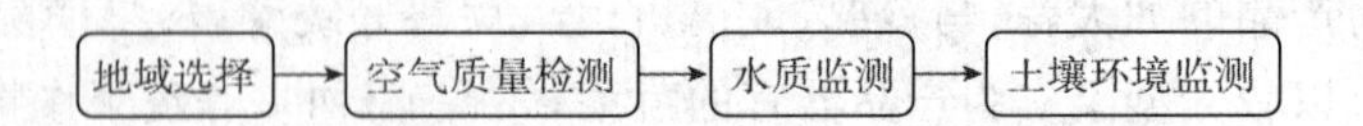

子任务一　地域选择

生产地的环境质量符合《绿色食品产地环境质量标准》。生产基地四周生态条件良好,无工矿企业污染源,远离医院、垃圾场和主要交通要道,保持空气和灌溉水清洁;其次要考虑交通方便、便于销售,地势平坦、土层深厚、排灌方便、疏松、肥沃的壤土或沙壤土的地块,并符合土壤环境质量的规定，最好3～4年轮作1次。

子任务二　产地环境空气质量检测

基地的大气环境质量要符合中华人民共和国农业行业标准《绿色食品产地环境技术条件》(NY/T 391-2000)要求。绿色食品产地空气中各项污染物含量见表3-4。

表3-4　空气中各项污染物含量浓度限值　　mg/m^3(标准状态)

项目	日平均	1 h平均
总悬浮颗粒物(TSP)	0.30	—
二氧化硫(SO_2)	0.15	0.50
氮氧化物(NOx)	0.10	0.15
氟化物7($\mu g/m^3$)	1.8[$\mu g/(dm^2 \cdot d)$](挂片法)	20($\mu g/m^3$)

注：①日平均指任何1日的平均浓度；②1 h平均指任何一小时的平均浓度；③连续采样3天，1日3次，晨、中和晚各一次；④氟化物采样可用动力采样滤膜法或用石灰滤纸挂片法，分别按各自规定的浓度限值执行，石灰滤纸挂片法挂置7 d。

子任务三　产地灌溉水质量监测

基地的灌溉用水质量要符合中华人民共和国农业行业标准《绿色食品产地环境技术条件》(NY/T 391-2000)要求。绿色食品产地农田灌溉水中各项污染物含量见表3-5。

表3-5　农田灌溉水中各项污染物的浓度限值　　mg/L

项目	浓度限值
pH	5.5～8.5
总汞	0.001
总镉	0.005
总砷	0.05
总铅	0.1
氟化物	2.0
粪大肠菌群	10 000(个/L)

注：灌溉菜园用的地表水需测粪大肠菌群，其他情况下不测粪大肠菌群。

子任务四　产地土壤环境质量监测

基地的土壤环境质量要符合中华人民共和国农业行业标准《绿色食品产地环境技术条件》(NY/T 391-2000)要求。绿色食品产地各种不同土壤中的各项污染物含量见表3-6。

表 3-6　土壤中各项污染物的含量限值　　mg/kg

耕作条件	污染物	土壤 pH		
		<6.5	6.5～7.5	>7.5
旱田	镉	0.30	0.30	0.40
	汞	0.25	0.30	0.35
	砷	25	20	20
	铅	50	50	50
	铬	120	120	120
	铜	50	60	60
水田	镉	0.30	0.30	0.40
	汞	0.30	0.40	0.40
	砷	20	20	15
	铅	50	50	50
	铬	120	120	120
	铜	50	60	60

工作任务 2　绿色蔬菜生产技术

任务说明

任务目标：了解绿色食品蔬菜生产的全过程；重点掌握品种选择、菜田清洁、肥料的施用、病虫害防治等技术。

任务材料：符合绿色食品标准的各类蔬菜菜田、农药、化肥、各类农用工具等。

任务方法与要求：在教师的指导下分组完成绿色食品蔬菜生产的各任务环节。

工作流程

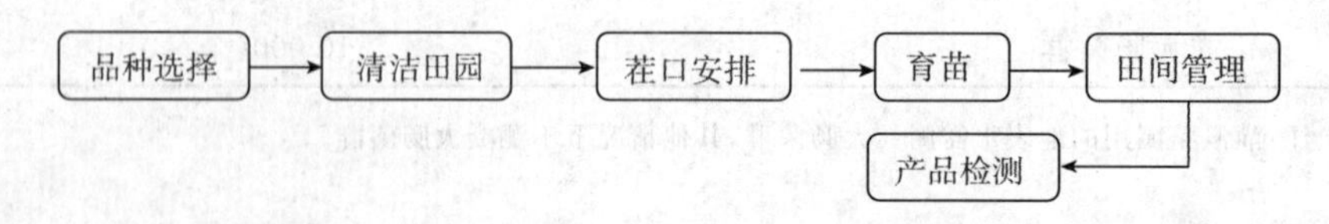

子任务一　选茬选地

根据当地气候、设施等条件，合理安排茬口，科学轮作倒茬、间作、套作等。播种前或定植前对土壤进行翻耕消毒，以减轻病虫危害。

子任务二　培育壮苗

育苗时床土和种子严格消毒处理，调控好光照、温度、湿度等条件，促使苗齐、全、壮。

子任务三　加强田间管理，合理施肥，综合防治病虫害

栽培过程中通过优化群体结构，深沟高畦栽培，科学施肥，合理控制设施内的温湿度，清洁田园、控制生态环境。病虫害防治首选农业防治、物理防治，以生物防治为主，适时进行化学防治，在关键时期和部位打药，科学用药，严格遵守安全间隔期。

子任务四　产品符合质量标准、卫生标准

产品外观及内在品质等达到优质和卫生，农药残留不超标；硝酸盐含量不超标；工业上的"三废"（废水、废气、废渣）等有害物质、重金属及有害病原微生物不超标。

【拓展知识】

一、工厂化育苗

工厂化育苗是指在人工控制的最佳环境条件下，充分、合理地利用自然资源及社会资源，采用科学化、标准化的生产工艺和技术措施，运用机械化、自动化的生产手段，以先进的现代组织经营管理方式，规模化、高效率、高效益地生产优质蔬菜秧苗。

工厂化育苗一般在自控现代化温室内育苗，由基质处理车间、播种车间、催芽室、育苗温室、包装车间及附属用房等组成，主要设备包括育苗容器、精量播种设备、育苗床、运苗车、环境自控设备等。精量播种设备是工厂化育苗的核心设备，包括拌料、基质装填、刮平、打洞、精量播种、覆盖、喷淋全过程的生产流水线。育苗环境自控系统包括加温和降温系统、加湿和排湿系统、补光和遮光系统、灌溉和施肥系统以及控制系统等。

工厂化育苗的生产工艺流程分为准备、播种、催芽、育苗、出室包装5个阶段。工厂化育苗管理过程中，要重点做好播前准备、营养液配方与管理、精量播种、催芽室催芽。

二、配方施肥技术

蔬菜测土配方施肥技术是根据蔬菜需肥规律，菜地土壤供肥性能和肥料效应，在合理施用有机肥料的基础上，提出氮、磷、钾及中、微量元素等肥料的施用品种、数量、施肥时期和施用方法。

（一）测土配方施肥原则

首先根据不同蔬菜类型和品种、生长发育、产量和土壤养分含量情况，确定施肥种类和施肥方法，以及数量、次数和间隔时间等。其次根据农家肥和化肥的特点，基肥以有机肥为主，科学合理施用化肥；补充缺乏的中、微量元素，推广叶面追肥。

（二）测土配方施肥的测定内容、时间和方法

需要测定的主要项目有土壤质地，容重、土壤含水量、土壤酸碱度、土壤有机质含量、土壤中氮、磷、钾、钙、铁、硼、锰、锌、铜等元素的含量。测定时间最好在蔬菜播种栽培之前或农闲时

进行,也可在蔬菜生长期进行田间测土,为及时施肥提供依据。测定的方法可用土壤速测箱在田间测土,或者把土壤取回实验室,进行分析测定。

(三)降低蔬菜硝酸盐积累的配方施肥方法

分期施用氮肥,减少硝酸盐的积累;氮、磷、钾肥以适宜配比配合施用;增施有机肥化肥深施、早施,施肥方法得当。

【项目小结】

不同地区蔬菜的栽培要根据生产计划来选择合适的品种,合理安排茬口。蔬菜的播种、育苗很关键,嫁接育苗是减轻连作障碍、提高抗性的重要措施;蔬菜的备耕、定植要及时,植株调整过程要精细操作,以等达到安全优质的产品质量标准。其中,无公害蔬菜和绿色食品蔬菜两者共同的措施有选择环境质量符合标准的生产基地、合理施肥、病虫害综合防治等,但在具体要求方面绿色食品蔬菜在产品质量、包装、贮藏运输等方面要求更高。

【练习与思考】

一、填空题:

1.蔬菜分类方式常用的有________、________、________三种。胡萝卜、萝卜属于根菜类蔬菜,是根据________分类方法;马铃薯、番茄属于茄科是根据的________分类方法,芫荽属于香辛叶菜类是根据________分类方法。

2.绿色食品蔬菜的产品检测内容主要包括________、________、________、________。

3.蔬菜播种时,播种方式主要有________、________和________。

4.蔬菜灌水和保水的依据是________、________、________、________。

5.生产上芫荽用的种子实际上是________。

二、判断题:(请判断对错,对的打√,错的打×,将结果填入题后的括号内)

6.无公害蔬菜就是绿色食品蔬菜。 ( )

7.温汤浸种适用于种皮厚、吸水困难的种子。 ( )

8.炼苗一般在定植前 15 d 前开始。 ( )

9.蔬菜苗床温度的管理要求出苗前和移栽成活前要高,反之要低。 ( )

10.蔬菜生产计划制订的基本原则是以需定产,产大于销。 ( )

三、问答题:

11.什么叫轮作,为什么蔬菜栽培要轮作?

12.蔬菜沤根发生的原因及预防办法有哪些?

13.如何判断蔬菜秧苗是否健壮,培育蔬菜壮苗应抓住哪些关键技术?

14.生产绿色食品蔬菜主要有哪些措施?

15.分组调查本地蔬菜生产现状,分组交流,探讨当地的新品种、新技术引进情况。

【能力评价】

在教师的指导下,以班级或小组为单位进行蔬菜生产基本操作技能的生产实践。实践活动结束后,分小组、学生个人和教师三方共同对学生的实践情况进行综合能力评价,结果分别填入表 3-7。

表 3-7 评价单

<table>
<tr><td>学习情境</td><td colspan="3">蔬菜生产的基本技术</td><td>学时</td><td colspan="2"></td></tr>
<tr><td>姓名</td><td></td><td>班级</td><td></td><td>小组</td><td colspan="2"></td></tr>
<tr><td>生产任务</td><td></td><td>时间</td><td></td><td>地点</td><td colspan="2"></td></tr>
<tr><td>评价类型</td><td colspan="3">评价内容</td><td>个人评价</td><td>小组评价</td><td>教师评价</td></tr>
<tr><td rowspan="6">专业能力
(60 分)</td><td colspan="3">熟知蔬菜栽培制度、育苗生产、菜田耕作、田间管理等各生产环节、绿色蔬菜标准化生产的基本要求(5 分)</td><td rowspan="6"></td><td rowspan="6"></td><td rowspan="6"></td></tr>
<tr><td colspan="3">苗期管理、耕作、定植、植株调整、土肥水管理、病虫害诊断与防治、采收等基本操作的规范性和熟练程度(10 分)</td></tr>
<tr><td colspan="3">制订的生产计划或管理方案切合实际,目标明确,可操作性强,对最终的生产任务完成起决定作用(20 分)</td></tr>
<tr><td colspan="3">育苗质量、定植成活率;病虫害防治效果;产品质量优劣;产量高低(9 分)</td></tr>
<tr><td colspan="3">能够创造性地解决生产中出现的问题(8 分)</td></tr>
<tr><td colspan="3">完成的技能报告、技术总结、生产计划(或操作方案)质量高(8 分)</td></tr>
<tr><td rowspan="2">社会能力
(20 分)</td><td colspan="3">积极与他人合作,共同完成工作任务;能理解和感受他人的奉献及利益矛盾冲突的处理(5 分)</td><td rowspan="2"></td><td rowspan="2"></td><td rowspan="2"></td></tr>
<tr><td colspan="3">与同龄人相处的能力、在小组工作中的合作能力、交流与协商能力、批评与自我批评的能力(3 分)</td></tr>
<tr><td rowspan="3">社会能力
(20 分)</td><td colspan="3">根据生产需要调度企业人员和生产作业管理等劳动组织能力(4 分)</td><td rowspan="3"></td><td rowspan="3"></td><td rowspan="3"></td></tr>
<tr><td colspan="3">具有安全生产和环保意识、群体意识和社会责任心(3 分)</td></tr>
<tr><td colspan="3">严守纪律,工作态度端正,注意力集中,有工作热情,工作中表现出积极性、主动性和带头表率作用(5 分)</td></tr>
<tr><td rowspan="4">方法能力
(20 分)</td><td colspan="3">独立学习制订工作计划能力(6 分)</td><td rowspan="4"></td><td rowspan="4"></td><td rowspan="4"></td></tr>
<tr><td colspan="3">工作过程自我管理(5 分)</td></tr>
<tr><td colspan="3">产品质量的自我控制(5 分)</td></tr>
<tr><td colspan="3">工作的自我评价和听取他人评价(4 分)</td></tr>
<tr><td colspan="4">总评(100 分)</td><td></td><td></td><td></td></tr>
<tr><td colspan="2">认为完成好的地方</td><td colspan="5"></td></tr>
<tr><td colspan="2">认为需要改进的地方</td><td colspan="5"></td></tr>
<tr><td colspan="2">自我评价</td><td colspan="5"></td></tr>
</table>

项目四

瓜类蔬菜生产技术

岗位要求

本项目内容是蔬菜生产管理岗的关键岗位能力之一，工作任务是熟练地掌握瓜类蔬菜的生产管理技术，适应农业企业组织管理环境，熟知劳动生产安全规定，能以企业员工身份进行团队工作。工作要求是熟知主要瓜类蔬菜的生长发育规律，调控好优质高产栽培的环境条件等，有效地落实各项关键生产技术，包括制订瓜类蔬菜生产管理工作计划，确定生产茬口的安排，选择合适的品种，培育壮苗，做好整地、作畦、地膜覆盖等，及时定植；生长期间加强植株调整、灌溉、追肥等；掌握瓜类蔬菜常见蔬菜病虫害，及时进行综合防治，分析解决生产中技术问题。还需具备能与农户进行有效沟通，有效落实生产技术，及时发现和解决生产实践中的问题；帮助蔬菜生产农户实现生产产量，保证瓜类蔬菜产品的质量安全。

知识目标

了解瓜类蔬菜生物学特性及其与栽培的关系；了解瓜类蔬菜性型分化与果实发育特性；了解畸形瓜产生的原因及防止措施。

能力目标

掌握瓜类蔬菜高产高效栽培技术；熟练地掌握瓜类蔬菜植株调整、人工授粉、留瓜、吊瓜等技能。

瓜类蔬菜属于葫芦科一年生或多年生攀援草本植物，在我国栽培的种类包括黄瓜、南瓜、西葫芦、笋瓜、冬瓜、节瓜、丝瓜、西瓜、甜瓜、瓠瓜、苦瓜、佛手瓜和蛇瓜等。栽培面积大，经济价值高。在蔬菜生产中占有重要的地位。

子项目4-1 黄瓜生产技术

任务分析

黄瓜,别名王瓜、胡瓜,是世界性蔬菜。黄瓜营养丰富,包括维生素C、维生素E等,具有抗肿瘤、抗衰老、降血糖等功效。适宜生、熟食、加工。在我国从南到北均有栽培,是目前保护地蔬菜生产中栽培面积最大的蔬菜作物之一,利用设施栽培可达到周年生产与供应。

任务知识

一、生物学特性与栽培的关系

1.形态特征

(1)根　根系浅,大部分集中在10～30 cm表土层中,横向半径30 cm。因此,不耐旱,栽培上必须经常保持土壤湿润。根系木栓化早,断根后再生能力弱,因此,尽量少移苗,早移苗,并尽量用营养体、纸筒等容器保护根系。

(2)茎　茎为攀缘茎,蔓生,中空。6～7片叶后,不能直立生长,需要搭架或吊蔓栽培。茎为无限生长,掐尖破坏顶端优势后,主蔓上的侧蔓由下而上依次发生。

(3)叶　子叶对于籽苗期的光合作用起重要作用。真叶呈掌状五角形,互生,也表面被有刺毛和气孔,叶面积较大蒸腾能力强,对土壤水分和空气湿度要求较高。从生长点向下数15～30片的叶子同化量最大,田间作业时尽量不要碰伤这些叶片,以确保产量。

(4)花　黄瓜雌雄同株异花,早晨5～6时开放,开花前一天花粉就有发芽力,花粉在花药裂开后4～5 h内授粉率最高,花粉发芽适宜温度为17～25℃,黄瓜留种最好在早晨授粉。

(5)果实　瓠果,具有单性结果的能力,不授粉的情况下,子房也发育成种子不发育的果实,所以,黄瓜适合在设施内栽培。

(6)种子　种子扁平长椭圆形,黄白色。种子千粒重20～30 g,每瓜可产种子150～400粒。成熟而饱满的种子一般种皮黄白色,种子的有效使用时间为3年。

2.生长发育周期

(1)发芽期　从种子萌动到第1片真叶出现(破心)为止,适宜条件下5～10 d。发芽期生长所需养分完全靠种子本身贮藏的养分供给,此期末是分苗的最佳时期。

(2)幼苗期　从破心到植株具有4～5片真叶为止,20～30 d。生育特点是叶的形成、根系的发育和花芽的分化,管理重点是促进根系发育和雌花的分化,防止徒长。

(3)抽蔓期　又称初花期,从植株4～5片真叶到根瓜坐住为止,15～25 d。生育特点主要是茎叶形成,花芽继续分化,根系进一步扩展。是由营养生长向生殖生长过渡阶段,栽培上既要促使根的活力增强,又要扩大叶面积,确保花芽的数量和质量,并使瓜坐稳。

(4)结果期　从根瓜坐住到拉秧为止。时间长短因栽培形式和环境条件的不同而异。日光温室冬春茬栽培 120～150 d。生育特点是营养生长与生殖生长同时进行，即茎叶生长和开花结果同时进行。这个时期是产量高低的关键所在，应尽量延长结果期。

3. 对环境条件的要求

(1)温度

①气温。黄瓜喜温，致死低温是－2～0℃，不耐轻霜，10℃以下，生长缓慢或停止生长，因此，栽培中把 10℃称为黄瓜经济最低温度；光合作用最适温度为 25～32℃，40℃以上黄瓜同化作用急剧下降，生长停止；50℃高温持续 1 h，出现日烧，严重时凋萎。

②地温。黄瓜根系伸展最低温度界限是 8℃，根毛发生最低温度是 12～14℃，地温 12℃以下根系生理活动受到障碍，底叶变黄，最适土温为 20～25℃，最低不低于 15℃。

③温周期。理想的昼夜温差是 10℃左右，白天保持 25～30℃，夜间保持 15～20℃。

(2)湿度　喜湿不耐旱，也不耐涝，要求土壤湿度保持 80％～85％，空气相对湿度白天 80％左右，夜间 90％左右，因此，黄瓜适宜保护地栽培。

(3)光照　喜光、耐弱光，最适宜的光照强度为 40～60 klx。当光照强度降到自然光照的 1/2 时，植株同化量基本不下降，当光照强度降到自然光照的 1/4 时，同化量降低 13.7％，并且生长发育不良。因此，设施透明覆盖物必须经常保持清洁，以增加设施内的透光性。

(4)土壤和营养　要求有机质丰富，疏松透气，保肥，保水，排水良好的土壤，适宜的 pH 为 5.5～7.2。需钾最多，其次为氮，再次为钙和磷，最少的为镁，氮、磷、钾三要素有 50％～60％是在结瓜盛期吸收的，所以，进入结瓜期后，必须进行多次追肥。

4. 花芽分化与果实发育

(1)花芽分化

①花芽分化的时期。黄瓜在第 1 片真叶出现时开始花芽分化。花芽分化初期表现为两性花。条件有利于雌蕊发育，则雄蕊退化而发展为雌花。若条件不利于雌蕊发育，则雌蕊退化而形成雄花。叶片数量与花芽分化关系见表 4-1。

表 4-1　黄瓜苗龄与花芽发育的关系

苗龄	生长锥节位	发生花芽最上节位	花芽性型已定位
1	13	9	—
2～3	15～17	11～13	35
4	19	15	7
5	22	18	11
6	23～25	20～21	12～14
7	27	23	16

形成前期产量果实的花芽是在苗期形成的，因此，苗期管理的好坏，直接影响秧苗花芽分化的早、晚、雌花的数目、花芽的质量，影响黄瓜的前期产量。

②环境条件对花芽分化的影响。

a. 温度与日照对花芽分化的影响。主要是夜间的温度。当白天处于生长适温，适当降低夜间温度(13～15℃)，有利于作物体内营养物质的积累，能促进雌花形成。

日照的作用以每天 8 h 对雌花分化最为有利，5～6 h 虽有促进雌花分化的作用，但生育不良。低夜温和短日照处理的时间为第 1～5 叶期，即子叶展开 10～30 d 为宜(表 4-2)。

表 4-2 日照时间及夜温对黄瓜雌花分化的影响

日照(时长)	夜温(℃)	第一雌花节位	开始连续发生雌花节位	20 节内雌花数
15	15	7.8	14.5	7.9
15	25	15.8	25 节以上	1.8
8	15	4.5	5.3	16.1
8	25	7.8	13.4	8.6

低夜温，短日照有利于雌花的形成，可使黄瓜雌花着生节位降低，雌花数目增多。随着日照时数的加长和夜温的提高，雌花数减少，雄花数增加。

b. 湿度和矿质营养对花芽分化的影响。湿润的土壤有利于雌花分化(表 4-3)。随土壤湿度增加，花芽分化数目增多，雌花比例也增高。但是，水分过多，往往导致幼苗徒长，使雌花形成的晚，而且少。空气湿度的影响，有上述相似的趋势。

表 4-3 土壤持水量对黄瓜性型分化的影响

土壤持水量(%)	10 株的雌花数	10 株的雄花数	雌、雄比例
40	28	919	1∶32.8
60	37	1 080	1∶29.2
80	60	1 295	1∶21.6

氮、磷、钾三要素对花芽分化有重要影响。在光合作用强，营养良好的条件下，氮有增加花数的作用。但是，氮肥过多，植株徒长，不利于雌花分化。大量分期施用磷肥有利于雌花发生。钾肥对花芽分化也有促进作用，分期施钾肥，却能增加雄花数目。

c. 气体条件对花芽分化的影响。增加空气中的 CO_2 的含量，可增强光合效能，使雌花数增加。当空气中 CO_2 含量达 1%时，雌花百分率可达 100%。

(2)果实发育

①果实发育过程。果实在发育过程中，最初是果皮和胎座组织细胞数量的增加，然后是各细胞体积的膨大。在果实膨大的后期，种子才迅速发育。黄瓜的产品是幼嫩果实，应在瓜条的长度和粗度达一定大小，种皮刚开始形成时采收。

②环境条件的影响。果实发育的适温，白天 25～28℃，夜间 13～15℃，气温过高，果实生长慢，果梗细长、果面无光泽。果实生长量夜间比白天大，以 17～18 点生长最快，光照不足时，果实生长缓慢，味变淡。果实发育期间，遇到不良环境条件，往往产生畸形瓜。

a. 弯曲瓜：是花芽分化到开花阶段，温度、水分和营养不足，发育成弯曲的子房。在果实肥大期肥料供应不足、土壤干旱，也容易产生弯曲瓜。所以在苗期应提供适宜的条件，果实肥大期加强肥水管理，防止弯曲瓜的形成。

b. 大肚瓜：由于受精不完全，中部到尖端受精，受精部分肥大得快，未受精部分生长缓慢而形成大肚瓜。后期植株生长衰弱，土壤中缺钾，也是形成大肚瓜的原因。因此，对于单性结实差的品种，采用人工授粉和棚内养蜂等方法。在结瓜盛期到后期，应加强水、肥管理。

c. 尖嘴瓜：是由于受精不良产生的。连续高温，土壤干旱缺水，也是产生尖嘴瓜的重要原因。后期肥水管理不善，植株生长衰弱也容易产生尖嘴瓜。所以，设施栽培超过 30℃，应立即通风，防止温度过高。进入结瓜期后，要始终保持土壤湿润，并加强肥水管理，保持植株生长健壮，可以防止尖嘴瓜。

d. 蜂腰瓜：是因长期高温干燥，植株生长势弱，土壤缺钾产生。加强水、肥管理可以防止出现蜂。

e. 苦味瓜：苦味瓜是由果实中产生一种苦瓜素（$C_{32}H_{50}O_8$）。一般在果梗和果肩的部位容易出现苦味。苦味是品种的遗传性决定的，但也受栽培条件的影响。如氮素过多，水分不足、低温、光照不足，缺乏肥料和后期植株衰弱等，都会导致生理代谢失调而产生苦瓜素。

二、类型与品种

1. 根据栽培品种的生态型分类

(1)华南型黄瓜　植株较繁茂，茎粗，叶厚，根系较发达，果实短粗，皮坚，无棱，瘤稀多黑刺，耐湿热。代表品种有昆明早黄瓜、广州二青、上海杨行等。

(2)华北型黄瓜　植株长势中等，茎节细长，叶薄，根群稀疏，果实长，皮薄，有刺。代表品种有长春密刺、新泰密刺、北京大刺瓜、唐山秋瓜等。

(3)南亚型黄瓜　茎叶果较大，易分枝；短圆筒形或长圆筒形；果皮色浅，瘤稀，刺黑或白色，皮厚，味淡。喜湿热，严格要求短日照。地方品种群包括锡金黄瓜、版纳黄瓜和昭通黄瓜等。

(4)欧美型露地黄瓜　植株繁茂；果实圆筒形，中等大小，瘤稀，白刺，味清淡，老熟果浅黄或黄褐色，有东欧、北欧、北美等品种群。近年来我国有部分引进栽培。

(5)北欧型温室黄瓜　茎叶繁茂，耐弱光；果面光滑，浅绿色，果长达 50 cm 以上。代表品种有英国温室黄瓜、荷兰温室黄瓜。

(6)小型黄瓜　植株较矮小，分枝性强；多花多果，果实小。代表品种有我国扬州乳黄瓜等。

2. 根据栽培季节分类

(1)早熟品种　第一雌花一般出现在主蔓的 3～4 节处，雌花密度大，节成性强，几乎节节有雌花。一般播种后 55～60 d 开始收获。该类品种的耐低温和弱光能力以及雌花的单性结实能力均比较强，适合于露地早熟栽培及设施栽培。较优良的品种有长春密刺、新泰密刺、中农 5 号、津春 3 号、津优 3 号、鲁黄瓜 10 号、碧绿、鼎峰 1 号、李氏 21 等。

(2)中熟品种　第一雌花一般出现在主蔓的第 5～6 节处，雌花密度中等，一般播种后 60 d 左右开始收获。该类品种的耐热、耐寒能力中等，露地和设施栽培均可，多用于露地栽培。较优良的品种有津研 4 号、津优 4 号、中农 2 号、中农 8 号、湘黄瓜 1 号等。

(3)晚熟品种　第一雌花一般出现在主蔓的第 7～8 节处，雌花密度小，空节多，一般每 3～4 节出现雌花。通常播种后 65 d 左右开始收获。该类品种的生长势比较强，较耐高温，瓜大，产量高，主要用于露地高产栽培以及塑料大棚越夏高产栽培。较优良的品种有津研 2 号、津研 7 号、宁阳刺瓜等。

三、栽培制度与栽培季节

黄瓜连作病虫害发生加重，应与非葫芦科作物实行3年以上的轮作。为提高土壤利用效率、增加单位面积产量、便于病虫害控制和土壤培肥等，可以与矮生、耐阴作物如油菜、菠菜、韭菜、青蒜等进行间作套种。

北方地区无霜期短，黄瓜夏季露地栽培，利用塑料拱棚和温室进行提前、延后和越冬栽培，实现黄瓜周年生产均衡供应。北方地区设施黄瓜栽培的基本茬次见表4-4。

表4-4　北方地区设施黄瓜栽培基本茬次

茬次	播种期(月/旬)	定植期(月/旬)	产品供应期(月/旬)
塑料大棚春早熟	1/中下至2/上	3/中下	4/下至7/下
春季小拱棚短期覆盖	3/上	4/中下	5/中下
塑料大棚秋延后	7/上中	7/下至8/上	9/上至10/下
日光温室早春茬	12/下至1/上	2/中下	3/上中至6/上中
日光温室秋冬茬	8/中下至9/上	9/中下	10/中下至1/上
日光温室冬春茬	10/下至11/上	11/上至12/上	1/中下至6/下

注：栽培季节的确定以北纬32°～43°地区依据。

工作任务1　大棚春茬黄瓜早熟生产技术

任务说明

任务目标：了解黄瓜生产特性；掌握大棚春茬黄瓜的选茬选地、品种选择技术、育苗技术、定植技术、田间管理技术、采收技术。

任务材料：黄瓜的种子、农膜、农药、化肥、生产用具等。

任务方法与要求：在教师的指导下分组完成大棚春茬黄瓜生产的各任务环节。

工作流程

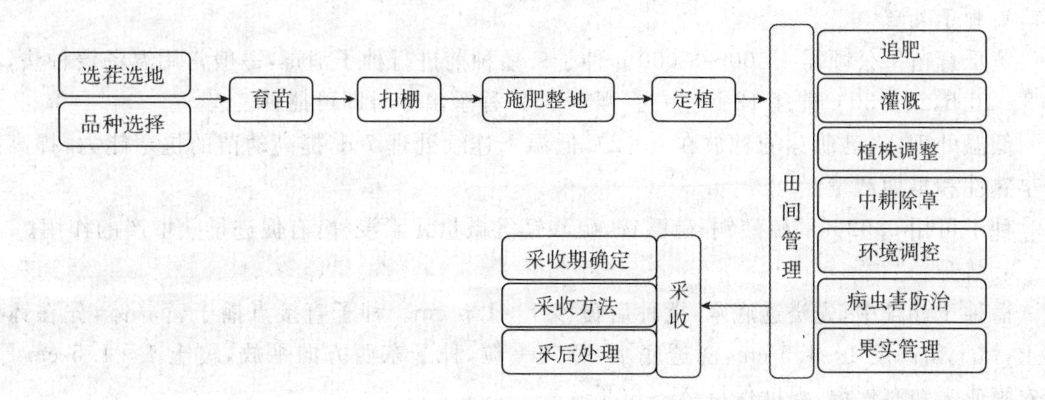

子任务一　选茬选地

前茬最好是葱蒜茬、白菜茬、茄果类；其次是绿叶菜类、根菜类等。一般应与瓜类轮作3年以上。

子任务二　品种选择

选择主蔓结瓜为主，根瓜结瓜部位低，瓜码密，耐弱光，耐低温，抗多种病害的早熟品种，根据当地条件和食用习惯，目前生产中选用较多的主要品种为长春密刺、新泰密刺、津优2号、津优3号、津绿3号、津春3号、中农12号等早熟品种。

子任务三　培育壮苗

大棚黄瓜定植时幼苗应有4～5片真叶，株高15～20 cm，子叶呈匙形，下胚轴高3 cm，75%以上出现雌花，叶色正常，根系发达，子叶肥厚。这样的幼苗定植后，生长迅速结瓜早。达到此标准的大棚春茬黄瓜日历苗龄一般为45～50 d。

1.选定育苗的场所

用日光温室或者温床育苗。

2.确定播种期

播种期由定植期和日历苗龄决定。一般华北、西北地区单层塑料大棚覆盖栽培，可在2月上、中旬播种育苗，双层或多层覆盖可适当提前；东北地区单层塑料大棚覆盖，可在2月下旬至3月初播种育苗，双层或多层覆盖可适当提前；华北和华东地区，可在1月下旬播种。

3.配制营养土

采用营养钵育苗或者育苗箱无土育苗。

(1)配制营养土　选择肥沃的田土和充分腐熟的有机肥，过筛。配比：30%腐熟马粪、20%陈炉灰、10%腐熟大粪面、40%田土；或者50%腐熟马粪、10%陈炉灰、20%腐熟大粪面、20%田土；或者50%有机肥、50%田土；或者按40%田土、60%有机肥，充分混合。

(2)铺床或者装钵　营养土方育苗，把床土铺在苗床，厚度12 cm左右。育苗容器育苗，将营养土装入营养钵、塑料筒或者纸袋中。

4.种子处理

黄瓜育苗每公顷需1 500～3 000 g种子。播种前进行种子消毒，一般常用温汤浸种法，浸种8～10 h，28～30℃催芽12 h左右。当有90%种子出芽时即可播种。

低温处理：将已萌芽的种放在0～2℃低温下连续处理7 d，提高幼苗的抗寒能力，提高黄瓜早熟性和早期产量。

种子可用0.02%的硫酸铜、硫酸锌、硫酸锰等微量元素浸种，有促进早熟增产的作用。

5.播种

播种于沙箱中，先浇透底水，播种后覆沙1～1.5 cm。种子直接点播于营养钵，先在钵内装土，钵上留高度1～1.5 cm，浇透底水，每穴一粒，种子东西方向平放，覆土1～1.5 cm厚。盖农膜或无纺布保温，温度保持25～30℃。

6.苗期管理

(1)籽苗期管理　播种24 h后陆续出苗，当80%出土后，适当降温防止徒长，白天20～

25℃，夜间 16～17℃。出土后应降低湿度，但不能缺水。

(2)移苗　最佳时期在子叶充分展平时进行，以一次为宜，也可直播在育苗钵，减少伤根。缓苗期白天温度保持在 25～28℃，夜间 20～25℃。缓苗后降低湿度，但不能缺水。

(3)成苗期的管理　从第一片真叶展开后每天 8～10 h 的短日照条件，夜间 15～17℃低温条件下，利于雌花形成化。地温 15～20℃，定植前 7～10 d，逐渐降低温度，白天 18～20℃，夜间温度逐渐降到 5～10℃，适当控制水分，定植时不散坨。用 100～150 mg/L 乙烯利处理 2～3 叶幼苗，隔 7～10 d 再喷 1 次。苗期可用 0.2%磷酸二氢钾根外追肥。

子任务四　扣棚

1. 检修大棚

扣棚前对棚架进行检修，如果是木制大棚所有的木头接头都要用布或牛皮纸包裹上，防止上棚布或刮风时磨破薄膜。

2. 扣棚膜

在定植前 20～30 d 进行扣棚烤地增温，东北地区一般 3 月中下旬扣棚，如果有前茬作物或采用多层覆盖提早定植，在 2 月中下旬扣棚，扣棚选在晴暖无风天的上午。

子任务五　施肥整地

施优质腐熟有机肥 5 000 kg/667 m^2，磷酸二铵 15～20 kg/667 m^2，分 2 次施入。翻地前铺施 1/2～2/3 有机肥，深翻后将土壤和粪肥充分搅拌均匀，定植前 7 d 深开定植沟，然后把另外 1/3～1/2 有机肥和磷酸二铵，进行沟施，用片镐刨把粪、土拌匀，起垄作畦。

子任务六　定植

1. 定植时期

安全定植期是棚内最低气温连续 3～4 d 稳定通过 10℃以上，最低温度在 0℃以上，10 cm 深土壤温度稳定在 10～12℃。根据早春“三寒四暖”的特点，选寒尾暖头，晴天上午定植。一般华北、西北地区单层覆盖的塑料大棚，在 3 月中旬定植，双层或多层覆盖可适当提前；东北地区单层覆盖塑料大棚，在 4 月中旬定植，双层或多层覆盖可适当提前；华中和华东地区，可 2 月下旬定植。为抢早上市，适时早栽，采用多层覆盖。定植后扣小棚，挂天幕，四周围裙子，加上地膜、棚膜等保护措施，可使定植期提前 10 d 左右。

2. 定植密度

每 667 m^2 保苗株数为 4 000 株左右。按 60 cm×30 cm，或加大行距缩小株距的方法，即 (100～120) cm×18 cm，有利于间套作。也有采用主副行栽培的，畦宽 100～120 cm，一畦双行。主行株 18 cm，副行株距 30～35 cm。副行长到 12～14 片叶时摘心，结 2～4 个瓜后拔秧，以副行提高前期产量，以主行栽培为主(图 4-1)。

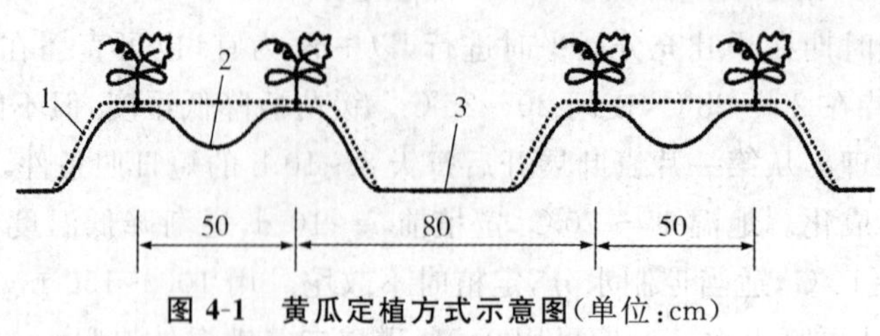

图 4-1　黄瓜定植方式示意图(单位:cm)

1.地膜　2.暗沟　3.明沟

3.定植

定植程序如下:

摆苗(在定植沟内按株距摆放秧苗)⟶栽苗(深度不宜过深,横竖成行)⟶浇足定植水(最好浇温水,以免降低地温)⟶封埯起垄(覆土厚度以刚埋上土坨为宜)。

4.防寒保温措施

早春大棚黄瓜栽培,要提高经济效益,关键在于抢早。早春气候寒冷,提早定植必须有完善的抗寒保温设施。较理想的防寒保温设施有多层覆盖。如大棚内扣小棚、大棚加小棚加微棚,以及用“无纺布”或塑料薄膜夜间拉上二层幕与大棚膜间距 10～30 cm。在大棚四周围上草苫,防寒保温效果就会更好。在寒流到来之前采取用热风炉和炉子临时加温,可使棚温提高 2.4～3.6℃。防止寒流的侵袭。

子任务七　田间管理

1.缓苗期管理

定植后外界气温不稳定,经常有大风和寒流侵袭。缓苗期的主要管理重点是防寒保温为主,提高土壤温度,保湿,以促使快缓苗。定植后 5～7 d 间,原则上不通风,白天棚内应保持在 30～35℃,以提高地温。同时要控制浇水,以防降低地温。要勤松土,以保墒增温,促进快缓苗。缓苗后,要浇 1 次缓苗水,进入蹲苗期。

2.结瓜前期管理

此期外部温度逐渐升高,但还不稳定。这时植株长根、茎、叶,同时开始根瓜的生长和幼瓜的形成。因此,此期管理技术是在实现苗全、苗齐、苗壮的基础上,促进营养生长与生殖生长正常进行。

(1)温湿度管理　既放风又要严防冷风危害,以保温为主。白天温度为 30℃左右,夜间为 13～15℃,最低不能低于 10℃,适宜的时间持续的越长越好。但白天的温度也不能过高,若高温时间长,会使瓜秧生长弱、不抗病、化瓜多而影响早熟丰产。气温达 30℃以上,通风降温维持 28℃,采取放侧风,不放底风(扫地风),放底风造成低温冷害(放风部位)。另外,不要开门放风(串堂风),靠门附近苗易发生冷害,通过放风调节湿度。

(2)吊蔓　当黄瓜长到 8～10 片叶时,已不能直立生长,要及时搭架,架形以立壁式为好,要引蔓上架,以后每隔 4～5 片叶要及时按“S”形绑蔓,为了改善室内光照,用聚丙烯细绳吊蔓。方法是将绳的一端固定在拱杆上,另一端绑在黄瓜 1～2 叶片的节间处或绑在小木棒上,固定在植株旁。吊绳松紧要适度,即在植株上的绳扣不要过紧,应留有余地,以免影响茎的加粗生长。随着植株的生长,把茎缠绕在吊绳上,缠蔓时注意抑强扶弱,并随时找出卷须,防止卷须缠绕黄瓜，消耗营养，降低商品性。

(3)灌水施肥　此期夜温特别是地温还低，通风量不大，因此浇水不宜过多，否则不但会降低地温，影响根系生长，而且会造成高湿而引起霜霉病的发生或出现烂根现象。在大部分植株根瓜长至 10 cm 已经坐住，开始生长时结束蹲苗，开始浇水。根据植株长势、天气等因素调整浇水间隔时间，每次也要浇小水，并在晴天上午进行。浇水在晴天上午进行，浇水后要及时排出湿气，遇寒流或阴天不浇水。在吊蔓前，结合松土施有机肥每 667 m^2 2 500～3 000 kg。

3. 盛瓜期管理

此期瓜条开始大量生长，外部温度升高很快，茎叶生长旺盛。应加强通风换气和水肥管理，以此达到降温、排湿，防病保秧，延长结瓜期，达到早熟丰产的目的。

(1)温湿度管理　此期是大棚黄瓜形成产量的关键时期，也是霜霉病大量发生的季节。通过加强棚内温、湿度调控，进行霜霉病的生态防治。防治方法是：为黄瓜的生长发育创造良好的环境条件，而这些条件又最不利于霜霉病的发生。黄瓜霜霉病在空气相对湿度 83%以上、叶片上有水膜形成、温度在 20℃左右容易发生。根据黄瓜霜霉病和黄瓜生态条件的差异，把每日 24 h 划分为 4 个时间段，分段进行变温管理，对黄瓜生长发育有利，对霜霉病有良好的防治效果(表 4-5)。

表 4-5　生态方法防治大棚黄瓜霜霉病的温、湿度适宜指标

时间段	温度(℃)	湿度(%)	持续时间(h)	对病原菌的影响	对黄瓜的影响
7～13 时	28～32	60～70	6	温度和湿度“双”限制	最适宜光合成
下午 13～18 时	20～25	60 左右	5	温度“单”限制	16 h 前适宜光合成 16 h 后适宜物质运输
上半夜 18～24 时	13～15	80～90	6	温度、湿度交替“单”限制	适宜连续运输光合产物
下半夜 24～7 时	11～13	90～95	7	低温“单”限制	适宜抑制呼吸消耗

大棚内温、湿度一般是通过浇水和通风加以调节。当棚内温度达到 30℃时进行放风。放风时先放顶风，后放侧风，但不能放底风，切忌扫地风。如果要放底风，必须在通风口处用塑料薄膜围成“裙子”，防止外界冷风直接吹到秧苗。随着外界温度的增高，逐渐加大通风量。夜间最低温度在 10℃日落后放风时间 1 h、11℃为 2 h、12℃为 3 h，当夜间最低温度稳定在 13℃以上时，要进行昼夜通风。通风面积要占整个大棚面积的 20%～30%。

(2)水、肥管理　此期的水肥应充足，以保证植株健壮生长和连续开花，连续结果，连续采收。一般是 5～7 d 浇 1 次水，二水一肥，一混一清，交替进行。从追肥种类上以充分腐熟的稀大粪为主，适当配合化肥。每次每 667 m^2 施腐熟粪稀 1 000 kg 或尿素 15 kg。可采用根外追肥，用 0.2%的尿素和 0.1%～0.3%磷酸二氢钾。但是，大水、大肥必须在大放风的前提下，才能发挥增产作用。否则，大水、大肥会引起植株徒长，病害严重，造成减产。

(3)植株调整　第一，缠蔓，随着黄瓜植株的生长，把茎缠绕在吊绳上。在缠蔓时要注意抑强扶弱。要求生长点在一条水平线上。第二，打杈，黄瓜一般都以主蔓结瓜。为了减少养分消耗，要及时去掉侧蔓，生产上称打杈。一般侧蔓上着生的第一个花都是雌花。根据这一特点，当主蔓某个部位没有雌花时，但该处有杈子长出，就要留杈结瓜。在杈子长出的雌花前留1～2片叶后摘心。采收时连同侧枝一并摘除。第三，摘心，叶片布满整个架面后进行摘心。摘心后要加强水肥管理，促进杈子瓜和回头瓜的形成。第四，落蔓，当瓜蔓爬到绳顶后开始落蔓。选择晴暖天下午开始落蔓。落蔓前，先将瓜蔓基部的老叶、病叶、黄叶和瓜采摘下来，然后将瓜蔓基部的绳松开，将瓜蔓轻轻下放，在地膜上左右盘绕。落蔓的高度以功能叶不落地为宜。将绳重新系在直立蔓的基部，拉住瓜蔓。之后随着瓜蔓的不断生长，定期落蔓。一茬到底栽培采用此法。

4.病虫害防治

(1)霜霉病　发现中心病株，首选70%乙膦·锰锌可湿性粉剂500倍液或72.2%普力克水剂800倍液，隔7～10 d喷1次，连续防治2～3次。霜霉病和角斑病混发时，可喷60%琥·乙膦铝或50%琥胶肥酸铜可湿性粉剂500倍液加25%甲霜灵可湿性粉剂800倍液。

(2)细菌性角斑病　用硫酸链霉素4 000倍液防治。隔7～10 d喷1次，连防3～4次。

(3)白粉病　用15%粉锈宁1 000倍液喷雾，一般2～3次即可防除，白粉病严重时，用20%敌唑酮400倍液喷雾防除。

(4)枯萎病　防止的根本措施是合理轮作或嫁接栽培。药剂可用敌克松1 000倍液浇根，7～9 d后在发病部位结成黄色病斑即愈。

(5)黑星病　用50%多菌灵或80%敌菌丹可湿性粉剂500倍液，隔7～10 d喷1次，连续防治3～4次。同时要加强检疫，严防此病传播蔓延。

(6)菌核病　用10%速克灵烟剂或45%百菌清粉尘剂，每次250 g/667 m^2，隔7～10 d 1次，或50%速克灵、50%扑海因、50%农利灵可湿性粉剂1 000倍液，防治3～4次。

(7)蚜虫　用800倍氧化乐果，或用1 000倍敌杀死防治。

子任务八　采收

“花见瓜一十八”，即从雌花开放到收瓜需要18 d。温度条件好，时间可以缩短。着瓜部位不同，采收的时间和标准也不同。采收原则掌握根瓜收的早、腰瓜摘的巧、梢瓜摘的好。一般是顶花带刺、瓜条显棱时既可收获。采收后要分级装箱，防止相互摩擦影响商品质量。

工作任务2　棚室黄瓜秋延后生产技术

任务说明

任务目标：了解黄瓜生产特性；掌握棚室秋延后黄瓜的选茬选地、品种选择技术、育苗技术、定植技术、田间管理技术、采收技术。

任务材料：黄瓜的种子、农药、化肥、生产用具等。

任务方法与要求：在教师的指导下分组完成棚室秋延后黄瓜生产的各任务环节。

工作流程

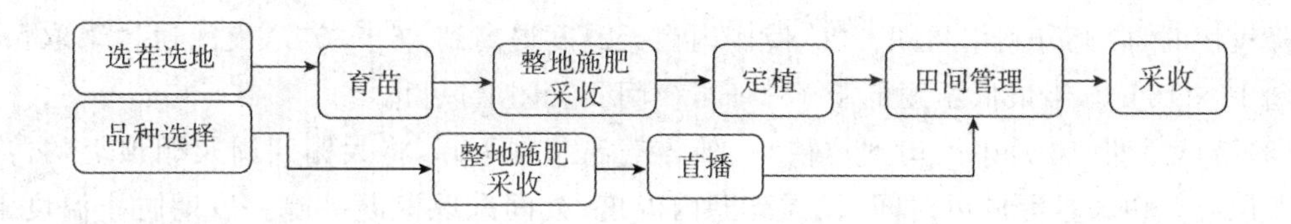

子任务一　选茬选地

同“工作任务 1　大棚春茬黄瓜早熟生产技术”。

子任务二　品种选择

应选取择耐高温，抗病，对长日照适应性较强的品种，还需具备在低温和弱光条件下，瓜条生长较快的特点。目前多选择中晚熟的津研系列品种，津优 3 号、津研 4 号、津研 7 号、津研 6 号；此外津杂 1 号、2 号、夏丰 1 号等。

子任务三　培育壮苗

1. 直播

黄瓜直播每公顷需 3 000～4 500 g 种子。直播生长势强，一般在 7 月末干籽直播或催芽坐水直播；前茬结束后开始翻地，消毒用甲基托布津 500 倍喷湿表土层，或高温闷棚，2～3 d 后播种。

2. 育苗

日历苗龄是 25～30 d，生理苗龄是 3 片真叶展开即可定植。露地育苗需有防雨设备，主要是温度高易徒长，长日照向雄花分化，因此，在秧苗二叶一心和 4 片真叶时喷 100～200 mg/L 乙烯利各一次，可以降低雌花着生节位，促进雌花形成。

子任务四　施肥整地

棚室春茬拉秧后，立即清除上茬作物秧及残叶，深翻 30 cm，使土壤疏松透气，施腐熟有机肥 2～3 t/667 m^2，条施磷酸二铵或复合肥 15～25 kg，作畦 1.0～1.2 m，埂宽 15～25 cm，1 m 宽的畦栽一行，1.2 m 宽的畦栽两行，用甲基托布津 500 倍喷湿表土层消毒，或高温闷棚。

子任务五　定植

以主蔓结瓜的津研 4 号，保苗每 667 m^2 2 500 株/667 m^2；主侧蔓均结瓜的津研 7 号，津研 6 号，保苗每 667 m^2 2 000～2 200 株。定植方法见“工作任务 1　大棚春茬黄瓜早熟生产技术”。

子任务六　田间管理

1. 温湿度管理

(1)调节温湿度结瓜前期(7 月下旬至 9 月中旬)　仅保留大棚顶部覆盖塑料薄膜，不仅可减轻直射光的强度，而且还能起到降温防雨的作用。使棚内温度白天保持 25～28℃，夜间

13～17℃，昼夜温差在10℃以上。夜间要留通风口散湿。

(2)结瓜盛期(9月中旬到10月中旬) 棚内温度保持25～28℃。到了10月中旬外界气温下降较快时，应充分利用晴朗天气，使棚内白天温度提高到26～30℃，夜间通过采取保温措施达到13～15℃。当最低温度低于13℃时，夜间要关闭通风口。

(3)结瓜后期(10月中下旬到拉秧) 外界气温急剧下降，将大棚四周及棚顶上的薄膜压紧封严保温。白天推迟放风时间，以提高棚内温度；夜间采取保温措施。后期防止温度下降，进入10月份采取棚外围草苫了，当外面气温降低至－2～－1℃时及时全部采收拉秧。

2.肥水管理

苗期及结瓜期都处在炎热的夏湿季节，应采取“严格控水、积极施肥”的措施。定植后，表土见干时浇一次缓苗水。结果前以控为主，少灌水。插架前可追施一次肥，施腐熟人粪尿每667 m^2 500 kg。追肥后灌水插架。进入结瓜盛期，肥水要足，一般需追肥2～3次，每次施尿素每667 m^2 10 kg或腐熟稀人粪尿每667 m^2 500～750 kg。结合喷药，可喷施0.2%尿素液和0.2%磷酸二氢钾溶液。温度高时每4 d浇1次水，温度低时每5～6 d浇1次水，10月下旬后每7～8 d浇1次水。

3.植株调整

秋延迟黄瓜可利用侧蔓增加后期产量，一般在侧蔓上留2片叶、1条瓜。当植株长到25片叶及时打顶摘心，促进“回头瓜”的生长。

4.中耕松土

从定植到坐瓜，一般中耕松土3次，使土壤疏松通气，促进根系发育。

5.病虫害防治

防治方法见“工作任务1 大棚春茬黄瓜生产技术”。

子任务七 采收

采收标准同大棚春茬黄瓜，当外面气温降低至－2～－1℃时及时全部采收。

工作任务3 温室黄瓜冬春茬生产技术

任务说明

任务目标：了解黄瓜生产特性；掌握温室黄瓜的选茬选地、品种选择技术、育苗技术、定植技术、田间管理技术、采收技术。

任务材料：黄瓜的种子、农膜、农药、化肥、生产用具等。

任务方法与要求：在教师的指导下分组完成温室黄瓜生产的各任务环节。

工作流程

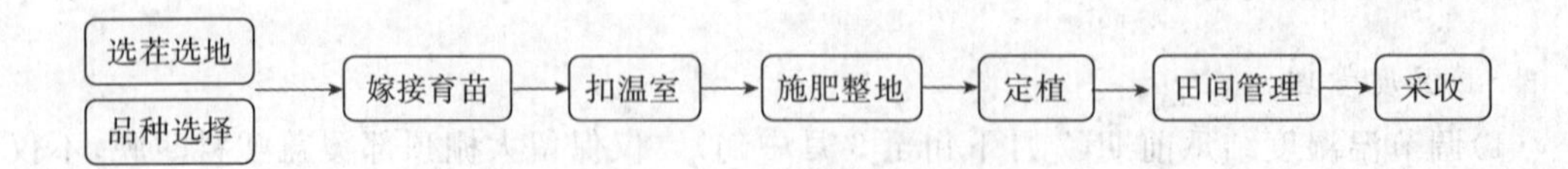

子任务一　选茬选地

同“大棚春茬黄瓜早熟生产技术”。

子任务二　品种选择

选择较耐低温弱光、主蔓结瓜、生长势较、瓜条适中、品质好、外观商品性好、产量高、抗病性较强的早熟品种。生产上常用津绿、长春密刺、新泰密刺、山东密刺等品种。

子任务三　嫁接育苗

黄瓜种子采用低温处理，催芽时当胚根露出种皮后，把种子用湿纱布包好后，放置在0～2℃条件下处理5～6 d，提高幼苗的抗逆性，并能提高前期产量。

砧木选用黑籽南瓜或瓠瓜。一般在10月份播种育苗，黄瓜和黑籽南瓜均用沙箱播种育苗，黄瓜提前4～5 d播种，采用靠接方法，黑籽南瓜两片子叶展开，黄瓜真叶露心时进行靠接，具体方法见“子项目3-3 蔬菜育苗技术中工作任务2 嫁接技术”。嫁接苗成活后，白天保持25～30℃，前半夜15～18℃，后半夜11～13℃，地温保持在13℃以上。光照要充足，在苗床北侧，45°角张挂聚酯反光膜，以增加光照强度。床土保持见湿见干，防止土壤水分过多，苗龄在35 d左右3叶一心时定植。定植前3～5 d，控制浇水蹲苗。

子任务四　扣温室

扣温室前对温室骨架进行检修，接头都要用布或牛皮纸包裹上，秋末覆盖薄膜，室外加保温被子。

子任务五　施肥整地

深翻30～40 cm，每667 m^2 施腐熟有机肥8 000～10 000 kg，搂平耙细，起高畦，畦高10～12 cm，畦宽80 cm，畦上起两个小垄，垄间距离50 cm。

子任务六　定植

11月下旬至12月上旬定植，株距25 cm，每667 m^2 3 500～3 700株。定植前堰施化肥，每667 m^2 施磷酸二铵10～15 kg，硫酸钾20 kg，栽苗时嫁接点不能埋在土中，然后覆盖地膜。

子任务七　田间管理

1. 缓苗期至初花期管理

缓苗期地温保持在15℃以上，白天气温保持在25～30℃，夜间保持在20～22℃。缓苗后，白天保持25～30℃，夜间14～15℃，控制灌水，不干不浇，促进根系生长。为了加强保温，适当晚揭早盖防寒被。中柱处张挂聚酯反光膜。

2. 结瓜期管理

(1)温度管理　结瓜期正值冬季，气温低光照弱，应以保温增加光照为主，白天保持25～30℃，前半夜15～20℃，后半夜13～15℃，注意夜间防寒保温，及时拉上二层幕，在日落前盖上保暖被。并调整反光膜的高度和角度，使反射的光能照到植株的中部。

(2)水肥管理　根瓜开始采收后，从 2 月上旬开始，进入结瓜盛期，每 667 m^2 追硝酸铵 10 kg，硫酸钾 10 kg，选择晴天上午结合灌水追肥，一般 20～30 d 追肥 1 次。根据天气状况和土壤水分蒸发情况 10～15 d 灌 1 次水，一般采用“两水一肥、一混一清”交替进行，灌水时采用小垄膜下灌溉，始终保持土壤湿润，温、湿度过高时，开天窗放顶风降温排湿。

(3)植株调整　同“工作任务 1　大棚春茬黄瓜早熟生产技术”。

(4)二氧化碳施肥　晴天早晨揭开保温被后进行 CO_2 施肥，浓度达到 1 500～2 000 mL/L。

(5)病虫害防治　参照“工作任务 1　大棚春茬黄瓜早熟生产技术”。

子任务八　采收

同“工作任务 1　大棚春茬黄瓜早熟生产技术”。

子项目 4-2　西瓜生产技术

任务分析

西瓜起源于非洲热带草原，在我国栽培有 1 000 多年的历史。西瓜果实脆嫩多汁，营养丰富，是夏季消暑主要水果型蔬菜，除了西藏外，全国各地均有栽培，设施栽培规模也比较大。

任务知识

一、西瓜生物学特性与栽培的关系

1. 形态特征

(1)根　根系发达，主根入土深度可达 1 m 以上，横向分布范围在 3 m 左右。根系易老化伤根后再生能力差，在栽培上要采取护根措施。

(2)茎　蔓性中空，分枝能力强。可进行 3～4 级分枝，任其生长会影响果实发育，西瓜栽培，必须根据不同栽培方式进行合理整枝。茎部易发生不定根，栽培上要进行压蔓。

(3)叶　子叶两片，椭圆形。真叶缺刻深。叶片上密生茸毛。营养生长旺盛，光照不足，叶大而长，如果柄长于叶片，花梗也会伸长，结果困难，因此，设施栽培必须注意。

(4)花　单性花，雌雄同株而异花，花清晨开花，午后闭合。子房表面密生银白色茸毛，无单性结实能力。保护地栽培，在无昆虫情况下，必须进行人工授粉才能结瓜。

(5)果实　圆形或椭圆形。皮色浅绿、绿色、墨绿或黄色等，果面有条带、网。果肉颜色有大红，橘红、黄色等多种，质地硬脆或沙瓤，味甜，可溶性固形物含量 10%～14%。

(6)种子　扁平、卵圆或长卵圆形。种皮褐色、黑色、棕色等多种。种子大小差异较大，小粒种子千粒重 20～25 g，大粒种子 150～200 g。种子使用年限 3 年。

2. 生长发育周期

(1)发芽期　从种子萌动到子叶展开，第一片真叶显露(露真)，适宜条件下需 8～12 d。这一时期主要是胚根、胚轴、子叶生长和真叶开始生长，主要依靠种子内存的营养。

(2)幼苗期 从露真叶到植株具有5～6片叶(团棵)为止，适宜条件下需25～30 d。从表面看，植株生长量小，但内部的叶芽、花芽正在分化。

(3)伸蔓期 从“团棵”至结瓜部位的雌花开放，适宜条件下需15～18 d。这一时期植株迅速生长，茎由直立转为匍匐生长，雌花、雄花不断分化、现蕾、开放。

(4)开花结果期 从留瓜节位雌花开放至果实成熟，适宜条件下需30～40 d。单个果实的发育时期又可细分为以下三个阶段：

①坐果期。从留瓜节位雌花开放至“退毛”(果实鸡蛋大小，果面茸毛渐稀)，需4～5 d，此期是进行授粉受精的关键时期。

②膨果期。从“退毛”到“定个”(果实大小不增加)。此期果实迅速生长并已基本长成。瓜的体积和重量已达到收获时的90%以上。这一时期是决定产量的关键时期。

③变瓤期。从“定个”到果实成熟，适宜条件下需7～10 d。此期果实内部进行各种物质转化，蔗糖和果糖合成加强，果实甜度不断提高。

3. 对环境条件的要求

(1)温度 西瓜喜高温干燥的气候。生育适温为24～30℃，低于16℃停止生长，受精不良，子房脱落。种子发芽适温在25～30℃，根毛发生的最低温度14℃，因此，春季定植地温应稳定在15℃以上，开花坐果期适温为25℃，低于18℃果实发育不良。果实膨大期和变瓤期以30℃最佳，温度低成熟期推迟，品质下降。耐热能力比较强，能忍耐35℃以上高温。

(2)光照 西瓜需要充足的光照，光饱和点为80 klx，在10～12 h的长日照下才能生长良好，但苗期在8 h的短日照下有利雌花形成。在14 h以上的长日照和高温天气下，可使茎叶生长健壮，果实大而品质好。

(3)湿度 西瓜耐干燥和干旱能力强，适宜的空气湿度为50%～60%，开花坐果期为80%左右，抗旱，不耐涝。

(4)土壤营养 西瓜生长期长、产量高，需肥量较多。对土壤的要求不太严格，适应性较强，但以土质疏松、土层深厚，排水良好的沙质壤土为宜。土壤pH 5～7为宜。

二、类型与品种

1. 早熟品种

(1)苗期短的品种 从播种至坐瓜50～58 d，如中育1号、金露、荆州202等。

(2)瓜发育快的品种 从开花至成熟25～28 d，如早花、苏蜜1号、京欣1号、伊选等。

2. 中熟品种

(1)高产品种 新红宝、庆红宝、鲁瓜1号、中育6号、浙蜜1号、乐蜜1号、新澄等。

(2)高糖品种 郑州3号、3301、大和冰淇淋、琼稣及无籽西瓜各品种。

(3)抗病品种 三倍体、四倍体西瓜对炭疽病、疫病毒病、枯萎病等抗性较强。

3. 晚熟品种

三白、核桃纹、黑油皮、巨宝王等品种，单果重8～10 kg。

三、栽培制度与栽培季节

西瓜忌连作，应与其他科蔬菜轮作7～8年。设施内重、迎茬时，采用嫁接育苗措施。

露地栽培一般露地直播，霜前播种，终霜期后出苗，定植要求在终霜后进行。在设施栽培中，春季大棚一般可较露地西瓜早30～35 d定植，大棚内扣小棚可提早40～50 d，如果大棚内的小拱棚上夜间加盖草苫保温，还可提早10 d左右定植，秋季栽培应在当地大棚内发生冻害前100～120 d播种。

工作任务1　大棚春茬西瓜早熟生产技术

任务说明

任务目标：了解西瓜生产特性；掌握大棚春茬西瓜的选茬选地、品种选择技术、嫁接技术、定植技术、田间管理技术、采收技术。

任务材料：西瓜的种子、农膜、农药、化肥、生产用具等。

任务方法与要求：在教师的指导下分组完成大棚春茬西瓜生产的各任务环节。

工作流程

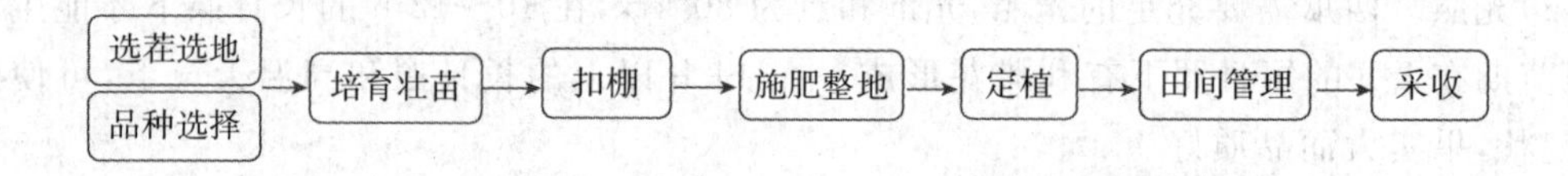

子任务一　选茬选地

西瓜最怕重茬和迎茬，要与瓜类作物轮作7～8年以上，前茬最好是玉米、高粱、谷子、糜子和小麦等。以肥沃、耕层深厚的沙壤土最好。

子任务二　品种选择

以当地销售为主时，选早熟品种；以外销为主时，应选择中熟品种。

子任务三　培育壮苗

大棚西瓜栽培必须采用嫁接苗栽培。西瓜嫁接砧木主要有黑籽南瓜、瓠瓜和冬瓜。嫁接方法插接和靠接均可。嫁接方法见“子项目3-3　蔬菜育苗技术。”

西瓜幼苗4叶1心时定植，嫁接苗龄为40 d左右。播种时间由定植期来决定，黑龙江单层棚一般在3月中下旬播种，采用多层覆盖可在3月上旬播种。播种量为每667 m^2 150～200 g。

子任务四　扣棚

见“工作任务1　大棚春茬黄瓜生产技术”。

子任务五 施肥整地

撒施优质有机肥每 667 m^2 5 000 kg，做成 0.8～1 m 宽的高畦，沟施过磷酸钙每 667 m^2 20～25 kg。

子任务六 定植

1. 定植时期

当 10 cm 深土温稳定在 14℃以上，棚内气温稳定通过 10℃以上，为安全定植期。在寒流通过，暖流来临之时，选晴天上午进行定植。

2. 定植密度

地爬栽培，早熟品种可按 1.6～1.8 m 等行距或 2.8～3.2 m 的大行距、40 cm 株距定苗，每 667 m^2 栽苗数 1 000 株；中熟品种可 1.8～2.0 m 等距或 3.4～3.8 m 大行距、株距 50 cm 栽苗，每 667 m^2 栽苗数 800 株左右；支架或吊蔓栽培可按行距 1.0～1.2 m，早熟品种 40 cm；中熟品种 50 cm 株距栽苗，每 667 m^2 栽苗数 1 350～1 500 株。具体形式如图 4-2 所示。

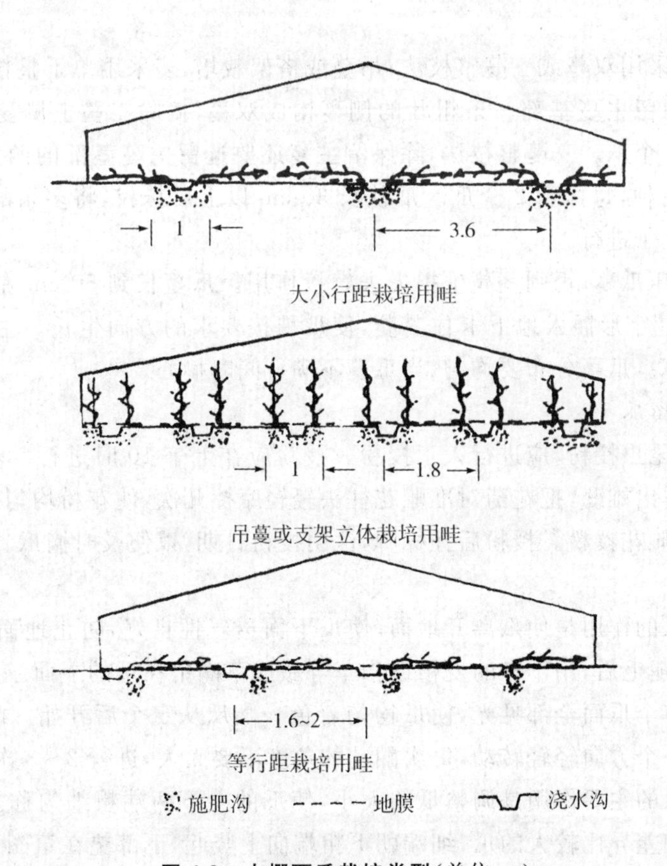

图 4-2 大棚西瓜栽培类型(单位:m)

3. 定植

嫁接苗栽苗要浅，定植深度要求和土坨齐平，接口处在封掩时一定要留在地面上，栽苗后要将定植沟灌满水，使水渗透土坨和周围的土壤。

子任务七　田间管理

1.温度管理

缓苗前白天保持30℃，夜间15℃，温度偏低时，应加盖小拱棚、二层幕、草苫等保温。缓苗后降低温度，白天25～28℃，夜间12℃左右。开花结瓜期夜间温度保持在15℃以上。坐瓜后，外界温度已明显升高，应陆续撤掉草苫和小拱棚等，白天温度保持在28～32℃夜间温度保持在20℃左右。

2.肥水管理

缓苗期间不浇水。瓜苗开始甩蔓时浇一水，促进瓜秧生长。之后到坐瓜前不再浇水，防止瓜秧徒长。结瓜后，幼瓜长到拳头大小时开始浇水，要求三水定个。然后停止浇水，促进瓜瓤转色和果实成熟。头茬瓜收获结束后，及时浇水，促二茬瓜生长。

坐瓜后结合浇坐瓜水，每667 m^2 追复合肥20 kg或硝酸钾20～25 kg，瓜长到碗口大小结合浇"膨瓜水"，施尿素20 kg左右。二茬瓜生长期间，根据瓜秧长势，追肥1～2次即可。叶面肥西瓜素，丰产素、0.1%磷酸二氢钾、1%复合肥以及1%红糖或白糖水等。

3.整枝压蔓

地爬栽培一般采用双蔓或三蔓整枝法；吊蔓或搭架栽培，多采用单干整枝法。双蔓整枝法除保留主蔓，还要保留主蔓基部一条粗壮的侧蔓构成双蔓，摘除二蔓上侧蔓。多用于早熟品种，每个植株上留1个瓜。三蔓整枝法，除保留主蔓还要选留主蔓茎部的两条粗壮侧蔓，构成三蔓，多用于中熟品种，每株留2个瓜。瓜秧长30 cm以上后抹杈，将多余的侧蔓留1～2 cm剪掉，要求在晴天上午进行。

嫁接西瓜应明压瓜蔓，否则茎蔓生根失去嫁接作用。瓜蔓长到50 cm左右进行引蔓。用树杈或铁线制成"U"字形插入地下卡住茎蔓，使瓜秧按要求的方向生长。主蔓和侧蔓可同向引蔓，也可反向引蔓。瓜蔓分布要均匀，当瓜蔓不满行间时摘心。

4.人工授粉与留瓜

大棚栽培没有昆虫授粉，应进行人工授粉。授粉应在上午10时进行。当雄花开放后，摘下雄花去掉花瓣，露出雄蕊，把花药对准雌花柱头轻轻摩擦几次，使花粉均匀抹到柱头上即可。一朵雄花可给3朵雌花授粉。授粉后挂标牌，注明授粉日期，以便及时摘瓜。

5.瓜的管理

(1)垫瓜　垫瓜的作用是使瓜离开地面，使瓜下面透气性良好，防止地面病菌和地下害虫为害果实。当幼瓜褪毛后，用干净的麦秸或稻草等做成草圈垫在瓜的下面。

(2)翻瓜　使整个瓜面全部见光，使瓜均匀着色。翻瓜从定个后开始。晴天午后，双手轻轻托起瓜，将瓜向一个方向轻轻转动，每次翻动的角度不要太大，进行2～3次即可。

(3)竖瓜　竖瓜的主要作用是调整瓜的大小，使瓜的上下两端粗细匀称。具体做法是：在膨瓜期，将两端粗细差异比较大的瓜，细端朝下粗端向上竖起，下部垫在草圈上。

(4)托瓜和落瓜　支架或吊蔓栽培的西瓜，当瓜长到500 g左右时，用吊绳固定草圈从下面托住瓜，防止坠秧和果实重量过大而产生的从果柄处断裂。当西瓜蔓爬满架顶，把瓜蔓从架上解开放下，将瓜落地，瓜后的瓜蔓在地上盘绕，瓜前的瓜蔓继续上架。

(5)植物生长调节剂应用　大棚内温度低，果实膨大缓慢。留瓜后用20～60 mg/L的赤霉素喷洒果面，7～10 d喷1次，在坐瓜前瓜秧生长过旺时，用200 mg/L的矮壮素喷洒生长点，5～7 d喷1次。西瓜在定个后用200～300 mg/L的乙烯利喷洒果面，瓜瓤可提前转色。

6. 病虫害防治

参考"工作任务1　大棚春茬黄瓜早熟生产技术"。

子任务八　采收

1. 成熟瓜的标准

判断果实是否成熟，可从以下几个方面进行鉴别：

(1)卷须变化　留瓜节及前后1～2节上卷须变黄或枯萎，表明该节的已成熟。

(2)果实变化　成熟瓜的瓜皮变亮、变硬，瓜皮的底色和花纹对比明显，花纹清晰，边缘明显，呈现出老化状；有条棱的瓜，条棱凹凸明显；瓜的花痕处和蒂部向内凹陷明显；瓜梗扭曲老化，基部茸毛脱净；西瓜贴地部分皮色呈橘黄色。

(3)日期判断　该法比较准确、误差少，最适合设施栽培西瓜。大棚早春栽培西瓜，从雌花开放到果实成熟，早中熟品种一般需28～35 d，中晚熟品种需要35～40 d。

(4)声音变化　手敲瓜面，发出"砰砰"低沉声音的为成熟瓜，发"咚咚"清脆声音的为生瓜。

(5)手感鉴别　一手托瓜、另一手拍其上部，手心感到颤动，表示瓜已成熟。

(6)比重鉴别　成熟西瓜的比重为0.95～1.0，重于此为未熟，轻于此为过熟。

2. 收瓜时间和方法

上午收瓜，瓜的温度、含水量较高，利保鲜和提高产量。收瓜时，用剪刀将留瓜节前后1～2节的瓜蔓剪断，使瓜带1～2片叶子收下。摘瓜不能弄乱瓜秧。外销摘7～8成熟的瓜。小型西瓜易裂果，不耐运输，最好外套泡沫网袋并箱装上市。

工作任务2　地膜覆盖西瓜早熟生产技术

任务说明

任务目标：了解西瓜生产特性；掌握地膜覆盖西瓜早熟生产的选茬选地、品种选择技术、播种技术、定植技术、田间管理技术、采收技术。

任务材料：西瓜的种子、地膜、农药、化肥、生产用具等。

任务方法与要求：在教师的指导下分组完成地膜覆盖西瓜早熟生产的各任务环节。

工作流程

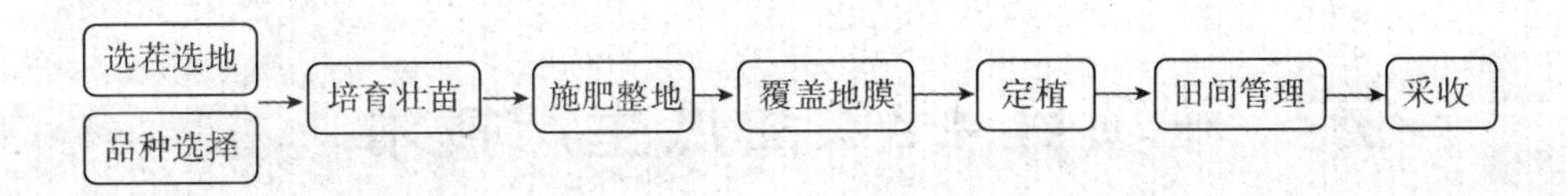

子任务一　选茬选地

西瓜最怕重茬和迎茬，要与瓜类作物轮作7～8年以上，前茬最好是玉米、高粱、谷子、糜子和小麦等。选择土壤肥沃、地势高燥、耕层深厚的沙壤土最好。

子任务二　品种选择

选用早熟品种或中、晚熟品种，适宜品种有新红宝、新澄、金钟冠龙、巨宝王等。

子任务三　培育壮苗

在温床或普通日光温室内，用营养钵育苗，苗龄 40 d 左右，幼苗 3～4 叶适时定植。

子任务四　施肥整地、覆盖地膜

定植前 15～20 d 开沟深施肥，进行配方施肥。平沟起垄，行距 1.5～1.8 m，覆盖地膜。

子任务五　定植

终霜期过后定植，株距 40～50 cm。按株距在地膜上划小十字口、用小铲挖小穴，然后放幼苗、埋土、浇透定植水，水渗下后封掩，用土压严薄膜。

子任务六　田间管理

1. 肥水管理

缓苗后及早追肥、浇水，促发棵，坐瓜期控制浇水，坐瓜后及时浇水追肥，收瓜前 1 周停止浇水，追肥浇水的原则是："先肥后水，三水定个"。

2. 植株调整

多采用双蔓整枝法，春季露地风大，应尽早引蔓，压蔓。嫁接育苗栽培时采用卡蔓法固定瓜蔓，普通栽培可采用开沟，埋蔓、压土固定法。

3. 坐瓜后管理

瓜定个后，及时翻瓜、垫瓜或用瓜叶盖住瓜，防止日烧。

4. 其他

第 3～4 天查田补苗。在西瓜田间均匀合理的栽种一些花期和西瓜相同的草花，要求色泽鲜艳，以引诱昆虫为西瓜授粉，提高西瓜的结实率。

子任务七　采收

采收技术见"工作任务 1　大棚春茬西瓜生产技术"。

子项目 4-3　甜瓜生产技术

任务分析

甜瓜，别名梨瓜、香瓜，主要起源于我国南部和中亚地区，属葫芦科、草本一年生蔬菜。

任务知识

一、生物学性状与栽培的关系

1. 植物学特性与栽培的关系

甜瓜根系发达，根群主要分布在 30 cm 耕层以内，根系生长较快，易木栓化，故宜直播或营养钵育苗。茎中空，侧枝萌发力较强，主蔓上生的侧枝为子蔓，子蔓上生长的侧枝称为孙蔓，厚皮甜瓜以子蔓结瓜为主，薄皮甜瓜则以子蔓和孙蔓结瓜。叶片近圆形或肾形，叶片具茸毛，具有一定耐旱能力。花为雌雄异花同株，不具有单性结实性。果实的形状大小、色泽因品种而异，是品种鉴别的主要依据之一。种子千粒重为 15～20 g。

2. 对环境条件的要求及其对设施的适应性

甜瓜对环境条件的要求大致与西瓜相同，也是喜温、喜光，既耐旱又怕涝，膨瓜期需要肥水较多的作物。

种子发芽最低温度为 15℃，适温为 25～35℃。根系生长的最低温度为 8℃，最适宜的温度为 30～30℃，最高温度为 40℃；根毛发生的最低温度为 14℃，生育适温为 25～28℃。甜瓜对高温的适应能力较强，30～35℃时生育情况仍然良好。

要求充足的光照，光照不足生育迟缓，果实着色不良，甜味和香味降低，易发生病害；以排水良好，土层深厚的沙壤土为宜，适宜 pH 为 6～8。施用磷钾肥可提高甜瓜的品质。

二、类型与品种

1. 薄皮甜瓜

生长势弱、植株较小，叶面有皱。瓜较小，单果重 500 g 左右。果皮较薄，光滑柔嫩，可带皮食用。果实有香气，故香瓜。不耐运输和贮藏，适应性强，较耐高湿和弱光，抗病性较强，我国南北各地栽培普遍，有露地栽培、塑料大棚栽培。主要代表品种有齐甜 1 号、齐甜 2 号、龙甜 1 号，龙甜 2 号、八里香、白沙蜜、白雪公主、甜宝、美国甜瓜王。

2. 厚皮甜瓜

植株生长势较强，茎粗，叶大。单果重 1～5 kg。果面光滑或有网纹。果肉厚，质地松软多汁，有浓郁的香味，含糖量 11%～17%，口感甜蜜。不耐高湿，需要较大的昼夜温差和充足的光照。新疆、甘肃等地是我国厚皮甜瓜的主要产区。代表品种，网纹类甜瓜有：大庆蜜瓜、天蜜、华冠。光皮类甜瓜有：伊丽莎白、郑甜 1 号、状元、蜜世界、玉露、皇冠等。

三、栽培制度与栽培季节

甜瓜忌连作，应与非葫芦科蔬菜进行 4～5 年以上轮作；薄皮甜瓜以露地栽培为主，一般露地终霜期后播种或定植，夏季收获。近年来也有采用塑料大棚春季早熟栽培；厚皮甜瓜在新疆、甘肃以外地区，主要进行设施栽培，主要有节能日光温室和大棚春、秋两茬栽培。

工作任务1　设施春茬厚皮甜瓜早熟生产技术

任务说明

任务目标：了解甜瓜生产特性；掌握设施春茬厚皮甜瓜生产的选茬选地、品种选择、育苗技术、定植技术、田间管理技术、采收技术。

任务材料：厚皮甜瓜种子、农膜、农药、化肥、生产用具等。

任务方法与要求：在教师的指导下分组完成设施春茬厚皮甜瓜生产的各任务环节。

工作流程

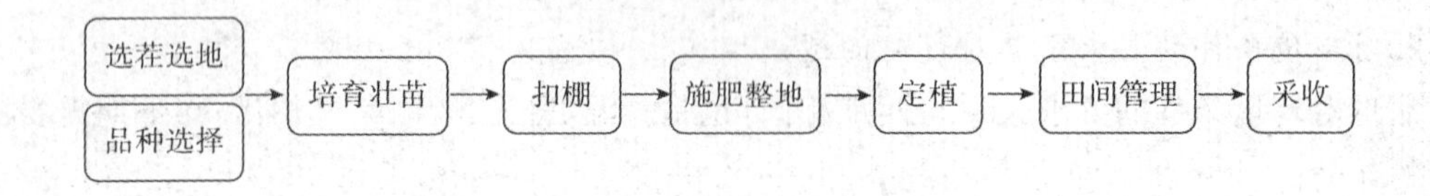

子任务一　选茬选地

甜瓜忌连作，应与非葫芦科蔬菜进行4～5年以上轮作，否则要进行嫁接育苗。

子任务二　品种选择

选择耐低温性、成熟期集中的早熟，抗病质优的品种。如伊丽莎白、状元、华冠等品种。

子任务三　培育壮苗

适宜苗龄为30～35 d，3～4片真叶时定植，温室内用营养钵育苗。播种前对种子进行消毒处理，催芽后播种。一般播种后3 d出苗。育苗期间控制浇水，防止瓜苗徒长。

子任务四　扣棚

见“工作任务1　大棚春茬黄瓜生产技术”。

子任务五　施肥整地

每667 m^2施用优质有机肥3 000～5 000 kg、复合肥50 kg、钙镁磷肥50 kg、硫酸钾20 kg左右、硼肥1 kg。小型甜瓜的种植密度大，可均匀施肥，施肥后深翻地。大型甜瓜的种植密度小，应开沟集中施肥。

用高畦和垄畦栽培，高畦的畦面宽90～100 cm，高15～20 cm，每畦栽2行苗；垄畦面宽40～50 cm，高15～20 cm，每畦栽苗1行。

子任务六　定植

棚内保持土层10 cm深度的地温稳定在15℃以上，最低气温不低于13℃时定植，大型果栽苗每667 m^2 1 500株，平均行距80 cm，株距50 cm；中型果品种栽苗每667 m^2 1 800株左右，平均行距 80 cm、株距 45 cm；每 667 m^2 小型果品种栽苗 2 100 株，平均行距 80 cm，株距 40 cm。

子任务七　田间管理

1. 温度管理

定植初期外界气温较低，为促进缓苗，可设立小拱棚和二层幕，白天温度保持在 25～30℃，夜间不低于 15℃。瓜苗成活后，适当降低温度，白天 25℃左右，夜间 12～15℃。进入结瓜期，白天应保持 25～30℃，夜间逐渐减少覆盖，逐渐加大通风量，增大昼夜温差。

2. 肥水管理

坐瓜前一般不浇水，特别是开花期，坐瓜期，要严格控制浇水量，防止落花。坐瓜后开始浇水，始终保持地面湿润，避免土壤忽干忽湿，引起裂果。结果期加大通风，降低空气湿度。网纹甜瓜的网纹形成期，如果空气湿度过高，影响网纹的质量，也容易导致果面裂果处发病。

3. 植株调整

(1)整枝　一般采用混蔓整枝法。做法是：选留瓜节前后 2～3 个基部有雌花的子蔓作为预备结果蔓，在第一雌花前留 1～2 片叶摘心，其他的侧蔓一律摘掉。

(2)吊蔓　当瓜蔓伸长后，每株甜瓜准备一条细尼龙绳或长布条，不要用塑料绳，防止断绳后跌伤瓜。绳的上端系在横线上，下端系松动活扣，栓到瓜秧基部，随着瓜蔓伸长，定期将瓜蔓缠绕到吊绳上。

(3)人工授粉与留瓜　雌花开放当日上午 10 时前人工授粉。授粉量充足均匀，避免形成偏头瓜。瓜长到鸡蛋大小时选留瓜。小果型品种每株留 2 个瓜，适宜的留瓜节位为 12～15 节；大型果品种每株留 1 个瓜，适宜的留瓜节位为 15～18 节。

(4)其他管理　①吊瓜与转瓜：小型品种当瓜长到 250 g 时，用塑料绳吊瓜，将绳子吊在瓜柄基部(图 4-3)，并使瓜蔓呈水平位置，大果型品种用草圈绑上吊绳从下部托起瓜，防止坠秧和瓜坠地摔伤。当瓜定个后，在午后 1～2 时定期转瓜 2～3 次，使瓜均匀见光着色。②摘叶与摘心：老叶、病叶、黄叶要及早摘除。小果型品种主蔓展开 20～25 片叶、大果型品种展开 25～30 片叶时摘心，促进提早成熟。

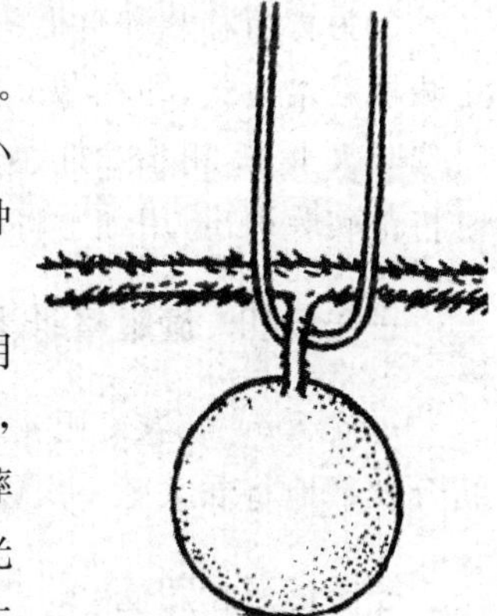

图 4-3　吊瓜方法

子任务八　采收

在果实充分成熟时采收。可根据开花授粉的日期推算，配合果实表现是否显现出该品种的固有特性。采收时须保留果柄前后各 1 节的侧蔓形成“T”形果柄。

工作任务 2　地膜覆盖薄皮甜瓜早熟生产技术

任务说明

任务目标：了解甜瓜生产特性；掌握地膜覆盖薄皮甜瓜生产的选茬选地、品种选择、育苗技术、定植技术、田间管理技术、采收技术。

任务材料:甜瓜种子、地膜、农药、化肥、生产用具等。

任务方法与要求:在教师的指导下分组完成地膜覆盖薄皮甜瓜生产的各任务环节。

工作流程

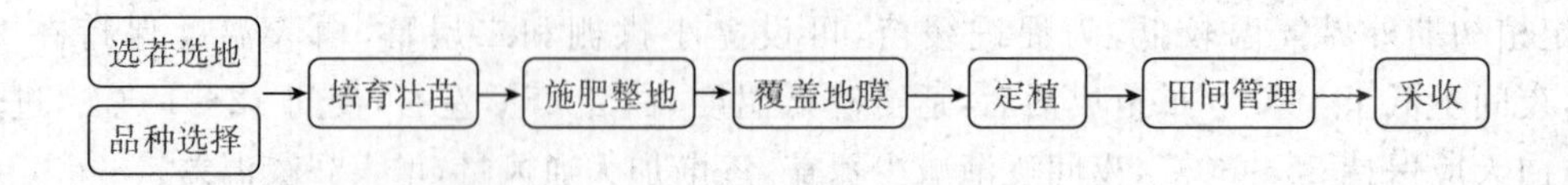

子任务一　选茬选地

甜瓜忌连作,应与非葫芦科蔬菜进行 4~5 年以上轮作。

子任务二　品种选择

应选择瓜形端正、产量高、含糖量高、品质好,抗逆性强的早熟品种。如龙甜 1 号、齐甜 1 号、白沙蜜等品种。

子任务三　培育壮苗

分为育苗移栽和直播两种。直播终霜期后晴天播种,催芽坐水种,边播种边覆膜。可采用小暖坑栽培方式,即在垄上挖一个 6~8 cm 深的坑,将种子直播于坑内,覆土 1 cm。子叶展平时选晴天上午,用小木棍在暖坑的避风一侧插一个小孔,进行通风。当秧苗长到顶地膜时,及时将苗破膜引出,用细土将小坑填平。采用此种方法播种期可比直播提早 7~10 d。

子任务四　施肥整地、覆盖地膜

每 667 m^2 施农家肥 4 000~5 000 kg、复合肥 50 kg、磷酸二铵 15 kg、硫酸钾 6 kg。最好结合秋翻地将农家肥一次性施入。做成 60~70 cm 大垄,覆盖地膜。

子任务五　定植

终霜期过后,气温稳定在 10℃即可定植,如果采用地膜加扣小拱棚,定植期可提早 10~15 d。按株距 50~60 cm 在地膜上划小十字口、用小铲挖穴,栽苗、浇透定植水、封掩,封严薄膜,第 3~4 天查田补苗。夜温稳定通过 15℃,晚霜解除后及时撤去小拱棚。

子任务六　田间管理

1. 追肥灌水

缓苗前一般不浇水,开花期控制灌水。坐果后增加灌水量以促进果实膨大。视天气和土壤情况灌水 2~3 次。甜瓜收获前一周停止灌水。坐瓜后结合灌水追肥,每 667 m^2 施尿素 10 kg,硫酸钾 10 kg;每 5~7 d 结合打药喷施 0.3%磷酸二氢钾 2~3 次。

2. 植株调整

通过植株调整,使营养生长和生殖生长得到合理而均衡的发展。改善通风透光条件,提高坐果率和产量。生产上常用整枝技术：

(1)单蔓整枝　用于侧蔓(子蔓)结果的品种，保留主蔓，在主蔓上 4～5 节以上选留 4～5 条子蔓作为结果蔓，当每条子蔓坐果后，留 2 片叶掐尖，其他子蔓及时摘除。

(2)2 子蔓整枝　用于侧蔓(子蔓)结果的品种，主蔓长至 2～3 片真叶时摘心选留两条健壮子蔓，每条子蔓留 3 个瓜，结果蔓在雌花前留两片叶摘心，其他子蔓及时摘除。

(3)4 子蔓整枝　用于侧蔓(子蔓)结果的品种。当主蔓长到 4～5 片叶时摘心，选留 4 条健壮的子蔓作为结果蔓，子蔓结果后在瓜前留两片叶摘心，其余枝杈一律去掉(图 4-4)。

(4)4 孙蔓整枝法　用于孙蔓结瓜的品种。当主蔓长到 2～3 片真叶时摘心后，所留两个子蔓长出 2～3 片真叶后，再次摘心，在每个子蔓上留两个孙蔓，共计 4 个孙蔓，当每个孙蔓都结瓜后，在瓜的上部留 2 片叶摘心，其余枝杈一律去掉(图 4-5)。4 子蔓和 4 孙蔓整枝法主要用于地爬栽培，留瓜最好在相同节位上，采收期一致便于管理。

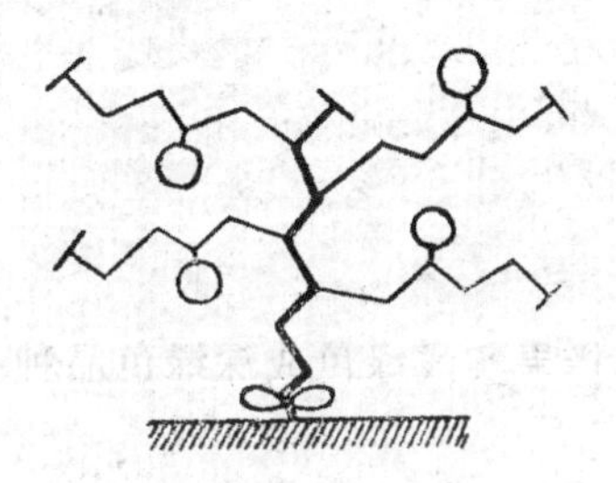

图 4-4　子蔓四蔓整枝法示

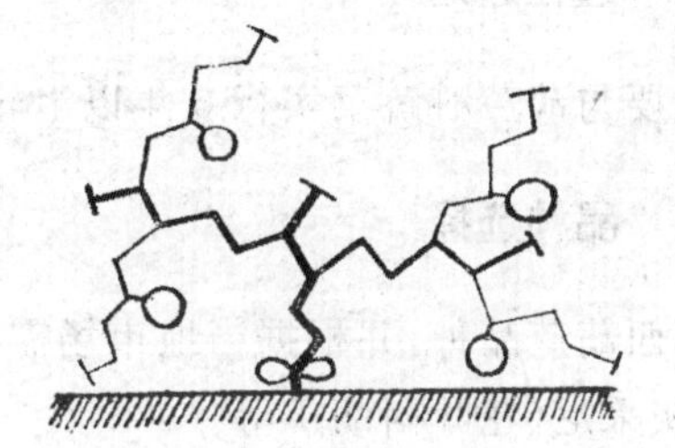

图 4-5　孙蔓四蔓整枝法示意图

甜瓜应及时压蔓，防止翻秧和局部叶面积指数过大，互相遮阴。甜瓜长到一定大小时，瓜蔓每 20～30 cm 用“U”形 8 号铁线或小木杈插地压蔓，固定枝蔓方向，使植株受光均匀。

子任务七　采收

果实达到生理成熟时采收，鉴别甜瓜的成熟度可从以下几个方面加以考虑。

计算坐果天数，雌花开放到果实成熟，一般早熟品种 30 d，中熟品种 35 d，晚熟品种 40 d 以上；果皮显现出该品种固有的颜色，并光滑发亮，并有较浓郁的香味；指弹发浑浊的“扑扑”声；用手轻捏或轻压感到有弹性或较软；果实较轻，放在水中能漂起来；有的品种瓜蒂脱落，或果柄与果实连接处，四周有裂痕。

收获在早晨露水退后进行，外销宜在下午采收，8 分熟时收获，运输过程中要防止损伤。

子项目 4-4　西葫芦生产技术

任务分析

西葫芦，别名角瓜，原产于南美洲，其营养丰富，食用途径广，栽培普遍，在我国北方栽培面积仅次于黄瓜，也是设施栽培的重要蔬菜之一。

工作任务　温室冬春茬西葫芦生产技术

任务说明

任务目标：掌握温室冬春茬西葫芦的选茬选地、品种选择技术、育苗技术、定植技术、田间管理技术、采收技术。

任务材料：西葫芦种子、农膜、农药、化肥、生产用具等。

任务方法与要求：在教师的指导下分组完成温室冬春茬西葫芦生产的各任务环节。

工作流程

参照“工作任务1　大棚春茬西瓜早熟生产技术”。

子任务一　选茬选地

在栽培上要与葫芦科蔬菜实行3年以上轮作。

子任务二　品种选择

选用短蔓西葫芦品种，并根据当地市场需求，选择果实浅绿色或深绿色品种。较为优良的品种有早青、灰采尼、花叶西葫芦等。

子任务三　嫁接育苗

用黑籽南瓜作砧木，采用靠接法嫁接育苗。嫁接过程与嫁接苗管理同黄瓜。嫁接苗的苗龄不宜过长，以嫁接苗充分成活，第3片真叶充分展开时定植为宜。在嫁接苗成活后喷一次100～200 mg/L浓度的乙烯利，5 d后再喷1次。

子任务四　定植

1. 扣薄膜

扣温室前应对温室骨架进行检修，一般秋末覆盖薄膜，室外加保温被子。

2. 施肥整地

施足施好底肥。腐熟有机肥每667 m^2 施约5 000 kg，2/3撒施，1/3穴施，深翻土地30 cm，打碎起高垄。定植前穴每667 m^2 施10～20 kg过磷酸钙。

3. 定植

按50 cm株距栽苗。大苗栽南侧，小苗栽北侧。栽苗要选晴天上午，栽苗深度以嫁接部位高于地面5 cm左右为宜。水渗后封埯，覆盖地膜，膜下软管滴灌或膜下沟灌。

子任务五　田间管理

1. 温度管理

定植后室内温度25～30℃，促进生根，加速缓苗。晴天中午温度超过32℃，放草苫或遮阴网降温。缓苗后，加强通风降温，白天25℃，夜间15℃左右。结瓜期保持白天28～30℃，夜间

15℃以上。冬季加强增温和保温措施，白天温度不超过32℃不放风，夜间温度不低于8℃。来年春季要防高温，随外界温度的不断增高要适当增大通风量。

2.水肥管理

田间大部分秧坐稳瓜后，开始浇水，保持地面湿润。冬季温度低少浇水，15 d左右浇一次水。盛瓜期加大灌水量。收瓜后结合浇水进行追肥，冬季每15 d追肥一次，春季每10 d追肥一次，拉秧前30 d不追肥。交替冲施化肥和有机肥，化肥量每667 m^2施20～25 kg。

3.植株调整

(1)吊蔓：当西葫芦蔓长到20 cm左右，发生倒伏前吊绳引蔓，方法同大棚黄瓜。

(2)整枝打杈：保留主蔓结瓜、侧枝长出后及时去掉。于晴天上午进行。

(3)留瓜、摘叶：瓜秧上每次留瓜2～3个为宜。及时摘除病叶、老叶。

4.光照管理

西葫芦耐阴能力比较差，冬季光照不足，容易引起秧苗徒长和化瓜。应在定植后，在中柱处张挂聚酯反光膜，增加光照强度，早揭、晚盖保温被或草苫子。

5.人工授粉

在上午10时前进行授粉，取下刚开放的雄花，摘除花瓣，将花药放在刚开放的柱头上轻轻、均匀涂抹在柱头上一层花粉，一朵花可以给3～4朵雌花授粉。

6.植物生长调节剂应用

(1)保花、保果　在雄花不足时用20 mg/L 2,4-D涂抹雌花柱头，提高坐瓜率。

(2)防止徒长　用矮壮素喷洒心叶和生长点。连喷2～3次，直到心叶颜色变深为止。

子任务六　采收

早收根瓜，勤收腰瓜。根瓜在谢花10～12 d，长到250～300 g时随即收获。腰瓜长到400～500 g时采收，晚采顶瓜，一般800～1 000 g时采收，增加产量。西葫芦瓜把粗短，要用利刀或剪刀收瓜。宜在早上收瓜，此时瓜内含水量大，瓜色鲜艳，瓜也较重。

【拓展知识】

一、无籽西瓜生产技术简介

1.种子“破壳”

无籽西瓜种子的种皮较厚，不饱满，必须进行“破壳”才能顺利发芽。种子消毒后，经8～10 h浸泡，捞出用干布擦净种子表面水液及黏质物，用小刀斜削种脐两边，进行“破壳”，使其略开一个小口，占种脐长度的1/3左右，不要伤及种仁。

2.育苗

无籽西瓜幼苗期生长缓慢，长势较弱，播种期应比普通西瓜提早3～5 d。无籽西瓜发芽温度比普通西瓜高3～5℃，即以32～35℃为宜。育苗温度高于普通西瓜3～4℃，因此，除利用温床育苗外，要加强苗床的保温工作。

3.间种普通西瓜

无籽西瓜花粉没有生殖能力，所以，必须间种普通西瓜品种。生产上一般3行或4行无籽西瓜间种 1 行普通西瓜，作为授粉株。二者果皮应有明显的不同特征，以便区别采收。

4. 肥水齐攻

无籽西瓜需肥数量比二倍体普通西瓜多。一般 667 m^2 施土杂肥 4 000～5 000 kg，饼肥 60～80 kg，过磷酸钙 40～50 kg，硫酸铵 50 kg 或尿素 30 kg，硫酸钾 25 kg。

5. 高节位留瓜

无籽西瓜坐果节位低时，不仅果实小，果形不正，果皮厚，而且种壳多，并有着色的硬种壳，易空心和裂果。生产中一般多选留主蔓上第三雌花(第 20 节左右)留瓜。

6. 适当早采收

无籽西瓜的收获适期比普通西瓜适当提早采收。如果采收过晚，则果实容易空心或倒瓤，果肉易发绵变软，汁液减少，风味降低，品质明显下降。一般以九成至九成半熟采收。

二、苦瓜生产技术简介

1. 整地施肥

苦瓜对土壤适应性广，一般以土壤疏松、通透性能良好、土层深厚而富含有机质的沙壤土最适宜。苦瓜地一般不连作。每公顷施用农家肥 30 000 kg，过磷酸钙 750 kg。

2. 品种选择

在大棚内栽培的品种，应选择具有瓜蔓性能好、耐弱光的早熟品种为宜。

3. 培育壮苗

一般采用苗床或营养钵育苗移栽的方式的方法。种子用温水浸种法，浸种 10～12 h，25～30℃下催芽 48 h。幼苗 3～4 片真叶时定植。

4. 定植

平棚架栽培，作小畦，畦宽 1.5 m 左右，以行距 120～130 cm，株距 50～60 cm 为宜；人字架栽培一般畦宽 200～240 cm，双行植，株距 60～70 cm。

5. 中耕除草

浇缓苗水之后，待表土稍干不发黏时进行第一次中耕。第二次中耕，距第一次中耕后10～15 d 进行。当瓜蔓伸长达 50 cm 以上时，一般就不宜再中耕了。但要注意及时拔除杂草。

6. 搭架和整枝

当幼苗长到 20 cm 左右时，进行搭架引蔓。一般在瓜行中，每隔 3～4 m 竖一木桩，上面用小木棍或尼龙网等将整块田的木桩连成一片。引主蔓沿竹直上，侧蔓向支架左右方向横引，以晴天的下午进行为宜，以免折断；一般不进行整枝。在生长中期瓜蔓过于疯长，及时摘心。

7. 肥水管理

定植后 7 d 左右，施用 10%的腐熟人粪尿或 0.5%复合肥水，以后每隔 5～7 d 施 1 次，浓度逐渐加大。开花结果期，追施 2～3 次重肥，在初花时，每公顷用饼肥 375～450 kg，复合肥 225～300 kg、尿素 150 kg；第一次采收后继续用饼肥 300～375 kg、复合肥 300 kg 再追施1 次，以后每采收 1～2 次，追施 30%～40%的人粪尿或 150～225 kg 复合肥。

冬春苦瓜生长前期气温较低，应适当控制水分。开花至采收前适当浇水，一般每隔 2～3d 浇水一次。采收期需水量较大，每天浇水 1～2 次；夏秋苦瓜处在气温高，应加强浇水或灌水。瓜蔓满架后可采取沟灌的方法，以保持土壤湿润，在雨季则要及时做好排水工作。

8. 采收与采后处理

以嫩果实供食，及时采收。一般花后 12～15 d 为采收期。其采收的示准：瓜肩上的瘤状突起比较饱满、瘤沟变浅，果皮转为有光泽、果顶颜色开始变淡。采收时，须用剪刀或小刀从瓜柄基部剪下。苦瓜在温度 1～2℃、相对湿度 85%～90%的条件下，苦瓜可保存 20～30 d。

【项目小结】

本项目中在了解黄瓜、西瓜、甜瓜和西葫芦的生物学特性和栽培技术的关系的基础上，学习了黄瓜的大棚早熟和延晚生产技术，以及温室黄瓜的生产技术，重点掌握大棚黄瓜春茬早熟生产技术；西瓜和甜瓜的棚室生产技术，以及其地膜覆盖早熟生产技术，重点掌握整枝、授粉、压蔓、留瓜等关键技术；学习了西葫芦的生产技术，重点温室冬春茬西葫芦生产技术。

【练习与思考】

一、填空题

1. 西瓜人工授粉时间一般在________。
2. 黄瓜霜霉病是一种________病害。
3. 黄瓜温室栽培为提高抗病、抗寒能力，生产上一般采用________育苗。
4. 瓜类病毒病又称为________，依靠________和________传播。
5. 黄瓜的栽培形式较多，可分为________、________、________。

二、判断题

6. 瓜类蔬菜中抗逆性最弱的一种是黄瓜。（　　）
7. 黄瓜喜湿但不耐涝，喜肥而不耐肥。（　　）
8. 保护地栽培黄瓜应在花期每天坚持授粉才能结瓜。（　　）
9. 西瓜嫁接主要目的是防止霜霉病。（　　）
10. 黄瓜雄花着生的节位的高低是鉴别熟性的一个重要标志。（　　）

三、简答题

11. 简述西瓜整枝、留瓜与吊瓜技术。
12. 简述甜瓜整枝、压蔓技术。
13. 简述大棚春茬黄瓜早熟高产栽培技术。
14. 简述地膜甜瓜早熟高产栽培技术。
15. 简述地膜西瓜早熟高产栽培技术。

【能力评价】

在教师的指导下，以班级或小组为单位进行黄瓜、西瓜和甜瓜的生产任务。任务结束后，分小组、学生个人和教师三方共同对学生的实践情况进行综合能力评价，结果分别填入表 4-6、表 4-7。

表 4-6　学生自我评价表

姓名			班级		小组	
生产任务		时间		地点		
序号	自评内容			分数	得分	备注
1	工作中表现出的积极性、主动性和发挥的作用			5 分		
2	资料收集的全面性和实用性			10 分		
3	生产计划制订的合理性和科学性			10 分		
4	品种选择的准确性			10 分		
5	育苗操作的规范性和育苗质量			10 分		
6	整地施基肥、作畦操作的规范性和熟练程度			10 分		
7	定植操作的规范性和熟练程度			5 分		
8	田间管理操作的规范性和熟练程度			20 分		
9	病虫害诊断与防治的规范性和效果			10 分		
10	采收及采后处理操作的规范性和熟练程度			5 分		
11	解决生产实际问题的能力			5 分		
合计				100 分		
自我评价						

表 4-7　指导教师评价表

指导教师姓名：__________　评价时间：_____年_____月_____日　课程名称：__________

生产任务					
学生姓名		所在班级			
评价内容	评分标准		分数	得分	备注
目标认知程度	工作目标明确，工作计划具体，具有可操作性		5 分		
情感态度	工作态度端正，注意力集中，有工作热情		5 分		
团队协作	积极与他人合作，共同完成工作任务		5 分		
资料收集	资料和信息收集全面，而且准确		5 分		
生产方案的制订	制订的生产方案合理、可操作性强		10 分		
方案的实施	操作规范、熟练		45 分		
解决生产实际问题	能够较好地解决生产实际问题		10 分		
操作安全、保护环境	安全操作，生产过程不污染环境		5 分		
技术性的质量	完成的技术报告、生产方案质量高		10 分		
合计			100 分		

项目五

茄果类蔬菜生产技术

岗位要求

本部分内容面向的职业岗位是蔬菜生产管理岗，工作任务是完成茄果类蔬菜的生产管理，学习者要具备茄果类蔬菜技术指导和安排生产实践的能力，具备一定的农村工作方法和能力，能与蔬菜农户和技术人员有效沟通，检查督促和加强生产管理。

知识目标

了解茄果类蔬菜的生物学特性；掌握番茄、茄子、辣椒的高产高效栽培技术；掌握番茄出现生理性病害的原因及防治措施。

能力目标

熟练掌握茄果类蔬菜的育苗、定植、土肥水管理技术，植株调整、疏花疏果和保花保果技能。

茄果类蔬菜是茄科植物。包括番茄、茄子、辣椒等，是我国最主要的果菜之一，这类蔬菜适应性较强，生长健壮，结果期长，产量高，适合露地和保护地栽培。

子项目 5-1 番茄生产技术

任务分析

了解番茄生产特性;掌握番茄露地及设施栽培管理技术;掌握品种选择、茬口安排、育苗、定植、田间管理及主要病虫害防治技术;学会采收及采后处理技术。

任务知识

一、生物学特性与栽培的关系

1.形态特征

(1)根　根系再生能力强,移栽和扦插繁殖比较容易成活。栽培上多次中耕松土、蹲苗、地膜覆盖及植株调整等措施促进根系的良好发育。

(2)茎　茎为合轴分枝,分枝能力较强,分无限生长类型和有限生长类型两种。

(3)叶　叶为单叶,羽状深裂或全裂。每片叶有小裂片 5～9 对。番茄叶片及茎均生有茸毛和分泌腺,分泌特殊气味,对害虫有驱避作用,对相邻的蔬菜也有减轻虫害的作用。

(4)花　完全花,总状花序或聚伞花序。有限生长类型品种通常发生 2～4 个花序后自封顶;无限生长类型品种可不断着生花序,持续开花结果。番茄每一朵花的小花梗中部有一明显的离层细胞构成的"断带",在环境不良时,小花幼果自此脱落。

(5)果实及种子　番茄的果实为多汁浆果,大果型品种 5～8 心室,小果型品种 2～3 心室。番茄种子扁平、肾形,表面有银灰色茸毛,千粒重 2.7～3.3 g,使用年限为 2～3 年。

2.生长发育周期

(1)发芽期　从种子萌动到第 1 片真叶出现(破心、露心)为止。在适宜条件下 7～9 d。

(2)幼苗期　从第 1 片真叶出现至开始现大蕾为止。幼苗期经历两个不同的阶段。从真叶破心至幼苗 2～3 片真叶展开为基本营养生长阶段,需 25～30 d。从幼苗 3 片真叶开始花芽分化,进入幼苗期的第二阶段,即花芽分化及发育阶段。从花芽分化到开花约需 30 d。

(3)开花坐果期　从第一花序出现大蕾至坐果为止。此阶段营养生长与生殖生长并进,促进早发根,注意保花保果是此阶段的主要任务。

(4)结果期　从第 1 花序果实坐稳至采收结束为止。结果期的长短因栽培条件不同而异,春季露地栽培约为 70 d,现代温室栽培结果期可达 9～10 个月。

3.对环境条件的要求

番茄具有喜温、喜光、耐肥及半耐旱的特性。

(1)温度　番茄属喜温性蔬菜,种子发芽适温为 25～30℃;幼苗期要求白天温度 20～25℃,夜间 10～15℃。同化作用最适宜的温度为 20～25℃,低于 15℃,不能开花或授粉受精不良。

(2)光照　番茄是喜光作物，番茄对光周期要求不严，多数品种属日中性植物。

(3)水分　土壤湿度以维持田间持水量的60%～80%为宜；空气湿度以45%～50%为宜。

(4)土壤及矿质营养　番茄喜土层深厚、排水良好、富含有机质的肥沃壤土。番茄生育前期需要较多的氮、适量的磷和少量的钾；坐果以后，需要较多的磷和钾，特别是果实迅速膨大期，钾吸收量最大，番茄吸收钙的量也很大。

二、类型与品种

根据栽培品种的生长习性分为有限生长(自封顶)和无限生长(非自封顶)两种类型。

1.有限生长类型

当主茎上形成一定的花序后(低封顶类型2～3个花序，高封顶类型4～5个花序)自行封顶，不再向上生长。植株矮小，长势弱，开花结果早，果实转色成熟快，适于密植，多用于早熟栽培。

2.无限生长类型

条件适宜时主茎无限向上生长。植株高大，长势旺，结果期长，单株结实多，抗病耐热性能好。多为中、晚熟品种。

根据植株结果节位高低以及结果期的长短不同，将生产上推广的番茄品种又分为早熟品种、中晚熟品种。

早熟品种目前生产上主要栽培品种有东农704、早丰、农大早红、苏粉2号、红玛瑙140等。中晚熟品种目前生产上主要栽培品种有中蔬4号、内番三号、中杂4号、天津大红、强丰、毛粉802、北京黄、佳粉、粉都女皇、豫番茄6号等。

三、栽培制度与栽培季节

栽培季节由番茄的积温决定的，番茄从出苗到采收结束共需2 700～3 200℃的积温。北方露地栽培番茄应将生长期安排在无霜期内进行，将开花坐果期安排在最适温度季节。

保护地番茄栽培，类型较多，小拱棚主要用于春季早熟栽培，大棚主要用于春提前和秋延后栽培，温室可四季栽培。

工作任务1　大棚春茬番茄早熟生产技术

任务说明

任务目标：了解番茄的生物学特性；掌握大棚春茬番茄的选茬选地、品种选择、育苗、定植、田间管理、采收等技术。

任务材料：塑料大棚、番茄种子、番茄苗、吊绳、地膜、农药、化肥、生产用具等。

任务方法与要求：在教师的指导下分组完成大棚春茬番茄生产的各任务环节。

工作流程

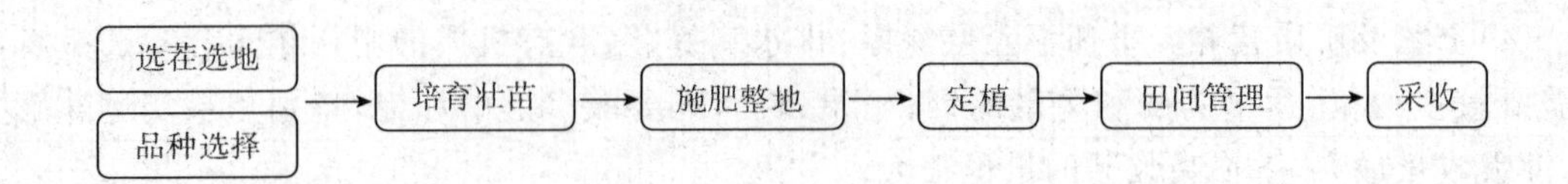

子任务一　选茬选地

选择土层深厚，排灌方便，肥沃疏松的沙壤土或壤土，与非茄科作物实行 4 年以上的轮作。

子任务二　品种选择

选择品种根据栽培目的和消费习惯等而异。倒茬栽培的番茄要求早熟丰产，耐弱光，抗病抗寒，植株开张度小，适于密植的品种，多用有限生长类型的品种；大棚番茄一茬到底栽培，则应选择抗病丰产，耐热性较强的大果型中早熟或中熟的无限生长类型的品种。长途运输销售时还应考虑品种的耐贮运性。目前常用的品种有西粉 3 号、苏粉 2 号、霞粉、洛阳 92-18、农大早红、东农 704 等。

子任务三　培育壮苗

采用温室营养袋育苗或电热温床育苗。播种时间由定植期和苗龄决定，大棚春番茄定植期因保温措施而异，育苗时间也不同，一般是 12 月下旬至 1 月上旬。番茄每 667 m^2 播种量 30～40 g，需播种床 6 m^2。播种前进行浸种催芽，苗床撒播，2 片真叶展开后分苗，移苗至(8～10)cm×(8～10)cm 的营养钵内。定植前 1 周降温控水炼苗。苗龄 65～70 d，壮苗标准是根系发达，茎粗 0.5 cm 左右，叶厚、浓绿色，苗高 20 cm 左右，8～9 真片，第 1 花序普遍现蕾。

子任务四　施肥整地

1. 扣棚

在定植前 1 个月扣棚烤地，提高地温。

2. 施肥整地

结合整地每 667 m^2 施有机肥 2 000～3 000 kg、饼肥 80 kg、过磷酸钙 30 kg 及含磷较高的复合肥 40 kg 作基肥，整地起垄覆膜。采取一垄双行高垄栽培，垄距 1.2～1.3 m，垄宽 70 cm，沟宽 50 cm，垄高 15～20 cm。

子任务五　定植

定植期是由大棚内的温度状况决定的，安全定植期为棚内 10 cm 土温稳定通过 10℃时，棚温最低 2℃以上，并能稳定 4～5 d。黑龙江省是 4 月中下旬定植，采用多层覆盖定植期可以提前至 3 月下旬至 4 月上旬。选寒尾暖头晴天上午栽苗，定植的深度以与子叶处平为宜。对徒长的番茄苗可采用“卧栽法”。定植水要浇足。

早熟品种栽植密度宜密，每 667 m^2 定植 6 000 株左右。中、晚熟品种，每 667 m^2 定植

4 500 株左右。

子任务六　田间管理

1. 温、湿度管理

缓苗期增温保温，一般不放风，棚内白天保持在 25～30℃，不超过 35℃，晚间 17℃左右。注意防寒。缓苗后白天温度控制在 20～25℃，夜温 13～15℃；低温应保持在 15℃以上。逐渐通风降温，放风时先放顶风，后防侧风，不要放底风，切忌放底风，如果要放底风，应在大棚两侧棚布内用塑料薄膜围成“裙子”，防止冷风直接到秧苗。

开花结果期棚内要防止 30℃以上的高温。适宜温度为 20～23℃。果实膨大期，进行变温管理。上午棚温保持 25～28℃的较高温度，温度达到 25℃时开始放风，下午棚温在 20～25℃，15 时左右减少放风量，使气温稳定；17～24 时棚温保持在 14～17℃；24 时至次日 8 时，棚温 6～7℃，低温应保持在 16～20℃。当外界最低气温达到 15℃时，棚膜四周掀起，昼夜通风。生长前期空气相对湿度维持在 60%～65%，生长中后期维持在 45%～55%。夜间不超过 80%。

2. 水肥管理

定植后 4～5 d 浇 1 次缓苗水，适当蹲苗。中耕培土 2～3 次。第一果穗最大果实直径达到 3 cm 时结束蹲苗，结合浇水进行第一次追肥，每 667 m^2 可施尿素 15～20 kg，过磷酸钙 20～25 kg，硫酸钾 10 kg。进入盛果期，在每穗果开始迅速膨大时追肥，集中连续追 2～3 次肥，同时进行根外追肥。浇水要及时、均匀，忌忽干忽湿。浇水在晴天上午进行。浇水后及时放风排湿。

3. 植株调整

(1)搭架绑蔓　植株长到 30 cm 高时进行搭架。方法是用撕裂膜牵引上架，上端系在大棚拱杆上，下部系在番茄底部茎上，吊绳不要绑得过紧，以免伤茎。以后随着茎的增长要不断将茎缠绕在吊线上。

(2)整枝打杈　早熟栽培进行单干整枝(图 5-1)，全株保留 2～4 穗果，或一干半整枝。早熟丰产栽培采用双干整枝或三干整枝。双干整枝，全株保留 4 穗果。三干整枝，全株保留 6 穗果；大棚一茬到底栽培进行单干整枝，可保留 8～9 穗果以后摘心。摘心在果穗之上留 2～3 片叶为宜。

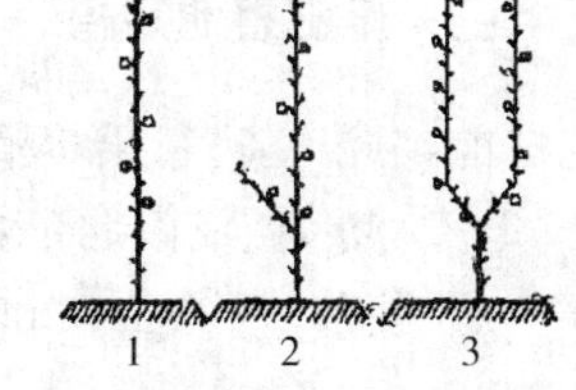

图 5-1　番茄整枝方式示意图

1. 单干整枝　2. 改良式单干整枝　3. 双干整

4. 保花保果与疏花疏果

早期低温用 30～50 mg/L 的防落素(PCPA)或 20～30 mg/L 的 2,4-D，在花朵刚开放时蘸花，防止落花。2,4-D 只能蘸一次，不能重复处理，更不要碰到叶子和嫩茎上。大果型每穗留 3～4 个果，中果型 4～6 个果，其余的花果全部去掉。

子任务七　采收

番茄从开花到果实成熟早熟品种需 40～50 d，中、晚期品种需 50～60 d。番茄果实成熟过程可分 4 个时期：绿熟期、转色期、成熟期和完熟期。一般在果实成熟期时采收，外地销售，经长距离运输的，可在转色期采收。为加速番茄转色和成熟，可用乙烯利催熟。

工作任务2　温室春茬番茄生产技术

任务说明

任务目标：了解番茄的特征特性；掌握温室春茬番茄的选茬选地、品种选择、育苗、定植、田间管理、采收等技术。

任务材料：温室、番茄种子、番茄植株、吊绳、农膜、农药、化肥、生产用具等。

任务方法与要求：在教师的指导下分组完成温室春茬番茄生产的各任务环节。

工作流程

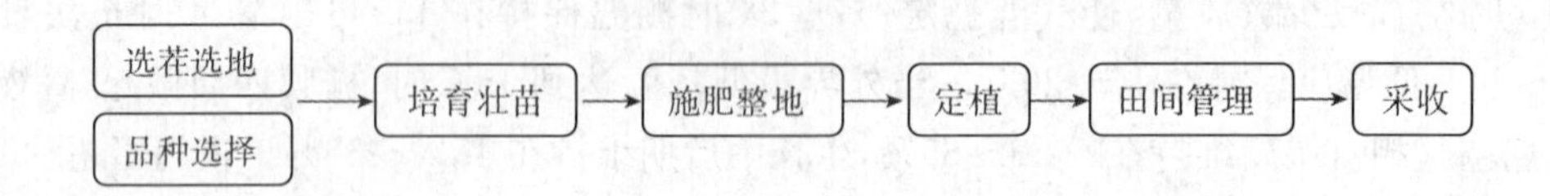

子任务一　选茬选地

选地要求与大棚栽培相似。

子任务二　品种选择

宜选用在耐低温、弱光、高湿、坐果率高、果实发育快、商品性好的温室专用的无限生长类型的品种。如毛粉802、双抗2号、中杂9号、粉都女皇、红宝石2号等品种。

子任务三　培育壮苗

播种期以11月上旬至12月下旬为宜，日历苗龄为60～70 d，生理苗龄为8～9片真叶，现蕾，株高25～28 cm，茎粗0.5～0.6 cm的壮苗可准备定植。

子任务四　施肥整地定植

在定植前，对温室进行熏蒸消毒。前茬拉秧后，深翻细耙，每667 m^2 施入腐熟细碎的有机肥5 000～8 000 kg，做成南北延长的小高畦。畦宽80～100 cm，高15 cm，覆膜定植。一般早熟种每667 m^2 栽苗4 000～6 000株。

子任务五　田间管理

在温度允许的情况下，尽量早揭和晚盖保温覆盖物，及时摘掉植株下部的病老叶、黄叶，增加群体的通风透光程度。

温室补充CO_2气肥效果好，可采取加强通风；增施有机肥料；或者每667 m^2 每天称取3.6 kg碳酸氢铵、2.25 kg浓硫酸（1∶3稀释）置于敞口塑料桶内反应。

温室栽培番茄要做好吊蔓、植株调整、保花保果、疏花疏果和催熟等工作。及时整枝打杈，改善通风透光等防止落花落果；降低夜温，防止植株徒长。为保花保果常用30～50 mg/L的防落素（PCPA）在花期进行喷花、沾花、抹花等处理，或使用20～30 mg/L的2,4-D蘸花处理。

子任务六　采收

日光温室冬春茬温度低,番茄果实成熟需要 70～80 d,果实不易转色,因此要注意提高室温,番茄果实的色素形成适宜温度为 20～25℃。也可以采用人工催熟方法。

工作任务 3　露地番茄生产技术

任务说明

任务目标:了解番茄的特征特性;掌握露地番茄的选茬选地、品种选择、育苗、定植、田间管理、采收技术。

任务材料:番茄种子、番茄田、竹竿、地膜、农药、化肥、生产用具等。

任务方法与要求:在教师的指导下分组完成露地番茄生产的各任务环节。

工作流程

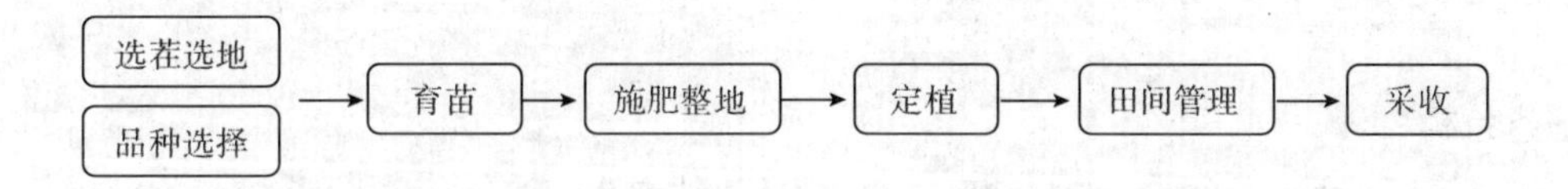

子任务一　选茬选地

选择地势平坦,排灌方便,土壤耕层深厚的地块。实行 3 年以上轮作。

子任务二　品种选择

春番茄、秋番茄一般选用中早熟或中熟品种,越夏番茄一般选用中晚熟品种。连作地块宜采用嫁接栽培。砧木品种可选用番茄类,如 LS-89、兴津 101、安克特等;也可选用野生茄类,如赤茄、托鲁巴姆等。

子任务三　培育壮苗

露地番茄栽培茬次分春番茄、越夏番茄和秋番茄。根据定植期、育苗设施和适宜苗龄确定播种期。春、夏栽培,温室育苗一般定植前 50 d 左右播种,大棚育苗一般定植前 60 d 左右播种,阳畦育苗一般定植前 70 d 左右播种。秋番茄一般用拱形棚育苗,一般定植前 30 d 左右播种。壮苗株高 25 cm,茎粗 0.6 cm 以上,现蕾,叶色浓绿,无病虫害。

采用嫁接栽培时,育苗时间比普通栽培提前 15～20 d。砧木与接穗要错期播种,错期天数因砧木品种而异。当砧木 5～6 片真叶,接穗 4～5 片叶时,是嫁接最佳时期,一般用劈接法。

子任务四　施肥整地定植

整地施基肥,每 667 m^2 施优质有机肥(有机质含量 8%以上)3 000～4 000 kg。有机肥撒施,深翻 25～30 cm 作畦,地膜覆盖。春番茄晚霜结束后,地温稳定在 10℃以上定植。根据品种特性、气候条件及栽培习惯,每 667 m^2 定植 2 800～3 500 株。

子任务五　田间管理

定植浇缓苗水后蹲苗，待第一穗果开始膨大，结束蹲苗开始浇水、追肥。中后期分多次随水追施。及时搭架绑蔓，及时摘除下部黄叶和病叶。

注意防治番茄果实的生理性病害，主要有畸形果、空洞果、顶腐病、裂果、筋腐病、日烧病等，对产品品质影响很大。

子任务六　采收

根据品种特性及时分批采收。采收后需长途运输的，在转色期采收。如采收在当地销售的，可在成熟期采收。

子项目5-2　茄子生产技术

任务分析

茄子适应性强、生长期长、产量高，目前在我国各地普遍栽培，面积也较大。了解茄子的生产特性；掌握茄子露地及设施栽培管理技术；掌握品种选择、茬口安排、育苗、定植、田间管理及主要病虫害防治技术，学会适时采收。

任务知识

一、生物学特性与栽培的关系

1. 形态特征

(1)根　茄子根系发达，主要根群分布在33 cm以内的土层中，栽培期间应采取培土措施。茄子根系木质化较早，发生不定根的能力较弱，因此移栽或育苗时应注意保护根系。

(2)茎　茄子茎直立、粗壮，分枝习性为假二杈分枝，按果实出现的先后顺序，习惯上称之为门茄、对茄、四母斗、八面风、满天星，见图5-2。门茄以下节位的侧芽萌发力强，生产上应及早摘除。

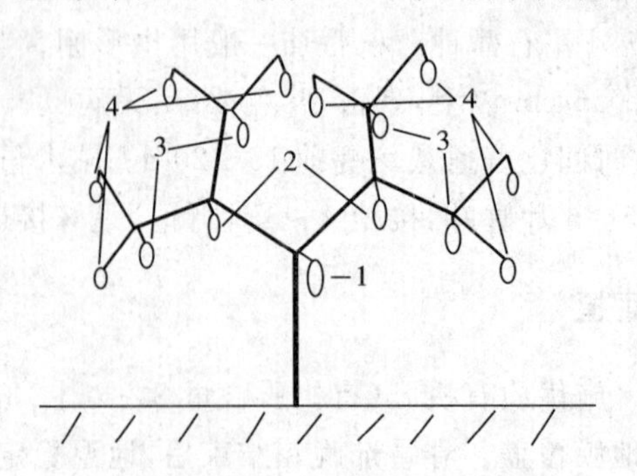

图5-2　茄子分枝结果习性示意图

1. 门茄　2. 对茄　3. 四母斗　4. 八面风

(3)叶　单叶、互生,有长柄,叶卵圆形或长椭圆形。茎、叶的颜色与果实的颜色相关,紫茄品种的嫩枝及叶柄带紫色,白茄和青茄品种呈绿色。

(4)花　为两性花,多为单生,但也有2～4朵簇生,筒状,花色有白色和紫色两种。可分长柱花、中柱花及短柱花(图5-3),长柱花的花柱高出花药,花大色深,为健全花;短柱花为不健全花,一般不能正常结果;中柱花授粉率低于长柱花。

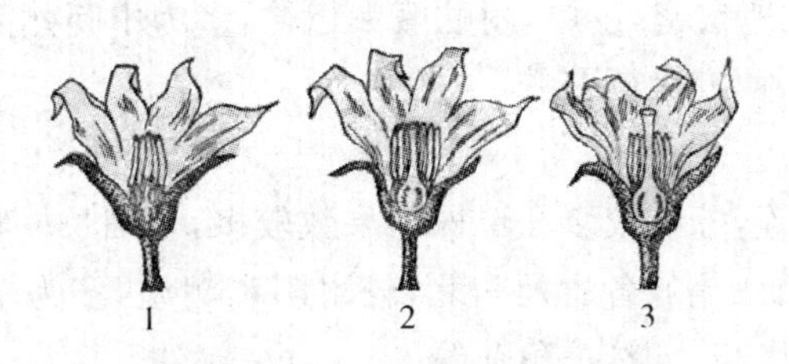

图5-3　茄子花器结构及不同花型纵切面示意图

1.短花柱花　2.中花柱花　3.长花柱花

(5)果实　茄子果实为浆果,以嫩果为产品食用。果实形状有圆球形、扁圆形、长棒状、细长形等。果肉颜色有白、绿、黄白之分。果皮颜色有紫色、紫红色、青绿色、白色等。

(6)种子　老熟种子一般为金黄色,种皮光滑而坚硬,种子千粒重4～5 g。种子发芽年限可达6～7年。

2.生长发育周期

(1)发芽期　从种子发芽到第1片真叶出现(破心),30℃条件下6～8 d即可发芽。

(2)幼苗期　从第1片真叶出现到门茄现蕾为幼苗期。茄子生长至3～4片真叶时,花芽开始分化。分苗应在4片真叶展平前进行,以减轻对幼苗花芽分化的影响。

(3)开花结果期　从第1花序现蕾到收获完毕,此期按生长过程分为门茄现蕾期、门茄瞪眼期、对茄与四门斗结果期、八面风时期等。

3.对环境条件的要求

茄子具有喜温、喜光、耐肥、半耐旱的特性,如条件适宜,生长良好,产量高。

(1)温度　茄子喜温耐热,对温度的要求比番茄高。种子发芽最适宜温度为30℃,低于25℃,发芽缓慢。生长发育的适宜温度为20～30℃。气温降至20℃以下,授粉受精和果实发育不良;低于15℃,生长缓慢,易产生落花;低于13℃则停止生长。

(2)光照　茄子属喜光作物,日照时间长、光照强时,植株生长健壮,开花提早。在设施生产中,要特别注意改善设施栽培的光照条件。

(3)水分　茄子枝叶繁茂,结果多,需水量较大,但怕涝,土壤渍水会造成烂根死秧和病害流行,通常土壤含水量以70%～80%为宜。缺水干旱时,植株生长缓慢,结果少,果面粗糙,品质差,并且易受红蜘蛛和茶黄螨为害。

(4)土壤及营养　茄子对土壤适应性广,高产栽培需选土层深厚、排水良好、富含有机质的壤土或沙质壤土。茄子对氮肥的要求较高,结果期要多次追肥,以促进果实膨大。

二、类型与品种

1.圆茄

植株高大，长势旺，茎秆直立粗壮，叶片宽而厚。果实呈圆球形、扁圆形或椭圆形。单果重多数在500 g以上，果肉质地致密，皮厚，耐贮藏和运输，多为中晚熟品种。主要品种有北京六叶茄、七叶茄、山东大红袍、西安大圆茄等。

2.长茄

植株高度及生长势中等，分枝较多。单株结果数较多，呈细长棒状，耐贮运能力差，长度在25～40 cm。主要分布在长江流域各省及东北，较耐阴和潮湿，多为早熟品种。主要品种有鹰嘴长茄、南京紫线茄、杭州红茄、吉林羊角茄等。

3.矮(卵)茄

植株低矮，分枝较多，生长势中等或较弱。坐果节位较低，果实较小，果型为卵形、长卵形和灯泡形。果皮较厚，种子多，品质较差，产量低，但抗逆性强。主要品种有北京灯泡茄、沈阳灯泡茄、西安绿茄、孝感白茄等。

三、栽培制度与栽培季节

茄子生长期和结果期长，在露地栽培条件下，一般分为早茄子和晚茄子两种。早茄子栽培为冬季或早春育苗，晚霜后定植露地，夏秋季收获，为我国北方地区的主要栽培茬次；晚茄子一般为晚春育苗，于春季速生蔬菜或小麦收获后定植，一般可生长至早霜为止。北方地区保护地茄子栽培主要是在日光温室、塑料大棚栽培，为克服土壤连作障碍及黄萎病、枯萎病，多采用嫁接技术，规模化、专业化生产。

工作任务1　露地茄子生产技术

任务说明

任务目标：了解茄子的生物学特性；掌握茄子露地生产的选茬选地、品种选择、育苗、定植、田间管理、采收等技术。

任务材料：茄子露地品种的种子、幼苗、农膜、农药、化肥、生产用具等。

任务方法与要求：在教师的指导下分组完成露地茄子生产的各任务环节。

工作流程

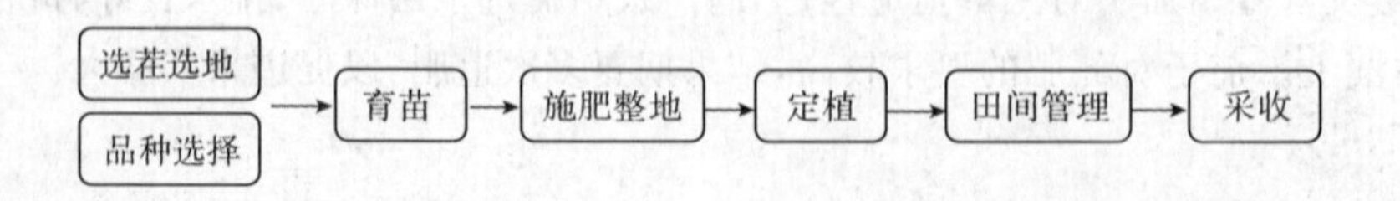

子任务一　选茬选地

选择环境良好，远离污染源，交通便利，并且有可持续生产能力的地块，土层深厚，地势较高，排灌方便，沙壤、黏壤土，最好是疏松、肥沃的壤土。忌与同科作物连作。

子任务二　品种选择

选用优质、丰产、抗病、耐贮运、商品性好的品种，长茄类、圆茄类（如五叶茄、天津快圆茄、茄杂 2 号等），或从国外如韩国、日本、荷兰引进的优良品种等。

子任务三　培育壮苗

多采用穴盘或营养土袋育苗，播种期有定植期和苗龄决定，苗龄为 80～90 d，露地春夏茄子一般在 1 月中下旬播种，夏秋栽培在 4 月上旬播种育苗。定植前 7～10 d 炼苗。定植时苗高 25 cm 左右，茎粗 0.6 cm 以上，8～9 片叶，叶片肥厚，叶背带紫，70％以上秧苗现蕾，根系发达，无病虫害。

子任务四　施肥整地

冬前深翻 30 cm，早春化冻后及时整地，结合整地，每 667 m^2 施腐熟圈肥 5 000 kg，饼肥 50 kg，氮、磷、钾复合肥 50 kg、锌肥 1.0 kg，硼肥 0.5 kg。

子任务五　定植

春、夏栽培在晚霜后，地温稳定在 10℃以上定植，若地膜栽培或双膜覆盖可适当提前。夏秋栽培 6 月上旬定植。每 667 m^2 定植 1 500～3 300 株。

子任务六　田间管理

缓苗后及时中耕覆土培垄。将门茄下的侧枝全部去掉，保留“门茄”以上的侧枝任其生长。生长中后期，随结果部位上移，应及时摘除下部老黄叶，并立支架，防止植株倒伏。在炎夏高温季节（7～8 月），使用 30 mg/kg 的防落素等生长调节剂涂抹花柄，以防止落花落果。从定植到“门茄”坐果前，要控制浇水和施肥，进入盛果期要加大肥水管理，保持土壤湿润，每667 m^2 追施尿素和硫酸钾各 5～7.5 kg 或氮磷钾复合肥 15 kg，每采收 2～3 次追肥一次；盛果后期，可结合喷药或单喷磷酸二氢钾或硼砂作叶面肥。

子任务七　采收

茄子果实膨大较快，茄子商品果从开花到采收需 20～25 d，宜勤采收，尤其是适当早摘“门茄”。及时采收能提高茄子品质和产量，可减少雨季烂果。

工作任务2　大棚春茬茄子生产技术

任务说明

任务目标：了解茄子的特征特性；掌握大棚春茬茄子的选茬选地、品种选择、育苗、定植、田间管理、采收等技术。

任务材料：适宜大棚春茬栽培的茄子种子、幼苗、农膜、农药、化肥、生产用具等。

任务方法与要求：在教师的指导下分组完成大棚春茬茄子生产的各任务环节。

工作流程

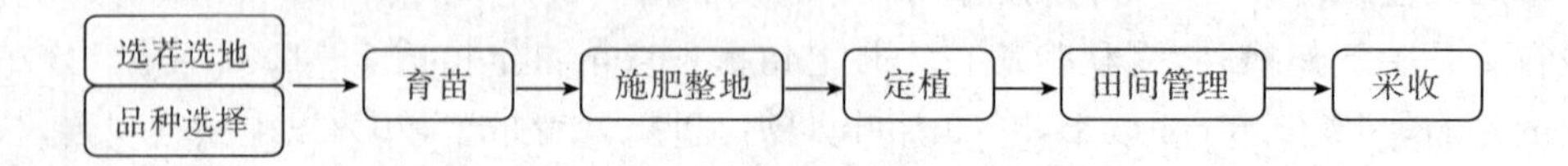

子任务一　选茬选地

选择土壤疏松肥沃的沙质壤土。与同科植物轮作3年以上。

子任务二　品种选择

选用耐低温弱光，抗逆性强，生长势中等，植株开张度小，果实发育快，坐果率高的中早熟品种。紫圆茄品种，可选用农大601、丰研2号，快圆茄等；紫长（或长卵圆）茄品种，可选用辽茄1号，辽茄2号，丹东紫长茄，南京紫线茄等；青茄品种可选用糙青茄等。

子任务三　培育壮苗

根据当地适宜定植时间按育苗期往前推算，确定适宜的播种期。茄子种皮较厚，热水烫种，或变温催芽处理3～5 d，可提高幼苗抗逆性和出苗整齐度。播后5～6 d陆续出土，2～3叶时单株分苗，定植前7～10 d进行秧苗锻炼。定植苗应有8～9片真叶，叶大而厚，叶色较浓，有光泽，子叶完好，株高18～20 cm，茎粗0.5 cm以上，现大蕾，根系洁白发达。

子任务四　施肥整地

深耕重施基肥，每667 m^2 施基肥5 000～7 500 kg，磷酸二铵25～30 kg和硫酸钾25～30 kg。采用高畦或垄栽，覆盖地膜，增温保墒。

子任务五　定植

定植前20～30 d扣棚膜。棚内10 cm地温稳定达到10℃以上，夜间最低气温达10℃以上时定植。哈尔滨地区在单层塑料薄膜大棚，在4月下旬定植，多层覆盖，3月下旬可定植。

早熟品种株行距一般为(30～35)cm×60 cm，每667 m^2 栽植3 200～3 700株。中、晚熟品种每667 m^2 栽植2 500～3 000株。定植时间应在冷尾暖头的天气，定植深度一般以子叶与畦面相平为宜。

子任务六　田间管理

定植后大棚不通风或少通风，提高地温缓苗。缓苗后到开花结果期，白天气温以 25～28℃为宜，夜间 15℃以上。5 月份当外界气温稳定在 15℃以上时，要昼夜通风降湿。5 月下旬至 6 月上旬，可撤膜变成露地栽培。

茄子定植时浇足定植水，缓苗水后控水蹲苗，门茄瞪眼期结束蹲苗。瞪眼期以后每隔 5～6 d 灌 1 次水，要加强通风排湿，减少棚内结露。每隔 20 d 左右追一次肥，以氮肥为主，适当配合追施磷、钾复合肥。一般每 667 m^2 每次施用尿素 10～15 kg。

茄子多采用双干整枝（"V"形整枝），同时摘除下部老叶，病叶。适度摘叶可以减少落花，减少果实腐烂，促进果实着色。

北方地区早春常用 30～40 mg/L 的 2,4-D 涂抹花柄，或 40～50 mg/L 的防落素喷花。

子任务七　采收

茄子食用嫩果，应适时采收，从开花到商品成熟期序 21～26 d。具体看萼片与果实相连处的白色环状带的宽窄变化而定，以白色环状带（茄眼睛）较宽时为宜。早期果实，特别是门茄应适当早采收。采收时应注意护秧，用剪刀剪果柄。

工作任务 3　温室春茬茄子生产技术

任务说明

任务目标：了解茄子的特征特性；掌握温室茄子生产的选茬选地、品种选择、育苗、定植、田间管理、采收等技术。

任务材料：适合温室栽培的茄子品种、幼苗、吊绳、农膜、农药、化肥、生产用具等。

任务方法与要求：在教师的指导下分组完成温室春茬茄子生产的各任务环节。

工作流程

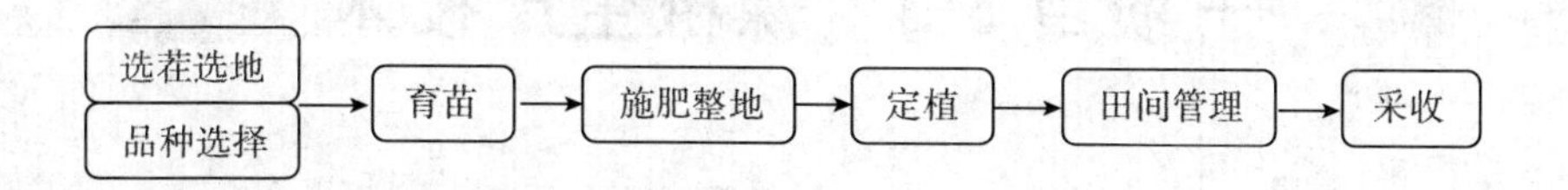

子任务一　选茬选地

选择土层深厚，有机质丰富，排灌方便，保水保肥性能良好的壤土或沙壤土。轮作 3～5 年以上，可采用嫁接苗栽培。

子任务二　品种选择

选择耐低温弱光、优质早熟、抗病虫、适应性广、商品性好、符合市场需求的高产茄子品种，砧木选择高抗土传病害的托鲁巴姆。

子任务三　培育壮苗

砧木比接穗提前15～30 d播种。砧木苗龄65 d左右，接穗苗龄30 d以上时嫁接，嫁接后前3天不通风不见光。以后适当的通风换气，12～15 d后进行常规管理，20～30 d可定植。

子任务四　施肥整地

深翻亩施腐熟有机肥8 000～15 000 kg，生物有机活性肥75～100 kg，油渣150 kg，磷二铵或尿素50 kg、硫酸钾25 kg。整地起垄，垄高20～25 cm，垄宽70～90 cm，覆盖地膜。

子任务五　定植

定植前10 d温室进行熏蒸消毒。在垄面上按株行距呈“品”字形打穴定植，浇稳苗水、覆土封穴。定植时不能将嫁接口埋入土中。

子任务六　田间管理

定植后7～8 d浇缓苗水，中耕蹲苗，坐果高峰期7～10 d浇水一次。门茄膨大时，追施一次“催果肥”，每亩追施磷二铵或尿素25 kg。对茄及四门斗膨大期各追施一次，每亩次施复合肥20～30 kg。要及时整枝打杈。一般长茄采用双杆整枝法，圆茄采用三杆整枝法。为促进坐果，可用番茄灵蘸花。

在茄子的开花坐果期根据上午、下午、上半夜、后半夜温度变化进行“四段变温”管理，土壤温度维持在15～20℃，不低于13℃。

子任务七　采收

茄子坐果后经15～35 d，果实萼片下部浅色处缩退达到商品成熟时采收，在上午露水干后或傍晚采收嫩茄上市销售。植株生长偏弱时早采、过旺时晚采。

子项目5-3　辣椒生产技术

任务分析

辣椒属一年生或多年生草本植物，是我国最普遍栽培的蔬菜之一。了解辣椒的生产特性，掌握辣椒露地及设施栽培管理技术；掌握其品种选择、茬口安排、育苗、定植、田间管理及主要病虫害防治技术，学会适时采收。

任务知识

一、生物学特性与栽培的关系

1. 形态特征

(1)根 根量少、入土浅,育苗移栽时,主要根群多集中在土表10～15 cm的土层内,再生能力弱,不耐旱也不耐涝。因此,育苗时应注意对根系保护,栽培上需培育强壮根系。

(2)茎 茎双杈或三杈分枝,有分无限分枝型与有限分枝型两种类型。绝大多数栽培品种都属于无限分枝型。有限分枝型植株矮小,簇生的朝天椒和观赏椒属于此类。

(3)叶 单叶、互生,卵圆形、长卵圆形或披针形,有少数品种叶面密生茸毛。一般叶片硕大,深绿色时,果形较大,果面绿色较深。

(4)花 完全花,单生、丛生(1～3朵)或簇生。营养不良时易出现短花柱花,导致落花落果。

(5)果实及种子 果实为浆果,下垂或朝天生长,有扁圆形、线形、长圆锥形、长羊角形、短羊角形等。大果形甜椒品种不含或微含辣椒素,小果形品种辣椒素含量高,辛辣味浓。种子扁平、近圆形,淡黄色,稍有光泽,千粒重4.5～8.0 g,发芽力可保持2～3年。

2. 对环境条件的要求

(1)温度 喜温,不耐霜冻。种子发芽适温25～32℃,需要4～5 d。开花结果期白天适宜的温度为20～28℃,夜间16～20℃,温度低于15℃或高于35℃将影响正常的开花坐果一般辣椒(小果型品种)比甜椒(大果型品种)具有较强的耐热性。

(2)光照 属于中光性植物,光照过弱,导致落花落果;,高温、干旱、强光条件下,易引起果实患日烧病。因此辣椒适合密植和设施栽培。

(3)水分 既不耐干旱,也不耐涝,适宜的空气湿度以60%～80%为宜。

(4)土壤及营养 对土壤适应能力较强,但以透水透气性强的沙壤土最好。氮素不足和过量都会导致落花;充足的磷、钾肥有利于提早花芽分化,促进开花及果实膨大,并能使茎干健壮,增强抗病能力。

二、类型与品种

1. 菜椒

又名青椒、甜椒,以食用绿熟果实为主。果实含辣椒素较少,植抹健壮、高大。按果实形状分为灯笼椒、长角椒和圆锥椒等。灯笼椒一般无辣味或微辣,主要品种有双丰、农大8号、湘研8号、湘研17号、豫艺农研25号等。长角椒品种主要有湘研6号、新丰5号、农大21等。

2. 干椒

以食用干制的红熟果为主。果实长角形,辣椒素含量高。植物矮小,分枝性强,叶片较小或中等,果肉薄,果色深红。主要品种有湘辣3号、枥木三鹰椒、日本三鹰椒,柘椒1号等。

三、栽培制度与栽培季节

辣椒露地栽培多为一茬。早春育苗，晚霜过后定植露地，夏秋季收获。设施栽培主要有秋冬茬、冬春茬和早春茬。

工作任务1　露地辣椒生产技术

任务说明

任务目标：了解辣椒的生物学特性；掌握露地辣椒的选茬选地、品种选择、育苗、定植、田间管理、采收等技术。

任务材料：适合露地栽培辣椒品种及种子、农膜、农药、化肥、生产用具等。

任务方法与要求：在教师的指导下分组完成露地辣椒生产的各任务环节。

工作流程

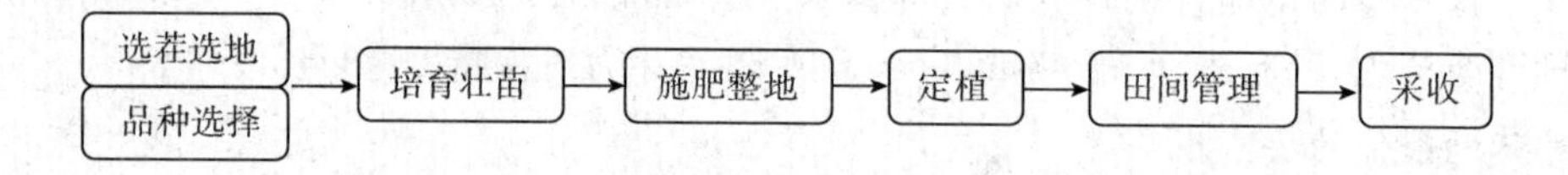

子任务一　选茬选地

需选择地势高燥的肥沃壤土或沙壤土上栽培，为防止土壤带病菌，要与非茄科作物进行3～5年的轮作。

子任务二　品种选择

根据目标市场要求，选用适应性广、优质丰产、抗逆性强、商品性好的辣椒或甜椒品种。辣椒品种可选洛椒4号、汴椒1号、湘研16号等。甜椒品种可选中椒11号、中椒8号等。

子任务三　培育壮苗

温汤浸种，在25～30℃温度下催芽或以每天20℃ 8 h和30℃ 16 h的变温催芽，4 d左右有50%～60%"露白"时播种，覆土0.5～1 cm。出苗期土温不应低于17～18℃，以24～25℃为宜。2～3真叶时分苗，可单株分苗或者双株分苗。苗龄80～90 d，根系发达，现大蕾。

子任务四　施肥整地

深翻施入充足的基肥，每667 m^2 施优质腐熟有机肥5 000～7 500 kg、过磷酸钙30～40 kg、尿素20 kg、硫酸钾15～20 kg，撒施与沟施相结合。起垄覆膜栽培。

子任务五　定植

当地晚霜过后应及早定植，再结合短期小拱棚覆盖栽培。定植行距 50～60 cm，株距 25～33 cm，早熟品种双株，中晚熟品种单株定植。双株定植每 667 m^2 3 000～4 000 穴。

子任务六　田间管理

辣椒喜温、喜水、喜肥，但又忌高温、水涝。定植后，轻浇缓苗水，中耕蹲苗后，及时浇水追肥。追肥以氮肥为主，配合追施磷、钾肥。在高温季节到来前封垄并培土。在高温期要及时灌溉，防止干旱，始终保持土壤湿润；在多雨季节要及时排水。同时做好病虫害的防治工作，特别是蚜虫、疫病、炭疽病、病毒病等。夏末气温逐渐转凉时，辣椒植株又恢复正常生长，应结合浇水，追施速效性肥料，补充营养；或者剪枝再生，促进二次结果。

子任务七　采收

一般花后 25～30d 即可采收嫩果，门椒早点采收，对长势弱的植株适当早收，长势强的植株适当晚收，以协调秧果关系。

工作任务 2　大棚春茬辣椒生产技术

任务说明

任务目标：了解辣椒的生产特性；掌握大棚春茬辣椒的选茬选地、品种选择、育苗、定植、田间管理、采收等技术。

任务材料：适宜早春大棚环境的辣椒种子、农膜、农药、化肥、生产用具等。

任务方法与要求：在教师的指导下分组完成大棚春茬辣椒生产的各任务环节。

工作流程

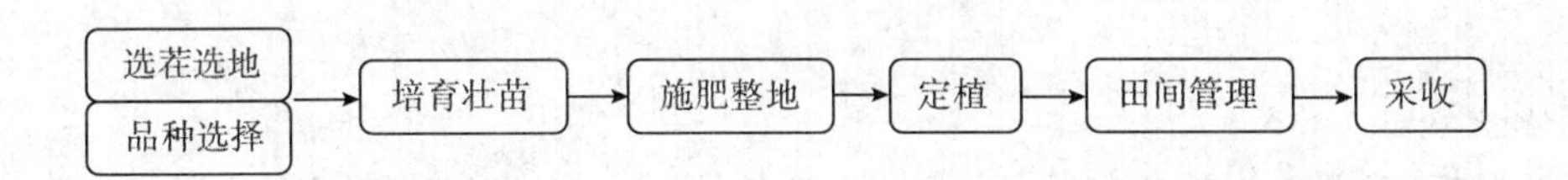

子任务一　选茬选地

应选择土层深厚、疏松肥沃、排灌方便、沙壤土和壤土较为适宜，轮作 3～5 年以上。

子任务二　品种选择

选择耐低温、弱光，连续结果能力强，优质、前期产量高的保护地栽培专用品种。一般以选用早熟品种为主，目前使用较多的品种有苏椒 5 号、早丰 1 号、湘研 1 号、湘研 2 号、洛椒 2 号、洛椒 3 号、中椒 2 号、津椒 3 号等。

子任务三　培育壮苗

一般采用温室育苗，日历苗龄 70～90 d。播种期由定植期和日历苗龄决定。播前种子消毒处理、浸种催芽后播种。苗期管理露地辣椒育苗。

子任务四　施肥整地

定植前 15～20 d 扣棚烤地增温。整地施肥方法与露地栽培相似。起垄或作畦，覆膜。

子任务五　定植

当棚内夜间最低气温稳定在 10℃以上时即可定植。定植要选在晴天上午到下午 2 时前进行。相邻两行要交错栽苗，行距 60～70 cm，株距 25～33 cm，每穴栽 2 株。栽后浇水，水要浇透苗坨，但沟内不能积水。

子任务六　田间管理

定植后密闭大棚提高棚温，促进缓苗。缓苗后开始放风降温，保持白天 25～30℃，夜间 15℃左右。当外界夜温稳定在 15℃以上时可昼夜通风排湿。浇缓苗水后连续中耕 2 次进行蹲苗，直至 70%门椒坐果后结束蹲苗，开始追肥浇水。一般每 667 m^2 20～30 kg 磷酸二铵，或随水追施大粪稀，以后 7～10 d 浇 1 水，每 2 次水追 1 次肥。盛果期进行根外追肥。四门斗坐果后，保留上部 1 个长势强的侧枝，将另一个侧枝留 1～2 片叶摘心。中后期要及时去掉下部的病叶、老叶、黄叶。

子任务七　采收

开花后 25～30 d 即可采收上市，门椒适当早采，以后按商品成熟期适时分批采收。

工作任务 3　温室春茬辣椒生产技术

任务说明

任务目标：了解辣椒的特征特性；掌握温室春茬辣椒的选茬选地、品种选择、育苗、定植、田间管理、采收等技术。

任务材料：适合温室的早熟辣椒品种的种子、吊绳、农膜、农药、化肥、生产用具等。

任务方法与要求：在教师的指导下分组完成温室春茬辣椒生产的各任务环节。

工作流程

子任务一 选茬选地

选择 3 年内未种过茄科作物，土层深厚，有机质丰富，排灌方便，保水保肥性能良好的壤土或沙壤土。

子任务二 品种选择

选择耐低温、耐弱光，抗病虫、抗逆性强，辣味适中、皱折明显、商品性好品种。如猪大肠、陇椒 2 号、银川羊角椒、湘研 16、19 号等。

子任务三 培育壮苗

冬春季节苗龄为 100～110 d，株高 18～20 cm，叶片肥厚，叶色浓绿，9～10 片叶，茎粗 0.4～0.5 cm，无病虫危害。育苗期在温度不低于 15℃的前提下，尽量延长光照时间。定植前 10～15 d 逐渐降温炼苗。

子任务四 施肥整地

施基肥后起垄，做 20 cm 高，70 cm 宽的南北向垄，中间开一条深 20 cm 的浇水沟，两垄间距为 30 cm，垄面微向南倾斜。在垄上覆盖地膜，依行距 40 cm，株距 20～30 cm 打定植孔。

子任务五 定植

定植前 15 d 温室扣棚烤地，并于定植前 1 周对温室进行熏蒸消毒。晴天上午定植，深度以苗坨表面低于畦面 2 cm 为宜。栽完后浇定植水，缓苗后即进入蹲苗期，只进行中耕，待门椒坐住后浇一次大水，并每亩随水施复合肥 10～20 kg，结束蹲苗。

子任务六 田间管理

定植初期以保温为主，缓苗后早揭、晚盖草苫，阴雪天也揭草苫争取散射光照，及时清洁膜面。尽早采收门椒，门椒采后 1 次水 1 次肥，适当增施鸡粪等有机肥。低温期可用 2,4-D 或番茄灵蘸花，及时摘去门椒以下腋芽萌发的侧枝。进入结果中期，摘除下部的老叶、病叶。当外界气温稳定在 15℃以上时，可昼夜放风。在拉秧前 15 d 摘心，促进较小的果实尽快发育。

对于早春辣椒越夏连秋栽培的，在 8 月初，将四母斗以上的枝条全部剪下，剪枝后及时喷药防病消毒，1 周以后再喷 1 次，及时追肥浇水，再生发出新枝后，选留壮枝结果。

子任务七 采收

采收时门椒应适当早摘，防止坠秧，以使植株形成较大的光合面积。此后果实达到商品成熟时采收，若植株长势弱，要及早采收。

【拓展知识】

彩色辣椒生产技术

彩色甜椒的颜色有红、金黄、紫、浅紫、橙红、奶黄等，果形方正且大，果皮光滑，果肉厚，口感甜脆，营养价值高，适宜生食。彩色甜椒耐低温、耐弱光，生育期长，多在温室或大棚内进行生产。

1.品种选用

选用果大、颜色鲜艳、果皮光滑、口感甜脆、耐寒、耐弱光、生长势强、抗病性强、丰产的杂种一代。

2.育苗

日光温室育苗,采用撒播法或者用营养钵或穴盘点播。精选种子晾晒后消毒处理,浸种8～12 h,催芽2～4 d,种子露白后播种。4片真叶前进行分苗,分苗后及时灌水,覆膜保温,促进缓苗。定植前7～10 d炼苗。壮苗株高18～20 cm,10片叶左右,叶色深绿,叶片肥厚,茎粗壮,根系发育好。营养土块育苗的,在定植前5～7 d,切成方块,定植时带土坨起苗。

3.选地、施肥、定植

选3年未种过果菜类作物的地块,施充分腐熟的有机肥45 t/hm^2 以上,并施入一定量复合肥,整地起垄覆膜,垄距70～80 cm。选晴天上午定植,株距40 cm,每穴2株,栽后及时浇水,并保持棚内或温室内较高的温湿度以缓苗。

4.田间管理

缓苗后,进行蹲苗。待第1果坐住后,再适当加大浇水量并追肥,每次采收后施一次肥,在开花结果期应保持土壤湿润。当外界温度稳定在白天25℃、夜间15℃以上时,可昼夜通风,并除掉部分薄膜。

多采用塑料绳吊蔓固定,第1果坐果后选留2～3条枝,门椒花蕾和基部叶片生出的侧芽及早疏去,从第4～5节开始留椒,以主枝结椒为主,以后及时去掉侧枝,中部侧枝可在留1个椒后摘心,每株始终保持有2～3个枝条向上生长。

5.采收

达到商品采收期时,用剪刀从果柄与植株连接处剪切,不可用手扭断。一般彩色甜椒每公顷产量可达75 t以上。

【项目小结】

茄果类蔬菜多在露地、温室、大棚内多茬次生产,适合育苗,苗龄长达60～100 d,花芽分化期在3～4叶期,需及时分苗。茄果类蔬菜分枝习性相似,营养生长和生殖生长同时并进,栽培上要及时进行植株调整,平衡秧果关系,需保花保果,以确保高产,并可通过换头再生等措施延长结果期。

【练习与思考】

一、填空题:

1.番茄是典型的________授粉作物。番茄花柄上有________,栽培中,如果管理不当,环境条件不适或肥水失调,极易自该处发生落花落果的现象。

2.辣椒种子发芽适温为________℃,初花期温度高于________℃授粉受精不良。

3.番茄的整枝方式主要有________、________和________等方法。

4.茄子在适宜温度下限发育的花朵,其________的质量好,表现长柱花多,而在________条件下形成的短柱花比率高。花芽,光照弱,日照时间短,缺氮。

5.________蔬菜种子的表面有茸毛。

二、判断题：(请判断对错，对的打√，错的打×，将结果填入题后的括号内)

6. 根据茄子的果形可以将其栽培种分为圆茄类，长茄类，卵茄类三个变种，目前生产上利用圆茄类较多。（　　）

7. 辣椒初花期温度不得低于11～13℃，否则授粉受精不良，易引起落花落果。（　　）

8. 早春提高地温促进茄果类根系发育，是提高春茬产量的重要措施。（　　）

9. 番茄在5～6片真叶时分苗，此时生长点开始转为营养生长与生殖生长并进。（　　）

10. 番茄红素形成的适宜温度是20～26℃。（　　）

三、简答题：

11. 分组调查茄果类蔬菜的新品种，了解新品种有哪些品种特性？

12. 比较番茄、茄子、辣椒生产中的整枝技术，各自有什么特点？

13. 温室栽培茄果类蔬菜时，如何实行"四段变温"管理？为什么？

14. 番茄常见生理性病害的发生原因及防治措施是什么？

15. 请简述茄果类蔬菜病虫害防治要点。

【能力评价】

在教师的指导下，以班级或小组为单位进行番茄、茄子和辣椒的生产实践。实践活动结束后，分小组、学生个人和教师三方共同对学生的实践情况进行综合能力评价，结果分别填入表5-1。

表5-1　评价单

学习情境	茄果类蔬菜生产技术			学时		
姓名		班级		小组		
生产任务		时间		地点		
评价类型	评价内容子项目			个人评价	小组评价	教师评价
专业能力(60分)	熟知茄果类蔬菜生产的主要茬口安排、设施结构类型、优良品种选择的标准(5分)					
	学会各类农机具等生产工具、设备使用、维护；设施环境调控检修；掌握种子、各类农资、包装材料特征特性(5分)					
	制订的生产方案切合实际，目标明确，可操作性强，对最终的生产任务完成起决定作用(15分)					
	苗期管理、定植、田间管理、病虫害诊断与防治、采收及采后处理的操作规范性和熟练程度(10分)					
	育苗质量、定植成活率；病虫害防治效果；产品质量优劣；产量高低(9分)					
	能够创造性地解决生产中出现的问题(8分)					
	完成的技能报告、技术总结、生产方案(工作计划)质量高(8分)					

续表 5－1

社会能力 (20 分)	积极与他人合作,共同完成工作任务;能理解和感受他人的奉献及利益矛盾冲突的处理(5 分)			
	与同龄人相处的能力、在小组工作中的合作能力、交流与协商能力、批评与自我批评的能力(3 分)			
	根据生产需要调度企业人员和生产作业管理等劳动组织能力(4 分)			
	具有安全生产和环保意识、群体意识和社会责任心(3 分)			
	严守纪律,工作态度端正,注意力集中,有工作热情,工作中表现出积极性、主动性和带头表率作用(5 分)			
方法能力 (20 分)	独立学习制订工作计划能力(6 分)			
	工作过程自我管理(5 分)			
	产品质量的自我控制(5 分)			
	工作的自我评价和听取他人评价(4 分)			
总评(100 分)				
认为完成好的地方				
认为需要改进的地方				
自我评价				

项目六

豆类蔬菜生产技术

岗位要求

本部分内容面向的职业岗位是蔬菜生产管理岗，工作任务是完成豆类蔬菜的生产管理。工作要求是熟练掌握豆类蔬菜栽培的生产管理技术，包括豆类蔬菜生产茬口安排、品种选择、育苗、整地作畦、定植、、植株调整、肥水管理、病虫害防治、采收等。能够及时发现、分析和解决生产实践中存在的问题，具备指导豆类蔬菜生产的能力。

知识目标

掌握豆类蔬菜生物学特性及其与栽培的关系；掌握豆类蔬菜生产季节安排、品种选择、育苗、肥水管理、植株调整、病虫害防治、采收等知识。

能力目标

能够独立进行菜豆、豇豆、豌豆的栽培。

豆类蔬菜属 1 年生或 2 年生的草本植物，在中国的栽培历史悠久，种类多，分布广，其中菜豆、豇豆栽培较为普遍，其次为豌豆、扁豆、毛豆、蚕豆、刀豆等。豆类蔬菜以嫩豆荚和鲜豆粒供食用，风味鲜美独特，营养价值高。速冻冷藏、制罐头、腌制、脱水干制。豆类蔬菜的露地栽培和设施栽培，在蔬菜的周年均衡供应中起着重要作用。

子项目 6-1　菜豆

任务分析

菜豆又名四季豆、芸豆。除露地栽培外，还可进行多种形式的设施栽培，菜豆已成为全国各地栽培的主要优质蔬菜之一。

任务知识

一、生物学特性与栽培的关系

1. 形态特征

(1)根　根系较发达，主要根群分布在 15～40 cm 的土层中，结荚时根深达 60～90 cm。根再生力弱，育苗时应采取护根措施。根部有根瘤共生，但根瘤不发达。

(2)茎　茎较细弱，有缠绕性，分枝力强，蔓生或矮生。

(3)叶　分为子叶和真叶两种。基生叶 2 片，单叶对生，向上均为三出复叶，互生。

(4)花　蝶形花冠，有白、浅红、黄、紫等颜色。总状花序，自花授粉，天然杂交率极低。蔓生品种花序开花顺序由下向上顺次开放，花期 30～50 d。矮生类型上部花先开，渐及到下部花序，花期 20～25 d。

(5)果实　荚果条形，直或弯曲，长 10～20 cm。嫩荚绿、淡绿、紫红或紫红花斑等色，成熟时黄白至黄褐色，每荚含种子 14～15 粒。

(6)种子　种子有肾形、椭圆形、球形等，种皮有白色、褐色、花斑色等。千粒重在 300～800 g，种子寿命 2～3 年，生产上宜使用第 1 年的新种子。

2. 生长发育周期

(1)发芽期　从种子萌动到基生叶展开，温室播种需 10～12 d，春季露地直播需 12～15 d。

(2)幼苗期　从基生叶展开到 4～6 片真叶展开，矮生种需 20～25 d，蔓生种需 20～30 d。

(3)抽蔓期　从 4～6 片真叶展开到现蕾开花，需 10～15 d。

(4)开花结果期　从开花到结荚终止。蔓生种为 30～70 d，矮生种 25～30 d。

3. 对环境条件的要求

(1)温度　喜温，不耐高温和霜冻。发芽期适宜温度为 20～30℃，超过 35℃和低于 8℃不易发芽。幼苗生长适宜温度为 15～25℃，低于 8～13℃或高于 28～30℃生长不良，0℃以下受冻。开花结荚期适温为 18～25℃，低于 15℃或高于 30℃易发生落花落荚现象。

(2)光照　喜光，对光照强度要求较严格，光照不足，生长不良，开花结荚期遇弱光，花蕾数减少，落花落荚严重。

(3)水分　菜豆怕涝，较耐旱。适宜土壤相对湿度为 60%～70%。开花结荚期对空气湿

度要求较严格，干旱或阴雨均会引起大量落花落荚。

(4)土壤和营养　菜豆适于有机质多、土层深厚、排水良好的微酸性至中性壤土或沙壤土，不耐盐碱。整个生育期吸收钾最多，其次为氮和钙，磷最少。生长初期根瘤尚不发达，固氮能力还较弱，氮肥宜早施。

二、类型与品种

1. 矮生型

属有限生长型，株高 30～50 cm，茎直立，主枝 4～8 节后开花封顶，从播种至始收 40～60 d，收获期短而集中，产量较低，品质较差。常用品种有优胜者、供给者、荷兰 SG259、江户川矮生、吉农引快豆、新西兰 3 号、美国无蔓长菜豆等。

2. 蔓生型

属无限生长型，节间长，长势强，4～6 节开始抽蔓。成熟期较晚，从播种至始收需 50～80 d，收获期长，产量高，品质好。品种有鲁芸豆 2 号、鲁芸豆 1 号、丰收 1 号、春丰 4 号、齐菜豆 1 号、超长四季豆、碧丰、芸丰、绿丰、双丰 1 号、秋抗 6 号等。

三、栽培制度与栽培季节

菜豆栽培最适宜的季节是月平均气温 10～25℃，以 20℃左右最适。中国南北各地春、秋两季均可进行露地栽培，并以春播为主。北方地区利用小拱棚、大中拱棚，以及节能日光温室等保护设施，可以进行菜豆的春提前、秋延后以及越冬栽培。

工作任务 1　露地菜豆生产技术

任务说明

任务目标：掌握露地菜豆的选地、品种选择、施肥整地、播种与育苗、田间管理、主要病虫害防治及采收技术。

任务材料：菜豆种子、菜地、肥料、农药、生产用具等。

任务方法与要求：在教师的指导下，分班或分组完成一定面积的露地菜豆生产任务。

工作流程

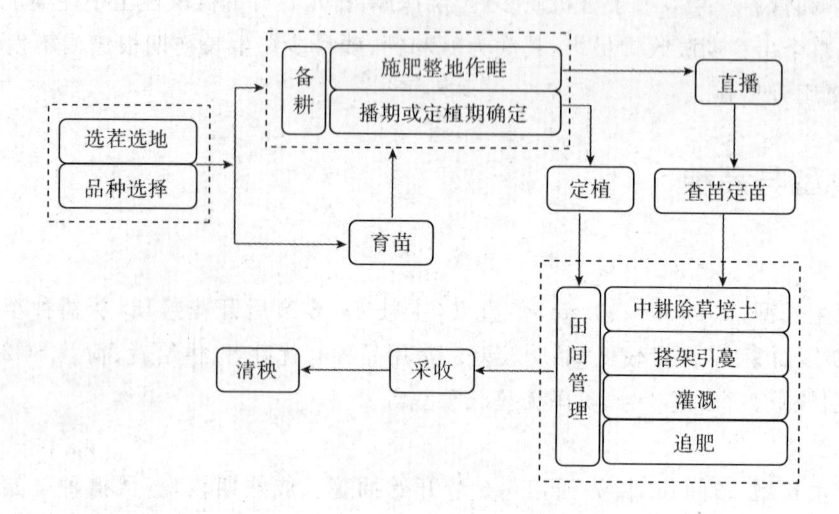

子任务一　选茬选地

菜豆忌重茬，应与非豆科蔬菜实行2～3年轮作。适宜前茬为大白菜、甘蓝、花椰菜、黄瓜、西葫芦、马铃薯等。矮生菜豆可与玉米及多种蔬菜间作。

菜豆宜选择有机质多、土层深厚、排水良好的壤土或沙壤土种植。

子任务二　品种选择

春季栽培宜选用生长势强、丰产优质的中晚熟品种，如丰收1号、春丰4号、超长四季豆、双丰1号、供给者、嫩荚等。秋季栽培应选用耐热、适应性强、抗病、丰产的中早熟品种，如秋抗6号、秋抗19、白架豆、双季豆等。

子任务三　整地作畦

1. 整地

前茬收获后应及时清园，深耕晒垡，以减少病菌、提高地温。每667 m^2 施腐熟农家肥3～5 m^3，过磷酸钙15～20 kg，硫酸钾15～20 kg。

2. 作畦

耕地后做成高垄，按1.2～1.3 m起高畦，畦高15～20 cm。

子任务四　播种与育苗

1. 直播

春菜豆应在当地终霜前1周左右、当10 cm土层温度稳定在10℃以上时播种，秋菜豆宜在当地霜前100 d左右播种。播种前晒种1～2 d，干籽直播。为预防炭疽病，播前可用50%代森锰锌200倍液浸泡种子20 min，也可用0.08%～0.1%的钼酸铵溶液浸种1 h，促进根瘤菌活动与繁殖，用清水冲洗干净后播种。

多采取穴播，穴深3～5 cm，每穴播种子3～4粒，覆土后适当镇压。秋茬播种时气温较高，要趁墒播种，播后遇雨要及时松土通气，以防烂种。蔓生菜豆用种量一般为每 667 m^2 4～6 kg，矮生菜豆适当增加用种量。

2. 育苗

采用营养钵、纸筒或营养块护根育苗。播种前浇足底水，每穴播 3～4 粒，覆土厚度 3 cm。播种后白天温度 25℃左右，夜间温度 20℃左右。出苗后白天温度 20～25℃，夜间 10～15℃。定植前 5～7 d 炼苗，夜温可降至 8～12℃。

子任务五　定植

终霜后，当 10 cm 地温稳定在 10℃以上时定植。适宜苗龄为播后 20 d 左右，幼苗基生叶展开，第一片复叶出现。选择无风的晴天定植。

地膜覆盖栽培时多采用高畦，蔓生菜豆畦宽连沟 1.2～1.3 cm，每畦种 2 行，采用宽窄行栽培，宽行 70～80 cm，窄行 40～50 cm，穴距 20～25 cm，每穴 2～3 株。矮生种行距 30～40 cm，穴距 16～20 cm，每穴 2～3 株。带土定植，坐水稳苗。

子任务六　田间管理

1. 间苗和定苗

直播菜豆出苗后间苗 1～2 次，第 1 片复叶出现后定苗，蔓生种每穴留 2 株，矮生种留 2～3株。

2. 肥水管理

直播齐苗或定植缓苗后轻浇一水，之后控制浇水，加强中耕。开始抽蔓时轻浇一次抽蔓水，追施促蔓肥，每 667 m^2 施尿素 10 kg 左右。开花结荚前以中耕为主，不旱不浇水。结荚后应 5～7 d 浇一次水，经常保持地面湿润。炎热季节浇水应在早晚进行，雨后及时排水。整个结荚期追肥 2～3 次，每次每 667 m^2 施氮磷钾复合肥 15～20 kg，或人粪尿 1 500～2 000 kg。

3. 植株调整

蔓生菜豆采用“人”字形架插架，开始抽蔓时及时引蔓上架。现蕾开花之前，及时将第 1 花序以下的侧枝打掉，中部侧枝长到 30～50 cm 时进行摘心，当植株生长点长到架顶时及时摘心。

4. 病虫害防治

主要病害有锈病、炭疽病等。锈病可用 15％粉锈宁可湿性粉剂 1 500 倍液，或 10％世高水分散性颗粒剂 1 500～2 000 倍液，或 40％多硫悬浮剂 350～400 倍液，每 7～10 d 喷 1 次，连喷 2～4 次。炭疽病可用 75％百菌清 600 倍液，或 70％甲基托布津 800 倍液，或炭疽福美 600～800倍液，每 5～7 d 喷 1 次，连喷 2～3 次。

菜豆主要虫害有豆荚螟、美洲斑潜蝇等。豆荚螟可用 50％敌敌畏 800 倍液喷雾防治。美洲斑浠蝇可用 25％斑潜净乳油 1 500 倍液，或 48％毒死蜱 1 500 倍液喷雾防治。

子任务七　采收

一般在开花后 10～15 d，当豆荚饱满、呈淡绿色、豆粒略显时采收。采收过早，荚未充分生长，影响产量。采收过迟，纤维增加，荚粗硬，品质差。采收初期每 3～4 d 采收 1 次，盛期每隔

1 d采收1次。采收后通过预冷、挑选分级、包装等处理，进行销售或贮藏。

工作任务2 温室冬春茬菜豆生产技术

任务说明

任务目标：掌握温室菜豆的选地、品种选择、施肥整地、播种与育苗、田间管理、主要病虫害防治及采收技术。

任务材料：温室、菜豆种子、肥料、农药、生产用具等。

任务方法与要求：在教师的指导下，分班或分组完成一定面积的温室菜豆生产任务。

工作流程

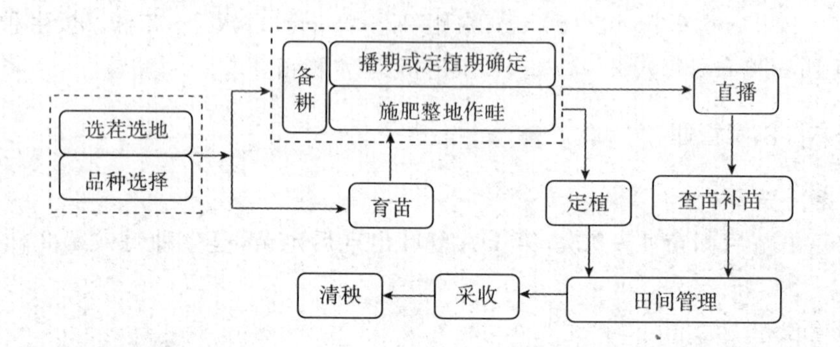

子任务一 选茬选地

参照“工作任务1 露地菜豆生产技术”。

子任务二 品种选择

应选用耐低温，对光照要求不严，抗病、丰产、优质的蔓生菜豆品种，如丰收1号、春丰4号、双季豆等，也可选用耐低温、早熟、丰产的矮生菜豆品种，如优胜者、供给者等。

子任务三 整地作畦

前茬收获后及时清理残株枯叶，结合整地每667 m^2 施入腐熟有机肥3 000～4 000 kg、三元复合肥30 kg、磷酸二氢铵30 kg、硫酸钾15～30 kg、过磷酸钙50～60 kg。耕地后做成小高畦，畦高15～20 cm，宽行距60～70 cm，窄行距50 cm。亦可作平畦，一般平畦宽110～130 cm。

子任务四 播种与育苗

1. 直播

根据上市需要和品种生育期长短确定播种期。华北地区若春节期间上市可在11月中下旬至12月上旬播种；若满足4～5月份春淡季供应可在1月下旬至2月上旬播种。

播种时应开沟引水，或在播种前2～7 d浇透水，特别是盖地膜前7～10 d要浇水。播种时开沟(穴)深 3～5 cm,穴距 25～30 cm,覆土后适当镇压,使种子与土壤充分接触,每穴点籽 3～4粒。每 667 m^2 用种量为 4～6 kg。幼苗出土后,每穴留 2 株。

2.育苗

为了提早上市,可采用纸筒或营养土方等护根法育苗。

子任务五　定植

定植苗龄不宜过大,以不超过 25 d,幼苗具有 3 片真叶为宜。定植密度与直播栽培相同。

子任务六　田间管理

1.温度管理

缓苗期密闭温室,白天温度 25～28℃,夜间 15～20℃,超过 32℃时放风降温。缓苗后适当降温,白天温度 15～20℃,夜间 12～15℃。进入抽蔓期白天温度 20～25℃,夜间 15～20℃。开花结荚期白天温度 22～25℃,不超过 30℃,夜间 15～20℃。

2.肥水管理

菜豆植株开花前一般不浇水,不追肥,干旱时适量浇水,以控秧促根。当第 1 花序上的豆荚长到 3～5 cm 时,开始追肥浇水,每 5～7 d 浇 1 次水,并隔一次水追施化肥,每次每 667 m^2 追施尿素 15～20 kg,也可顺水追施大粪水 1 000 kg。结荚后期,由于土壤蒸发量大,可根据植株的生长情况酌情浇水。

3.植株调整

菜豆植株抽蔓后,要及时做好吊蔓或插架工作。在菜豆植株生育后期要及时摘除收荚后节位以下的病叶、老叶和黄叶,改善通风透光状况,以减少落花落荚。

4.病虫害防治

参照“工作任务 1　露地菜豆生产技术”。

子任务七　采收

参照“工作任务 1　露地菜豆生产技术”。

子项目 6-2　豇豆

任务分析

豇豆又名豆角、长豆角、带豆等,原产亚热带地区,为一年生草本作物。食用嫩荚和种子,味道鲜美,营养丰富。豇豆耐热性强,是夏秋季主要蔬菜之一。

任务知识

一、生物学特性与栽培的关系

1. 形态特征

根系较发达，根群主要分布在 15～18 cm 的土层中，根系再生能力弱，育苗时须采取护根措施。有根瘤共生；茎有矮生、半蔓性和蔓性三种类型，以蔓性种栽培较多；叶片有子叶、基生叶和三出复叶。叶片光滑，叶肉较厚，较耐旱；花为总状花序，每花序着生 2～4 对花，花瓣黄色或淡紫色，自花授粉；果实为荚果，荚长 30～100 cm，粗 0.7～1 cm，近圆筒形，有青、绿、浅绿、紫等色。开花后 25～30 d 种子成熟，每荚含 8～20 粒种子。

2. 生长发育周期

豇豆生育周期和菜豆相似，包括发芽期、幼苗期、抽蔓期和开花结荚期。一般蔓生种生育期为 110～140 d，矮生种为 90～110 d。

3. 对环境条件的要求

(1)温度　属耐热蔬菜，种子发芽最低温度为 10～12℃，发芽适温为 25～35℃。幼苗期生长适温为 25～30℃，超过 35℃或低于 15℃生长不良。开花结荚适温为 25～30℃，因较耐高温，35℃以上仍能正常生长和开花结荚，40℃时生育受抑制。豇豆对低温敏感，10℃以下生长受抑，5℃以下植株受冻，0℃时致死。

(2)光照　属短日照作物，但多数品种对日照长短要求不严格。缩短日照有利于提早开花结荚，降低开花节位。开花结荚期要求光照充足，否则会引起落花落荚。

(3)水分　耐旱力较强，但对水分要求较严格，生长期要求适量的水分。土壤水分过多时易引起叶片发黄和落叶现象，甚至烂根、死苗和落花落荚。空气湿度大，易引起病害。过于干旱，会引起落花落荚、品质下降、产量降低。

(4)土壤和营养　对土壤适应性广，只要排水良好，土质疏松的田块均可栽植，但以 pH 6.2～7的微酸性和中性肥沃壤土或沙壤土为最好。固氮能力不及其他豆类，需肥量较大，对氮、磷、钾要求全面，尤其是结荚期，要求肥水充足。

二、类型与品种

1. 蔓生种

茎蔓生，花序腋生，随着蔓伸长，各叶腋陆续抽出花序或侧蔓，需插架，生长期较长，产量高。主要优良品种有之豇 28-2、特选 2 号、之豇特长 80、之豇特早 30 等。

2. 半蔓生种

生长习性与蔓生种相似，但茎蔓短，可不支架，栽培较少。

3. 矮生种

茎直立，植株矮小，不需支架，生长期短，较早熟，产量低。品种有之豇矮蔓一号、五月鲜、美国无支架豇豆等。

三、栽培制度与栽培季节

北方春、夏、秋均可露地栽培。一般从4～7月份可分期分批露地直播,5～10月份上市。地膜覆盖可比露地提前10 d左右播种。春季利用小拱棚短期覆盖或利用大棚进行春提早栽培,可于2月中下旬至3月上旬阳畦或温室播种育苗,3月中下旬至4月上旬定植。大棚秋延迟一般于6月下旬至7月上旬直播,9月中下旬至11月上旬采收。

工作任务　露地豇豆生产技术

任务说明

任务目标:掌握露地豇豆的选地、品种选择、施肥整地、播种与育苗术、田间管理及采收技术。

任务材料:豇豆种子、菜地、肥料、农药、生产用具等。

任务方法与要求:在教师的指导下,分班或分组完成一定面积的露地豇豆生产任务。

工作流程

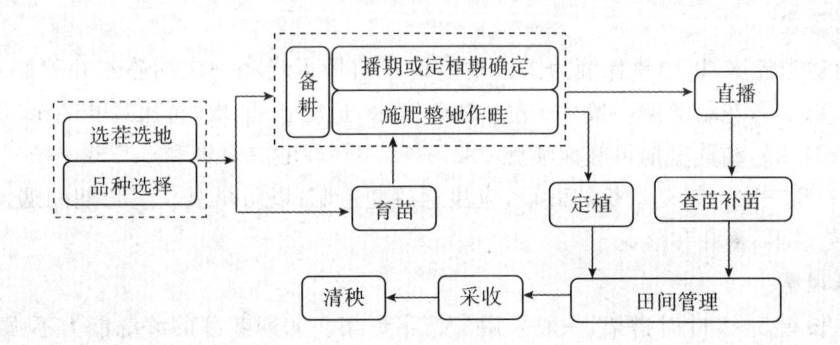

子任务一　选茬选地

参照露地菜豆生产技术。

子任务二　品种选择

露地栽培一般选用蔓生种,品种有之豇28-2、特选2号、之豇特长80、之豇特早30、郑豇3号、扬豇40、夏宝2号等。

子任务三　整地作畦

前茬收获后及时整地,深翻土壤30～40 cm,每667 m^2 施入充分腐熟的农家肥5 000 kg,氮磷钾复合肥25～30 kg,耕翻整平后按1.1～1.2 m起高畦,畦高15～20 cm。

子任务四　播种与育苗

1.直播

春夏豇豆多采用直播。一般采用宽窄行种植，宽行 70～80 cm，窄行 40～45 cm，穴距 23～25 cm，播种深度 4～6 cm，每穴 3～4 粒种子。每 667 m^2 用种量 2.5 kg。

2.育苗

采用营养钵育苗。用充分腐熟的有机肥 4 份、田土 6 份，充分混合均匀过筛后，装入口径 6 cm、高度 8 cm 的营养钵中，并将营养钵整齐严密地摆放在整平的苗床里。播种前将营养钵浇透水，待水渗下后，每钵播种 2 粒，覆过筛营养土 3 cm 厚。播后覆盖塑料薄膜保温，出苗前温度保持在 30～35℃，水分不宜过多，以防种子腐烂，一般经 5～6 d，幼苗便可出土。出苗后生长适温为 25～30℃，保持土壤湿润。定植前 4～5 d 炼苗，增强抗逆性。当幼苗 25～30 d，长出 2 片复叶后，选择晴天上午进行定植。

子任务五　田间管理

1.间苗和定苗

齐苗后间苗 1～2 次，每穴保留 2～3 株。

2.肥水管理

开花前适当控水，以中耕保墒为主。抽蔓前视苗情可轻浇一次抽蔓水并追肥，每 667 m^2 施尿素 7.5 kg。开花结荚期一般 7 d 左右浇 1 次水，追肥 3～4 次，每次每 667 m^2 施氮、磷、钾复合肥 10～15 kg，结荚盛期可叶面喷施 0.2%～0.3%磷酸二氢钾和 0.5%～1.0%尿素混合液，10 d 左右喷一次。越夏生长的豇豆，应注意后期追肥，以防早衰。生长期间遇雨应排除田间积水，以免烂根、落叶和落花。

3.植株调整

当植株长有 5～6 叶时搭架，一般采用“人”字形架。初期茎蔓的缠绕能力不强，选在露水未干或阴天人工扶助引蔓上架，防止折断。第 1 花序以下的侧枝彻底去除，以保证主茎健壮生长，第 1 花序以上的侧枝留 1～2 叶摘心。主蔓爬到架顶时摘心，以使结荚集中，促使下部侧枝形成花芽。

子任务六　采收

豆荚从开花到生理成熟需 15～23 d，鲜豆荚在谢花后 9～13 d，嫩荚发育充分饱满，荚肉充实、脆嫩、荚条粗细均匀，种子刚显露面微鼓时采摘为宜。

采摘豆荚时，应压住豆荚茎部，轻轻向左右扭动，然后摘下，不要损伤花序上其他花蕾，更不能连花序一起摘下。一般 2～3 d 采收一次，盛荚期要每天采收。

采收后通过分级、包装等处理，进行销售或贮藏。

子项目 6-3　豌豆

任务分析

豌豆是豆科豌豆属一年生或二年生攀缘性草本植物，又名回回豆、青斑豆、麻豆、金豆等，全国各地都有栽培。豌豆肥嫩多汁，清脆香甜，营养丰富。

任务知识

一、生物学特性与栽培的关系

1. 形态特征

(1)根　豌豆的根为直根系。主根较发达，主根最长可达 1～2 m，侧根稀疏，主要分布于 20 cm 土层内。具有共生根瘤菌，有固氮能力并能从土壤中吸收难溶性化合物。

(2)茎　茎近四方形，中空而脆嫩。按其生长习性有矮生、半蔓生和蔓生之分。

(3)叶　豌豆出苗时，子叶不露出土面。主茎基部 1～3 节着生的真叶为单生叶，4 节以上为羽状复叶。叶色淡绿至浓绿，或兼有紫色斑纹，具有蜡质或白粉。

(4)花　总状花序，蝶形花，有白、紫或多种过渡型花色。在露地或设施栽培时，都能完全自花结实。但在干燥和炎热条件下可导致杂交，杂交率为 10%左右。

(5)果实　荚果，浓绿色或黄绿色，有软、硬之分。

(6)种子　种子球形，依品种有皱缩和光滑两种。种色有白、黄、绿、紫、黑数种。每荚的粒数依品种而异，少则 4～5 粒，多则 7～10 粒。种子寿命 2～3 年。

2. 生长发育周期

豌豆生育周期和菜豆相似，包括发芽期、幼苗期、抽蔓期和开花结荚期。一般早熟品种生育期为 65～75 d，中熟品种为 75～100 d，晚熟品种可达 100～135 d。

3. 对环境条件的要求

(1)温度　豌豆为半耐寒性蔬菜，喜凉爽湿润气候，不耐炎热干燥，耐寒能力较强，种子发芽适温为 18～20℃，圆粒品种温度低于 1～2℃、皱粒品种低于 3～5℃不发芽，超过 30℃发芽率降低。幼苗能忍耐－5～－4℃的低温。茎叶生长适温为 15～20℃。开花期适温为 15～18℃，0℃以下易受冻害，25℃以上生长不良，结荚少。荚果成熟期最适温度为 18～20℃。

(2)光照　豌豆喜光，多数品种为长日照植物，开花结荚期要求较长的日照和较强的光照。有些品种对日照要求不严，在长短日照条件下都能开花结荚。

(3)水分　豌豆适宜的土壤相对湿度为 70%左右，适宜的空气相对湿度为 60%左右。结荚期如遇高温干旱会影响荚果纤维提早硬化，而使过早成熟，降低品质和产量。

(4)土壤和营养　对土壤要求不严，但以保水力强、排水容易、富含有机质的疏松中性土壤为宜。根系和根瘤菌生长的适宜 pH 为 6.7～7.3。豌豆吸收氮素最多、钾次之、磷最少。

二、类型与品种

豌豆按用途分为粮用豌豆和菜用豌豆。按茎的生长习性分为蔓生、半蔓生和矮生三种类型。按豆荚结构分为硬荚和软荚两类。软荚类型内果皮的厚膜组织发生迟，纤维少，以采收嫩荚为食，生产上栽培较多，主要品种有食用大荚、小青荚、白玉豌豆、中豌 4 号、中豌 6 号、绿珠豌豆、日本小白花、福州软荚、食荚大荚、食荚大荚豌 1 号等。

三、栽培制度与栽培季节

豌豆在南方各省栽培较普遍，北方地区除少量露地栽培外，多利用设施进行多茬栽培，主要栽培茬次有春提前茬、秋延后茬及冬茬。华北地区豌豆设施生产茬口安排见表 6-1。

表 6-1 华北地区豌豆栽培季节与采收期

栽培方式	茬口	播种期	采收期(嫩荚)
日光温室栽培	秋冬茬	8 月中下旬	10 月下旬至 12 月中旬
	冬茬	10 月上中旬	12 月下旬至翌年 2 月上中旬
	冬春茬	11 月中旬至 12 月下旬	翌年 2 月上旬至 4 月份
大棚栽培	春提前	1 月份	4 月下旬至 6 月上中旬
	秋延后	7 月中下旬	9 月中旬至 11 月
	冬茬	10 月中下旬	翌春 4 月上中旬

工作任务　露地豌豆生产技术

任务说明

任务目标：掌握露地豌豆的选地、品种选择、施肥整地、播种与育苗、田间管理、主要病虫害防治及采收技术。

任务材料：豌豆种子、菜地、肥料、农药、生产用具等。

任务方法与要求：在教师的指导下，分班或分组完成一定面积的豌豆生产任务。

工作流程

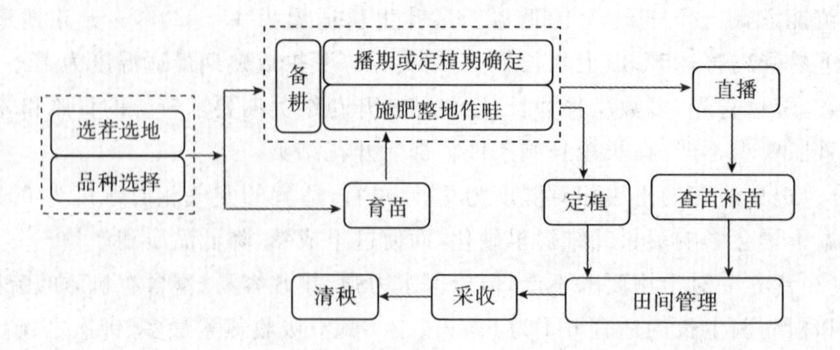

子任务一　选茬选地

参照“露地菜豆生产技术”。

子任务二　品种选择

蔓生豌豆品种可选择食用大荚、台中11号、法国大荚、晋软1号、农友大荚1号、无须豆尖1号等。半蔓生品种可选择草原21号、食荚大菜豌1号、白玉、白花小荚等。矮生品种可选择中豌4号、中豌6号等。

子任务三　整地作畦

精细整地，北方春播宜在秋耕时施基肥，一般每667 m^2 施腐熟农家肥3～4 m^3、复合肥20 kg或饼肥40 kg、磷肥20 kg、钾肥10 kg。北方多用平畦，低洼多湿地可作成高垄栽培。

子任务四　播种

1.选种

人工选择粒大饱满、均匀、无病斑、无虫蛀、无霉变的优质种子，播前翻晒1～2 d。

2.种子处理

用45℃温水浸种15 min，常温下再浸泡8～12 h。为了预防炭疽病、猝倒病等病害，可用40%甲醛300倍液浸种20 min。用根瘤菌拌种可使根瘤增加，一般每667 m^2 用根瘤菌15～20 g，加少量水与种子充分拌匀即可播种。

3.播种

条播或穴播。一般行距20～30 cm，株距3～6 cm或穴距8～10 cm，每穴2～3粒，每667 m^2用种量10～15 kg。株型较大的品种一般行距50～60 cm，穴距20～23 cm，每穴2～3粒，每667 m^2 用种量4～5 kg。播种后踩紧，盖土厚度4～5 cm。

子任务五　田间管理

1.肥水管理

播种前造足底墒，出苗前不再浇水，齐苗后如干旱要适量浇水，保持土壤不干裂即可。现蕾开花前浇小水，并追施一次速效肥。每667 m^2 施人粪尿500～750 kg、过磷酸钙10～15 kg、硫酸钾10 kg，或氮磷钾复合肥30 kg。开花期一般不浇水，加强中耕保墒，防止徒长。结荚期要保持土壤湿润，并追肥1～2次，每667 m^2 追施氮磷钾复合肥15～20 kg，还可叶面喷施2～3次磷酸二氢钾以及锰、硼、钼等微量元素。

2.中耕培土

豌豆出苗后，应及时中耕，第一次中耕培土在播种后25～30 d进行，第二次在播后50 d左右进行。前期松土可适当深锄，后期以浅锄为主，注意不要损伤根系。

3.植株调整

蔓生种在株高30 cm以上时就长出卷须，要及时搭架，并引蔓上架。可搭“人”字架，架高1.5 m左右。半蔓生种可支较矮的简易篱架，横绑1～2道，防止大风暴雨后倒伏。种植密度大或植株分枝较多时，可适当疏枝，以利通风透光。

4. 病虫害防治

参照“菜豆生产技术”。

子任务六　采收

软荚豌豆在花后 7～10 d，嫩荚充分肥大、柔软而籽粒未发达时采收。采收硬荚豌豆青豆粒的在开花后 15 d 左右，在豆粒肥大饱满，荚色由深绿变淡绿，荚面露出网状纤维时采收。

采收于上午露水干后开始，采后立即装筐运往加工场所。采收时对于斑点、畸形、过熟等不合格嫩荚均应剔除。开花后 40 d 左右收干豆粒。

【拓展知识】

一、荷兰豆设施栽培技术要点

(一)培育壮苗

采用营养钵或营养土方护根育苗。播前浇足底水，干籽播种，每穴播种 2～4 粒。苗龄 30～40 d，具有 4～6 片真叶时定植。

(二)定植

定植前整地施肥，基肥要施足。每 667 m^2 施用优质腐熟农家肥 5 000 kg、过磷酸钙 40～50 kg、草木灰 50～60 kg，深翻 20～25 cm，与土混合均匀，耙平后作畦。单行定植时，畦宽 1 m，穴距 15～18 cm，每 667 m^2 栽 3 000～4 000 穴；双行定植时，畦宽 1.5 m，一畦双行，穴距 21～24 cm，每 667 m^2 栽 4 000～5 000 穴。

(三)田间管理

1. 温度管理

定植后到现蕾开花前，当设施内白天超过 25℃时放风，不宜超过 30℃，夜间不低于 10℃。整个结荚期以白天温度 15～18℃、夜间 12～16℃为宜。

2. 肥水管理

底水充足时，现花蕾前一般不浇水，不追肥，以中耕保墒为主，促进根系发育。现蕾后，结合浇水每 667 m^2 追施复合肥 20～30 kg，之后控制肥水。开花结荚盛期加强肥水管理，每 10～15 d 追 1 次肥，每 667 m^2 可施氮磷钾复合肥 30～40 kg，追肥后浇水。

3. 支架

当出现卷须时支架，采用竹竿单排立架或吊架。

(四)采收

开花后 8～10 d 豆荚停止生长，种子开始发育为嫩荚采收适期。

【项目小结】

豆类蔬菜主要有菜豆、豇豆、豌豆等。露地菜豆的主要栽培茬口有春茬和秋茬，设施栽培茬口主要有秋冬茬和冬春茬，豇豆栽培茬口主要为露地春茬和大棚春茬，豌豆在北方地区多利用设施进行多茬栽培。豆类蔬菜多采用直播，育苗时要采取护根措施，且苗龄宜短。豆类蔬菜中不同种类和品种之间根瘤菌发达程度不同，在增施磷、钾肥的基础上，仍要适量追施氮肥，苗期追肥以氮肥为主，开花结荚期多施磷、钾肥。生长前期要加强中耕除草和培土。

开花期要适当控制水分，结荚期水分要充足。蔓生种类型需及时搭架、引蔓、整枝。豆类蔬菜生产过程中应注意防止落花落荚现象。主要病害有锈病、炭疽病等，虫害主要有豆荚螟、美洲斑潜蝇等。

【练习与思考】

一、填空题

1. 菜豆以其生长习性，可分为________、________2 种类型。豇豆、豌豆以其生长习性，可分为________、________和________3 种类型。

2. 根据温度分类法，菜豆属于________，豇豆属于________，豌豆属于________。

3. 菜豆根系木栓化程度高，再生能力________，育苗移栽时应采取________、________、________等护根措施，以提高定植成活率。

4. 豆类蔬菜的生长发育周期可分为________、________、________和________4 个时期。

5. 春茬露地菜豆育苗时苗龄不宜过长，一般为________d 左右，定植应在终霜后、当 10 cm 地温稳定在________℃以上时进行。

二、判断题

6. 豆类蔬菜根系木栓化程度高，不能育苗移栽。（　　）

7. 豆类蔬菜根瘤菌发达，只要满足磷钾的供给就能获得高产。（　　）

8. 豇豆的耐寒力比菜豆强。（　　）

9. 菜豆一般在定植后到开花前以促为主，要多灌水。（　　）

10. 豇豆在采摘豆荚时勿损伤花序上的其他花芽，以利于陆续结荚。（　　）

三、简答题

11. 豆类蔬菜育苗时应注意哪些问题？

12. 温室冬春茬菜豆如何进行肥水管理？

13. 蔓生豇豆如何进行植株调整？

14. 豇豆采收标准是什么，如何采收？

15. 露地豌豆如何实现优质高产？

【能力评价】

在教师的指导下，以班级或小组为单位进行菜豆、豇豆、豌豆的生产实践。实践活动结束后，学生个人和教师对学生的实践情况进行综合能力评价，结果分别填入表 6-2 和表 6-3。

表 6-2　学生自我评价表

姓名			班级	小组		
试验任务		时间		地点		
序号	自评内容			分数	得分	备注
1	在工作过程中表现出的积极性、主动性和发挥的作用			5 分		
2	资料收集的全面性和实用性			10 分		
3	生产计划制订的合理性和科学性			10 分		
4	品种选择的正确性			10 分		
5	育苗操作的规范性和育苗质量			10 分		
6	整地、施基肥和作畦操作的规范性和熟练程度			10 分		
7	定植操作的规范性和熟练程度			5 分		
8	田间管理操作的规范性和熟练程度			20 分		
9	病虫害诊断与防治的规范性和效果			10 分		
10	采收及采后处理操作的规范性和熟练程度			5 分		
11	解决生产实际问题的能力			5 分		
合计				100 分		
自我评价						

表 6-3　指导教师评价表

指导教师姓名：＿＿＿＿＿＿　评价时间：＿＿＿年＿＿＿月＿＿＿日　课程名称：＿＿＿＿＿＿

生产任务				
学生姓名	所在班级			
评价内容	评分标准	分数	得分	备注
目标认知程度	工作目标明确，工作计划具体，结合实际，具有可操作性	5 分		
情感态度	工作态度端正，注意力集中，有工作热情	5 分		
团队协作	积极与他人合作，共同完成工作任务	5 分		
资料收集	所采集的材料和信息对工作任务的理解、工作计划的制订起重要作用	5 分		
生产方案的制订	提出的方案合理、可操作性强，对最终的生产任务起决定作用	10 分		
方案的实施	操作规范、熟练	45 分		
解决生产实际问题	能够较好地解决生产实际问题	10 分		
操作安全、保护环境	安全操作，生产过程不污染环境	5 分		
技术文件的质量	完成的技术报告、生产方案质量高	10 分		
合计		100 分		

项目七

白菜类蔬菜生产技术

岗位要求

本项目内容是蔬菜生产管理岗的关键岗位专业能力之一，工作任务是熟练地掌握白菜类蔬菜的生产管理技术，适应农业企业组织管理环境，熟知劳动生产安全规定，能以企业员工身份进行团队工作。工作要求是熟知常见白菜类蔬菜的生长发育规律，需要的环境条件、主栽品种特性，根据生产计划做好生产茬口的安排，制订栽培技术规程等。能够及时发现和解决生产中存在的问题；具备指导生产实践的能力。

知识目标

了解白菜类蔬菜生物学特性及其与栽培的关系；了解大白菜各生育阶段的临界特征；理解白菜类蔬菜适期播种的重要性；掌握白菜类蔬菜高产高效栽培技术。

能力目标

熟练掌握大白菜的整地作畦，播种，间、定苗技术；掌握结球甘蓝的育苗技术；掌握白菜类蔬菜的束叶、保鲜和贮藏技术，掌握花椰菜的“假植”技术。

白菜类蔬菜属于十字花科芸薹属，主要包括大白菜、结球甘蓝、花椰菜等。白菜类蔬菜多为二年生植物，在我国分布的范围较广，栽培面积很大，结球白菜主要是秋季栽培，近年来春白菜栽培面积也逐年扩大，结球甘蓝是早春的重要蔬菜，芥菜主要用于加工。

 子项目 7-1 大白菜的生产技术 

任务分析

大白菜亦称结球白菜、包心白。起源于中国，栽培历史悠久。营养价值高，耐贮运，是北方主要的秋、冬蔬菜之一。熟练掌握大白菜生产技术。

任务知识

一、生物学特性与栽培的关系

1.形态特征

(1)根　浅根性，直根系，根长可达 60 cm，直径 3～6 cm。侧根发达，对称生长在主根两侧，多数平行生长，在土壤中分布较浅，主要根群分布在 30 cm 的土层内。

(2)茎　营养生长时期茎部短缩肥大，没有明显的节和节间，直径 4～7 cm，心髓部发达，生殖生长时期，短缩茎顶端抽生花茎，高 60～100 cm，一般发生 1～3 次分枝，基部分枝较长，上部较短，使植株呈圆锥状。花茎淡绿色至绿色，表面有蜡粉。

(3)叶　大白菜的叶为异形变态叶，在整个生长期发生的叶表现为以下几种形态。

①子叶。两枚对生，肾脏形至倒心脏形，有叶柄，叶面光滑。

②基生叶。两枚对生于茎基部子叶节以上，与子叶垂直排列成"十"字形。叶片长椭圆形，有明显的叶柄，无叶翅，长 8～15 cm。

③中生叶　着生于短缩茎中部，互生，倒披针形。第 1 叶环的叶片较小，构成幼苗叶，第 2 至 3 叶环的叶片较大，构成植株发达的莲座叶，是叶球形成期最重要的同化器官。每个叶环的叶数依品种而不同，或为 2/5 的叶环，(每环 5 片叶绕茎 2 周而形成一个叶环)，或为 3/8 的叶环(每环 8 片叶绕茎 3 周而形成一个叶环)。

④顶生叶。着生于短缩茎的顶端，互生，构成叶球。叶环排列如中生叶，顶生叶的抱合方式因品种而不同，一般有叠抱、褶抱、拧抱(旋拧)3 种方式。

⑤茎生叶。着生于花茎和花枝上，互生。花茎基部叶片宽大，上部的叶片渐窄小，表面光滑，有蜡粉，具扁阔叶柄，叶片基部抱茎，是生殖生长阶段重要的同化器官。

(4)花　总状花序，属完全花。为虫媒花。雄蕊 6 枚，2 枚退化，为四强雄蕊。花药 2 室，成熟时纵裂释放花粉。雌蕊 1 枚，子房上位，两心室。花柱短，柱头为头状。

(5)果实和种子　种子呈球形而微扁，有纵凹纹，颜色红褐色至深褐色。种子无胚乳，千粒重 2.5～4.0 g，寿命为 5～6 年，但 2 年以上的种子发芽势弱，生产上多用当年的种子。

2.生长发育周期

(1)营养生长阶段　此阶段主要生长营养器官，后期开始孕育生殖器官的雏体。

①发芽期。从种子播种、出苗到子叶完全展开，同时两个基生叶显露，俗称"破心"为发芽

期，这是发芽期结束的临界特征，约需 3 d。

②幼苗期。从第 1 片真叶出现到团棵为止，早熟品种需要 16～18 d，晚熟品种需要 20～22 d。播种后 7～8 d，基生叶生长到与子叶相同大小，并和子叶相垂直排列呈“十”字形，这一现象称为“拉十字”。第一叶环的叶片，按一定的开展角，规则的排列呈圆盘状，俗称“团棵”或“开小盘”，为幼苗期结束的临界特征。根系发展很快，并发生多数分根。

③莲座期。从团棵到长出中生叶第二至第三个叶环的叶子，整个植株的轮廓呈莲花状，故称莲座期。早熟品种需要 18～20 d，晚熟品种需要 25～28 d。在莲座后期发生新的叶原基并长成幼小的顶生叶（球叶），并按褶抱、叠抱或拧抱的方式抱合而出现卷心现象，这是莲座期结束的临界特征。

④结球期。从出现卷心现象到收获为结球期。早熟品种需要 25～35 d，晚熟品种需40～55 d。整个结球期约占全生育期的 1/2，生长量占大白菜总生长量的 70%左右，是产品器官形成的关键时期，也是肥水管理最关键的时期。结球前期根系继续扩大，中、后期停止发展。“抽筒”前在浅土层（20 cm 以上）发生大量侧根和分根，出现所谓“翻根”现象。

⑤休眠期。大白菜遇到低温时处于被迫休眠状态，依靠叶球贮存的养分和水分生活。在休眠期内花芽继续发育，以至长成小花蕾，为转入生殖生长做好准备。

（2）生殖生长阶段

此阶段生长花茎、花枝、花、果实和种子，繁殖后代。

①抽薹期。经过休眠的种株次年春初开始生长，花薹开始伸长而进入抽薹期。抽薹前期，花薹伸长缓慢，花薹和花蕾变为绿色，俗称返青。返青后花薹生长迅速，同时花薹上生长茎和叶，由叶腋发生花枝、花茎和花枝顶端的花蕾同时长大。

②开花期。大白菜始花后进入开花期，全株的花先后开放。同时花枝生长迅速，逐步形成一次、二次和三次分枝而扩大开花结实的株体。

③结荚期。谢花后即进入结荚期。这一时期花薹、花枝停止生长，果荚和种子旺盛生长，到果荚枯黄，种子成熟为止。

3. 对环境条件的要求

（1）温度　属半耐寒性蔬菜，生长期间适宜的日均温 12～22℃，10℃以下生长缓慢，5℃以下停止生长，短期－2～0℃受冻后尚能恢复，－5～－2℃及以下则受冻害。不同生育时期对温度的要求不同。发芽期最适温度 20～25℃；幼苗期对温度的适应性较强，最适温度是 22～25℃；莲座期最适温度为 17～22℃，温度低结球延迟，温度高则易诱发病害；结球期是产品器官形成期，对温度的要求最为严格，在 12～22℃的范围内生长良好。休眠期以 0～2℃最为适宜；属于种子春化类型，萌动的种子在 3～4℃条件下 15～20 d 就可以通过春化阶段。

（2）光照　要求中等强度的光照。适宜的光照强度为 10～15 klx；光的补偿点为 1.5～2.0 klx。属长日植物，低温通过春化阶段后，需要在较长的日照条件下通过光照阶段进而抽薹、开花、结实，完成世代交替。

（3）水分　叶面积大，叶面角质层薄，因此蒸腾量较大。适宜的土壤湿度为田间最大持水量的 80%～90%，适宜空气相对湿度为 65%～80%。

（4）土壤和营养　对土壤的适应性较强，以土层深厚、疏松肥沃、富含有机质的壤土和轻黏壤土为宜，适于中性偏酸的土壤。每生产 1 000 kg 鲜菜约吸收氮 1.86 kg，磷 0.36 kg，钾

2.83 kg，钙 1.61 kg，镁 0.21 kg。缺钙易造成球叶枯黄的“干烧心”现象。

二、类型与品种

根据进化过程，大白菜可以分为散叶、半结球、花心和结球 4 个变种。结球变种是大白菜进化高级类型，其球叶抱合形成坚实的叶球，球顶闭合或近于闭合。包括 3 个基本生态型。

(1)平头形　叶球倒圆锥形，上大下小，球形指数(叶球纵茎与横茎之比)近于 1，球顶平坦，完全闭合。该类型属大陆性气候生态型，能适应气温变化激烈，空气干燥，温差较大，阳光充足的内陆地区。代表品种有洛阳包头、太原包头白、荷泽包头等。

(2)卵圆形　叶球卵圆形，球形指数约为 1.5，球顶锐尖或钝圆，近于闭合。该类型属海洋性气候生态型，适宜于气候温和而变化不激烈，昼夜温差不大，空气湿润的气候。代表品种有山东的福山包头、胶县白菜、二牛心等。

(3)直筒形　叶球较细长呈圆筒状，球形指数大于 4，球叶以拧抱(旋拧)方式抱合成叶球，球顶近于闭合或尖，该类型属海洋性和大陆性交叉气候生态型，对气候的适应性强，在海洋性和大陆性气候地区都能生长良好。生长期为 60～90 d。代表品种为天津青麻叶，河北玉田包尖等。

三、栽培制度与栽培季节

根据大白菜在营养生长期内要求的温度是由高向低转移的特点，即由 28℃逐渐降低到 10℃的范围为适宜。生长前期能适应较高的温度，生长后期要求比较低的温度，秋季栽培是全国各地大白菜的主要栽培季节。

工作任务 1　秋季大白菜生产技术

任务说明

任务目标：了解大白菜生产特性；掌握秋季大白菜选茬选地、品种选择、田间管理及采收技术。

任务材料：大白菜品种的种子、农膜、农药、化肥、生产用具等。

任务方法与要求：在教师的指导下分组完成秋季大白菜生产的各任务环节。

工作流程

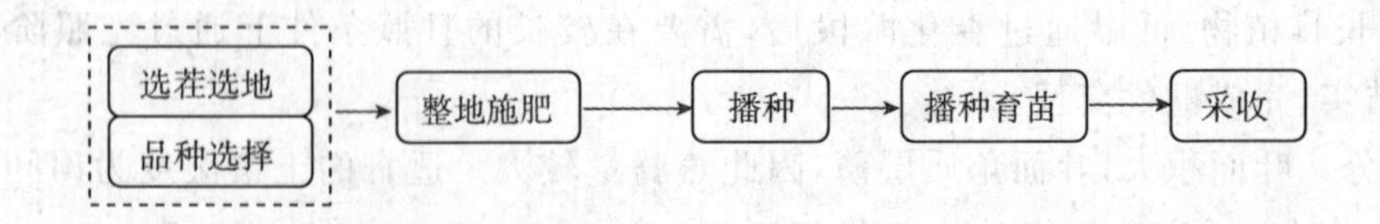

子任务一 选茬选地

一般前茬作物多选用小麦、瓜类、豆类、茄果类、大蒜、洋葱等。大白菜一般要与其他蔬菜进行 3 年以上的轮作。

子任务二 品种选择

根据当地生长季节的长短、气候条件的变化、栽培条件的优劣、病害发生情况及消费习惯等选择适宜的品种。不同地区都有非常适合当地秋季栽培的优良品种。如:京、津、冀大多选用玉田包尖、北京 3 号、天津青麻叶等品种。山东大多选用福山包头、冠县包头、胶县白菜等品种。

子任务三 施肥整地

前茬作物收获后,每 667 m^2 施腐熟的有机肥 5 000 kg,过磷酸钙 50 kg,硫酸钾 20 kg,深翻地后耙平,作畦或垄。垄高 20 cm,垄距 50～60 cm,每垄栽 1 行。高畦高度为 20 cm,畦宽 1.2～1.8 m,每畦种 2～4 行。

子任务四 播种

1. 播种期的确定

依据各地常年的气候情况有习惯的播种期,以大白菜收获期在－2℃以下寒流侵袭之前,向前推一个生长季作为适宜播期。生长期月均温 5～22℃。

2. 播种技术

露地直播,穴播,一般每 667 m^2 用种量 100 g 左右,播种时表墒差的地块,推掉干土,种子播在湿土上,若底墒不足,表墒又不好的地块,要坐水种。埯种子要控制在 5～6 粒,覆土 1 cm 左右。播种后及时镇压,轻重根据墒情而定,土干可重些,土湿可轻些。

子任务五 田间管理

1. 苗期管理

幼苗期及时浇水,保持地面湿润。雨后及时排涝,中耕松土。至 2～3 片真叶时,对田间生长偏弱的小苗施偏心肥 1～2 次。子叶期和 3～4 片真叶期进行间苗。团棵时定苗,株距依品种而定:大型品种 50～53 cm,小型品种 46～50 cm。田间缺苗时,及早挪用大苗进行补苗。育苗移栽的,可在幼苗团棵时定植。

2. 莲座期管理

定苗后追施 1 次"发棵肥",每 667 m^2 施粪肥 1 000～1 500 kg,或硫酸铵 10～15 kg,草木灰 100 kg,随即浇水。以后保持土壤见干见湿。莲座后期应适度控水"蹲苗"。

3. 结球期管理

"蹲苗"结束后开始浇水,水量不宜过大,以后要保持土面湿润,在收获前 5～8 d 停止浇水,提高耐贮性,防止裂球。包心前 5～6 d 追"结球肥",每 667 m^2 施用优质农家肥 1 000～1 500 kg,草木灰 100 kg。包心后 15～20 d 追"灌心肥",随水冲施腐熟的豆饼水 2～3 次,也可追施复合肥 15 kg 或硫酸钾 10 kg。贮藏用的大白菜在收获前 7～10 d，将莲座叶扶起，用草绳将叶束住，以保护叶球免受冻害，也可减少收获时叶片的损伤。

子任务六　采收

中晚熟品种的结球白菜生长期越长，叶球越成熟充分，产量和品质越好，应尽可能的延迟收获。在结球白菜遇到－2℃以下的低温天气时受冻害，在第一次寒冻以前收获完毕。

工作任务 2　大棚春季大白菜生产技术

任务说明

任务目标：掌握大棚春季大白菜的品种选择、育苗、定植、田间管理及采收技术。

任务材料：大白菜品种的种子、农膜、农药、化肥、生产用具等。

任务方法与要求：在教师的指导下分组完成大棚春季大白菜生产的各任务环节。

工作流程

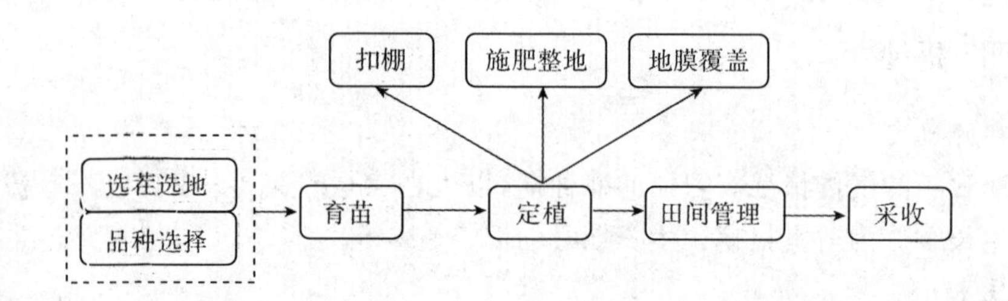

子任务一　选茬选地

一般前茬作物多选用瓜类、豆类、茄果类、大蒜、洋葱等。大白菜一般要与其他蔬菜进行 3 年以上的轮作。

子任务二　品种选择

应选择生长期短，冬性强，对低温不敏感，不易抽薹的品种。如北京小白口、鲁春白 1 号、鲁春白 4 号、春优 2 号、小杂 56 等。

子任务三　培育壮苗

1. 确定播种期

播种期由定植期和苗龄决定。一般苗龄 30 d 左右，各地区可根据当地的气候和栽培条件灵活掌握播种期。育苗环境温度必须保持在 12℃以上，否则易感应春化。

2. 播种

种子一般干播或浸种，浸种时间 4 h 左右。将营养土装在营养钵中，每钵播 2 粒种子，覆土 1 cm 厚，喷水盖膜。用种量为每 667 m^2 用 100～125 g。

3. 苗期管理

出苗前白天25～28℃，夜间20℃；出齐苗后及时通风间苗，出苗后白天20℃，夜间应保持在12℃以上；每钵留1棵壮苗。间苗后喷一次500倍液的代森锌杀菌剂。此后，视苗色的浓淡再适当喷施1～2次叶面肥。定植前10 d进行低温炼苗。定植时株高15～20 cm，具有4～5片真叶，叶片肥厚，叶色浓绿，根系洁白，无病虫害。

子任务四 定植前的准备

定植前20～30 d扣棚烤地增温。当土壤化冻20 cm以上时整地施肥，每667 m^2施腐熟有机肥5 000 kg，磷钾复合肥30 kg，二铵10 kg，精耕细耙，翻地20 cm深，然后作垄，垄宽60 cm。

子任务五 定植

棚内10 cm地温稳定在12℃以上定植。定植时要保护好土坨，不要伤根，不宜过深。定植时株距为30 cm，每667 m^2定植3 300～3 500株。

子任务六 田间管理

1. 温度管理

缓苗期加强防寒保温，温度不应长期低于12℃，否则，造成先期抽薹。白天棚温超过25℃时通风降温。温度控制在20～25℃，夜间控制在15～18℃。当外界最低气温稳定在15℃以上时，即可全部去掉棚膜。

2. 水肥管理

缓苗后浇缓苗水，随水追施，每667 m^2施尿素15 kg。管理上一促到底。浇水要勤浇少浇，保持地面见干见湿，防止大水漫灌，减少软腐病发生。进入包心期，施硫酸铵每667 m^2 15～20 kg，并随之浇水。施肥后注意白天大通风，避免叶片氨气中毒。随着外部气温的不断回升，每隔7～10 d浇一水，收获前的1周停止浇水。在莲座期叶面喷施0.2%磷酸二氢钾和0.2%的尿素等，还可喷施0.7%氯化钙，以促进抱心长叶并防止干烧心。

子任务七 采收

春季早熟品种采收宜早，一般定植后50 d左右，白菜即可达到8成心，及时采收上市。对生长整齐度较差，叶球成熟不一致的品种，可分2～3次采收，以保产量和品质。

子项目7-2 结球甘蓝的生产技术

任务分析

结球甘蓝简称甘蓝，别名洋白菜、卷心菜、圆白菜等，为2年生草本植物，适应性强，产量高，易栽培，耐贮运。其产品营养丰富，在世界各地均有栽培。适应性较强，基本上可以四季生产，周年供应。掌握结球甘蓝的生产技术。

任务知识

一、生物学特性与栽培的关系

1.形态特征

(1)根　圆锥根系，主根基部肥大，易生侧根，在主侧根上易发生不定根，根系吸收能力强，有一定的耐旱和耐涝能力。断根后再生能力强，适宜育苗移栽。

(2)茎　分为营养生长时期的短缩茎和生殖生长时期的花茎。

(3)叶　基生叶和幼苗叶有明显的叶柄，莲座叶叶柄逐渐变短，直至无叶柄，开始结球。叶面光滑，肉厚，有灰白色蜡粉，早熟品种外叶一般 14～16 片，晚熟品种 24 片左右。叶序早熟品种 2/5，晚熟品种 3/8。叶球有圆球形、圆锥形(尖球形或心脏形)、扁圆球形。

(4)花　花色淡黄，复总状花序，异花授粉。不同的变种和品种之间极易相互杂交，采种时应注意隔离，空间隔离要在 2 000 m 以上。

(5)果实和种子　果为长角果，圆柱形，表面光滑，成熟的种子为红褐色或黑褐色，千粒重 3.3～4.5 g。种子使用年限为 2～3 年。

2.生长发育周期

结球甘蓝为 2 年生蔬菜，第 1 年形成叶球。第 2 年春、夏季开花结实，完成世代交替。

(1)营养生长阶段

①发芽期。从播种到第 1 对基生叶展开，与子叶相互垂直形成“十”字形为发芽期，发芽期的长短因季节而异，一般情况下 8～10 d。种子饱满，精细播种是保证苗齐苗全的关键。

②幼苗期。从基生叶展开到第 1 叶环形成(团棵)，早熟品种有 5 片叶左右，中、晚熟品种有 8 片叶左右。温度适宜时需 25～30 d，早春需 40～60 d，冬季需 80 d 左右。属于绿体春化型蔬菜，幼苗 4～5 片叶，茎粗 0. 6 cm 以上时，感受 12℃以下低温。

③莲座期。从团棵到第 3 叶环叶充分展开，早熟品种 15 片叶左右，晚熟品种约 24 片叶左右。该期结束时中心叶片开始向内抱合，即开始结球。早熟品种需 20～25 d，中、晚熟品种需 30～40 d。

④结球期。从开始包心到叶球形成为结球期。早熟品种需 20～25 d，中、晚熟品种需30～40 d。此期的肥水管理是获得高产优质的关键。

(2)生殖生长阶段

正常条件下，叶球经过冬贮休眠，翌春进入生殖生长时期。依次经历抽薹期、开花期和结荚期。其中抽薹期需 25～35 d，开花期需 30～40 d，结荚期需 30～40 d。

3.对环境条件的要求

(1)温度　喜温和冷凉气候，较耐低温。一般 15～25℃的条件最适宜生长。发芽适温为 18～25℃，7～25℃适于外叶生长，结球期以 15～20℃为适温。成株能耐－5～－3℃或短时间－15～－10℃的低温，叶球能耐－8～－6℃的低温。

(2)水分　一般适宜 80％～90％的空气相对湿度和 70％～80％的土壤相对含水量。

(3)光照　属喜光性蔬菜，对光强适应性较广。

(4)土壤与营养　对土壤的适应性较强,但仍以富含有机质,疏松肥沃的中性到弱酸性壤土最好。结球甘蓝喜肥、耐肥,生长期间需大量的肥料,其中以氮肥最多,磷、钾肥次之。

二、类型与品种

结球甘蓝为普通甘蓝、皱叶甘蓝和紫甘蓝。普通甘蓝,按其叶球形状为3个基本类型。

(1)尖头类型　植株较小,叶球小呈心脏形,叶片长卵形,中肋粗,一般定植后45～60 d叶球收获,多为早熟或早中熟品种。冬性较强,不易发生未熟抽薹。代表品种有南方的大、小鸡心甘蓝,北方的大、小牛心甘蓝等。

(2)圆头类型　叶球顶部圆球形或近圆形,外叶较少而生长紧密,叶球紧实。多为早中熟和早熟品种,从定植到收获需50～70 d。冬性弱,作春甘蓝栽培时易先期抽薹。代表品种有金早生、北京早熟、中甘11号、中甘12号、园春、寒光等。

(3)平头类型　叶球扁圆,较大,叶球顶部较平,多为中晚或晚熟品种,从定植到收获需70～100 d。抗逆性较强,特别是抗病性。单株叶球较重,结球紧实,较耐贮藏运输。代表品种有黑叶小平头、黄苗、夏光、京丰1号等。

三、栽培制度与栽培季节

结球甘蓝对温度的适应范围较广,北方地区露地与保护地结合,一年可栽培多次,基本上达到周年供应。忌与十字花科作物连作,以减少病虫害的发生。冬季育苗要确定适宜的播期,控制好温度和幼苗大小,防止未熟抽薹。

工作任务1　地膜覆盖结球甘蓝早熟生产技术

任务说明

任务目标:掌握早熟结球甘蓝的品种选择、育苗、地膜覆盖、定植、田间管理及采收技术。

任务材料:结球甘蓝品种的种子、农膜、农药、化肥、生产用具等。

任务方法与要求:在教师的指导下分组完成地膜覆盖结球甘蓝早熟生产的各任务环节。

工作流程

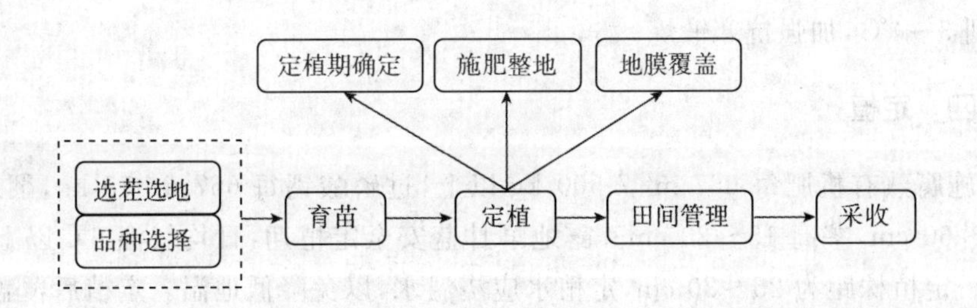

子任务一　选茬选地

早熟春甘蓝选用冬闲地，化冻后即可整地、作畦、定植。后茬可种植秋菜。也可同玉米、棉花、番茄或冬瓜间套作。

子任务二　品种选择

早春地膜覆盖栽培结球甘蓝多选用耐低温、冬性强、抗病、高产优质的早熟品种。如中甘11号、中甘12号、鲁甘蓝1号、鲁甘蓝2号等。

子任务三　培育壮苗

1. 确定播种期

常规育苗苗龄60～70 d。在温室2月中下旬播种。壮苗的标准是：具有6～8片叶，下胚轴和节间短，叶片厚，色泽深，茎粗壮，节间短，根群发达，无病虫害。

2. 种子处理

种子最好用45℃热水浸种消毒10 min。浸种可用清水或雪水，浸种时间为4～6 h，不催芽。捞出后在纸上摊开，晒去种皮上水分后即可播种。

3. 营养土配制

甘蓝营养土配制用腐熟马粪或草炭4份，葱、蒜茬或豆茬5份，腐熟的大粪面或鸡粪1份，充分拌均匀过筛，加尿素0.5 kg/m^3，过磷酸钙1～2 kg/m^3，混拌均匀。

4. 播种

播种前床土要搂平，用30℃左右温水浇底水，底水浇3～4 cm，水渗下后在播种床上铺0.1 cm厚的药土，然后均匀撒播种子，上覆一薄层药土，再覆盖0.5～1 cm盖土，最后畦面盖塑料薄膜保湿。苗床播种量15～20 g/m^2，用种量每667 m^2 25～30 g。

5. 苗期管理

播种后苗床保持20～25℃；出苗后揭去地膜，注意保摘，适当通风降温，防止幼苗徒长，白天15～20℃、夜间5～10℃为宜；移苗前3 d适当降温、降湿，2～3叶时移苗。移植前1 d浇透水，移植时浇足移植水。缓苗期适当进行高温管理，加快缓苗，白天25～28℃，夜间18～20℃；缓苗后适当降温，白天15～20℃，夜间10～12℃，以防幼苗感应低温而进行春化，幼苗开始生长，不能缺水，干旱就要浇透水。定植前7～10 d浇一次大水，然后控水、通风降温，进行低温锻炼，白天大通风，温度保持在12～15℃，夜间不再防寒，温度保持5℃，定植前2～3 d，昼夜通风，夜温降到3～4℃，加强抗寒锻炼。

子任务四　定植

深翻并施腐熟有机肥每667 m^2 7 500 kg以上，过磷酸钙每667 m^2 75 kg，翻地整平后起垄，垄距50～60 cm，垄高15～20 cm。露地早甘蓝安全定植期：日均气温6℃以上，最低温度不低于0℃。定植株距为25～30 cm，定植水应浇温水，以免降低地温。定植后覆盖地膜。

子任务五　田间管理

1.查田补苗

定植缓苗后，应及时进行一次田间检查，补全苗。

2.中耕除草

缓苗后及时中耕松土，促进根系生长。在封垄前进行三铲三耥。

3.肥水管理

缓苗后浇缓苗水，追施复合肥每 667 m^2 15～20 kg，然后松土中耕，控制浇水进行蹲苗。当早熟品种叶球有核桃大时，其生长中心已由原来的茎叶生长转向叶球生长。结束"蹲苗"，加强肥水管理，一般追施硝酸铵或尿素每 667 m^2 20 kg，以后经常保持表土湿润。

子任务六　采收

早熟品种为了抢早，达到可食期(6～7 成熟时)即可分次采收，而一般情况是在叶球紧实时采收，不可过晚，以免裂球影响品质。采收时可带 1～2 片外叶，在装运时保护叶球不受损坏。

工作任务2　大棚春季结球甘蓝生产技术

任务说明

任务目标：掌握大棚春季结球甘蓝的品种选择、育苗、定植、田间管理及采收技术。

任务材料：结球甘蓝品种的种子、农膜、农药、化肥、生产用具等。

任务方法与要求：在教师的指导下分组完成大棚春季结球甘蓝生产的各任务环节。

工作流程

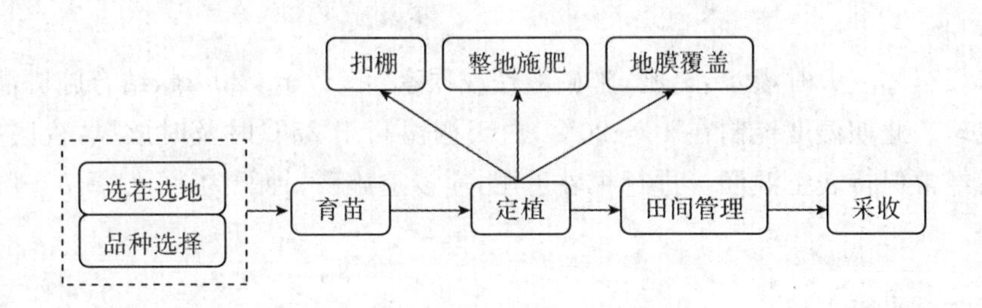

子任务一　选茬选地

应选择土层深厚、疏松肥沃、排灌方便的，以及前 2～3 年内未种植过十字花科蔬菜的地块。前作最好是葱蒜类，其次是瓜类、豆类、茄果类的地块。

子任务二　品种选择

选用抗寒性和冬性均较强的早熟品种，如金早生、中甘 11 号、中甘 12 号、中甘 15 号、京甘 1 号、8398、迎春、报春、鲁甘蓝 2 号等。

子任务三　培育壮苗

播种期由定植期和苗龄决定，日历苗龄60～70 d。播种期因各地的气候条件而异，黑龙江省1月上中旬在温室内播种。播种及苗期管理技术同露地地膜甘蓝生产技术。

子任务四　定植前准备

1. 扣棚

抢早定植早甘蓝的大棚冬季不撤棚膜，这样棚内冻层浅，早春土温回升快。3月中旬大棚上二层幕。冬季不扣棚膜的，应在定植前20～30 d扣棚。

2. 整地施肥

早甘蓝以基肥为主，撒施腐熟有机肥每667 m^2 3 000 kg、氮磷钾复合肥每667 m^2 50 kg，翻地搂平，起垄，垄距60 cm，垄高20 cm。

子任务五　定植

安全定植期为当棚内最低温度在0℃以上，10 cm地温达5℃，黑龙江省为3月中下旬，如果有防寒保温措施，则可提前定植。选择晴天上午进行定植。

定植密度为株距27 cm，每667 m^2 2 500株/667 m^2 左右。栽后覆土没过土坨，浇透温水，水渗下后封埯，覆盖地膜，然后再扣小拱棚。

子任务六　田间管理

1. 缓苗期及座期

缓苗期白天尽量不放风。1周左右浇缓苗水，然后控水至叶球长至鹅蛋大小，此期白天棚温保持18～20℃，夜间10℃左右，25℃以上时通风降温，防止烤苗。湿度80%～95%。莲座期加强肥水管理，每7d灌1次小水，另外及时查田补苗，保证全苗。

2. 结球期

当叶球长至鹅蛋大时灌水、追肥，施硝酸铵或尿素每667 m^2 20 kg，结合施肥灌大水，过早灌大水易裂球。此期温度控制在15～20℃，白天棚温高于25℃时及时放风，夜间拉上二层幕保温。以后经常保持表土湿润。进行根外追肥，应以追施磷;钾肥为主，如每7 d喷1次0.1%磷酸二氢钾。

子任务七　采收

结球甘蓝采收期不很严格，为争取早上市，在叶球八成紧时即可陆续上市供应。采收太早，叶球不充实，产量低。采收偏晚，裂球较多。

子项目 7-3　花椰菜和青花菜生产技术

任务分析

花椰菜又名花菜、菜花，是十字花科二年生草本植物。产品器官是着生在短缩茎顶端的花球，花球是由短缩肥嫩的花枝和分化至花序阶段的许多花原基聚合而成，粗纤维少，风味鲜美，营养丰富，耐贮藏性能好，较适于长途运输。掌握花椰菜和青花菜生产技术。

任务知识

一、生物学特性与栽培的关系

1.形态特征

花椰菜植株根系发达，再生能力强，适于育苗移栽。营养生长时期茎短缩，阶段发育完成后抽生花茎。叶片蓝绿色或浅灰绿色，表面具有蜡粉，叶片较狭长，显球时，心叶向中心自然卷曲或扭转，可保护花球免受阳光照射变色或受霜冻。花球由肥嫩的花薹、花枝和许多花序原基聚合而成，呈半球形，表面呈颗粒状，质地致密。花球为营养贮藏器官，当温度等条件适宜时，花器进一步发育，花球逐渐松散，花薹、花枝迅速伸长，花蕾膨大，继而开花结实。花为复总状花序，异花授粉。果实长圆筒形，角果，内有种子 10 粒左右，种子近圆形，褐色，千粒重 2.5～4 g，发芽年限 3 年。

2.生长发育周期

(1)营养生长阶段

①发芽期。从种子萌动至子叶展开、真叶显露为发芽期，温度适宜时需 5～7 d。

②幼苗期。从真叶显露至第 1 叶序，即 5～8 叶展开，形成团棵为幼苗期，夏秋季约需 30 d，冬季约 60 d。

③莲座期。从第 2 叶序开始到莲座叶全部展开、形成强大的莲座叶为莲座期，所需天数因季节而异，需 20～60 d。

(2)生殖生长阶段

①花球形成期。从花球开始花芽分化至花球生长充实，适宜商品采收时为花球形成期，此期的长短依品种和栽培季节而异，需 20～50 d。

②抽薹期。从花球边缘开始松散、花茎伸长至初花为抽薹期，需 8～10 d。

③开花期。自初花至整株谢花为开花期，需 25～30 d。

④结荚期。从花谢到角果成熟为结荚期，需 20～40 d。

3.对环境条件的要求

(1)温度　属于半耐寒性蔬菜，喜冷凉气候，耐寒和耐热能力均比结球甘蓝差。种子发芽最适宜温度为25℃左右，幼苗生长适温20～25℃，其耐寒和抗热能力较强，可耐0℃的低温和35℃的高温。营养生长期适温为8～24℃。花球的发育适温为15～18℃。

(2)光照　要求中等强度光照，但也能耐稍阴的环境。

(3)水分　喜湿润的土壤环境。在叶丛和花球形成期均需要充足的水分供给。

(4)土壤与营养　适于有机质含量高、疏松肥沃，土层深厚、保肥、保水力强的壤土或沙壤土上栽培。土壤酸碱度pH 6～6.7。生长前期叶丛形成需要氮肥较多，花球形成期需要较多的磷、钾肥及硼、钼等元素。吸收氮、磷、钾的适宜比例是3.28∶1∶2.8。

二、类型与品种

(1)早熟品种　从播种到初收为80～90 d。植株较矮小，叶细而狭长，叶色较浅，蜡粉较多，花球重0.3～1.0 kg，植株较耐热，但冬性弱。主要品种有福州60日、白峰、瑞士雪球、澄海菜花、荷兰春早花椰菜等。

(2)中熟品种　从播种到花球采收需100～120 d。植株较早熟品种高大，叶簇开张或半开张，叶色深浅不一，大部分幼苗胚轴紫色，花球一般较大，单球重1 kg左右，冬性较强。主要品种有龙峰特大80天、荷兰雪球、福建80天、福农10号、珍珠80天、日本雪山等。

(3)晚熟品种　从播种到收获需120 d以上。植株高大，生长势强，叶片宽大，叶柄阔有叶翼，叶色较浓，花球致密，成熟较晚，花球重1.5 kg左右，耐寒性和冬性都比较强。主要品种有福建120天、兰州大雪球、龙峰特大120天、杭州120天等。

三、栽培制度与栽培季节

必须通过阶段发育才能获得产品器官花球。因此，花椰菜适宜在春、秋两季栽培。长江流域6～12月份播种，北方地区设施栽培多在冬季育苗，早春定植，初夏收获。青花菜的耐寒、耐热性较花椰菜强，夏季也能形成花球(但质量较差)。如果采用保温和遮阳设施，能够满足青花菜生长所需的环境条件，可以排开播种，周年生产。

工作任务　大棚春花椰菜生产技术

任务说明

任务目标：掌握大棚春花椰菜的品种选择、育苗、定植、田间管理及采收技术。

任务材料：花椰菜品种的种子、农膜、农药、化肥、生产用具等。

任务方法与要求：在教师的指导下分组完成大棚春花椰菜生产的各任务环节。

工作流程

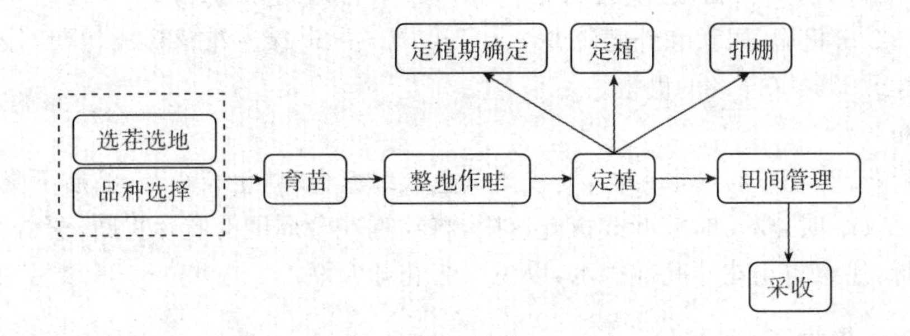

子任务一　选茬选地

应选择土层深厚、疏松肥沃、排灌方便的地块，与十字花科作物轮作 3～5 年以上。

子任务二　品种选择

选用冬性强的春花椰菜型，如米兰诺、瑞士雪球、法国雪球等品种。

子任务三　培育壮苗

一般日历苗龄 50～60 d，壮苗的标准是：植株具有 6～7 片开展叶，茎粗壮，节间短，叶片肥厚，深绿色，叶柄短，叶丛紧凑，植株大小均匀，根系发达而洁白，缓苗快，对不良环境和病害的抵抗能力强。

播种期由定植期和日历苗龄决定，日历苗龄 50～60 d，黑龙江省在 2 月上旬播种。山西省一般在 11 月中旬至 12 月上旬播种育苗，用种量每 667 m^2 33 g 左右，苗床播种 3～4 g/m^2。

子任务四　定植

定植前的 1 个月左右扣棚，烤地增温。当土壤化冻达 25 cm 时，每 667 m^2 施腐熟有机肥 5 000 kg、二铵 20～25 kg。翻地后起垄或者作畦。

安全定植期为棚内地温在 5℃以上，黑龙江省于 3 月下旬至 4 月初定植，山西省于 12 月下旬至翌年 1 月上旬定植到大棚中。采用多层覆盖可适当提前定植。早、中熟品种株距 33～40 cm，定植 667 m^2 3 300～4 000 株。

子任务五　田间管理

1. 温度管理

定植后早晚和夜间，大棚四周最好围盖草苫子，保持棚温白天 20℃ 以上，夜间 10℃以上。7～8 d 缓苗后，白天棚温超过 25℃时进行通风，放风口由小到大，注意不要放底风，以免冷风直吹幼苗伤苗。中后期随着外界气温升高，要加大放风，使棚温白天保持 16～18℃，夜间 10～13℃，上午棚温达 20℃时放风，下午棚温降到 20℃时闭风，当外界夜间最低气温达到 10℃以上时，大放风，放底风，并昼夜通风。

2. 肥水管理

缓苗后浇一次缓苗水，然后适度蹲苗，蹲苗期多次中耕松土，耕深 3～4 cm，在苗周围划破地皮即可。花球膨大期，即花球一露白，开始迅速生长，这时应保持比较湿润的环境，一般 4～5 d 浇 1 次水，隔水追 1 次肥，连续追肥 2～3 次，其中可追腐熟粪肥 1 次，施每 667 m^2 500～750 kg，追 1～2 次化肥，尿素和钾肥每 667 m^2 各 10 ～ 15 kg。花球形成初期，最好根外追肥 1～2 次，喷洒 0.2%～0.5%的硼酸。

3.束叶和折叶

阳光直射花球，花球易松散粗劣，变成淡黄色或绿紫色，并生长小叶，品质下降。一般花球直径达到 6～7 cm 时，要及时束叶或折叶遮阳，将靠近花蕾周围的叶片折断，覆盖在花蕾上，最好在下午进行，注意防止花球基部积水，以免引起花球腐烂。

子任务六　采收

6 月上中旬开始收获。花球适宜采收期较短，应在花球充分肥大、白嫩、表面平整，边缘尚未散开和变黄之前及时采收。采收时花球下面保留 6～7 片外叶，以保护花球不受污染和损伤，分批收获上市。花椰菜较耐贮藏，一般可放置 3～5 d；用塑料袋包装，并置于 0～4℃，空气相对湿度 80%～90%的条件下，可保鲜 1 个月。

【拓展知识】

一、露地春花椰菜生产技术

1.选茬选地

应选择土层深厚、疏松肥沃、排灌方便的地块，与非十字花科作物实行 3～5 年以上的轮作，一般与葱蒜茬或粮食作物轮作最好。

2.品种选择

露地春花椰菜栽培应选择冬性强的春花椰菜类型品种。如日本雪山、瑞士雪球、法国菜花等中熟品种。

3.育苗及定植

育苗技术同大棚春花椰菜。

春花椰菜宜选用冬闲地，化冻后结合施肥耕地，撒施有机肥每 667 m^2 5 000～7 500 kg，并施入每 667 m^2 40～50 kg 过磷酸钙，硫酸铵每 667 m^2 50 kg，硼每 667 m^2 50～60 kg，以满足花椰菜对硼肥的需求。施肥后整地耙平、作垄，垄宽 60 cm。

安全定植期为 10 cm 地温稳定在 6～8℃。黑龙江省一般为 4 月末至 5 月初。株行距为 (35～40) cm ×50 cm，或(30～35) cm×60 cm，“插花”栽。定植时注意少伤根，浇足定植水。

4.田间管理

缓苗后浇缓苗水，然后应勤中耕，以利于在早春提高地温，促进发根缓苗。当秧苗恢复生长时，追施提苗肥，施复合肥每 667 m^2 15 kg，再浇水，并进行中耕蹲苗。当花球直径达到 3～4 cm 时要加强肥水管理，追施硝酸铵或尿素每 667 m^2 15～20 kg，并经常保持湿润，以利于花球生长。有条件的可以进行叶面喷肥，喷施 0.01%～0.08%钼酸铵和硼酸 0.1%～0.2%，每一两周喷 1 次。

当花球直径 10 cm 时，将近花球的两三片外叶束住或折覆于花球表面，以防日晒，但应注意不要将叶子折断，否则，不利于花球的形成。

5.采收

采收必须适时。当花球充分长大，表面致密且圆整坚实，洁白鲜嫩，边缘花枝尚未散开时为采收适期，采收过早影响产量，过晚则影响品质。如发现花球边缘已散开，则应立即收割。由于花球成熟期不集中，需要分次采收，当入采收期后，每隔4～5 d收1遍。

二、青花菜栽培技术要点

1.品种选择

露地栽培宜选用早熟耐热品种，如里绿、玉冠、绿彗星、早生绿等；设施栽培宜选用耐寒性强的中晚熟品种，如哈依姿、绿族、宝石、阿波罗、峰绿、矾绿等。

2.育苗、整地定植及田间管理

青花菜育苗、定植和田间管理方法均可参照花椰菜。不同的是青花菜需肥较多，特别是顶、侧花球兼用种和中晚熟品种，生长期和采收期都较长，消耗养分更多，生育期间要多次追肥。一般在缓苗后10～15 d追第一次肥，每667 m^2 施尿素10 kg，磷酸二铵15 kg；顶花蕾出现时追第二次肥，每667 m^2 施腐熟豆饼50 kg，或优质大粪干1 000 kg；花球膨大期叶面喷施0.05%～0.1%硼砂溶液和0.05%的钼酸铵溶液，减少黄蕾、焦蕾的发生。

顶花球收获后，可根据土壤肥力条件和侧花球生长情况适量追肥，通常应在每次采摘花球后施肥1次，以便收获较大的侧花球和延长收获期，提高产量。一般可采收2～3次侧花球。对于顶花球专用种，在花球采收前，应摘除侧芽；顶、侧花球兼用品种，侧枝抽生较多，一般选留健壮侧枝3～4个，抹掉细弱侧枝，可减少养分消耗。

3.采收

青花菜的适宜采收期较短，必须及时采收。采收太早，花蕾尚未充分发育，花球小，产量低；采收过迟，花蕾松散，变黄，品质变劣。青花菜适时采收的标准是：花球充分长大，花蕾颗粒整齐，不散球，不开花。若在采收前1～2 d灌1次水，能提高产品质量和产量。采收的具体时间以清晨和傍晚为好。

【项目小结】

白菜类蔬菜均用种子繁殖，生长期间需要湿润的气候条件和充足的肥水，对光照要求不严，适宜秋季栽培。春季栽培大白菜、结球甘蓝要防止前期低温造成未熟抽薹；花椰菜和青花菜要防止后期高温强光造成花球松散，变黄。在栽培上，除采收花球及菜薹（花茎）者以外，要避免先期抽薹。

【练习与思考】

一、填空题

1.大白菜根据叶球的形状和生态分类可分为________、________和________三种。

2.大白菜顶生叶的抱合方式有________、________和________三种方式。

3.结球甘蓝按叶球形状可分为________、________和________三种类型。

4.结球甘蓝为________春化型蔬菜，一般以________℃完成春化最快，在适宜的温度范围内，温度越低，通过春化需要的时间越________。

5.花椰菜花球由________、________和________短缩聚合而成。

二、判断题

6. 白菜类蔬菜具有共同的病虫害，生产上应注意轮作。（　）
7. 大白菜为短日照植物，植株需要在短日条件下抽薹开花。（　）
8. 结球甘蓝为须根系，根系发达，入土深。（　）
9. 结球甘蓝的适应性比大白菜弱，喜温和冷凉的气候，不耐炎热。（　）
10. 花椰菜茎中空主要是由于茎叶生长期遭遇高温引起的。（　）

三、简答题

11. 白菜类蔬菜生物学特性和栽培技术上有哪些共同的特性？
12. 大白菜进行垄作有哪些优越性？需要注意哪些方面？
13. 品种冬性强弱对春甘蓝栽培有什么影响？如何避免春甘蓝的未熟抽薹？
14. 花椰菜的主要生理性病害有哪些？原因是什么？
15. 花椰菜花球的形成对温度有何要求？

【能力评价】

在教师的指导下，以班级或小组为单位进行大白菜、结球甘蓝和花椰菜的生产实践。实践活动结束后，分小组、学生个人和教师三方共同对学生的实践情况进行综合能力评价，结果分别填入表 7-1、表 7-2。

表 7-1　学生自我评价表

姓名			班级	小组	
生产任务		时间		地点	
序号	自评内容		分数	得分	备注
1	在工作过程中表现出的积极性、主动性和发挥的作用		5 分		
2	资料收集的全面性和实用性		10 分		
3	生产计划制订的合理性和科学性		10 分		
4	品种选择的准确性		10 分		
5	育苗操作的规范性和育苗质量		10 分		
6	整地、施基肥和作畦操作的规范性和熟练程度		10 分		
7	定植操作的规范性和数量的程度		5 分		
8	田间管理操作的规范性和熟练程度		20 分		
9	病虫害诊断与防治的规范性和效果		10 分		
10	采收及采后处理操作的规范性和熟练程度		5 分		
11	解决生产实际问题的能力		5 分		
合计			100 分		
认为完成好的地方					
认为需要改进的地方					
自我评价					

表 7-2　指导教师评价表

指导教师姓名：__________　评价时间：______年______月______日　课程名称：__________

生产任务			
学生姓名		所在班级	

评价内容	评分标准	分数	得分	备注
目标认知程度	工作目标明确，工作计划具体结合实际，具有可操作性	5分		
情感态度	工作态度端正，注意力集中，有工作热情	5分		
团队协作	积极与他人合作，共同完成工作任务	5分		
资料收集	所采集的材料和信息对工作任务的理解、工作计划的制订起重要作用	5分		
生产方案的制订	提出的方案合理、可操作性强，对最终的生产任务起决定作用	10分		
方案的实施	操作规范、熟练	45分		
解决生产实际问题	能够较好地解决生产实际问题	10分		
操作安全、保护环境	安全操作，生产过程不污染环境	5分		
技术性的质量	完成的技术报告、生产方案质量高	10分		
合计		100分		

项目八

根菜类蔬菜生产技术

岗位要求

本项目内容面向的职业岗位是蔬菜生产管理岗，工作任务是能根据根菜类蔬菜的生长发育规律，进行科学有效的生产管理。工作要求是能熟练掌握根菜类蔬菜生产管理技术，包括品种选择、作畦技术、播种技术、肥水管理技术、采收技术。能及时发现并解决好出苗不齐、先期抽薹、生理病害等常见技术问题，帮助农户实现优质高产。

知识目标

了解萝卜、胡萝卜、根用芥菜、牛蒡生物学特性及其与栽培的关系。掌握萝卜、胡萝卜、根用芥菜、牛蒡的播种技术、肥水管理技术，以及肉质根生理障碍的防治技术。

能力目标

熟练掌握萝卜、胡萝卜、根用芥菜、牛蒡的作畦、播种、间苗、除草、肥水管理、采收等技能。

根菜类蔬菜是指由直根膨大而形成肉质根的一类蔬菜，包括萝卜、胡萝卜、根用芥菜、芜菁、芜菁甘蓝、辣根、根芹菜、牛蒡、根甜菜等。根菜类蔬菜较耐贮存，是供应北方地区冬春季市场的重要蔬菜种类，也是腌制加工业的重要原料。

子项目8-1　萝卜

任务分析

萝卜又名莱菔、芦菔，起源于中国，是十字花科萝卜属一二年生草本植物，为北方秋、冬季的主要蔬菜。北方选用不同品种搭配不同栽培方式，可以实现四季栽培、周年供应。萝卜耐贮运，也是作为出口创汇的重要蔬菜之一。

任务知识

一、生物学特性与栽培的关系

1.形态特征

(1)根　萝卜的主根可深入土层1 m以上，多数侧根集中分布在20～40 cm的耕作层内。肉质根由下胚轴和部分胚根膨大而成，在外部形态上分为根头、根颈和真根三部分(图8-1)。

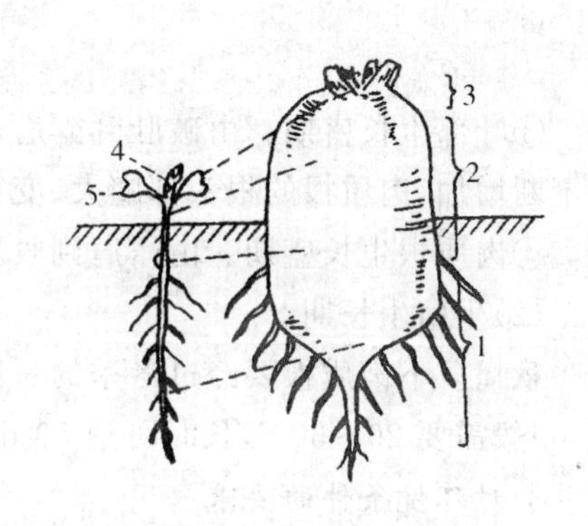

图8-1　萝卜肉质根的外部形态

1.根　2.根颈　3.根头部　4.第一真叶　5.子叶

(2)茎　营养生长期为短缩茎，叶片簇生其上。生殖生长期抽生花茎，花茎上各叶腋间可抽生侧枝。

(3)叶　营养生长期真叶丛生，有板叶与花叶两类，叶色浅绿、绿或深绿。叶丛伸展，有直立、半直立、平展3类。

(4)花　总状花序，完全花，花瓣4片呈“十”字形，有白色、粉红色、淡紫色等；花萼4片，绿色；雄蕊6枚，4长2短，异花授粉，虫媒花。

(5)果实和种子　长角果，每角果内含种子3～8粒。种子为不规则的圆球形，种皮浅黄色至暗褐色，千粒重7～16 g。种子发芽力可保持5年，但生产上宜用当年新种子直播。

2.生长发育周期

(1)营养生长时期

①发芽期。由种子开始萌动到破心，需5～6 d。

②幼苗期。从破心到破肚，需15～20 d。当幼苗长出4～6片叶时，肉质根开始横向加粗生长，外部的初生皮层因不能相应膨大而开裂，俗称“破肚”(图8-2)，历时5～7 d。

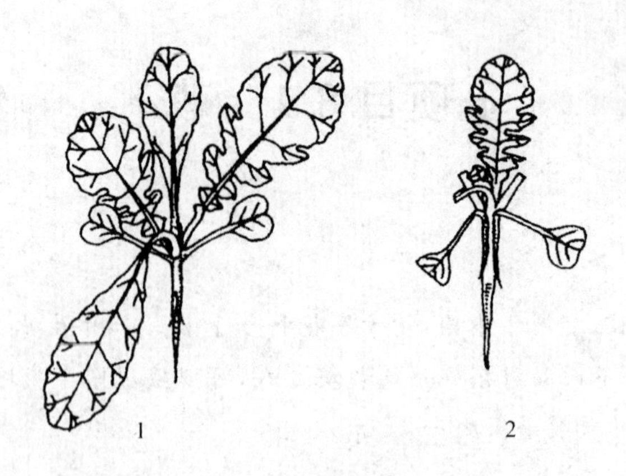

图 8-2 萝卜的破肚

1. 小破肚 2. 大破肚

③叶部生长盛期。由破肚到露肩，需 20～30 d，又称莲座期。随着叶片的迅速生长和叶数的不断增加，肉质根的根头部膨大、变宽，露出地面，如人肩露出，俗称"露肩"。

④肉质根生长盛期。由露肩到收获，需 40～60 d。

(2)生殖生长期

秋播萝卜肉质根要经过冬季的一段休眠期，于第二年春夏抽薹、开花、结实。从现蕾到开花，一般需要 20～30 d，长时可达 50 d 以上，花期 30～40 d，从开花到种子成熟需 30 d 左右。

3. 对环境条件的要求

(1)温度　半耐寒，生长的温度范围是 5～25℃。种子在 3～5℃开始发芽，发芽适温为 20～25℃；幼苗期适应温度范围较广，较耐高温和低温；莲座叶生长适温为 15～20℃；肉质根生长适温为 18～20℃，低于 6℃膨大停止，0℃以下易受冻。一般从种子萌动到苗期或成长的植株均可感受低温，多数品种在 1～10℃，经过 10～30 d 即可通过春化阶段。

(2)光照　光照充足，光合作用强，同化产物多，肉质根膨大快；光照弱则肉质根膨大缓慢，品质差。属长日照植物，在低温、长日照的条件下完成阶段发育。

(3)水分　不耐干旱，也不耐湿，对水分要求较严格。肉质根膨大期，土壤干湿不匀、水分过多或不足均易引起生理病害。适宜土壤湿度为 65%～80%，空气湿度为 80%～90%。

(4)土壤和营养　土壤以土层深厚、疏松肥沃、保水力强而排水良好的沙壤土为最适宜，pH 6～7。对三要素的需要量以钾最多，氮次之，磷最少，吸收比例约为 11∶10∶3。施肥应以有机肥为主，并注意氮、磷、钾肥的配合。

二、类型与品种

1. 秋冬萝卜

夏末秋初播种，秋末冬初收获，生长期 60～120 d，多为大型或中型品种，生长季节最适宜，产量高，品质好，耐贮藏。品种有天津卫青、鲁萝卜 1 号、豫萝卜 1 号、三白萝卜、潍县青萝卜、满堂红、武青 1 号、武杂 3 号、宁红萝卜、合肥青、北京心里美等。

2.冬春萝卜

晚秋至初冬播种，露地越冬，翌年2～4月份收获。主要适宜长江流域等冬季不太寒冷的地区栽培。耐寒性强，抽薹晚，不易空心。品种有浙江的洋红萝卜，冬春1号、冬春2号、四月白、春不老萝卜、蓬莱春萝卜、宁白三号等。

3.春夏萝卜

3～4月份播种，4～5月份收获，生长期40～70 d。多为中型品种，产量较低，栽培不当易抽薹。品种有白玉春、鲁春萝卜1号、富春大根、春红1号、春红2号、春萝1号、泡里红、南农四季红1号和2号、南京五月红、北京六缨水萝卜、春白2号等。

4.夏秋萝卜

夏季播种，秋季收获，生长期40～70 d。较耐湿热，抗病虫能力强，不易糠心，生长期短。品种有南京中秋红、伏抗萝卜、广州短叶13号、夏抗40天等。

5.四季萝卜

露地除严寒酷暑季节外，随时可以播种。多为小型萝卜，生长期极短，适应性强。品种有上海小红萝卜、南京扬花萝卜、江津胭脂萝卜等。

三、生产季节

萝卜的栽培季节在不同地区差别很大。长江流域以南，几乎四季均可露地栽培；北方大部分地区可春、夏、秋三季栽培，以秋冬萝卜为主要栽培茬次；东北北部及西北高寒地区一年只能种一季，华北地区利用设施可进行周年栽培。

工作任务　秋萝卜生产技术

任务说明

任务目标：掌握秋萝卜的选地、品种选择、施肥整地、播种、田间管理、采收技术。

任务材料：萝卜种子、菜地、肥料、农药、生产用具等。

任务方法与要求：在教师的指导下，分班或分组完成一定面积的秋萝卜生产任务。

工作流程

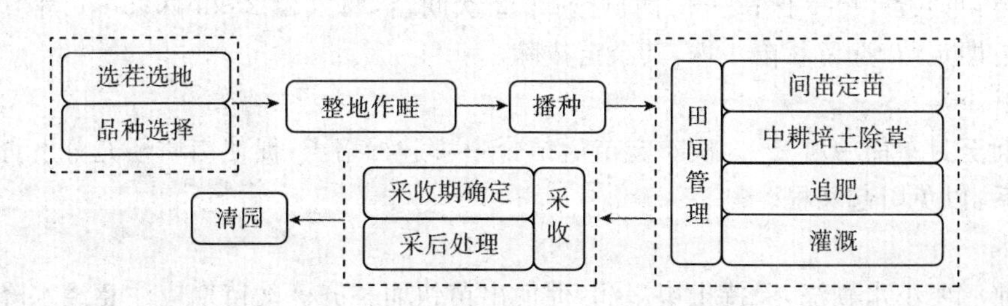

子任务一　选茬选地

与非十字花科蔬菜轮作，前茬以瓜类、葱蒜类、茄果类、豆类蔬菜为好，实行粮菜轮作的前茬可选小麦、大豆、玉米等。应选择土层深厚疏松，排水良好，肥沃，中性或微酸性的沙壤土。

子任务二　品种选择

选择秋冬萝卜类型，主要品种有天津卫青、鲁萝卜1号、豫萝卜1号、三白萝卜、潍县青萝卜、满堂红、武青1号、武杂3号、宁红萝卜、合肥青、北京心里美等。

子任务三　整地作畦

1. 整地

前茬收获后应及时清园，深耕细耙，每667 m^2 施腐熟厩肥3～5 m^3，复合肥25～30 kg。耕深25～30 cm。耕翻后的土壤要求疏松细碎，没有砖瓦、石块等。

2. 作畦

多采用高垄栽培，垄高20～25 cm，垄距60～70 cm。

子任务四　播种

1. 播种时期

露地栽培以秋播为主，北方地区一般在7月底至8月初，黄河及淮河流域，在立秋前后3 d为播种适期。在江淮之间，以立秋至处暑为播种适期，在地区上越向南，播种期相应推迟，长江以南地区则应在处暑以后播种为宜。黄淮地区，夏秋萝卜于6月中旬至7月下旬播种，8月中旬至9月份收获，也可在国庆节前后上市；春萝卜于3月下旬至4月中旬播种，5月份收获。

2. 播种方法

均采用直播法。穴播或条播。播种时若土壤干燥，可先浇水，待水渗入土中后再播种。穴播是按株距开穴，每穴播种子5～8粒，种子要散开一些，播后覆土2～3 cm，并稍加镇压。条播是在垄背中间开浅沟，均匀地将种子播入沟内，播后覆土镇压。大型品种一般行距40～50 cm，株距30～40 cm；中型品种行距20～25 cm，株距15～20 cm；小型品种行株距10～15 cm见方。

子任务五　田间管理

1. 间苗和定苗

做到早匀苗，多间苗，晚定苗，选留壮苗，拔除劣、弱、病、杂苗。当第1片真叶展开时进行第1次间苗，每穴留4～5株；2～3片真叶时第2次间苗，每穴留2～3株；5～6片真叶时进行第3次间苗即定苗，选留壮苗1株，其余苗拔除。

2. 中耕除草

幼苗期至封垄前中耕2～3次。定苗后结合中耕进行培土，促使肉质根充分发育。中耕时勿伤及根系，以免引起叉根。

3. 浇水

出苗前后要小水勤浇，保持土壤湿润，促使出苗快而整齐。幼苗期应注意浇水降温。叶生长盛期一般掌握地不干不浇水，地发白时再浇水的原则。肉质根生长盛期需水量最大，应及时均匀地供应充足的水分，保持土壤经常湿润，切忌忽干忽湿。根生长后期适量浇水，以减少糠心，提高耐贮性。

4.追肥

定苗后结合浇水进行第1次追肥，一般每667 m^2 追施复合肥10～15 kg或腐熟豆饼50～100 kg，在植株两侧开沟施下，施后盖土。露肩及肉质根膨大盛期再各追肥1次，每次每667 m^2追施尿素15～20 kg，磷酸二氢钾10 kg。

5.病虫害防治

主要有病毒病、霜霉病、黑斑病、黑腐病等。黑斑病可用50%异菌脲可湿性粉剂1 000倍液，或58%甲霜灵·锰锌可湿性粉剂500倍液喷雾防治；黑腐病可用47%加瑞农可湿性粉剂900倍液，或77%可杀得可湿性粉剂600倍液，或14%络氨铜水剂350倍液喷雾防治。每7～10 d喷1次，连喷2～4次。

子任务六 采收

当肉质根充分膨大，叶色转淡渐变黄绿时为收获适期。应选晴天采收，收后立即削去顶部叶片，以减少水分蒸发和发芽糠心，要轻放，不可碰伤。

子项目8-2 胡萝卜

任务分析

胡萝卜别名红根、黄萝卜、丁香萝卜等，属伞形科1～2年生草本植物，我国南北方均有种植，已成为世界胡萝卜第一生产国和主要出口国。

任务知识

一、生物学特性与栽培的关系

1.形态特征

(1)根 深根性，深度可达2 m以上，水平伸展1～1.5 m，主要根系分布在20～90 cm土层内，较耐旱。

(2)茎 营养生长期短缩茎上着生叶丛，通过阶段发育后抽生花茎，花茎分枝能力极强，主茎各节皆可抽生侧枝，侧枝上又生次侧枝。

(3)叶 三回羽状复叶，叶柄细长，叶色浓绿，叶面积小，密生茸毛，耐旱。

(4)花 复伞形花序，每个花序上有上千朵小花，完全花，白色或淡黄色。虫媒花，易天然杂交。

(5)果实和种子 双悬果，黄褐色，果皮革质，有油腺，纵棱上密生刺毛。种胚小，常发育不良，出土能力弱，发芽率较低。

2.生长发育周期

(1)营养生长时期

①发芽期。由种子开始萌动到真叶露心，需10～15 d。

②幼苗期。从真叶露心到第5～6片叶展开，约需25 d。

③叶生长盛期。从5～6片叶展开到肉质根开始膨大，约需30 d。

④肉质根膨大期。从肉质根开始膨大到收获，需50～60 d。

(2)生殖生长期

秋播胡萝卜为2年生，收获后贮藏越冬时通过春化阶段，翌春定植于采种田，在长日照条件下通过光照阶段，抽薹、开花结实。春播胡萝卜，当年即可开花结实。

3.对环境条件的要求

(1)温度　半耐寒，耐寒及耐热能力均强于萝卜，可以比萝卜提早播种和延后收获。4～6℃时种子即可萌动，发芽适温为18～25℃，幼苗期适应性强，能耐－3～－2℃的低温和28～30℃的高温。叶生长适温为23～25℃，肉质根膨大适温为白天18～23℃，夜间13～18℃，胡萝卜为绿体春化型蔬菜，即植株长到一定大小时，在2～6℃经过50～100 d通过春化阶段。

(2)光照　喜光，光照充足，光合作用强，肉质根膨大快；光照不足，植株生长势弱，肉质根膨大慢，产量低，品质差。长日照植物，14 h以上的长日照通过光照阶段。

(3)水分　耐旱，适宜的土壤湿度为60%～80%。发芽期和肉质根膨大盛期要求土壤湿度较高，过于干燥不利肉质根的发育且易产生糠心。

(4)土壤和营养　适宜土层深厚、土质疏松、排水良好的沙壤土或壤土，pH 6～8。胡萝卜生长期长，应以迟效的基肥为主，三要素中对钾肥的需要量最大。

二、类型与品种

1.长圆柱形

根细长，肩部粗大、先端钝圆，晚熟。品种有新黑田五寸、红誉五寸、菊花心、上海长红、扬州红1号、三红胡萝卜等。

2.长圆锥形

根细长，先端尖，味甜，耐贮藏，多为中、晚熟。品种有烟台五寸、汕头红、天津新红、北京鞭杆红、黄胡萝卜等。

3.短圆锥形

根短，中、早熟，春栽抽薹迟，产量低。品种有烟台三寸、江苏四季胡萝卜、红福四寸等。

三、生产季节

分春、秋两季栽培，以秋季栽培为主。胡萝卜幼苗生长缓慢，秋播时间应比萝卜早。东北及高寒地区一般在6月份开始播种，西北及华北地区多在7月上中旬播种，长江中下游地区一般在7月下旬至8月上旬播种。

工作任务1　秋胡萝卜生产技术

任务说明

任务目标：掌握秋胡萝卜的选地、品种选择技术、施肥整地技术、播种技术、田间管理技术、采收技术。

任务材料：胡萝卜种子、菜地、肥料、农药、生产用具等。

任务方法与要求：在教师的指导下，分班或分组完成一定面积的秋胡萝卜生产任务。

工作流程

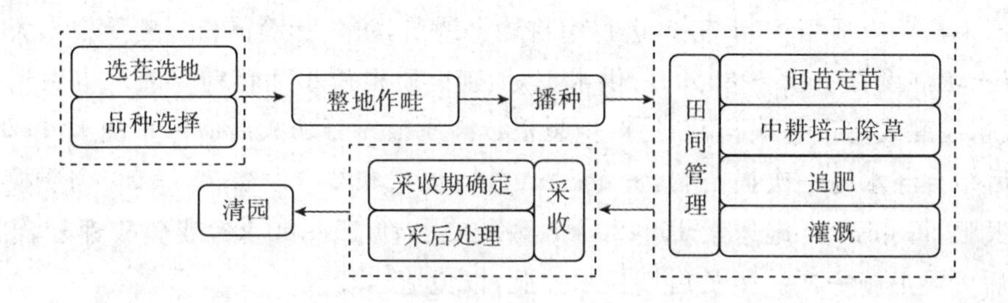

子任务一　选茬选地

适宜前茬为甘蓝、番茄、黄瓜、大蒜、洋葱、菜豆、豇豆及小麦、豌豆等。应选择土层深厚、土质疏松、排水良好的沙壤土或壤土种植。

子任务二　品种选择

应选择高产、优质的品种，如三红七寸参、黑田五寸参、改良新黑田五寸、美冠、保冠、郑参一号、顺直三红等。

子任务三　整地作畦

1. 整地

前茬收获后及时整地施基肥，每667 m^2 施腐熟有机肥2～3 m^3，复合肥50 kg，并施入硼砂2～3 kg，硫酸锌2 kg。施肥后深翻30 cm，耙细搂匀，使土质细碎，地面平整，肥土混合均匀，无石块、砖头、大坷垃及其他杂物。

2. 作畦

采用平畦或高垄均可，但以高垄栽培为宜，高垄栽培一般垄距50～60 cm，高15～20 cm，垄面宽40 cm，每垄播2行。

子任务四　播种

可干籽直播，也可浸种催芽后播种。采用条播，按15～20 cm行距开深3 cm的浅沟，播前掺种子量3倍左右的细土或草木灰混播，每行播幅5～7 cm，播后覆土1～1.5 cm，稍加镇压。每667 m^2 用种量为1 kg左右。在畦面上盖一层麦秆，既遮阴保湿又防雨。

子任务五　田间管理

1. 间苗、中耕、除草

在播后苗前用都尔、拉索、氟乐灵、地乐胺、扑草净、施田补等除草剂，可防除多种一年生杂草。苗期施用盖草能、拿捕净等，可防除单子叶杂草，阔叶杂草人工拔除。

1～2 片真叶时进行第 1 次间苗，苗距 3 cm 左右；3～4 片真叶时第 2 次间苗，苗距 5～6 cm；5～6 片真叶时定苗，株距 10～15 cm。间苗后要浅中耕，疏松表土，拔除杂草。封垄前，每次浇水后或大雨后进行中耕培土，即将封垄时将土培至根头，以防根部外露出现青头。

2. 肥水管理

出苗期如遇高温干旱，应连续浇水 2～3 次，保持土壤经常湿润，以利于苗齐苗壮。幼苗期前促后叶部生长期应适当控制浇水，进行中耕培土蹲苗，防止叶簇徒长。肉质根膨大期应及时灌水，保持土壤湿度在 60%～80%，若供水不足，则肉质根瘦小而粗糙。灌水应做到轻、匀、适量，切忌大水漫灌或忽干忽湿，否则易产生裂根。肉质根充分膨大后应停止浇水，以防烂根。

定苗后结合浇水施一次提苗肥，每 667 m^2 施入尿素和复合肥各 7.5 kg。肉质根开始膨大时追施膨根肥，每 667 m^2 施尿素 15～20 kg、磷酸二氢钾 15～20 kg，或硫酸钾复合肥 20 kg，15～20 d 后可再追施一次。生长后期控水控肥，以免造成裂根。

3. 病虫害防治

防治技术参照"工作任务 1　秋萝卜生产技术"。

子任务六　采收

秋胡萝卜采收不宜过早，应在肉质根充分肥大成熟后采收，成熟时一般表现为心叶呈黄绿色，外叶稍有枯黄，直根肥大的地面出现裂纹，有的根头稍露出地面。收获太早，影响产量和品质；收获过晚，肉质根容易受冻，组织硬化，品质变劣。应在土壤上冻前收获完毕。

工作任务 2　春胡萝卜生产技术

任务说明

任务目标：掌握春胡萝卜的选地、品种选择技术、施肥整地技术、播种技术、田间管理技术、采收技术。

任务材料：胡萝卜种子、菜地、肥料、农药、生产用具等。

任务方法与要求：在教师的指导下，分班或分组完成一定面积的春胡萝卜生产任务。

工作流程

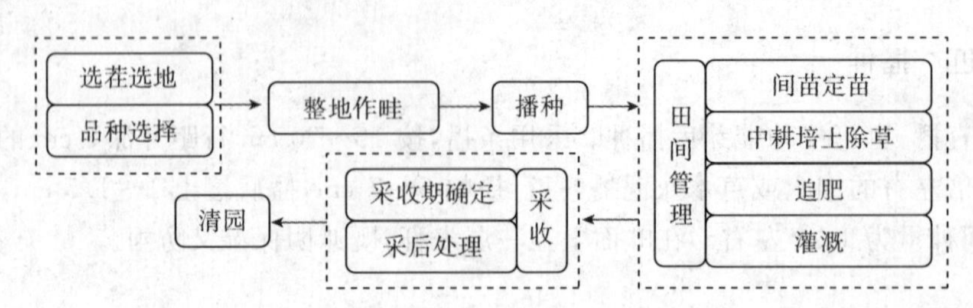

子任务一　选茬选地

春胡萝卜前茬一般为菠菜、不结球白菜、秋甘蓝等。以选择土层深厚、土质疏松、排水良好的沙壤土或壤土种植为宜。

子任务二　品种选择

选用早熟、耐寒、春季栽培不易抽薹的品种。如新黑田五寸人参、红誉五寸、四季胡萝卜、京红五寸、春早红 2 号等。

子任务三　整地作畦

参照“工作任务 1　秋胡萝卜生产技术”。

子任务四　播种

春胡萝卜播种期较为严格，播种过早易抽薹，播种过晚不利于肉质根生长，可在白天平均温度 10℃、夜间平均温度 7℃、5 cm 土层温度稳定在 6～8℃以上时播种。一般华北地区在 3 月下旬至 4 月初播种；西北、东北等高寒地区可在 4 月下旬至 5 月上中旬播种，华中在 3 月上旬播种。春胡萝卜生长量相对较小，适当增加密度，行株距为 12～14 cm。

子任务五　田间管理

1. 中耕除草与间苗

参照“工作任务 1　秋胡萝卜生产技术”。

2. 肥水管理

前期以增温保湿为主，在保证土壤不干旱的情况下应少浇水，一般追肥 2～3 次，在定苗后 5～7 d，结合浇水每 667 m^2 追施复合肥 15 kg，浇水量要小。叶片旺盛生长期适当控水蹲苗，防止叶簇徒长。肉质根膨大期加大肥水管理，露肩及肉质根肥大盛期结合浇水追肥，每667 m^2 追施三元复合肥 25 kg、硫酸钾 10 kg。浇水应避开中午高温时期。膨大期由于浇水或雨水冲刷等，肉质根顶部容易露出地面形成青肩，应及时培土。

子任务六　采收

春胡萝卜要适时收获，过早影响产量和品质，过晚肉质根发硬，商品性下降。采收后放入 18℃左右的室内阴凉通风处保存，延长上市时间，也可采收后贮存于 0～3℃冷库内，供应整个夏季市场。

子项目 8-3　根用芥菜

任务分析

别名芥疙瘩、大头菜等，原产于中国，属十字花科二年生蔬菜，南北各地种植普遍，根用芥菜适宜与其他作物进行间作、套作。产品以腌渍加工为主，也可鲜食。

任务知识

一、生物学特性与栽培的关系

1. 形态特征

直根系，根群主要分布在 30 cm 的耕层内，肉质根的根头部分比较大，形状有圆柱形、圆锥形和近圆球形三类；营养生长期茎短缩，进入生殖生长期后花茎伸长并能产生分枝；叶椭圆形或倒卵圆形，全缘或具不同深浅的缺刻，叶色为深绿、绿、绿间紫或紫色，叶片较薄，叶面粗糙；完全花，果实为长角果，成熟后易开裂。种子小，红褐色，千粒重 1～2 g。

2. 生长发育周期

整个生育期 80～120 d，营养生长期分为发芽期、幼苗期、叶生长盛期及肉质根肥大期。根用芥菜属于种子春化型蔬菜，一般在 15℃以下经历 10～20 d 即可通过春化阶段，然后在 12 h 以上长日照条件下通过光照阶段，进而抽薹、开花、结籽，完成生殖生长阶段。

3. 对环境条件的要求

喜冷凉湿润的气候，耐寒力强，能耐短期霜冻，生长适温为 15～20℃，肉质根膨大要求月平均温度 10～20℃和较大的昼夜温差。要求充足的光照，否则产量低，品质差。较耐旱。以选择富含有机质、土层深厚、疏松透气的黏壤土栽培为最好，在生长期除供应一定的氮、磷肥外，肉质根肥大期要增施一定的钾肥。

二、栽培类型与品种

1. 圆柱根型

肉质根圆柱形，长 16～18 cm，横径 7～9 cm，上下大小基本接近。如小叶大头菜、荷包大头菜等。

2. 圆锥根型

肉质根长 12～20 cm，横径 8～11 cm，上大下小，类似圆锥。如济南辣疙瘩、襄樊大头菜等。

3. 近圆球根型

肉质根长 9～11 cm，横径 8～12 cm，纵横径基本接近。

三、生产季节

根用芥菜多为秋播，东北和西北地区 7 月上中旬播种，10 月上中旬收获；华北和淮河以北地区 7 月下旬至 8 月上旬播种，10 月下旬至 11 月中旬收获。

工作任务　根用芥菜生产技术

任务说明

任务目标：掌握根用芥菜的选地、品种选择技术、施肥整地技术、播种技术、田间管理技术、采收技术。

任务材料：根用芥菜种子、菜地、肥料、农药、生产用具等。

任务方法与要求：在教师的指导下，分班或分组完成一定面积的根用芥菜生产任务。

工作流程

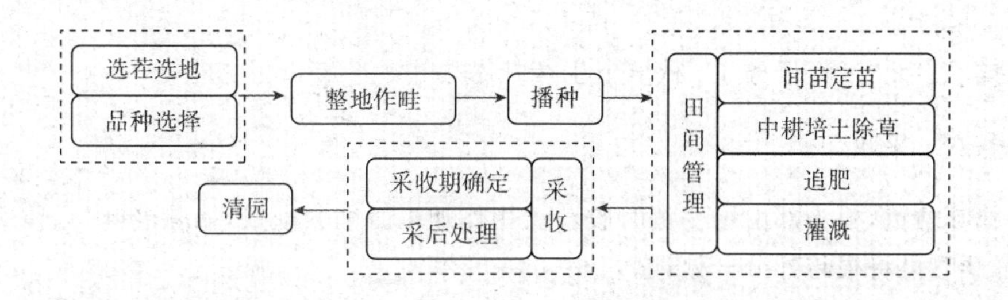

子任务一　选茬选地

前茬以瓜类、豆类、马铃薯、麦茬地为宜，要避免与十字花科作物连作，以减轻病害的发生。以选择富含有机质、土层深厚、疏松透气的黏壤土栽培为宜。

子任务二　品种选择

可选择小叶大头菜、缺叶大头菜、荷包大头菜、济南辣疙瘩、襄樊大头菜等品种。

子任务三　整地作畦

前茬作物收获后立即清除田间残株、杂草，耕翻晒垡。整地时要求土地平整、土壤细碎，以保全苗，促壮苗。一般每 667 m^2 施腐熟农家肥 2～3 m^3、过磷酸钙 40 kg，结合耕地施入。一般采用小高垄栽培，行距 45 cm，垄高 10～15 cm，垄背宽 18～20 cm。

子任务四　播种与育苗

多直播，播种时，先顺垄背划沟，深 3～4 cm，再顺沟浇水、播种，最后覆土耙平。覆土不宜过厚，以 1.5～2 cm 为宜。一般每 667 m^2 用种量为 170～200 g。

秋播为避免前期高温危害或接茬紧时，可育苗移栽。育苗时做成高畦，每平方米撒播种子 0.4～0.6 g，一般播后 25～30 d，具有 5～6 片真叶时即可定植。幼苗要带土移栽，并使直根垂直于定植穴中央，不扭曲，不受损伤，埋土不超过短缩茎处，以避免歧根的产生。

子任务五　田间管理

1.间苗和定苗

幼苗出土后生长迅速，要及时间苗。第 1 次间苗在第 1 片真叶展开时进行，苗距 3 cm，

3片真叶展开时定苗,保留子叶平展、符合品种特征、根茎长短适中、大小一致的壮苗。种植密度因品种而异,一般行距45~60 cm,株距25~30 cm。

2.中耕除草

从幼苗出土至封垄前一般中耕除草2~3次,以保持土壤疏松、保持水分。

3.肥水管理

播后至幼苗期保持垄面湿润,防止高温天气灼伤根系。高温时浇水宜在早晚进行。定苗或定植缓苗后,每667 m^2 追施尿素10~15 kg,然后浇透水。此后进行适当蹲苗,浇水不宜勤,保持土壤见干见湿。肉质根开始膨大时进行第二次追肥,每667 m^2 施尿素20 kg、氯化钾10 kg,追肥后结合中耕适当培土扶垄,然后浇水。以后每隔7~10 d浇1次水,以保持土壤湿润。在肉质根膨大盛期再追一次肥,加速肉质根膨大。

4.病虫害防治

防治技术参照“工作任务1　秋萝卜生产技术”。

子任务六　采收

当基部叶枯黄,根头部由绿变黄时收获。用作加工时削去须根,摘除老叶,只留7~8片嫩叶;用作鲜菜时可将根与叶分开处理。

子项目8-4　牛　蒡

任务分析

牛蒡,别名东洋萝卜、白肌人参、树根菜、蝙蝠刺、大力子,原产于亚洲及北欧,属菊科牛蒡属二年生草本植物。牛蒡属于高档保健食品,在国内外市场越来越受到青睐,全国各地栽培面积在不断扩大。

任务知识

一、生物学特性与栽培的关系

1.形态特征

根圆柱形,根长因品种而异,一般为30~100 cm,直径2~3.5 cm,根表皮粗,近于黄褐色,肉质为灰白色。茎直立而粗壮,株高1~2 m。叶片大,互生,心脏形,淡绿色。管状花,紫红色,一般5~6月份抽薹,7~8月份开花,虫媒花,开花后30~40 d果实成熟。瘦果,灰黑色,长纺锤形,千粒重11.2~14.4 g,发芽年限2~3年。

2.对环境条件的要求

喜温暖湿润的气候,耐热又耐寒。种子发芽最低温度为10℃,最适温度为20~25℃,低于15℃或超过30℃发芽率降低。生长最适温度为20~25℃。地上部耐热力强,但不耐寒,气温低于3℃时茎叶很快枯死。根部耐寒性强,可耐-20℃低温,越冬后可重新萌生新叶。牛蒡属绿体春化型蔬菜，根茎直径达 1 cm 以上，在 5℃低温下经 140 h 通过阶段发育，在 12 h 以上的长日照下即抽薹开花。生长期需较强光照。忌湿，要求土壤深厚、肥沃疏松、排水良好，适宜 pH 为 6.5～7.5。忌连作。

二、类型与品种

1. 长根种

肉质根长锥形，长 70～100 cm，多为中晚熟，植株高大，生长势强，要求土层深厚。品种有柳川理想、山田早生、松中早生、渡边早生、白肌大长等。

2. 短根种

肉质根短纺锤形，两头尖，中间粗，长 30～35 cm，适宜加工制罐，多为早熟种，植株矮小。品种有大浦、梅田等。

三、生产季节

分春、秋两茬栽培，以春季栽培为主。春茬在 3 月下旬至 4 月上旬播种，7 月上旬采收。秋茬在 8 月上旬至 9 月初播种，温暖地区 12 月份采收，北方需覆盖越冬，翌年 5 月份采收。

工作任务　牛蒡生产技术

任务说明

任务目标：掌握牛蒡的选地、品种选择技术、施肥整地技术、播种技术、田间管理技术、采收技术。

任务材料：牛蒡种子、菜地、肥料、农药、生产用具等。

任务方法与要求：在教师的指导下，分班或分组完成一定面积的牛蒡生产任务。

工作流程

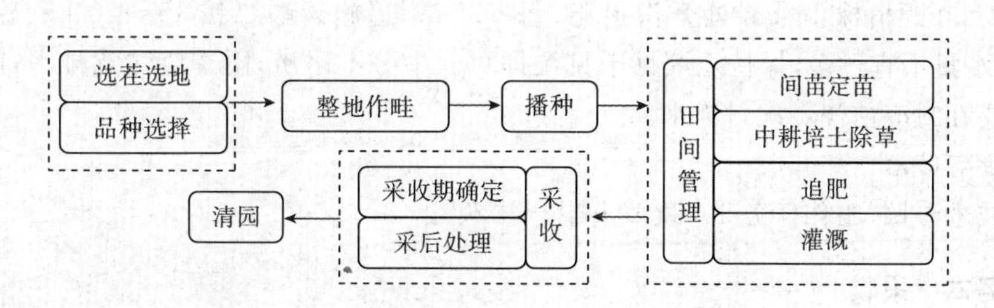

子任务一　选茬选地

牛蒡忌连作，前茬以禾谷类、油菜、蚕豆等作物为宜。应选择土壤深厚、肥沃疏松、排灌良好、富含有机质的沙壤土地块种植，并要求地势高燥，田间不积水。

子任务二　品种选择

可选择的品种有柳川理想、山田早生、松中早生、渡边早生、白肌大长等，加工制罐可选择大浦、梅田等。

子任务三　整地作畦

整地时底肥要施足，并集中施入种植沟内。按行距 70～75 cm 挖沟，沟宽 30～40 cm，深 80～100 cm，生、熟土分开。每 667 m^2 施腐熟有机肥 3～5 m^3、磷酸二铵 50～75 kg、硫酸钾 30～50 kg、尿素 15～20 kg。分层施肥，熟土在上，肥、土均匀回填后，顺沟浇 1 遍大水沉实土壤，待墒情适宜时起垄备播。垄宽 20～30 cm，高 10～15 cm。

子任务四　播种

播种前晒种 4～6 h，然后浸种催芽。用 50～55℃温水浸泡 20 min，常温下再浸泡 6～8 h，淘洗后用湿布包好，置于 25℃条件下催芽，待种子露白后播种。也可干籽直播。

采用穴播或条播。在垄中间开深 3 cm 的沟，沟内适量浇水，待水下渗后播种，覆土厚度 1.5～2 cm，播后盖地膜保温保湿，以利于苗齐苗壮。

子任务五　田间管理

1. 间苗和定苗

幼苗 2～3 片真叶时第 1 次间苗，5～6 片真叶时定苗，苗距 8 cm 左右，间除过小株、过旺株及畸形株。

2. 中耕除草和培土

牛蒡幼苗生长缓慢，应及时中耕除草。封垄前中耕时向根部培土。

3. 肥水管理

一般需追肥 3 次。第 1 次在定苗后，在垄顶开浅沟追施尿素，每 667 m^2 追施 10～15 kg；第 2 次在植株旺盛生长期，每 667 m^2 追施尿素 10～15 kg，结合浇水撒入垄沟内；第 3 次在肉质根膨大期，在距植株 10 cm 处开沟追肥，每 667 m^2 追施磷酸二铵 15～20 kg、硫酸钾 5～10 kg。灌水量不宜过多，保持土壤见干见湿即可。牛蒡不耐涝，雨季应注意排水，防止烂根。秋播牛蒡要在封冻前浇 1 次封冻水。

4. 病虫害防治

防治技术参照“工作任务 1　秋萝卜生产技术”。

子任务六　采收

牛蒡播种后 100～130 d，地上部叶片老化时便可收获。采收时，把叶片割掉，留 10～15 cm长的叶柄，在根的侧面挖至根长的一半时，即可用手拔出，要防止折断和损伤，收后去掉泥土，进行分级打捆，上市或加工出口。

【拓展知识】

根菜类蔬菜生理病害与预防

1. 叉根

叉根是指肉直根生长点遭到破坏或其生长受到抑制，从而引起侧根生长膨大。生产中应选用新种子播种；选择土层深厚的田块，并尽可能在沙质壤土中种植；深耕土地，高畦栽培，拣除土中的石块、瓦片等影响主根下扎的障碍物；施用充分腐熟的有机肥，施肥应合理并施匀；及时防治地下害虫，使主根免受伤害。

2. 裂根

生长中后期较常见，表现为肉质根开裂，内部组织外露。防止裂根应均衡供应水分，特别在肉质根膨大阶段，土壤应保持湿润，做到既不过干也不过湿。

3. 糠心

萝卜糠心是指在生长后期，肉质根中心部分时常发生空洞的现象。防止糠心应适时播种，加强肥水管理，保持土壤湿度均匀，避免忽干忽湿，合理施肥，重点增施钾肥，避免单一施用大量氮肥。

4. 辣味

主要是由于炎热、干旱或有机肥不足时，肉质根中芥辣油含量增加所致。夏季栽培应注意遮阴，施足底肥，加强管理，增施磷、钾肥，避免干旱。

【项目小结】

根菜类蔬菜主要有萝卜、胡萝卜、根用芥菜、牛蒡等。根菜类蔬菜喜冷凉气候，最适宜栽培的季节为秋季，春季栽培需防止未熟抽薹现象。大多数根菜采用直播。根菜类蔬菜产品器官均为肥大的肉质直根，适于土层深厚、排水良好、疏松肥沃的壤土或沙壤土栽培，并需深翻细耙，精细整地。基肥以有机肥为主，应充分腐熟后均匀施入，追肥生长前期以氮肥为主，肉质根膨大期注意氮、磷、钾配合，并适当增施钾肥，有利于提高品质。封垄前要多次中耕，以保证土壤疏松透气，肉质根膨大期水分供应要均匀，应经常保持地面湿润，避免高温和干旱。根菜类蔬菜生产过程中应防止叉根、裂根等生理病害。主要病害有病毒病、霜霉病、黑腐病等，主要虫害有菜青虫、菜蛾、蚜虫、蛴螬等。

【练习与思考】

一、填空题

1. 萝卜属于半耐寒蔬菜，生长温度范围是________，肉质根生长适温为________，一般从________均可感受低温，属于________春化型。春季播种过早易发生________。

2. 胡萝卜一般分________、________两季栽培，以________栽培为主。

3. 萝卜宜在________时进行第1次间苗，每穴留________株；________时第2次间苗，每穴留________株；________时进行第3次间苗即定苗，选留壮苗1株，其余苗拔除。

4. 根菜类蔬菜生理病害主要有________、________、________、________等。

5. 牛蒡多采用穴播或________。在垄中间开沟，沟深________cm，沟内适量浇水，待水下渗后播种，覆土厚度________cm，播后盖地膜保温保湿，以利苗齐苗壮。牛蒡一般在播种后________d，地上部叶片________时便可收获。

二、判断题

6. 根菜类蔬菜都应采取直播，不能育苗移栽。（　　）
7. 萝卜属于绿体春化型蔬菜。（　　）
8. 胡萝卜分叉是因为主根生长受阻或损伤。（　　）
9. 胡萝卜耐热性及耐寒性均强于萝卜。（　　）
10. 胡萝卜以果实做播种材料。（　　）

三、问答题

11. 简述秋萝卜栽培关键技术。
12. 造成胡萝卜出苗不齐的原因是什么？如何防治？
13. 简述根用芥菜苗期管理要点。
14. 简述牛蒡播种技术要点。
15. 如何防止萝卜生产中的叉根、裂根、糠心现象？

【能力评价】

在教师的指导下，以班级或小组为单位进行萝卜、胡萝卜、根用芥菜、牛蒡的生产实践。实践活动结束后，学生个人和教师对学生的实践情况进行综合能力评价，结果分别填入表 8-1 和表 8-2。

表 8-1　学生自我评价表

<table>
<tr><td>姓名</td><td colspan="2"></td><td>班级</td><td></td><td>小组</td><td></td></tr>
<tr><td>生产任务</td><td></td><td>时间</td><td></td><td>地点</td><td colspan="2"></td></tr>
<tr><td>序号</td><td colspan="3">自评内容</td><td>分数</td><td>得分</td><td>备注</td></tr>
<tr><td>1</td><td colspan="3">在工作过程中表现出的积极性、主动性和发挥的作用</td><td>5 分</td><td></td><td></td></tr>
<tr><td>2</td><td colspan="3">资料收集的全面性和实用性</td><td>10 分</td><td></td><td></td></tr>
<tr><td>3</td><td colspan="3">生产计划制订的合理性和科学性</td><td>10 分</td><td></td><td></td></tr>
<tr><td>4</td><td colspan="3">品种选择的正确性</td><td>10 分</td><td></td><td></td></tr>
<tr><td>5</td><td colspan="3">育苗操作的规范性和育苗质量</td><td>10 分</td><td></td><td></td></tr>
<tr><td>6</td><td colspan="3">整地、施基肥和作畦操作的规范性和熟练程度</td><td>10 分</td><td></td><td></td></tr>
<tr><td>7</td><td colspan="3">定植操作的规范性和熟练程度</td><td>5 分</td><td></td><td></td></tr>
<tr><td>8</td><td colspan="3">田间管理操作的规范性和熟练程度</td><td>20 分</td><td></td><td></td></tr>
<tr><td>9</td><td colspan="3">病虫害诊断与防治的规范性和效果</td><td>10 分</td><td></td><td></td></tr>
<tr><td>10</td><td colspan="3">采收及采后处理操作的规范性和熟练程度</td><td>5 分</td><td></td><td></td></tr>
<tr><td>11</td><td colspan="3">解决生产实际问题的能力</td><td>5 分</td><td></td><td></td></tr>
<tr><td colspan="4">合计</td><td>100 分</td><td></td><td></td></tr>
<tr><td colspan="2">认为完成好的地方</td><td colspan="5"></td></tr>
<tr><td colspan="2">认为需要改进的地方</td><td colspan="5"></td></tr>
<tr><td colspan="2">自我评价</td><td colspan="5"></td></tr>
</table>

表 8-2　指导教师评价表

指导教师姓名：__________　评价时间：______年______月______日　课程名称：__________

生产任务					
学生姓名		所在班级			
评价内容	评分标准	分数	得分	备注	
目标认知程度	工作目标明确，工作计划具体，结合实际，具有可操作性	5 分			
情感态度	工作态度端正，注意力集中，有工作热情	5 分			
团队协作	积极与他人合作，共同完成工作任务	5 分			
资料收集	所采集的材料和信息对工作任务的理解、工作计划的制订起重要作用	5 分			
生产方案的制订	提出的方案合理、可操作性强，对最终的生产任务起决定作用	10 分			
方案的实施	操作规范、熟练	45 分			
解决生产实际问题	能够较好地解决生产实际问题	10 分			
操作安全、保护环境	安全操作，生产过程不污染环境	5 分			
技术文件的质量	完成的技术报告、生产方案质量高	10 分			
合计		100 分			

项目九

葱蒜类蔬菜生产技术

岗位要求

本部分内容面向的职业岗位是蔬菜生产管理岗，工作任务是进行葱蒜类蔬菜的生产管理。工作要求是有效落实生产技术如生产茬口的安排、整地作畦、定植、中耕培土、灌溉施肥、病虫害的识别与诊断及综合防治、采收等。

知识目标

了解葱蒜类蔬菜生物学特性及其与栽培的关系；了解大蒜退化的原因，掌握大蒜二次生长及复壮的方法；了解韭菜、大葱和大蒜的类型和品种及其与栽培方式的关系；掌握韭菜的露地栽培和保护地栽培的技术要点；掌握大葱的露地栽培技术要点；掌握大蒜的露地蒜头、蒜薹栽培的技术要点。

能力目标

熟练进行韭菜、大葱、大蒜、洋葱等蔬菜的育苗操作。能够进行韭菜、大蒜保护地栽培操作。熟练进行蔬菜的定植及田间管理操作。掌握正确的采收方法。能够熟练确定洋葱病虫害情况，采取相应的防治措施。

葱蒜类蔬菜是百合科葱属中以嫩叶、假茎、鳞茎为主要食用器官的2年生或多年生草本植物，包括韭菜、大葱、洋葱、大蒜、韭葱、细香葱、胡葱和南欧蒜等，其中韭菜、大葱、洋葱、大蒜在我国栽培尤为普遍。

子项目9-1　韭菜生产技术

任务分析

韭菜别名韭、起阳草、长生菜等，属于百合科葱属多年生宿根草本植物。原产中国，栽培历史悠久，全国各地均有栽培，除露地栽培外，还利用各种保护设施栽培，四季生产，周年供应。在学习韭菜的栽培过程中，熟悉其生物学特性、生长发育规律，掌握韭菜栽培技术。

任务分析

一、生物学特性与栽培的关系

1. 形态特征

(1)根　弦线状的须根系着生于根状茎的基部或边缘，随着株龄的增加，不断分蘖并在老根状茎的上面形成新的根状茎，而下部的老根逐渐枯死，新老根系更替。这种根系在土壤中的位置逐年向上移的习性，称"跳根"。因此，生产上需不断培土或盖土杂肥，使其根系正常生长。

(2)茎　分为根茎、鳞茎和花茎3种。一年生韭菜根茎以横向增粗为主，成为短缩的根茎，又称茎盘。周围着生须根。根茎的顶端是鳞茎，是由柔嫩的叶鞘层层抱合而成。随着植株的生长，根茎不断地分蘖并向地表延伸发展，分蘖后的根茎成为杈状。当植株长到一定大小，顶芽可分化出花芽而抽生出花薹，长30～50 cm，顶端着生伞形花序。

(3)叶　韭菜叶分为叶身和叶鞘两部分，叶片扁平、狭长、带状，是其主要食用部分。韭菜叶生长在茎盘上，成簇生长，成株有5～9片叶；叶鞘抱合成圆筒状，长5～10 cm，采取遮光、培土等措施，可以生产叶片和叶鞘黄化，组织柔嫩的韭黄。

(4)花　韭菜花为伞形花序，花序上着生小花20～50朵，花冠白色或粉红色。两性花，异花授粉，虫媒花，幼嫩花薹和花均可食用。

(5)果实和种子　韭菜的果实为蒴果，3室，每室有2粒种子，成熟时种子易脱落，所以应及时采收。种子黑色，盾形，腹背面皱纹细，千粒重3 g左右。种子使用寿命多为1年。

2. 生育周期

韭菜是多年生宿根性蔬菜，韭菜从幼苗期后到4～5年内为健壮生长时期，5～6年后多进入衰老期，生理机能衰弱，产量、品质下降。

(1)营养生长期

①发芽期。从种子萌动到第一片真叶出现为发芽期。10～20 d，由于种皮坚硬，子叶弯曲成弓形出土，因此播种时需精细整地，覆盖细土，保持土壤湿润，促其顺利出苗。

②幼苗期。从第1片真叶出现到5～6片叶为幼苗期，80～120 d。此期以根系生长占优势，地上部生长较为缓慢。管理重点是防除杂草滋生，促进幼苗生长。

③营养生长盛期。从5～6片叶之后到花芽开始分化前。腋芽萌动形成分蘖。管理上应加强水肥管理，促进植株生长，增加营养物质积累，增强植株越冬能力。

④越冬休眠期。当外界气温降低到2℃以下时，叶片和叶鞘中的养分开始转运贮存到叶鞘基部、根状茎和根系之中，叶片逐渐枯萎，这个过程称为“回根”。生产上在回根前40 d应停止收割，促进养分积累，以使韭菜安全越冬。

(2)生殖生长期　属绿体春化植物。北方地区4月份播种的韭菜，当年一般不抽薹开花，翌年7月抽薹，8月开花，9月结种子。第二年之后，只要满足低温和长日照条件，每年均能抽薹开花。抽薹开花结果需要消耗大量的营养物质，生产上除采种田外，抽薹后及时采摘花薹，减少养分的消耗。

3.对环境条件的要求

(1)温度　耐寒性蔬菜，在冷凉气候条件下生长良好，对温度适应范围较宽，耐低温，不耐高温。种子发芽适温为15～18℃；12～24℃范围内，适于韭菜产品器官的形成；抽薹开花要求20～26℃。

(2)光照　长日照植物。在中等光照强度条件下生长良好，具有较强的耐阴性。光照过强叶肉纤维素增多；光照过弱则叶片发黄、瘦小、产量降低。

(3)水分　喜湿但不耐涝。要求土壤湿度保持80%～90%。适宜60%～70%的空气湿度。

(4)土壤营养　韭菜对土壤的适应性较强，但是土层深厚、富含有机质、保水保肥力强的土壤最佳。每生产1 000 kg韭菜需要3.69 kg氮(N)，0.85 kg磷(P_2O_5)，3.13 kg钾(K_2O)。

二、类型与品种

依食用器官不同分为根韭、花韭、叶韭和叶花兼用韭4个类型。按叶片宽窄分为宽叶品种和窄叶品种。宽叶品种的叶片宽厚，叶鞘粗壮，品质柔嫩，但香味较淡，易倒伏。窄叶品种的叶片窄长，叶色较深，叶鞘细高，纤维含量稍多，直立性强，味较浓。主要栽培品种有汉中冬韭、791韭菜、竹竿青韭、洛阳勾头韭、红根韭等。

三、栽培制度与栽培季节

有青韭和黄韭之分，在阳光充足的环境下栽培，其叶色鲜绿或浓绿，称之为“青韭”；在严密遮光的环境下栽培，其叶色淡黄，叶片鲜嫩，称之为“韭黄”。

韭菜保护地栽培季节，依当地气候、采用保护地的种类和性能，根株营养“回根”的迟早和产品供应期的安排而不同，栽培季节可以提前或延后，可根据生产实际，灵活安排。

工作任务　露地韭菜生产技术

任务说明

露地韭菜生产分育苗和直播，产品供应期分为春、秋两季，除生产青韭外，还可采收韭薹和韭菜花。

任务目标：了解韭菜的生产特性，掌握露地韭菜生产的品种选择、育苗、定植、田间管理及采收技术。

任务材料：韭菜品种的种子、肥料、农膜、农药、生产用具等。

任务方法与要求：在教师的指导下分组完成露地韭菜生产的各个任务环节。

工作流程

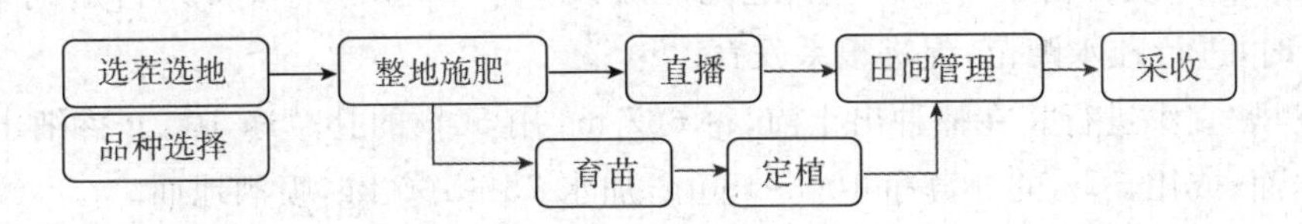

子任务一　选茬选地

韭菜对前茬作物要求不严格，可选择茄果类、瓜类、豆类以及绿叶菜类作前茬，切忌与葱蒜类连作。选 3 年来未种过葱蒜类的肥沃沙壤土、壤土地块。

子任务二　品种选择

选抗寒性强、产量高、品质优良的品种。

子任务三　整地施肥

春播韭菜在冬前需耕翻土地达 25 cm 深，临近播种期再次浅耕，结合施入基肥，耕后细耙，整平作畦。苗床宜选在排灌方便的高燥地块。整地前施入充分腐熟的粪肥每公顷75 000 kg，直播地可多施过磷酸钙 500 kg、硫酸钾 20～300 kg，深翻细耙，耧平。

子任务四　播种和育苗

1. 播种时期

宜在春、秋两季播种。地温稳定在 12℃即可播种。华北地区春播的适宜时期为 3 月下旬至 4 月上旬播种，东北及西北地区春播宜在 4 月下旬至 5 月份播种。华北地区秋播多在立秋至秋分进行，东北和西北寒冷地区应适当提早进行，使幼苗在冬前能长出 3～4 叶，确保幼苗安全越冬。

2. 直播

用干籽直播，按 10～12 cm 的行距开 1.5～2.0 cm 的浅沟，将种子均匀撒于沟内，再平整畦面，覆盖种子后镇压。一般每 667 m^2 播种量 2.5～3.0 kg。

3. 育苗

(1)苗床准备　育苗床应选择旱能浇、涝能排，地势较高的地块，最好是沙壤土，可减少移栽起苗时伤根。每 667 m^2 苗床施充分腐熟有机肥 4 000～6 000 kg，精细整地作畦，畦宽 1.6 m左右，长 8～10 m。

(2)种子处理　生产上应采用当年新种子。春季气温偏低时宜干籽播种。气温偏高时宜浸种催芽播种，以利于种子萌发和幼苗出土。浸种催芽的方法是在播种前 4～5 d，用 20～

30℃水浸种24 h，置于15～20℃处催芽，经2～3 d胚根露出即可播种。

(3)播种　苗床浇透底水，水渗后用湿润细土整平床面，然后撒播种子并覆土，覆土厚度1 cm左右。一般播种量为6～8 g/m^2，幼苗可栽植4～6 m^2。

4. 苗期管理

播种后是保持土壤湿润、防止板结，促进出苗。幼苗出土后，应经常保持畦面湿润，切忌灌水过多，导致根系发育不良；灌水过少地面板结，幼苗易干枯死亡。结合灌水可追施速效氮肥，在3～4叶期，施1次提苗肥，每667 m^2 追施硫酸铵15～25 kg，5～6叶期再追施1次。苗高12～15 cm时，进行控水蹲苗，促进根系发育。

除草宜早、宜小进行。在播种出土前，每667 m^2 用50%的扑草净100 g掺细土15 kg，混匀后撒于畦面；或用50%的扑草净100～150 g，加水75～100 kg，喷洒地面。

子任务五　定植

1. 确定定植时间

在播后80～90 d，株高18～20 cm，5～6片叶时是韭菜适宜定植的生理苗龄。韭菜的定植期要错开高温高湿季节，各地确定定植时期的原则是春播的韭菜在高温高湿过后的秋季定植，而秋播的韭菜在第2年的春季定植。

2. 定植方法

定植前1～2 d在育苗床中浇透水。定植时按大小苗分级定植。韭菜定植时，除老根株适当修剪须根和过长的老根茎，一般以不修剪为好。

韭菜的定植方式有畦栽和沟栽两种。沟栽一般按行距30～35 cm，株距开12～15 cm深的定植沟，在沟的一侧按穴距8～10 cm，每穴2～3株摆苗，然后封土。畦栽行距15～20 cm，穴距10 cm左右，每穴3～5株。定植深度以叶鞘露出地面2～3 cm为宜，定植过深不利于分蘖，过浅易倒伏、散撮。定植以"深栽、浅埋、分期覆土"为原则。

子任务六　田间管理

1. 当年的管理

管理重点"养根壮秧"，积累养分，定植当年不收割。

定植后及时灌水，促进缓苗。新叶出现，新根已经发生时，再灌1次缓苗水，而后中耕保墒，保持土壤见干见湿。夏季排水防涝，清除田间杂草。入秋后，气温一般在14～24℃，是韭菜最适宜的生长季节，应加强肥水管理，一般8～10 d灌水1次，保持地面湿润，结合灌水追肥3～4次，每次追施尿素每667 m^2 12～15 kg。寒露以后，天气渐冷，韭菜生长速度减慢，减少灌水，保持土壤湿润即可。立冬过后，根系活动基本停止，当温度降至−6～−5℃时，韭菜地上部枯萎，在土壤封冻前(夜冻日融)灌足封冻水。

2. 第2年及以后的管理

可以多次收割。必须加强肥水管理，平衡养根与收割的关系，以达到持续高产、稳产。

(1)春季管理　韭菜的第一旺盛生长期，是产量形成和采收的主要时期。主要管理任务是灌水追肥，促进生长。

气温回升韭菜开始返青，及时清除田间枯枝残叶，中耕松土。第1次收割前可不灌水。土壤墒情不足时可在株高 15 cm 左右时灌 1 次水。以后每次收割后 3～5 d、待伤口愈合、新叶长出 3～4 cm 时进行浇水追肥。追施以速效氮肥为主，适当配合磷钾肥，做到“刀刀追肥，因墒浇水，及时中耕”，促进韭菜快速生长。

(2)夏季管理　韭菜生长减慢，出现“伏歇现象”。品质变劣，一般停止收割。田间管理以养苗为主，并注意防涝、防倒伏和腐烂，及时除草，为秋季生长做准备。

(3)秋季管理　韭菜的第二旺盛生长期，加强肥水管理和病虫害防治。保持土壤湿润，收割后要刀刀追肥。在韭菜枯萎前 40～50 d 停止收割。立秋后停止追肥，以免植株贪青，影响“回根”。

韭菜在 8～9 月份抽薹开花，消耗大量养分，影响植株生长、分蘖和养分积累。因此，除留种田外，应及时采收幼嫩花薹。

(4)越冬期管理　在土壤封冻前，及时浇灌封冻水。韭菜发生“跳根”，一般在植株地上部干枯、进入休眠期后，给畦面铺施一层土杂肥或者沃土。

子任务七　采收

一般一年生韭菜不收割，2 年以上韭菜收割 3～4 次为宜。春季韭菜可收割 2～3 次，春季韭菜鲜嫩、品质优良，经济效益高。夏季韭菜粗硬品质降低，一般不收割，一般只收割鲜嫩韭薹。秋季韭叶品质改善，但为了增加根茎养分积累，为安全越冬和翌春快速生长打好基础，生产上一般收割 1～2 次。

株高 30 cm 收割为宜。第 1 刀韭菜在返青后需 40 d，第 2 刀韭菜需 25～30 d，第 3 刀韭菜需 20～25 d。韭菜收割时间以晴天清晨为好。收割深浅度以割口处呈黄白色适宜。

子项目 9-2　大葱生产技术

任务分析

大葱属百合科葱属 2 年生草本植物，大葱以嫩叶和肥大的假茎为食用产品。栽培普遍。抗寒耐热，适应性强，高产耐贮，可周年均衡供应。掌握大葱生产的栽培制度安排、播种、育苗及加强田间管理技术。

任务知识

一、生物学特性与栽培的关系

1. 大葱的形态特征

(1)根　弦状须根，长 30～40 cm，着生于茎盘基部，主要分布在 5～30 cm 的土层内，横向扩展半径 20～30 cm。根系吸收养分能力弱，怕涝，在高温高湿条件下易坏死、变黑，丧失吸收功能。新根再生能力强，耐移栽。

(2)茎　营养生长期茎短缩成圆锥状的茎盘，先端为生长点，上部着生叶片，下部长根。生殖生长期生长点分化花芽，形成花薹。抽薹后，可在内层叶鞘基部可萌生1～2腋芽，形成分蘖。在种株花薹采收后，其分蘖可形成一定的产量。

(3)叶　叶由叶身和叶鞘组成。叶鞘成筒状套生于茎盘上，形成假茎即葱白，是大葱主要的食用器官。

(4)花　大葱植株完成阶段发育后，茎盘的顶芽伸长成花薹。花薹中空，圆柱形，顶端着生伞形花序。小花两性，异花授粉。

(5)果实与种子　果实为蒴果，每果含种子6粒，成熟时果实开裂，种子易脱落。种皮黑色、盾形、坚硬，不易透水，千粒重3 g左右。种子寿命短，生产上须用当年新种子。

2.生育周期

大葱为二年生植物，一般于当年春季播种，夏季定植，到第二年春季抽薹、开花、结籽。

(1)营养生长期

①发芽期。从播种到子叶出土"直钩"为发芽期。此期为异养生长阶段，依靠种子贮藏的养分生长。春播在6～8℃下，需18～20 d，秋播在16℃左右，需14～16 d。种子吸水慢，发芽时间长，提高播种质量，保持土壤湿润。

②幼苗期。从子叶直钩到定植为幼苗期。春播育苗时，需80～90 d。秋季育苗约250 d左右。

③假茎形成期。从幼苗定植到收获为假茎(葱白)形成期。定植缓苗期约需10 d。此期是葱白产量形成的主要时期，应加强肥水管理，适时培土，促进葱白迅速生长。

(2)生殖生长期　大葱的生长生长期包括抽薹期、开花期和种子成熟期。

3.对环境条件的要求

大葱营养生长期，要求凉爽的气候，肥沃而湿润的土壤，中等强度的光照条件。

(1)温度　较耐寒性和抗热性，在凉爽的气候条件下生长良好。生长适宜温度15～25℃。超过25℃，生长迟缓，且品质降低。生殖生长适宜温度为15～22℃。

大葱为绿体春化植物，3叶以上的植株于2～5℃低温条件下，经60～70 d可通过春化阶段。如果大葱秋播过早，或冬前水肥管理不当，施肥过多，使冬前幼苗过大，春季易发生先期抽薹。

(2)水分　根系喜湿，叶片耐旱，要求较高的土壤湿度和较低的空气湿度，但不耐涝。

(3)光照　长日照植物，长日照促进抽薹开花。要求中等强度的光照。光补偿点1.2 klx、饱和点25 klx。光照强度超过25 klx，不能提高同化产量，还会加重叶老化，降低品质。

(4)土壤　对土壤适应性广，但土层深厚、排水良好、富含有机质的壤土栽培，产量高，品质优。沙质土壤栽培的大葱，假茎洁白，但质地松，耐藏性差；黏性土壤栽培的大葱，假茎质地紧实，风味浓，贮藏性好，但皮色灰暗。每形成1 t大葱产品需肥量是2.7 kg氮(N)，0.5 kg磷(P_2O_5)和3.3 kg钾(K_2O)。

二、类型和品种

大葱包括普通大葱、分葱、楼葱和胡葱4个类型。其中分葱和楼葱在植物学分类上属于大葱的变种。普通大葱根据葱白长短不同，分为长葱白和短葱白两种类型。

1. 长葱白类型

成株的假茎细长，粗度均匀，假茎型指数（长/横径）＞15。成株相邻叶片的出叶孔距离较长，2～3 cm，夹角较小。植株高大，管状叶身较细长，抗风性差。葱白含水量较高，粗纤维较少，香辛油含量低，辛辣味淡，宜生食。商品性好，不耐冬季自然条件下贮存。植株高大，栽培时要求高培土，种植密度较低。代表品种有：章丘大葱、八叶齐、盖平大葱等。

2. 短葱白类型

成株的假茎较短，粗度均匀或基部略增粗，假茎型指数 11～15。成株相邻叶片的出叶孔距离较短，夹角较大。植株管状叶短而坚挺，抗风性较好。葱白含水量与长葱白型相近，辛辣味浓。较耐冬季自然条件下贮存。代表品种有：天津鸡腿葱、莱芜鸡腿葱等。

三、栽培制度与栽培季节

1. 栽培制度

选择质地疏松、土层深厚、排灌方便的壤土或年壤土。大葱可与瓜类、豆类、叶菜类等蔬菜轮作，也可以小麦、大麦为前茬。大葱与同科实行 3 年以上的轮作。

2. 栽培季节

大葱对温度适应范围广，而且从幼苗到抽薹前的成株均可食用，收获期灵活，因此可分期播种，多茬栽培，全年供应。但以收获假茎（葱白）为主的大葱，由于假茎的形成需要冷凉的气候条件，并需要植株有充足的营养积累，因而生长期长，对栽培季节要求比较严格。大葱在东北地区的栽培方式、播种、定植和收获的具体时期见表 9-1。

表 9-1　东北地区大葱的栽培季节

栽培方式	播种期	定植期	收获期	供应期
秋大葱	8 月下旬至 9 月上旬	6 月上中旬	10 月上中旬	10 月至 4 月
羊角葱	8 月下旬至 9 月上旬	6 月上中旬	4 月中下旬	4 月中至 5 月上旬
伏葱	7 月中下旬	6 月上中旬	5 月	5 月
春葱	4 月上中旬	6 月上中旬	7 月上中旬	7～8 月
白露葱	8 月下旬至 9 月初	葱苗多余部分	6 月中下旬	6 月中下旬
青葱	储藏干葱	温室密植	冬季	冬季

工作任务　大葱生产技术

任务说明

任务目标：了解大葱的生产特性；掌握大葱的选茬整地、品种选择、育苗、定植、田间管理与采收技术。

任务材料：大葱品种的种子、农膜、农药、肥料、生产用具等。

任务方法与要求：在教师的指导下分组完成大棚大葱生产的各个任务环节。

工作流程

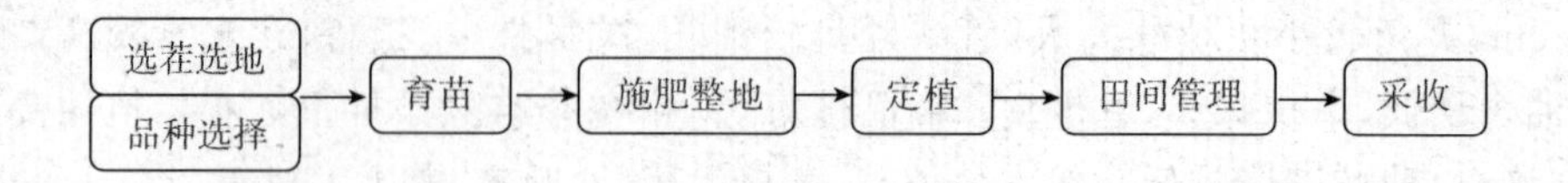

子任务一 选茬选地

选择质地疏松、土层深厚、排灌方便的土壤。大葱与同科实行 3 年以上的轮作。

子任务二 品种选择

选择优质、高产的长葱白类型品种，例如章丘大葱。

子任务三 育苗

1. 播种时期

大葱对播种期要求严格，要根据各地气候条件确定春播或秋播。一般无霜期 180 d 以下地区需秋播。无霜期 200 d 以上地区宜春播。

秋播育苗时，播期要严格掌握。播期过早，冬前幼苗大，易通过春化发生早期抽薹；播种过晚，幼苗细弱，越冬困难。一般以幼苗越冬前有 40～50 d 的生育期，以 2～3 片真叶，株高 10 cm左右，直径不足 4 mm 越冬为宜。

春播育苗时，播种宜早不宜晚。中原地区多在 3 月上中旬。如果覆盖地膜增温保墒，可适当提早播种。

2. 苗床准备

选择土质疏松，有机质含量高，地势平坦，排灌方便的沙壤土。前作收获后及时灭茬，施入腐熟的有机肥用量每 667 m^2 4 000～5 000 kg，加施过磷酸钙每 667 m^2 40 kg，及早翻耕细耙，整平作畦，畦宽 1 m 左右，长 6～8 m。苗床面积与栽植田的比例一般为 1∶(4～6)。

3. 种子处理

大葱种子寿命短，应选用当年新种子。种皮坚硬、透水性差，干籽播种出苗缓慢，播种前最好浸种催芽。冷水浸泡 8～10 h，在 15～20℃催芽，6～7 d，胚根露出应及时播种。如果土壤墒情好，也可浸种后不经催芽播种。

4. 播种

每 667 m^2 苗床播种量 3～4 kg。采用条播或者撒播。条播按行距 10～15 cm，开深 1.5～2 cm 的浅沟，顺沟灌水，水渗后均匀播种于沟内，取回原土覆盖，厚 1～1.5 cm。轻轻踩实，使种子与土壤密接。如果墒情好，可以不用浇底水，采用干籽直播。大葱播种时底墒要充足，盖种子土要细。播种后若畦面出现裂缝，必须及时用细土填充，防止土壤水分损失。播种后遇干旱少雨时，可在畦面覆盖草帘或地膜保墒，苗齐后及时除去。

5. 苗期管理

秋播育苗时，冬前应控制水肥，防止幼苗过大或徒长。一般冬前生长期间灌水 1～2 次，不追肥，及时中耕除草。土壤封冻前灌足封冻水。冻水后趁墒盖一层腐熟的马粪、圈肥或灰土肥，厚 1～2 cm，有利防寒保墒。翌春日平均气温 13℃时灌返青水。随返青水可追肥 1 次，每 667 m^2 施尿素 10～15 kg，促进幼苗生长。然后中耕、除草，蹲苗，促进根系生长。蹲苗 10～15 d后，幼苗进入旺盛生长期，应逐渐增加灌水次数，并结合灌水追肥 2～3 次，每次每 667 m^2 追施尿素 8～10 kg。当葱苗有 8～9 片叶时，应停止灌水，锻炼幼苗，准备定植。

一般间苗 2 次。第 1 次在蹲苗前进行，第 2 次在苗高 20 cm 左右时进行。条播苗间距 4～6 cm，撒播 6～7 cm。间苗时拔去小苗、弱苗、病苗、杂苗及过大的苗，同时拔除杂草。

春播育苗，以“促”为主，加强肥水管理。3 叶期前温度较低，灌水不宜多。3 叶期后增加灌水，结合灌水追肥 3～4 次。到定植前 20 d 左右，停止灌水、蹲苗，使幼苗生长健壮。

子任务四　施肥整地

前作收获后尽早浅耕灭茬，一般每 667 m^2 施充分腐熟的有机肥 4 000～5 000 kg，过磷酸钙 35 kg。深耕后耙平，开沟。

子任务五　定植

1. 确定定植时期

根据各地气候条件、前作收获期及幼苗长势确定适宜定植期。适宜定植幼苗大小为真叶 8～9 片，株高 35～40 cm，假茎粗 1～1.5 cm。适期内尽量早定植，使葱苗在高温到来之前已缓苗，开始生长。

2. 定植方法

起苗前 2～3 d 苗床灌水。起苗时抖净泥土，选苗分级，分别栽植。应随起苗、随分级、随运随栽、以利缓苗。

大葱株型直立，适于密植，多采用宽行距，小株距栽培。长葱白类型品种行距 70～90 cm，株距 3～6 cm，栽植密度为每 667 m^2 1.7 万株。定植密度除与品种类型有关外，还受秧苗大小，土壤肥力等的影响，一般较小的葱苗，土壤瘠薄等应适当增加密度。

长葱白类型一般采用干栽法，又叫排葱，具体方法是沿着定植沟壁陡的一侧，按规定株距摆葱苗，将幼苗基部稍按入沟底松土内，再用小锄从沟的另一侧取土，埋在葱秧根部厚约 4 cm，用脚踩实，顺沟灌水。短葱白类型采用插葱法，具体方法是一手拿葱秧，一手拿葱插用葱插下端压住葱根基部，将葱秧垂直插入沟底松土内，深约 20 cm，最深达外叶分杈处为度，然后浇透水。也可先浇水后插葱。

子任务六　田间管理

1. 肥水管理

定植后，及时浇缓苗水。缓苗后结合浇水，每 667 m^2 追人粪尿 750 kg。浇水后及时中耕培土，促进根系发育。7 月份每 667 m^2 再追人畜粪尿 1 000 kg。进入炎夏后，控水控肥，雨后排出田间积水。立秋以后，及时浇水追肥，处暑前后每 667 m^2 施充分腐熟的饼肥 250～300 kg、尿素 15 kg，将肥撒到沟两边的土上，与上层土一起培入沟内，然后浇水。白露和秋分结合浇水再各追氮磷钾复合肥 15～25 kg。白露前后，叶面喷施 0.5%的磷酸二氢钾和 0.1%

的硫酸亚铁，每隔7 d喷1次，连喷2～3次。勤浇水，保持土壤湿润。霜降后减少浇水量和浇水次数。收获前7～10 d停止浇水。

2.中耕培土

缓苗后结合中耕少量培土。炎夏季节中耕除草保墒。立秋以后，结合浇水追肥进行培土，每隔15 d左右培土一次，共3～4次。前两次培土宜浅，后两次培土可适当加厚。每次培土以不埋叶身与叶鞘的交界处为度。培土后要拍实。最好下午培土。

子任务七　采收

大葱可以根据市场需要，鲜葱随时收获上市，但冬贮大葱收获期要求比较严格，当气温降至8～12℃以下，外叶生长基本停止，叶色变黄绿，产品已经长足，产量达到高峰时，适时收获。一般在土壤封冻前15～20 d为收获适期。大葱收获后，在田间适当晾晒降低水分，以便进行整理、贮运。

子项目9-3　大蒜生产技术

任务分析

大蒜，别名胡蒜，古称葫。为一二年生草本植物。全国各地普遍栽培。大蒜以鳞茎（蒜头）、花茎（蒜薹）和幼株（蒜苗）为产品。大蒜营养丰富。要求熟悉其生物学特性、生长发育规律，熟练掌握大蒜栽培技术。

任务知识

一、生物学特性与栽培的关系

1.大蒜的形态特征

（1）根　大蒜根系分布浅，弦线状须根系，着生于短缩茎基部，以蒜瓣的背面基部为多，腹面根系较少。主要根群集中在5～25 cm深的土层内，具有喜湿、喜肥的生态特点。

（2）茎　营养生长期茎盘状短缩。生殖生长期顶芽分化为花芽，以后抽生成花薹（蒜薹）。花薹顶端着生总苞，当蒜薹从叶鞘中心伸出，高出上位叶10～20 cm并开始打弯时，便可采摘。总苞内着生多个气生鳞茎和发育不完全的花，多数品种只抽薹不开花，或开花但花器退化不能形成种子。气生鳞茎为营养体，可食用、作为播种材料。

（3）叶　大蒜叶片互生，着生方向与蒜瓣的背腹连线垂直，播种时将蒜瓣背腹连线与行向平行，有利叶片接受较多的阳光。叶鞘筒状，相互抱合成“假茎”，是营养物质的临时贮存器官。叶片数因品种不同而异，一般为8～13片。鳞芽膨大时，叶片营养物质运贮于鳞芽中，当鳞茎成熟时，叶片逐渐干枯，最终叶鞘基部干缩成膜状鳞片，包裹着鳞芽，具有保护作用。

（4）鳞茎　叫蒜头，由多个膨大的侧芽（鳞芽）即蒜瓣组成。每个鳞茎中鳞芽的着生位置及数目多少因品种不同而异。大瓣蒜的鳞芽着生于靠近花薹最内1～2层叶腋间，一般每个叶腋间发生2～3个鳞芽，形成4～6瓣的鳞茎，鳞芽大小基本相似。小瓣品种最内1～6层的叶腋间均可发生鳞芽，但以1～4层为多，每个叶腋间可形成2～4个鳞芽，各组鳞芽交错排列，形成10～20瓣的鳞茎，鳞芽数多，大小不一。每个鳞芽由外部1～2层膜质鳞片(蒜衣、保护叶)和内部1个肥大的肉质鳞片(贮藏叶)组成。肉质鳞片里包藏着1个幼芽。鳞茎的大小取决于鳞芽数目的多少和每个鳞芽的大小。一般以鳞芽数目较少，而单个鳞芽较大，排列整齐，外形圆整，鳞茎横径较大者为优质鳞茎。

在植株的发育过程中，因一些因素影响而不能形成侧芽时，则顶芽的内层鳞片积累养分变为肥厚的贮藏叶，形成独瓣蒜(独头蒜)。

2.生育周期

大蒜以无性器官鳞芽即蒜瓣繁殖，春播大蒜90～100 d，秋播大蒜生育期长达220～270 d。

(1)萌芽期　从播种到初生叶展开为萌芽期，一般10～15 d。萌芽期根、叶的生长主要依靠种瓣供给营养，种瓣的大小直接影响出土能力和幼苗长势强弱。

(2)幼苗期　从初生叶展开到花芽、鳞芽开始分化为幼苗期。春播大蒜约25 d，秋播大蒜越冬期长达170～175 d。新叶分化完成，植株由异养生长逐渐过渡到自养生长阶段，种瓣养分逐渐消耗萎缩，干瘪成膜状，称为“退母”或“烂母”。植株出现叶尖枯黄现象，称为“黄尖”。生产上为减少或避免黄尖，应提前灌水追肥。

(3)花芽和鳞芽分化期　从花芽和鳞芽分化开始到结束为止，10～15 d，是生长发育的关键时期。花芽和鳞芽分化都需要一定时间的低温，同时还和植株营养状况有关。如播种过晚，植株感受低温时间不足，或因植株营养体小，仅顶芽分化为鳞芽，则形成无薹独头蒜。种瓣过小、栽植密度过大、土壤瘠薄、肥水不足等均会影响花芽、鳞芽的分化，形成独头蒜。

(4)蒜薹伸长期　从花芽分化结束到采收蒜薹为止，也是鳞芽膨大前期，约30 d。在长日照和较高的温度条件下抽生蒜薹。蒜薹伸长过程经过“甩缨”(蒜薹伸出顶生叶的出叶口)、“露尾”(总苞先端露出叶鞘)、“露苞”(总苞膨大部分露出叶鞘)、“打钩”(蒜薹先端向一旁弯曲)，直到“白苞”(总苞变白)。蒜薹“甩缨”后，伸长加快；“打钩”时，蒜薹伸长速度减慢，纤维增多，所以，蒜薹甩缨时加强肥水管理，打钩时开始采收。

(5)鳞芽膨大期　从鳞芽分化结束到蒜头收获为止，50～60 d。蒜薹采收前1周，鳞芽膨大加快，直到鳞茎采收前1周，鳞芽膨大速度减缓。膨大盛期应保持土壤湿润，延长功能叶片的寿命，促进养分向鳞芽转移贮藏。

(6)休眠期　大蒜鳞茎形成后即进入休眠期。前期为生理休眠期，可于休眠期人为控制发芽条件，延长贮藏期。

3.对环境条件的要求

(1)温度　耐寒性强，在冷凉的环境条件下生长良好，生长适宜温度为12～26℃。幼苗期以4～5叶期抗寒力最强，可耐短期－10℃和长期－5～－3℃的低温，是秋播大蒜最适宜的越冬苗龄。叶片生长适温12～16℃，因此秋播青蒜宜在春暖前收获，以保证产品质量。蒜薹伸长和鳞芽膨大适温为15～20℃，温度高于26℃时鳞茎停止发育进入休眠期。

(2)光照　要求中等光照强度，不耐高温和强光。通过春化阶段后，在长日照即15～19℃的条件下通过光照阶段抽薹。长日照是大蒜鳞茎膨大的必要条件，不论春播还是秋播，都必须经过夏季日照时间逐渐加长，温度逐渐升高的外界环境下，才能形成鳞茎。

(3)水分　叶较耐旱，但由于根系浅吸收水分能力弱，因而喜湿怕旱，对土壤水分要求较高。播种后保持土壤湿润，防止"跳蒜"或根基缺水干旱死亡。幼苗期适量浇水，以中耕保墒为主促进根系生长，防止种瓣湿烂。退母期要提高土壤湿度，促进植株生长，减少"黄尖"。蒜薹伸长期和鳞茎膨大期是大蒜生长旺盛期，是大蒜需水最多的阶段，要经常保持土壤湿润。在鳞茎接近采收时要降低土壤湿度，以免因湿度过大，造成土壤缺氧，加之高温，使叶鞘基部腐烂而散瓣，蒜皮变黑，降低品质。

(4)土壤营养　要求富含有机质疏松肥沃的沙壤土栽培。最适土壤酸碱度为pH 5.5～6.0，pH低根端变粗，伸长生长受抑制，pH过高则种瓣易烂。

二、类型与品种

1. 紫皮蒜

蒜皮紫色，蒜瓣少而大，辛辣味浓，产量高，耐寒性差，华北、东北、西北适宜春播。适于作蒜薹和蒜头栽培。代表品种有宁蒜1号、黑龙江阿城大蒜、辽宁开原大蒜、陕西蔡家坡紫皮蒜等。

2. 白皮蒜

白皮蒜有大瓣种和小瓣种，大瓣种以生产蒜头和蒜薹为主，是生产上的主栽类型，代表品种山东仓上大蒜；小瓣种适于蒜黄和青蒜栽培，代表品种吉林白马牙。根据蒜薹的有无，大蒜又可分为无薹蒜和有薹蒜两种类型。

三、栽培制度与栽培季节

大蒜的栽培季节随南北各地气候而异。在北纬38°。以北地区，冬季严寒，露地越冬困难，宜早春播种。一般在冬季月平均温度低于－5℃的地区，以春播为主。春播由于生长期较短，在适期下应尽量早播，一般在日平均温度达4～6℃时播种为宜。播种晚，必然降低产量，且易形成独头蒜。正如农谚所说"种蒜不出九，出九长独头"。北纬35°以南地区均为秋播。我国北方地区大蒜的栽培季节可参考表9-2。

表9-2　大蒜的栽培季节

项目	春播		秋播	
地区	播种期	收获期	播种期	收获期
北京	3月上旬	6月下旬	—	—
石家庄	3月上旬	6月下旬	—	—
济南	3月中旬	6月上旬	9月下旬	6月上旬
郑州	—	—	8月中旬	6月上旬
西安	—	—	8月下旬至9月上旬	5月下旬
太原	3月中旬	6月下旬至7月上旬	—	—

续表 9-2

项目 地区	春播		秋播	
	播种期	收获期	播种期	收获期
沈阳	3 月下旬	7 月上中旬	—	—
长春	4 月上旬	7 月中旬	—	—
哈尔滨	4 月上旬	7 月中旬	—	—
乌鲁木齐	—	—	10 月中下旬	7 月中下旬

工作任务　大蒜露地生产技术

任务说明

任务目标：熟悉大蒜生产特性；掌握大蒜选茬选地、品种选择、播种、田间管理及蒜薹与蒜头的采收技术。

任务材料：大蒜品种的种子、农膜、农药、肥料、生产用具等。

任务方法与要求：在教师的指导下分组完成大蒜生产的各个任务环节。

工作流程

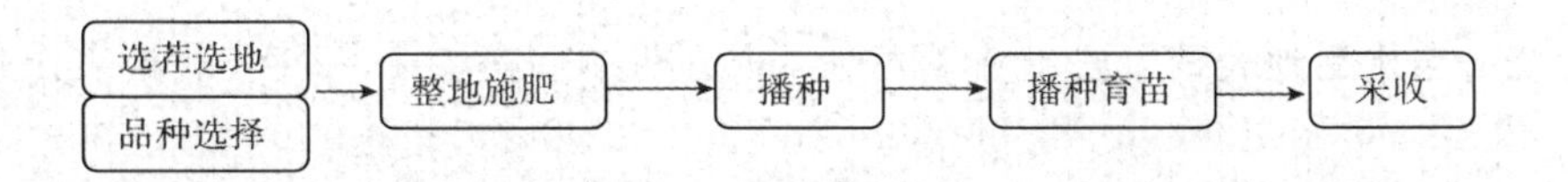

子任务一　选茬选地

大蒜忌连作，不能与大葱、韭洋葱重茬。秋播大蒜，粮区多以小麦、玉米、大豆为前茬；菜区多选用黄瓜、番茄、甘蓝等为前茬。春播大蒜多以白菜、秋番茄和黄瓜等蔬菜为前茬。

选择土质疏松、排水良好、有机质丰富、pH 5.5～6.0 的土壤。

子任务二　品种选择

根据当地的消费习惯、栽培目的选择耐寒性强、优质、高产的品种。

子任务三　整地施肥

每 667 m^2 撒施腐熟有机肥 5 000 kg、复合肥 20～30 kg、硫酸钾 30～40 kg，深翻耙地，起垄或作畦，畦宽 1.3～1.7 m，垄距 60～70 cm。

子任务四　播种

1. 蒜种选择与处理

种蒜大小对蒜头和蒜薹影响很大。生产上应选用大蒜瓣播种，小蒜瓣用于青蒜栽培。选择大蒜头种株，播种前将种蒜在阳光下适当晾晒 2～3 d，掰瓣，去掉蒜踵，选择色泽洁白、顶芽肥大的蒜瓣，并按大、中、小分级，分别播种。

2. 播种时期

大蒜为绿体春化型，幼苗在－4℃的低温下经 30～40 d 通过春化阶段。播期严格，春季播种应尽量早播，地土壤冻融后即可播种，秋季播种适期以冬前长出 4～5 片真叶为宜，以防形成无薹多瓣蒜头或独头蒜。

3. 播种密度

大蒜种植密度大小与蒜薹、蒜头产量、瓣大小、肥水条件、土壤肥力有关。一般每 667 m^2 栽植 3 万株左右为宜，用种量 200 kg 左右，行株距为 20 cm×(8～12)cm。

4. 播种

有沟栽法和插栽法，沟栽法即先在畦的一侧开第一条沟，栽蒜后，再开第二沟，用开第二条沟的土覆盖第一条沟的蒜，以后依次进行。栽蒜覆土 3 cm，搂平镇压。插栽法是把蒜瓣按株行距要求插入土中，微露尖，覆土 2 cm 左右，踏实后浇水。在雨水缺乏或冬季严寒的地区，也可采用地膜覆盖栽培。

子任务五　田间管理

大蒜的生长发育具有明显的阶段性。以河北省中部地区，春播大蒜的形态发育过程是：惊蛰播种、春分发芽、清明发根、谷雨退母、立夏分瓣、小满甩尾、芒种采薹、夏至收获。

1. 中耕铲趟

大蒜浇齐苗水后地表稍干进行中耕松土，幼苗期中耕松土 1～2 次，疏松表土促发新叶返青。

2. 肥水管理

播种后，若墒情不好，浇一次透水，5～7 d 后再浇一次催苗水。齐苗时浇一次齐苗水。从播种起 35～40 d。在退母结束前 5～7 d 浇水追肥，每 667 m^2 追施尿素 15～20 kg。退母后，每隔 5～7 d 浇 1 次，采薹前每 667 m^2 追尿素 25～30 kg，采收蒜薹前 3～5 d 停止浇水。采薹以后立即浇水，同时进行除草，可随水施肥，每 667 m^2 施硫酸铵 15～20 kg，以后每 4～5 d 浇水一次，直到蒜头收获前 1 周停止浇水，防止土壤潮湿引起蒜皮腐烂，蒜头松散，不耐贮存。

子任务六　收获

1. 蒜薹的采收

蒜薹长成及时采收，采收蒜薹能加速鳞茎的膨大。蒜薹的适宜采收标准是蒜薹露出叶鞘 8～10 cm，蒜薹“打钩”，花苞未开裂，略呈扁锤形。

采收时间选在晴天的下午，阴天则应选在露水干后进行。采收时多用竹签穿刺叶鞘，提起蒜薹，即可顺利拔除。一般从上向下数第 3 片叶子之下。蒜薹拔出以后，折倒上部的第 1 片叶子，覆盖住伤口，防止雨水进入叶鞘内使伤口腐烂。采收时避免叶片或叶鞘倒伏，以免影响养分的制造和输送。蒜薹每 667 m^2 的产量一般为 160～266 kg，高者可达 460～540 kg。

2. 蒜头的采收

春播大蒜蒜头每 667 m^2 的产量一般为 700～1 000 kg。收获过早，蒜头不充实，不耐贮藏；采收过晚，蒜瓣易分离，不便采收。蒜头的采收适期在蒜薹采收以后22～25 d，此时植株表现为叶色灰绿，叶鞘枯黄，假茎松软。最好保证以后的3～4 d为连续的晴天，采收的方法是用铁锹挖松蒜头周围的土壤，而后将蒜头提起。

蒜头采收后，晾晒时最好把蒜头的茎盘朝上放置，防止茎盘因湿度太大受虫蚀或腐烂。经晾晒以后，假茎变软时，即可连枯叶一起编扎成把或编成蒜辫，挂于通风的凉棚中或屋檐下，并注意防潮。当蒜头的外皮风干后即可将蒜头剪下贮藏。

子项目9-4　洋葱生产技术

任务分析

洋葱别名圆葱、球葱、葱头，属百合科葱属2年生草本植物。种植区域主要分布在山东、甘肃、内蒙古、新疆等地。掌握栽培制度的安排、播种育苗及加强田间管理技术。

任务知识

一、生物学特性与栽培的关系

1. 形态特征

(1)根　洋葱为弦状须根，入土浅，吸收肥水能力弱。喜湿不耐旱。

(2)茎　在营养生长期，茎短缩成扁圆锥形的茎盘。生殖生长期抽生花薹。

(3)叶和鳞茎　叶由叶身和叶鞘组成。叶身表面覆有蜡粉，属于耐旱叶型。洋葱多层叶鞘相互抱合形成假茎。

洋葱鳞茎由肥厚的叶鞘基部和膨大的幼芽共同构成，呈圆球形或扁圆球形。生长初期叶鞘上下粗细相似，生长后期叶鞘基部积累营养物质，逐渐肥厚而形成开放性肉质鳞片。鳞茎成熟时，最外1～3层叶鞘基部干缩成膜质鳞片，对鳞茎起保护作用。

(4)花　经过低温春化，翌年春鳞茎栽植后，植株抽薹开花，两性花，异花授粉。

(5)果实和种子　果为两裂蒴果，每果内含6粒种子。种子盾形，外皮坚硬，呈黑色，千粒重3～4 g，使用寿命1年。

2. 对环境条件的要求

(1)温度　洋葱为耐寒性蔬菜，种子和鳞茎在3～5℃下可缓慢发芽，12℃以上发芽加速。幼苗生长适温为12～20℃，能忍耐−7～−6℃的低温。20℃以下温度有利于叶和根系生长。

鳞茎膨大期适宜温度为20～26℃，鳞茎超过26℃或低于3℃生长受到抑制而进入休眠。

洋葱属绿体春化作物，幼苗在3～4片叶，假茎粗0.7 cm以上，通常大多数品种在10℃以下的低温即可通过春化，但以2～5℃通过较快，因此在洋葱生产上，越冬前严格控制幼苗大小，是防止先期抽薹的关键措施。

(2)光照　洋葱适于中等光照度，适宜光照度为2万～4万 lx。长日照下鳞茎形成。

(3)水分　要求较高的土壤湿度，特别是叶部生长期和鳞茎彭大期，保持土壤湿润。

(4)土壤营养　适于肥沃疏松、保水保肥力强的中性土壤。喜肥，每形成 1 t 产品需吸收 2.06～2.37 kg 氮(N)，0.70～0.87 kg 磷(P_2O_5)，3.73～4.10 kg 钾(K_2O)。

二、类型与品种

1. 普通洋葱

每株通常形成 1 个鳞茎，个体较大，品质较好，能开花结实，以种子繁殖。耐寒性一般，鳞茎休眠期较短，在贮藏期易萌芽。按鳞茎皮色可分为红皮洋葱、黄皮洋葱和白皮洋葱。

2. 分蘖洋葱

每株蘖生多个至十多个大小不规则的鳞茎，铜黄色、品质差，产量低。耐贮藏，植株抗寒性较强，适于严寒地区栽培。用分蘖小鳞茎繁殖。在湖北省房县，四川省奉节、巫山等县栽培较多，当地称为果子葱。

3. 顶球洋葱

主要特点是在种母株的花薹上形成 8～10 个气生鳞茎，通常不开花结实。耐贮性和耐寒性强，多在东北地区栽培。

三、栽培制度与栽培季节

洋葱忌重茬，不宜与葱蒜类蔬菜连作，其植株较矮，叶片直立，需光性中等，适于和其他作物间作套种。在栽培季节的安排上，各地均应把叶的生长安排在较冷凉的季节，而使鳞茎膨大期处于温度较高和长日照的季节，在炎夏到来前收获。洋葱有秋播和春播，在北京以北的冬季严寒地区，幼苗不能越冬，都以春播育苗为主。

工作任务　露地洋葱生产技术

任务说明

任务目标：了解洋葱的生产特性；掌握露地洋葱生产的选茬整地、品种选择、育苗、定植、田间管理、采收技术。

任务材料：洋葱品种的种子、农膜、农药、肥料、生产用具等。

任务方法与要求：在教师的指导下分组完成露地洋葱生产的各任务环节。

工作流程

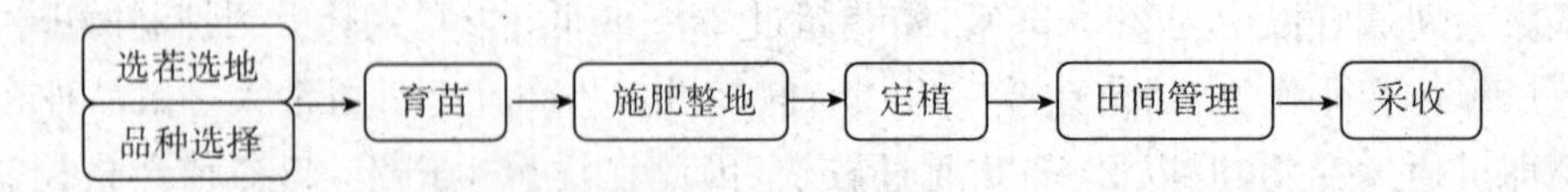

子任务一 选茬选地

选择地势较高、土壤疏松肥沃、近年来没有种过葱蒜类作物的地块。

子任务二 品种选择

根据当地的消费习惯,选择耐寒性强、优质、高产的品种。

子任务三 育苗

用15℃的凉水浸湿种子,然后放到50～55℃的温水中浸泡15 min,冷却到20℃再浸泡8～12 h。置于25～28℃的恒温催芽2～3 d,种子露白时播种。

秋播露地育苗,春播保护地育苗。做成宽1.5～1.6 m、长7～10 m的畦撒播,每667 m^2苗床播种为4～5 kg,苗床苗积与生产田的比例为1∶(6～8)。秋季育苗多用干籽撒种,春季保护地育苗宜催芽后播种。为保持出苗期土壤湿润,秋季播后可在畦面搭设拱棚遮阴。春季播后覆盖地膜,当幼苗出土时,在下午及时撤去覆盖物。

秋播苗期管理的重点是培育适龄壮苗,防止秧苗过大导致先期抽薹,过小降低越冬能力。苗期应适当控制灌水追肥。出苗前保持土壤湿润,保证全苗。苗齐后控制灌水。秧苗黄弱时结合灌水追施少量化肥。适度的控制水肥。在土壤封冻前应灌冻水,并覆草防寒,保证幼苗安全越冬。

春播育苗,苗期应保持土壤湿润,促进秧苗生长,在定植前控水锻炼。当苗高10～15 cm时,结合灌水追氮素化肥,每667 m^2施尿素10～15 kg,并配合适量硫酸钾。

子任务四 整地施肥

前茬作物收获后,施足基肥尽早翻耕,精细整地,施足基肥,一般每667 m^2施优质腐熟有机肥5 000～6 000 kg,过磷酸钙25～35 kg,做成宽1.5～1.7 m,长10～15 m的畦。

子任务五 定植

壮苗标准:苗龄50～60 d,株高20～25 cm,三叶一心至四叶,假茎粗0.6 cm左右,无病虫害。华北等地区多秋栽,一般以严寒到来之前30～40 d定植为宜,一般定植时间为10月底至11月上旬。高寒地区露地越冬困难,采用春栽,春栽应尽量提早,在土壤化冻后即可定植,一般在3月下旬至4月下旬。定植时幼苗按大小分级,分畦栽植。一般行距15～18 cm,株距10～13 cm,每667 m^2可栽植3万株左右。洋葱适宜浅栽,适宜深度为1.5～3.0 cm。

子任务六 田间管理

1. 浇水

秋栽在土壤封冻前浇1次封冻水,次年返青时及时浇返青水,促其早发。春栽缓苗以后要适当控水,进行蹲苗,促进发根。蹲苗后,要保持土壤湿润,以促进叶片的生长,一般每周浇1水。在鳞茎开始膨大前7～10 d开始控水蹲苗。从鳞茎开始膨大到临近收获,是肥水管理的关键时期,一般5～6 d浇1次水,以保持土壤湿润。鳞茎收获前5～7 d停止浇水,防止鳞茎含水量过高,收获以后不耐贮藏。

2. 追肥

春季定植的在缓苗以后，进行第1次追肥，每667 m^2 追施尿素10～15 kg，过磷酸钙20～30 kg、硫酸钾10～15 kg。当植株到8～10片真叶，鳞茎开始肥大时，可追施尿素15～20 kg，硫酸钾10～20 kg，此期不能多施氮肥，以免植株“贪青”。

3. 中耕

从缓苗到鳞茎开始膨大前，中耕除草3～4次，深3～4 cm，每次浇水后进行。

4. 摘薹

发现先期抽薹的植株，应及时摘除花薹，促使侧芽萌动长成新株，形成鳞茎。

子任务七　采收

收获期一般在炎夏以前，夏季无高温地区可延至初秋。当洋葱基部3～4片真叶开始变黄，约2/3的植株假茎变软并开始倒伏，鳞茎外层鳞片呈革质状时即可收获。收获宜选晴天进行，收获后期要晾晒2～3 d，多晒叶少晒鳞茎，促进后熟，并使表皮干燥，以利贮藏。

【项目小结】

本项目重点介绍了常见的葱蒜类蔬菜的生物学特性、品种类型、栽培制度及相应的栽培技术。生产上要熟悉其生物学特性，安排好种植制度，严防重茬，适期播种，把产品器官形成期，安排在最适宜的生产季节。

韭菜分株繁殖系数低，容易早衰，生产上多采用种子育苗繁殖。韭菜定植当年一般不收割，重点是“养根壮秧”，2年生以上的韭菜一般春季收割2～3次、秋季1～2次。夏季因高温强光，韭菜叶部纤维增多，一般停止收割，以养苗为主，注意防涝、防倒伏。秋季在韭菜枯萎前40～50 d停止收割，使叶部营养逐步转移至根茎中，以便于安全越冬。立秋后停止追肥，以免植株贪青，影响“回根”。韭菜收割时留茬高度以3～4 cm为宜，每刀留茬应较上刀高出1 cm左右。应在每次收割后3～5 d、待伤口愈合、新叶长出3～4 cm时进行浇水追肥。韭菜在8～9月抽薹开花，除留种田外，应及时采收幼嫩花薹。

栽培大葱时，应随着叶鞘加长及时进行行间培土。培土应分次进行，高温高湿季节不宜培土，否则容易引起根系及假茎的腐烂。每次培土高度根据葱白生长的高度而定，一般3～5 cm，以培到叶鞘和叶身分界处为宜，切忌不能埋住叶心。

大蒜播种将种蒜在阳光下适当晾晒2～3 d，可使瓣间疏松，拜瓣容易，萌芽早，出苗整齐。为防止“跳蒜”，春播大蒜尽量提早播种。大蒜发生退母前应及时浇水施肥以减轻叶尖黄化现象。采收蒜薹前3～5 d停止浇水，降低土壤含水量，以便“松口”采薹。蒜头采收后晾晒时，把蒜头的茎盘朝上放置，防止茎盘因湿度太大腐烂。

洋葱定植时适宜浅栽，适宜深度为1.5～3.0 cm。发现先期抽薹的植株，应及时摘除花薹，促使侧芽萌动长成新株，形成鳞茎。当洋葱基部3～4片真叶开始变黄，约2/3的植株假茎变软并开始倒伏，鳞茎停止膨大，鳞茎外层鳞片呈革质状时即可收获。收获宜选晴天进行，收获后期要晾晒2～3 d，多晒叶少晒鳞茎，促进后熟，并使表皮干燥，以利贮藏。

【练习与思考】

一、填空题：

1. 韭菜种子发芽适温为________，温度偏高和偏低都不利种子发芽。

2. 韭菜可用种子或分株繁殖。生产上多采用________。

3. 韭菜幼苗出土后，子叶先弯曲伸出土面，俗称"________"。随着胚轴伸长，子叶尖端伸出地面，俗称"________"。

4. 韭菜定植一般以"________"为原则，定植以后用脚踏实，随后浇水。

5. 韭菜收割时留茬高度以________cm 为宜，每刀留茬应较上刀高出________cm 左右。

二、判断题：

6. 韭菜、大葱的种子使用寿命为 3 年以上。（　　）

7. 韭菜"跳根"主要是由于土壤板结造成。（　　）

8. 大葱培土时切忌埋住叶心，以免影响大葱正常生长。（　　）

9. 大蒜"退母"时易造成营养供应不足，植株出现叶尖枯黄现象。生产上应提前灌水追肥。（　　）

10. 独头蒜是由于品种的遗传特性造成的。（　　）

三、简答题：

11. 怎样识别韭菜、洋葱和大葱的种子？并说明它们的发芽特点。

12. 韭菜的分蘖和跳根的特性与栽培管理有什么关系？

13. 韭菜保护栽培在当地有哪几种方式？并说明早熟覆盖韭菜的栽培要点。

14. 洋葱、大葱为什么会发生早期抽薹？怎样防止早期抽薹？

15. 分株大蒜退化的原因和预防的措施有哪些？

【能力评价】

在教师的指导下，以班级或小组为单位进行韭菜、大葱、洋葱和大蒜的生产实践。实践活动结束后，分小组、学生个人和教师三方共同对学生的实践情况进行综合能力评价，结果分别填入表 9-3 和表 9-4。

表 9-3　学生自我评价表

姓名			班级		小组	
生产任务		时间		地点		
序号	自评内容			分数	得分	备注
1	在工作过程中表现出的积极性、主动性和发挥的具体作用			5 分		
2	资料收集的全面性和实用性			10 分		
3	生产计划制订的科学合理性			10 分		
4	品种选择的准确性			10 分		
5	育苗操作的规范性和育苗质量			10 分		
6	整地、施肥和作畦操作的规范性和熟练程度			10 分		
7	定植操作的规范性和熟练程度			10 分		
8	田间管理操作的规范性和熟练程度			20 分		
9	采收及采后处理操作的规范性和熟练程度			5 分		

续表 9-3

姓名		班级		小组
10	解决生产实际问题的能力	10 分		
合计		100 分		
认为完成好的地方				
认为需要改进的地方				
自我评价				

表 9-4　指导教师评价表

指导教师姓名:__________　评价时间:______年______月______日　课程名称:__________

生产任务				
学生姓名		所在班级		
评价内容	评分标准	分数	得分	备注
目标认知程度	工作目标明确,工作计划具体且结合实际,具有可操作性	5 分		
情感态度	工作态度端正,注意力集中,有工作热情	5 分		
团队协作	积极与他人合作,共同完成工作任务	5 分		
资料收集	所采集的材料和信息对工作任务的理解、工作计划的制订起重要作用	5 分		
生产方案的制订	提出的方案合理、可操作性强,对最终的生产任务起决定作用	10 分		
方案的实施	操作规范、熟练	45 分		
解决生产实际问题	能够较好地解决生产实际问题	10 分		
操作安全、保护环境	安全操作,生产过程不污染环境	5 分		
技术性的质量	完成的技术报告、生产方案质量高	10 分		
合计		100 分		

项目十

薯芋类蔬菜生产技术

岗位要求

本项目主要任务是进行薯芋类蔬菜的生产管理。任务要求是完成薯芋类蔬菜生产茬口的安排；整地作畦地膜覆盖；定植、查苗、补苗；植株调整；灌溉、追肥；病虫害的识别与诊断及综合防治；采收等；能够和与工作岗位相关工作人员进行有效沟通，及时了解相关知识与经验。熟知劳动生产安全规定，能以企业员工身份为企业提供团队建设意见。培养团结，进取、向上的人生观。

知识目标

了解薯芋类蔬菜生物学特性及其与栽培的关系；掌握马铃薯的高产栽培技术和田间管理的方法、马铃薯的病虫害及防治措施；掌握生姜生物学特性与栽培的关系及露地栽培技术及设施栽培技术。

能力目标

能够熟练进行整地、播种操作；掌握品种的选择与鉴定；学会田间管理的方法；掌握马铃薯的病虫害防治措施，马铃薯的种薯切块方法，懂得贮藏技术；熟练生姜切种操作及播种操作；熟练生姜大棚生产操作。

薯芋类蔬菜包括马铃薯、山药、生姜、芋头等，它们在分类上分属于不同的植物科属，产品器官为块茎、块根、根茎或球茎，富含淀粉，还含蛋白质、脂肪、维生素及矿物质，营养丰富，耐贮藏运输，并适于加工，在蔬菜的周年供应和淡旺季调节中具有重要地位。

子项目 10-1　马铃薯的生产技术

任务分析

马铃薯，又称土豆、地蛋、洋芋、山药蛋等，是茄科茄属中能形成地下块茎的一年生草本植物。以块茎供食，是重要的粮菜兼用作物。产品耐贮运，在蔬菜周年供应上有堵淡补缺的作用，世界各地普遍栽培。熟练掌握马铃薯的生产技术。

任务知识

一、生物学特性与栽培的关系

1. 形态特征

(1)根　包括最初长出的初生根和匍匐根，初生根由芽基部萌发出来，开始在水平方向生长，一般长到 3 cm 左右再逐渐向下垂直生长。匍匐根是在地下茎叶节处的匍匐茎周围发出的根，大多分布在土壤表层。

(2)茎　包括地上茎、地下茎、匍匐茎和块茎。地上茎多直立，断面棱形。埋在土壤内的茎为地下茎。节间较短，在节的部位生出根和匍匐茎(枝)。块茎上有芽眼，芽眼就是茎节，其排列顺序也与主茎上的叶序相同。一般每个芽眼有 3 个芽，中央为主芽，两侧为副芽。

(3)叶　马铃薯的叶子在幼苗期基本上都是单叶，心脏形或者倒心脏形，全缘，称为初生叶，到后期均为奇数羽状复叶。

(4)花　为伞形或聚伞形花序。花色有白、粉红、紫、蓝紫等颜色。两性花，自花授粉。

(5)果实和种子　马铃薯的果实为浆果，呈球形或椭圆形。种子细小肾形。

2. 生长发育周期

(1)发芽期　从萌芽到出苗，进行主茎的第 1 段生长，所有营养均来自种薯，春季需要 25～35 d，秋季需要 10～20 d。

(2)幼苗期　从出苗到团棵(6～8 片叶展平)，进行主茎的第 2 段生长。此期根系继续扩展，匍匐茎先端开始膨大，块茎初具雏形。同时，第 3 段的茎叶逐渐分化完成。幼苗期只有 15～20 d。

(3)发棵期　从团棵到开花(早熟品种第 1 花序开放；晚熟品种第 2 花序开放)，完成主茎的第 3 段生长。此期主茎急剧增高，主茎叶已全部形成功能叶。同时，根系继续生长，块茎逐渐膨大至 2～3 cm 大小，需 25～30 d。

(4)结薯期　从开花到薯块收获。第 3 阶段生长结束，以块茎膨大增重为主，产量的 80% 左右是在此期形成的。需 30～50 d。

(5)休眠期　从薯块收获到幼芽萌发，休眠期的长短因品种而异，一般 1～3 个月。

3. 对环境条件的要求

(1)温度　块茎生长发育的最适温度为 17～19℃，温度低于 2℃和高于 29℃时，块茎停止生长。块茎在7～8℃时，幼芽即可生长，10～12℃时幼芽可茁壮成长并很快出土。植株生长最适温度为21℃左右。

(2)光照　喜光作物，生长期间需充足光照。块茎的形成，需要较短的日照。

(3)水分　生长过程中要供给充足水分才能获高产。尤其开花前后，块茎增长量大，植株对水分需求量也大。土壤水分经常保持60%～80%比较合适。

(4)土壤和营养　对土壤的适应范围较广，但轻质壤土最适合马铃薯生长。喜酸性土壤，pH在4.8～7.0生长正常。需肥量较大。每生产1 000 kg马铃薯产品，需吸收氮5～6 kg，磷1～3 kg，钾12～13 kg。生产中避免施用含氯离子的肥料。

二、类型与品种

依块茎成熟期可分为早、中、晚三种类型。早熟品种从出苗到块茎成熟需50～70 d，中熟品种需80～90 d，晚熟品种需100 d以上。早熟品种植株低矮，产量低，淀粉含量中等，不耐贮存，芽眼较浅。中晚熟品种植株高大，产量高，淀粉含量较高，耐贮存，芽眼较深。

三、栽培制度与栽培季节

栽培茬次安排的总原则是把结薯期放在温度最适宜的季节，即土温17～19℃，白天气温24～28℃和夜间气温16～18℃的时期。在无霜期100～130 d的一作区，可春播夏收或春播秋收；在无霜期200 d以上的二作区，可分为春秋两茬栽培。北方地区利用地膜加小拱棚、塑料大棚、温室等设施进行马铃薯冬春栽培，产品于3月下旬至5月上中旬上市。

工作任务1　露地马铃薯生产技术

任务说明

任务目标：了解马铃薯生产特性，掌握露地马铃薯的选茬选地、品种选择、种薯处理、播种、田间管理及采收技术。

任务材料：马铃薯品种的种子、农膜、农药、化肥、生产用具等。

任务方法与要求：在教师的指导下分组完成露地马铃薯生产的各任务环节。

工作流程

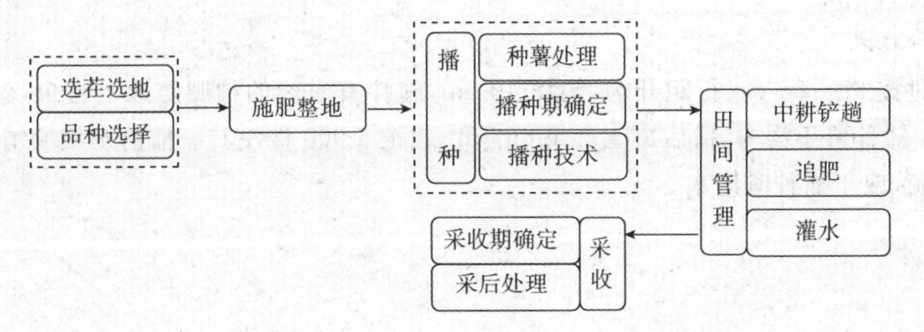

子任务一　选茬选地

选择地势平坦、土层肥厚、微酸性的壤土，前茬葱蒜类、胡萝卜、黄瓜较好。不能与茄子、番茄等茄科作物连作。可以和各种高秆、生长期长的喜温作物进行间套作。

子任务二　品种选择

北方一作区选用的马铃薯品种，应具备优良的经济性状和农艺性状，以及较强的抗逆性。用于鲜食应选中熟丰产良种，如克新系列、高原系列、东农 303 等。用于加工淀粉的，要选白皮白肉，淀粉含量高的中晚熟丰产品种。在中原二作区，选择对日照长短要求不严的早熟高产、块茎休眠期短或易于解除休眠、抗病性较强品种，如东农 303、克新 4 号、鲁薯 1 号等。利用秋薯留种，可选用休眠期短的早中熟品种，如丰收白、克新 4 号等。

子任务三　施肥整地

结合翻地每 667 m^2 施入腐熟农家肥 5 000 kg，过磷酸钙 25 kg，硫酸钾 15 kg。平整土地作畦或开沟。马铃薯的栽植方式有 3 种，即垄作和平作。垄作适用于生育期内雨量较多或是需要灌溉的地区，如东北、华北地区；平作多在气温较高，但降雨又少，干旱而又缺乏灌溉的地区采用，如内蒙古、甘肃等地。

子任务四　播种

1. 种薯处理

选择符合本品种特征，大小适中，薯皮光滑，颜色鲜正的薯块作种薯，每 667 m^2 用种量 100～125 kg。播种前 30～40 d 开始暖种晒种，方法是首先暖种催芽：要求黑暗和 20℃左右的条件，需 10～15 d，直到顶部芽有 1 cm 大小时为止，然后晒种壮芽：把带芽种薯放于散光或阳光下晒，保持 15℃左右的低温，使芽绿化粗壮，约需 20 d。此外，也可用 10 μL/L 赤霉素，浸种 10 min 打破休眠。为节省种薯可切块播种，切块要求呈立体三角形，多带薯肉，每块重 25 g 左右，一般 2 个芽眼。

2. 确定播种期

确定播种期有如下几点原则：首先，马铃薯春播出苗时要避免霜冻，应根据当地终霜日前推 20～30 d 为适播期(催芽、覆膜出苗快，要适当晚播)，且 10 cm 的土层温度达到 7～8℃。一般北方地区春薯播种适宜期为 4 月上旬至 5 月上旬。其次，应把块茎形成期安排在适于块茎形成、膨大的季节。

3. 播种技术

播种时按 60～80 cm 行距开沟，沟深 10 cm，施拌有农药的种肥防地下害虫，然后按株距 15～25 cm 播种薯于沟内，播后覆土。每 667 m^2 栽植 5 000 株左右。播前土壤墒情不足，应在播前造底墒，或于播种时浇水。

子任务五　田间管理

1.除草

出全苗后除草松土，发棵期铲 2 遍，一般铲完培土，一般中耕培土 3～4 次，头遍要深耕少培土，以后要浅一些，同时多培土。

3.追肥

在团棵期追肥较适宜，以氮肥为主，追施纯氮 35～45 kg/hm² 为宜。发棵中期后一般不再追肥，特别是氮肥。

4.灌水

播种前土壤墒情好，不需灌水，如严重春旱，应先灌水，待水分被土壤吸收后，再播种，切忌播后灌水。出苗后需水不多，不旱不浇水。团株以后到开花期需水量较大。这一阶段要根据天气及土壤水分含量情况，灌 1～2 次水，使土壤见干见湿。开花后土壤应始终保持湿润状态，尤其是开花期的头 3 水更关键。所谓"头水紧、2 水跟、3 水浇了有收成"。结薯前对缺水有 3 个敏感阶段，早熟品种在初花、盛花及终花期；中晚熟品种在盛花、终花及花后 1 周内。结薯盛期要求土壤含水量达到田间最大持水量的 70%左右，即提起成团，离地 1 m 落地散开为宜。结薯后期，即收获前 7～10 d，要停止灌溉，利于收获。

子任务六　采收

收获前 1 周至 10 d，应先将秧棵割掉，使块茎在土中后熟，表皮木栓化，收获时不易破皮。收获应选在晴天。收获时，人工捡拾堆放小堆，田间晾晒。

工作任务 2　大棚马铃薯生产技术

任务说明

任务目标：了解马铃薯生产特性，掌握大棚马铃薯的选茬选地、品种选择、育苗、定植、田间管理及采收技术。

任务材料：马铃薯种薯、农膜、农药、化肥、生产用具等。

任务方法与要求：在教师的指导下分组完成大棚马铃薯生产的各任务环节。

工作流程

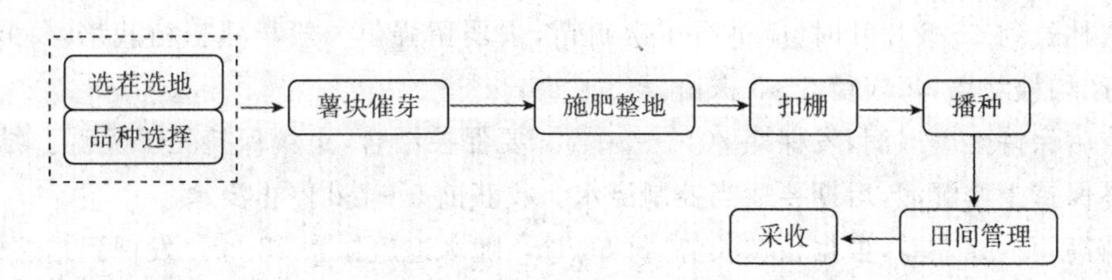

子任务一 选茬选地

种植马铃薯的大棚最好是老棚，而且是秋整地，切勿与茄科、十字花科作物连作。

子任务二 品种选择

选用脱毒种薯，选取生育期短、植株株型直立紧、分枝少、结薯集中、块茎膨大速度快、商品性好的超早熟或极早熟马铃薯品种。如：超白，克新4号，克新9号等。

子任务三 薯块催芽

利用温室催芽，在播种前20～25 d将种薯出窖，在温室内晒种5～7 d，晒过的种薯按芽眼切块，在温室内催大芽、壮芽。

催芽方法是先在地面铺一层5 cm厚潮湿沙土或细沙，然后放一层薯块，再盖一层5 cm厚的沙土，如此排放，最多排三层薯块，顶部及四周沙土厚度10 cm。催芽昼夜温度20～22℃，一般10～15 d，当芽长1 cm左右时，即可扒出薯块，在散射光下摊开晾芽，使其粗壮。

子任务四 施肥整地

每667 m^2 施入优质农家肥5 000 kg，过磷酸钙25 kg，复合微肥5 kg，三元复合肥20 kg，草木灰100 kg，深耕30～40 cm，精细整地。按照行距深开栽植沟，晒地增温。

子任务五 扣棚

定植前20～30 d左右扣棚，提高地温。

子任务六 播种

适宜的播种期为棚内土温稳定在10℃以上，棚内最低气温不低于0℃时(5℃左右为好)，在3月下旬至4月中旬播种。选无大风、寒流的晴天播种。

播种沟深15～20 cm，株距20 cm，覆土8～10 cm厚，覆盖地膜，加盖拱棚。每667 m^2 5 000～6 000株。

子任务七 田间管理

出苗前保温，出苗后棚内温度保持在21℃左右。达到28℃时要及时放风降温。小拱棚白天揭开，晚上盖上。生长中后期，棚内白天温度控制在22～28℃，夜间16～18℃。

当植林长到4～5片叶时，应进行1次疏苗，去弱留强。一般早熟密植栽培，每穴留1～2株苗；高产稀植栽培，每穴留3～5株苗。

出苗后保持土壤湿润，发棵期70%～80%。要促控结合，土壤保持见干见湿。结薯期前、中期始终保持土壤湿润，后期要适当控制浇水。收获前5～7 d停止浇水。

当苗高30 cm左右，根据植株长势，每667 m^2 随水追施尿素15 kg。发棵到结薯的转折期(早熟品种第一花序开花时)，如秧势过旺，可喷施10 mg/L的多效唑溶液抑制茎叶生长。开花后，可叶面喷施0.2%～0.3%的磷酸二氢钾和硼砂溶液。

子任务八 采收

一般播种后 55～60 d 就可以收获，根据下茬作物情况可分期收获，也可以一次性收获。

子项目 10-2 生姜生产技术

任务分析

生姜又称姜、黄姜，为姜科姜属能形成地下肉质茎的栽培种，为多年生草本植物，原产于中国及东南亚热带地区，生产中多作一年生栽培。生姜做调料。掌握生姜生产技术。

任务知识

一、生物学特性与栽培的关系

1. 形态特征

(1)根 浅根系，不发达，可分为纤维根和肉质根两种。纤维根是在种姜播种后，从幼芽基部发生数条线状不定根，沿水平方向生长，也叫初生根。

(2)叶 叶披针形，平行脉，互生，有蜡质，在茎上排成两列。

(3)茎 生姜的茎包括地下茎和地上茎两部分。地上茎直立生长，姜芽破土时茎端生长点由叶鞘包围，称为假茎；地下茎也叫根茎，由姜母及其两侧腋芽不断分枝形成的子姜、孙姜、曾孙姜等组成的，其上着生肉质根、纤维根、芽和地上茎。

(4)花 生姜在我国南方能开花，在高于北纬 25°时不能开花。穗状花序，橙黄色或紫红色。单个花下部有绿色苞片迭生，层层包被。苞片卵形，先端具硬尖。

2. 生长发育周期

(1)发芽期 种姜通过休眠幼芽萌动，至第 1 片姜叶展开为发芽期。包括催芽和出苗的整个过程，需 50 d 左右。这一时期主要靠种姜中贮藏的养分生长。

(2)幼苗期 由展叶至具有两个较大的一级分枝，即“三股杈”时为幼苗期，需 70 d 左右。这一时期地上茎长到 3～4 片叶，主茎基部膨大，形成姜母。

(3)旺盛生长期 从“三股杈”直至收获，约 80 d。这一时期地上茎叶与地下根茎同时旺盛生长，是产品器官形成的主要阶段。此期大量发生分枝，姜球数量增多，根茎迅速膨大，生长量占总生长量的 90%以上。

(4)根茎休眠期 收获后入窖贮存，迫使根茎处于休眠状态的时期。

3. 对环境条件的要求

(1)温度 生姜喜温而不耐寒。幼芽萌发的适宜温度为 22～25℃，茎叶生长适温 25～30℃，在根茎旺盛生长期，要求有一定的昼夜温差，以日温 25℃左右，夜温 17～18℃为宜。

(2)光照 喜阴植物，发芽时要求黑暗，幼苗期要求中强光，不耐强光，需要遮阴。旺盛生长期也不耐强光，但此时植株自身可互相遮阳，不需人为设置遮阴物。

(3)水分　不耐干旱,要求土壤湿润,土壤相对湿度70%～80%利于生长。

(4)土壤营养　适宜土层深厚,疏松透气,有机质丰富,排灌良好,pH为5～7。喜肥耐肥,每生产1 000 kg鲜姜约吸收氮6.34 kg,磷0.57 kg,钾9.27 kg,钙1.30 kg,镁1.36 kg。

二、类型与品种

1.疏苗型

植株高大,茎秆粗壮,分枝少,叶深绿色,根茎节少而疏,姜块肥大,多单层排列。如山东莱芜大姜、广东疏轮大肉姜等。

2.密苗型

长势中等,分枝多,叶色绿,根茎节多而密,姜球数多,双层或多层排列。如山东莱芜片姜、浙江红爪姜等。

三、栽培制度与栽培季节

姜对土壤的适应性很强,最好是地势高、排灌方便,土层深厚、土质疏松透气、有机质含量丰富,微酸性的壤土。至少2年以上未种过姜、芋、红薯、马铃薯、番茄等作物的田块。

生姜的适宜栽培季节要求:5 cm地温稳定在15℃以上,从出苗至采收,要保证适宜生长天数在140 d以上,生长期间有效积温达到1 200℃以上。生产中应尽量把根茎形成期安排在昼夜温差大,气候条件适宜的时段。采用设施栽培也可提早播种或延迟收获,但必须保证小环境的条件适于生姜生长。生姜在我国2～4月份均可播种,一般来说在适播期内,提早播种,姜的生长期较长,所以,播种期以3月上旬至4月上旬较为适宜,农谚曾有"清明芋头,谷雨姜"。

工作任务　露地生姜生产技术

任务说明

生姜在我国作为一年生作物栽培,既是深受人们喜爱的调味品,又可以药用。近年来消费量不断增长,种植效益较好。掌握露地生姜生产技术。

任务目标:掌握露地生姜的培育壮芽、播种、田间管理及采收技术。

任务材料:生姜种块、农膜、农药、化肥、生产用具等。

任务方法与要求:在教师的指导下分组完成露地生姜生产的各任务环节。

工作流程

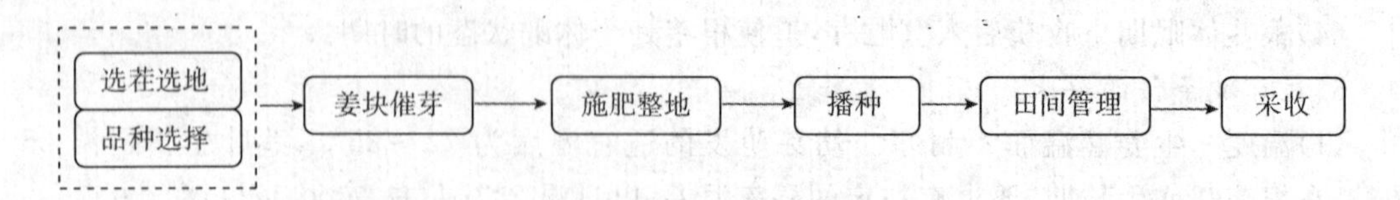

子任务一 选茬选地

姜忌连作，最好与水稻、葱蒜类及瓜、豆类作物轮作，并选择土层深厚，肥沃，疏松，排水良好的壤土或沙壤土，姜畏强光，应选适当荫蔽的地方栽种。

子任务二 品种选择

选用抗病、优质丰产、抗逆性强、商品性好的品种。

子任务三 培育壮芽

1. 选种

应选择姜块肥大、丰满，皮色光亮，肉质新鲜，不干缩，不腐烂，未受冻，质地硬，无病虫害的健康姜块作种，严格淘汰瘦弱干瘪，肉质变褐及发软的种姜。

2. 晒姜与困姜

20～30 d，从贮藏窖内取出姜种，用清水洗去根茎上的泥土，然后平排在背风向阳的平地上或草席上晾晒 1～2 d，傍晚收进室内，以防夜间受冻。晒姜要注意适度，不可暴晒。种姜晾晒 1～2 d 后，再将其置于室内堆放 2～3 d，姜堆上覆盖草帘，促进养分分解，称作“困姜”。一般经 2～3 次晒姜和困姜，便可以开始催芽了。

3. 催芽

催芽可在室内或室外筑的催芽池内进行，各地催芽的方法均不相同，温度保持 22～25℃较为适宜，最高不要超过 28℃。温度过高注意通风降温，但最低不要低于 20℃。当芽长0.5～2.0 cm，粗 0.5～1.0 cm 时即可播种。

子任务四 施肥整地

施足基肥，每 667 m^2 施优质农家肥 4 000～5 000 kg，过磷酸钙 50～60 kg，碳酸铵 70～80 kg，硫酸钾 25～30 kg，磷酸锌 1～2 kg 作基肥。基肥可以全田撒施再耕地，也可以沟施。北方多采用沟种方式，沟距 50～55 cm；南方采用高畦，畦宽 1.2～1.3 m。

子任务五 播种

1. 掰姜种

将大块的种姜掰开，每块姜上只保留 1 个短壮芽，其余幼芽全部去除，剔除基部发黑或断面褐变的姜芽，一般掰开的姜块重量在 50～75 g 为宜。

2. 浸种

播种前用 1%波尔多液或用草木灰浸出液浸种 20 min，取出晾干备播，进行种姜消毒处理。用 250～500 mL/m^3 乙烯利浸泡 15 min，能促进生姜分枝，增加产量。

3. 播种

按 50 cm 行距开沟，浇透底水，把种姜按一定株距排放沟中。播种时注意使幼芽方向保持一致。若东西向沟，则幼芽一致向南，南北向沟则幼芽一致向西。放好后用手轻轻按入泥中使姜芽与土面相平即可。而后用细土盖住姜芽，种姜播好后覆 4～5 cm 厚的土。

子任务六　田间管理

1. 遮阴

北方采用插姜草措施,即用谷草插成稀疏的花篱,为姜苗遮阴。通常高度为 60 cm,透光率 50%左右。8 月上旬立秋之后,可拔除姜草。

2. 合理浇水

幼芽 70%出土后浇第 1 次水,2～3 d 接着浇第 2 次水,然后中耕松土,以后以浇小水为主,保持地面半干半湿至湿润。浇水后进行浅中耕,雨后及时排水。进入旺盛生长期,土壤始终保持湿润状态,每 4～5 d 浇 1 次水。收获前 3～4 d 浇最后 1 次水。

3. 追肥与培土

在苗高 30 cm 左右,发生 1～2 个分枝时追 1 次小肥,以氮素化肥为主,每 667 m^2 施用硫酸铵或磷酸二铵 20 kg。8 月上中旬结合拔除遮荫草,每 667 m^2 施饼肥 75 kg,或三元复合肥 15 kg,或磷酸二铵 15 kg,硫酸钾 5 kg。追肥后进行第 1 次培土。9 月上中旬后,追部分速效化肥,尤其是土壤肥力低保水保肥力差的土壤,一般每 667 m^2 施硫酸铵 15 kg,硫酸钾 10 kg。结合浇水施肥,视情况进行第 2 次、第 3 次培土,逐渐把垄面加厚加宽。

子任务七　采收

从 7～8 月份即可陆续采收,早采产量低,但产值高,在生产实践中,菜农根据市场需要进行分次采收。

【拓展知识】

设施生姜生产技术

(一)选茬选地

设施栽培生姜应选择地势稍高,排灌方便,土层深厚,疏松、肥沃的沙壤土种植。

(二)品种选择

选用抗病、优质丰产、抗逆性强、商品性好的品种,要求姜种姜块肥大丰满、皮色光亮、肉质新鲜不干缩、不腐烂、未受冻、质地硬、无病虫害。

(三)施肥整地

定植前 30 d 搭棚扣膜,并深翻 1 次,以提高地温和降低土壤含水量,同时做好棚间排水沟。姜产量高,需肥大,必须施足基肥,一般每 667 m^2 优质有机肥施用量不低于 5 000 kg。磷肥基施,结合耕翻整地与耕层充分混匀,适当补充钙、铁等中微量元素。

(四)播种育苗

1.晒姜

将选好的种姜在催芽前选择晴天晒种，当姜肉变干、发白、稍有皱纹时停止晒种。晒种有利于降低种姜的水分和提高温度，有利于整齐发芽。

2.催芽

可使种姜提早、整齐出芽，是姜大棚早熟栽培获得成功的关键技术之一姜催芽方法很多，大棚早熟栽培可采用大棚酿热温床催芽，催芽期需 45 d 左右。

(五)定植

10 cm 地温稳定在 15℃以上时即可定植。大棚姜主要收鲜姜上市，生育期相对较短，单株产量低，因此要合理密植。每畦种 4 行，株距宜 25～30 cm，行距 30 cm 左右。定植前在定植穴内浇水，并施适量的草木灰。要求姜种个体重 50～75 g，带 1～2 个短壮芽。将姜种平放在定植穴内，姜芽稍向下倾斜，定植后覆土 4～5 cm，然后覆盖地膜，搭小拱棚。

(六)田间管理

1.温度管理

姜出苗前，密闭大小棚膜，以利于保温；夜间须在小拱棚上加盖草帘。2 月中下旬出苗后，及时划破膜放苗。小拱棚采用日揭夜盖，大棚通风管理视天气情况而定，棚温不得超过 35℃，以防徒长。5 月上旬揭去大棚裙膜，保留顶膜覆盖。

2.水分管理

播种后，浇足底水，保证苗齐苗壮。幼苗期保证供水均匀。进入生长盛期，需水量多，保持土壤相对湿度 75%～80%。收获前 3 d 浇最后一水。

3.追肥

姜需肥量大，除施足基肥外，应及时追肥。追肥分 2 次进行。第一次在齐苗后，每 667 m^2 施复合肥 10 kg。第二次在植株进入分蘖期进行，施复合肥 10 kg，尿素 5 kg。

4.遮阳

姜喜阴，不耐强烈的阳光直射，以散射光对生长较为有利。4 月下旬要在棚内搭遮阳棚遮阳。

5.中耕除草培土

出苗后，浇水后中耕 1～2 次，及时清除杂草。进入旺盛生长期，植株逐渐封垄，根茎膨大速度加快，根系增多，不宜再中耕，有杂草及时拔除，以免伤根。

(七)采收

设施生姜宜早挖姜上市，当分蘖进行到第三、第四次时陆续采收。一般在 5 月下旬至 6 月上旬始收。

【项目小结】

薯芋类蔬菜苗期较耐旱，喜半干半湿。产品形成期对缺水反应敏感，应小水勤浇。以各种变态茎为食用器官，耐贮运。均采用无性繁殖，用种量大。播种前应先对种茎作催芽、切块等处理；要求疏松透气、富含有机质的土壤，并要求培土造成黑暗条件，需肥量大，喜磷钾肥，应进行配方施肥和深施肥。适宜垄作或高畦栽培，栽培过程中需要多次培土。产品器官形成盛期，要求阳光充足和较大的昼夜温差。

【练习与思考】

一、填空题

1.马铃薯为________科________属________年生草本植物。

2.秋播马铃薯用当年的新种薯需用________浸种打破休眠。

3.马铃薯发芽需要________条件。

4.姜为________根性植物。姜的根可分为________根和________根两种。

5.种姜在催芽过程中要经过________等过程。

二、判断题

6.马铃薯不耐寒、不耐高温，喜冷凉。（　　）

7.马铃薯发芽要求光照条件，黑暗能抑制芽的伸长，使芽加粗，促进其组织硬化和色素产生。（　　）

8.马铃薯适宜在土层深厚、疏松透气、富含有机质、pH 7～8 的微碱性沙壤土上栽培。（　　）

9.姜对温度敏感，喜欢温暖而阴湿。（　　）

10.姜抗旱力较强，对土壤水分要求不是很严格。（　　）

三、问答题

11.简述马铃薯栽培季节确定的原则。

12.简述马铃薯春季露地栽培技术要点。

13.简述马铃薯种薯的处理方法。

14.简述培育壮芽在生姜高产栽培上的作用。

15.种姜处理包括哪几个步骤？田间管理的技术关键是什么？

【能力评价】

在教师的指导下，以班级或小组为单位进行马铃薯和生姜的生产实践。实践活动结束后，分小组、学生个人和教师三方共同对学生的实践情况进行综合能力评价，结果分别填入表10-1、表10-2。

表10-1　学生自我评价表

姓名			班级	小组	
生产任务		时间	地点		
序号	自评内容		分数	得分	备注
1	在工作过程中表现出的积极性、主动性和发挥的作用		5分		
2	资料收集的全面性和实用性		10分		

续表 10-1

3	生产计划制订的合理性和科学性	10 分		
4	品种选择的准确性	10 分		
5	种薯催芽操作的规范性和种苗质量	10 分		
6	整地、施基肥和作畦操作的规范性和熟练程度	10 分		
7	定植操作的规范性和数量词程度	5 分		
8	田间管理操作的规范性和熟练程度	20 分		
9	采收及采后处理操作的规范性和熟练程度	10 分		
10	解决生产实际问题的能力	10 分		
合计		100 分		

认为完成好的地方	
认为需要改进的地方	
自我评价	

表 10-2 指导教师评价表

指导教师姓名:__________ 评价时间:_____年_____月_____日 课程名称:__________

生产任务			
学生姓名		所在班级	

评价内容	评分标准	分数	得分	备注
目标认知程度	工作目标明确,工作计划具体结合实际,具有可操作性	5 分		
情感态度	工作态度端正,注意力集中,有工作热情	5 分		
团队协作	积极与他人合作,共同完成工作任务	5 分		
资料收集	所采集的材料和信息对工作任务的理解、工作计划的制订起重要作用	5 分		
生产方案的制订	提出的方案合理、可操作性强,对最终的生产任务起决定作用	10 分		
方案的实施	操作规范、熟练	45 分		
解决生产实际问题	能够较好地解决生产实际问题	10 分		
操作安全、保护环境	安全操作,生产过程不污染环境	5 分		
技术性的质量	完成的技术报告、生产方案质量高	10 分		
合计		100 分		

项目十一

绿叶菜类蔬菜生产技术

岗位要求

本项目工作任务是熟练地掌握绿叶蔬菜的生产管理技术，适应农业企业组织管理环境，熟知劳动生产安全规定，能以企业员工身份进行团队工作。工作要求是了解主要绿叶菜类蔬菜的生物学特性，为生产创造优质高产栽培的环境条件等，能有效地落实各项关键生产技术。还需要具备能与农户进行有效沟通，有效落实生产技术，能够及时发现和解决生产实践中出现的问题等。

知识目标

了解绿叶菜类蔬菜生物学特性与栽培的关系。熟练掌握绿叶菜类蔬菜的催芽、播种技术及肥水管理原则。

能力目标

能够根据当地条件进行绿叶菜生产茬口的安排；掌握绿叶菜类蔬菜高产高效栽培技术，特别是反季节育苗技术，防止其先期抽薹技术。

绿叶类蔬菜是以柔嫩的绿叶、叶柄和嫩茎为食用器官的速生蔬菜，种类较多。栽培比较普遍的绿叶蔬菜主要有伞形科的芹菜、芫荽和茴香等，藜科的菠菜，菊科的莴苣、莴笋和茼蒿，十字花科的小白菜、荠菜和上海青，苋科的苋菜，旋花科的蕹菜，落葵科的落葵等。

子项目11-1　菠菜生产技术

任务分析

菠菜又名赤根菜、波斯草、角菜，是藜科菠菜属以绿叶为主要产品器官的一二年生草本植物。由于菠菜适应性强，生育期短，春、夏、秋均能栽培，全国各地普遍种植。在生产过程要熟悉菠菜生长特性，生育规律，掌握生产技术。

任务知识

一、生物学特性与栽培的关系

1.植物学特征

根为直根系，较发达，表皮紫红或淡红色，味甜可食。主要根群分布25 cm左右的土壤表层。茎在营养生长期短缩，生殖生长期茎伸长生长成花茎。初期花茎柔嫩，具有食用价值。叶在营养生长期簇生在短缩茎上，叶形有圆叶和尖叶两种类型。

菠菜的花为单性花，一般雌雄异株，但也有雌雄同花异株或雌雄同花，风媒花。根据着生的花性别不同，菠菜植株可分为4种类型。

(1)绝对雄株　即纯雄株。植株上仅生雄花，花茎上的叶片薄而小。该种株型植株抽薹较早，营养生长期相对缩短，为低产株型，采种时及早拔除。尖叶类型菠菜绝对雄株较多。

(2)营养雄株　植株上仅生雄花，茎生叶比较发达，抽薹迟，营养生长期长，为高产株型。花期与雌株花期相近，采种时应加以保留。圆叶类型菠菜营养雄株较多。

(3)雌株　植株高大，生长旺盛，基生叶和茎生叶均发达，为高产株型。雌花簇生于茎生叶的叶腋中，抽薹较雄株晚。

(4)雌雄同株　在同一植株上着生雌花与雄花，基生叶与茎生叶均发达，抽薹晚，也是高产类型。

雌花受精后形成一个“胞果”，内有一粒种子，被坚硬革质的果皮包裹，表面有刺，也有无刺的。种子千粒重为10～13 g。种子寿命短，使用年限1～3年。

2.对环境条件要求

(1)温度与日照　菠菜是耐寒性强的蔬菜，种子发芽最低温度为4℃，发芽最适温度为15～20℃。成株在冬季最低气温－10℃地区可以安全越冬，耐寒性强的品种具4～6片真叶的植株可耐短期的－30℃的低温，1～2片叶的幼苗和抽薹前的成株耐寒力较差。

叶片生长适温20～25℃。花芽分化的温度范围较广，但低温有促进花芽分化的作用。典型的长日照作物，在长日照条件下抽薹开花。

(2)水分　在土壤相对湿度70%～80%，空气相对湿度80%～90%的环境条件下生长旺盛。长期缺水，生长速度慢，组织老化，品质差。高温、干旱和长日照条件下植株抽薹快。

(3)土壤与营养　对土壤适应性很广，沙壤土、黏质土壤产量也较高。中性偏酸，pH 5.5～7的土壤上生长良好。土壤 pH 5.5 以下时，生长缓慢，叶片无光泽。

菠菜需肥量大，并要求施较多的氮肥，但仅施用氮肥，产量并不理想，只有在磷、钾肥配合施用的基础上，追施氮肥效果才明显。

二、类型与品种

根据菠菜的叶型及种子上刺的有无，可分为尖叶菠菜和圆叶菠菜两个变种。

1. 尖叶类型(有刺种)

又称中国菠菜，其果实有棱刺 2～4 个，果皮较厚，叶片薄而狭小，叶面似箭形，耐寒力强，不耐热，对日照反应敏感，在长日照下抽薹快，适于秋播越冬栽培及秋季栽培。春播易抽薹，产量低，夏播生长不良。优良品种有北京尖叶菠菜、上海尖叶菠菜、华菠 1 号、华菠 3 号、双城尖叶、菠杂 10 号、菠杂 15 号、青岛菠菜等。

2. 圆叶类型(无刺种)

果实不规则圆形，无刺，果皮较厚。叶椭圆形，大而厚。耐寒力稍弱，但耐热性较强，成熟稍晚，对日照反应不敏感，抽薹较晚。产量高，品质好，适于春秋两季栽培。优良品种有全能菠菜、广东圆叶菠菜、车头菠菜、东北圆叶菠菜、南京大叶菠菜、日本奥伊菠菜、春秋大叶菠菜、华菠 2 号等。

三、栽培制度与栽培季节

菠菜适应性广，生育期短，采收标准不严格，采用不同栽培方式和适宜品种，可实现周年生产供应，栽培茬次有越冬菠菜、秋菠菜、埋头菠菜、春菠菜、夏菠菜(表 11-1)。露地栽培以春、秋两季栽培为主，利用遮阳网、防雨棚可进行夏季栽培，利用拱棚进行春提早和秋延迟栽培。

表 11-1　菠菜栽培茬次安排

栽培茬次	地区	播种期(月)	收获期(月)
春菠菜	华北	2～3	4～5
	长江流域	2～4	3～5
	东北、乌鲁木齐、银川	3～4	5～6
越冬菠菜	华北	9	3～4
	长江流域	10～11	2～4
	东北、乌鲁木齐、银川	9	5
秋菠菜	东北、乌鲁木齐	7～8	9～10
	长江流域	8～9	9～10
夏菠菜	华北	8	9～10
	东北、乌鲁木齐	6～7	7～8

续表 11-1

栽培茬次	地区	播种期/(月)	收获期/(月)
埋头菠菜	华北	5～6	6～7
	东北	10～11	5～6
	华北	11～12	4～5

工作任务　越冬菠菜栽培技术

任务说明

任务目标：了解菠菜越冬生产特性，掌握品种选择、整地播种、田间管理及采收技术。

任务材料：菠菜品种的种子、农药、化肥、生产用具等。

任务方法与要求：在教师的指导下分组完成越冬菠菜生产的各任务环节。

工作流程

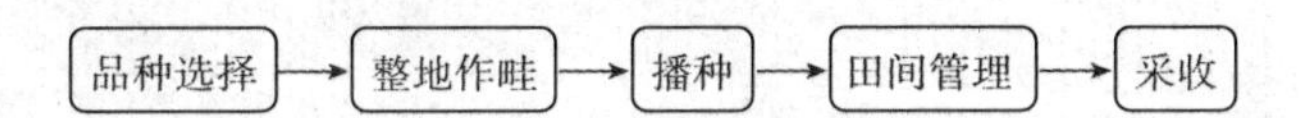

子任务一　品种选择

宜选用耐抽薹、丰产、耐寒的尖叶品种。

子任务二　整地作畦

选择有机质丰富、土质肥沃、保水保肥性好的壤土。播前施足基肥，每 667 m^2 施充分腐熟优质圈肥 4 000～5 000 kg，三元复合肥 30～40 kg，撒施后深耕 25～30 cm，耙平耙细，做成宽 1.3～1.6 m、长 8～10 m 的平畦。

子任务三　播种

越冬菠菜应尽量早播，使幼苗冬前具有 5～6 片叶，保证植株安全越冬。一般在秋季日平均气温降到 17～19℃时为适播期，华北地区为 9 月中下旬，东北地区可提前到 9 月初播种。菠菜种子发芽慢，为缩短出苗期，可将种子在 20～25℃温水中浸泡 12～14 h 后播种。可撒播或条播，播后覆土 2 cm 左右，镇压、浇水。每 667 m^2 播种量为 3～4 kg。

子任务四　田间管理

播后须保证出苗所需的水分，若土壤干旱可浇 1 次小水。如果幼苗弱小、叶黄，每 667 m^2 追施尿素 10 kg 作为提苗肥。3～4 片真叶时，适当控水，促进幼苗根系发育，以利越冬。

越冬期重点是防寒、保温，防止死苗。土壤封冻前浇透封冻水，施肥不足时，可结合浇水冲施稀粪水。严寒地区可在土壤封冻前设置风障，并覆盖圈肥等。在菠菜返青前 20～30 d 或者在越冬期间覆盖旧薄膜，可提早上市 15 d 左右。

翌春土壤解冻后，菠菜开始返青生长时，选择晴天及时浇返青水，水量宜小不宜大，结合浇水每 667 m^2 追施追施尿素 10～15 kg。植株旺盛生长期，要保持土壤湿润，结合浇水再追肥 1～2 次，促进营养生长，延迟抽薹。

子任务五　采收

在植株高达到 20 cm 以上时即可开始收获，花薹抽生时收获完毕。

子项目 11-2　芹菜生产技术

任务分析

芹菜，别名芹、旱芹、药芹等，伞形科 2 年生草本植物。芹菜栽培广泛，结合保护地生产，可做到周年供应。营养丰富，含挥发性芳香油，具特殊的芳香气味。有降血压、健脑和通便功效，可炒食、生食或腌渍。在生产过程熟悉芹菜生长特性，生育规律，掌握生产技术。

任务知识

一、生物学特性与栽培的关系

1. 植物学特征

(1)根　芹菜根系浅，不耐旱，生长期间要保证水分充足供应。根再生能力强，适于育苗移栽。

(2)茎　营养生长期为短缩茎，当茎端分化花芽后抽生花薹。

(3)叶　二回奇数羽状复叶。叶柄发达，是主要食用部位，重量占全株重的 70%～80%，叶柄结构见图 11-1。栽培环境良好，芹菜厚壁组织与厚角组织不发达，叶柄中薄壁组织发达，食用纤维少，叶柄挺立，品质脆嫩。

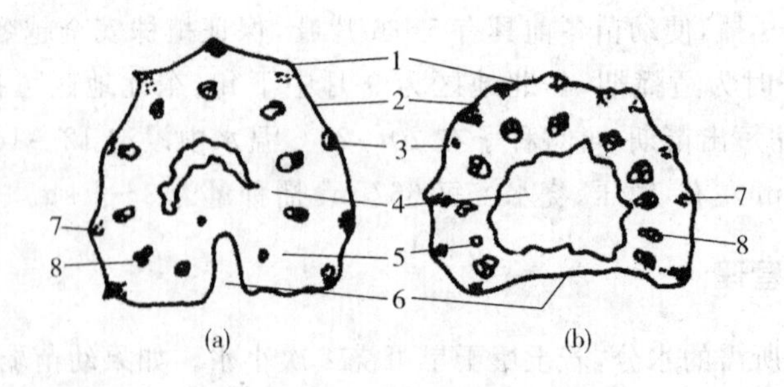

图 11-1　芹菜叶柄横断面示意图

1. 外表皮　2. 内表皮　3. 棱沟　4. 髓部　5. 维管束　6. 腹沟　7. 厚角组织　8. 厚壁组织

（引自陕西省农林学校主编. 蔬菜栽培学. 1990）

(4)果实　果实为双悬果，成熟时沿中线裂为两半，各含 1 粒种子。果皮革质，透水性差，果实含有挥发油。千粒重 0.4 g 左右。新采收种子有 4～6 个月休眠期，当年播种发芽率仅

60%左右。

2.对环境条件要求

(1)温度 是喜冷凉蔬菜,发芽适宜温度15～20℃。幼苗适应能力较强,可耐－4℃左右的低温,生长适温为15～20℃。芹菜为绿体春化型,一般幼苗在2～5℃温度条件下,经过10～20 d即可完成春化,在长日照条件下抽薹开花,春播应适期播种,防止先期抽薹。

(2)光照 对光照要求不严,较耐弱光,适宜在设施内进行越夏或越冬栽培。在生产上,适当增加栽植密度,提高产量,还可改善品质。

(3)土壤和营养 中性微酸、富含有机质、保水保肥力强的壤土和黏壤土有利于芹菜生长。需肥量大。土壤干旱或氮、钾用量过大,钙的吸收易受抑制,容易发生心腐病。缺硼叶柄则易开裂。

二、类型与品种

1.本芹

又叫中国芹菜,特点是生育期较短,叶柄细长,纤维较多、香味浓,炒食或调味用。依叶柄颜色分为青芹、白芹和紫柄芹菜三类。依叶柄是否充实分为实心芹和空心芹。优良品种有青梗芹、铁杆芹菜、津南实芹、天津白芹、广州白芹、北京细皮白等。

2.西芹

又叫洋芹,从欧美等国引进。特点是生育期较长、叶柄肥厚,多为实心,纤维少,肉质脆,香味淡,耐热性不及本芹。依叶柄色泽分为绿色、黄色、白色及杂型四类。优良品种有犹他52-70、意大利冬芹、荷兰西芹、美国西芹、佛罗里达683、康乃尔19等。

三、栽培制度与栽培季节

芹菜在凉爽和短日照的环境条件下,产量高,品质好,所以多以秋季栽培为主。芹菜较耐弱光,适宜在设施内进行栽培。生产上基本上可实现周年生产供应(表11-2)。

表11-2 北方地区芹菜主要栽培季节

栽培方式	播种期(旬/月)	定植期(旬/月)	收获期(旬/月)
春芹菜	下/1至上/3	中/3至下/4	下/5至中/6
夏芹菜	下/4至上/6	中/6至下/7	上/8至上/10
秋芹菜	上中/6	上中/8	下/10至上/11
越冬芹菜	上/8至中/8	中下/10	上/4至上/5
塑料大棚秋芹菜	下/6至上/7	下/8至上/9	下/11至上/1
日光温室秋冬芹菜	中下/7至上/8	下/9至上/10	下/12至上/3

工作任务　大棚芹菜栽培技术

任务说明

任务目标：了解芹菜的生产特性；掌握大棚芹菜的品种选择、育苗、定植及田间管理等技术。

任务材料：芹菜品种的种子、农药、化肥、生产用具等。

任务方法与要求：在教师的指导下分组完成大棚芹菜生产的各任务环节。

工作流程

品种选择 → 播种育苗 → 施肥整地 → 定植 → 田间管理 → 采收

子任务一　品种选择

选择生长势强、耐寒、抗病、高产、优质的品种，如美国西芹、荷兰西芹、意大利冬芹、津南实芹等。

子任务二　播种育苗

1.苗床准备

在温室育苗要求精细整地，每平方米施入腐熟有机肥8～10 kg、多元复合肥75～100 g，精细整地后作畦，宽1.2～1.5 m。

2.浸种催芽

播前6～8 d，用凉水浸泡24～48 h。放在15～20℃条件下催芽。当种子50%左右露白即可播种。

3.播种

播种期由定植日期和苗龄决定，日历苗龄60～70 d。采用湿播法，先浇足底水，水渗下后覆上一层过筛细土，把种子掺入3～5倍的细沙，均匀撒播，覆过筛细土0.5～0.6 cm。10 m^2苗床播种量25～30 g。667 m^2播种75～150 g种子。

4.苗期管理

播种后覆盖薄膜，保持苗床土壤湿润，当幼芽顶土时，可轻浇一次水。1～2片真叶时间苗除草，保持苗距3 cm，2～3片真叶前仍需保持土壤湿润。若幼苗长势弱，可在3～4片真叶时，每667 m^2追施尿素约5 kg。5片真叶时适当控水蹲苗，防止徒长。控制温室温度白天20～25℃，夜间不低于8℃。壮苗标准为苗高10～15 cm，具5～6片叶，茎粗0.5 cm，叶柄短粗，开张度大，叶片比较小。

子任务三　施肥整地

1.扣棚

定植前20～30 d扣棚增温。

2. 施肥整地

每 667 m^2 施入腐熟有机肥 4 000 kg，硫酸钾复合肥 50 kg，硼砂 5 kg。然后深翻 20～25 cm，使粪土充分混合，耙平作畦，一般采用 1.5 m 宽的平畦。

子任务四 定植

黑龙江省大棚芹菜定植时间为 3 月中旬至 4 月中旬定植。大小苗分开定植，栽植深度以不露根、不埋心为宜。一般采用单株定植。也可以 2～3 株穴栽。一般行距 10～20 cm，株距 6～10 cm，每 667 m^2 保苗 4 万～6 万株。西芹行株距要加大到 16～20 cm 见方，每 667 m^2 保苗 2 万株左右。

子任务五 田间管理

1. 温、湿度管理

缓苗期的适宜温度为 18～22℃，生长期的适宜温度为 15～20℃。芹菜对土壤湿度和空气相对湿度要求较高，但浇水后要及时放风排湿。

2. 肥水管理

定植后浇 1～2 次大水，以利缓苗。缓苗后中耕松土，适当控水蹲苗 10～15 d。蹲苗结束后，植株进入营养生长旺盛期，应加强肥水管理，每 5～7 d 浇 1 次水。芹菜长到 15～20 cm 时，每 667 m^2 追施尿素 15～20 kg，于露水散尽时均匀撒在畦面上，边追肥边浇水。浇水后要加强通风，降低湿度。株高 30～35 cm 时第 2 次追肥，追氮磷钾复合肥 20～25 kg，可先将肥料溶于水中，随水灌入畦里。植株生长中后期可叶面喷施 0.3%～0.5%磷酸二氢钾。采收前 10 d 停止浇水、追肥。

子任务六 采收

株高 40～50 cm 时，劈收或一次性采收。

子项目 11-3 莴苣生产技术

任务分析

又名生菜。菊科一二年生草本植物。莴苣有茎用和叶用两种，前者又名莴笋，笋肉翠绿，质脆，清凉可口。后者可生食，味道宜人，莴苣营养丰富。生产应重点掌握适期播种、育苗，把产品器官形成期，安排在最佳的生产季节，以便达到优质高产。

任务知识

一、生物学特性与栽培的关系

1. 植物学特征

莴苣为直根系，根系浅，密集于 20～30 cm 土层中。茎用莴苣幼苗期茎短缩，抽薹后形成肥大肉质嫩茎。叶互生，倒卵形或披针形，叶面平滑或皱缩，全缘或缺裂，绿色或紫色。瘦果细小，扁平锥形，灰白色或黑褐色，附有冠毛，千粒重 0.8～1.2 g。

2. 对环境条件的要求

喜冷凉气候，忌炎热，较耐寒。种子最低发芽温度为 4℃，但所需时间较长。幼苗生长适温为 12～20℃，耐寒性强，可耐－6～－5℃的低温。茎叶生长适温为 15～20℃，高于 25℃易先期抽薹。结球莴苣耐寒性和耐热性均较茎用莴苣差，结球适宜温度为 17～18℃，高于 21℃结球不良。

属长日照作物，喜中等强度光照。秋季栽培在连续高温下易抽薹。对水分需要量大，生长期尤其是产品器官形成期应保持土壤湿润。对土壤适应性强，以富含有机质、疏松透气的壤土或黏质壤土为宜。需较多的氮肥和一定量的钾肥和钙肥。

二、栽培类型与品种

1. 叶用莴苣（生菜）

（1）长叶生菜　又称散叶生菜。叶全缘或锯齿状，外叶直立，一般不结球或有散叶的圆筒形或圆锥形叶球。品种有登峰生菜、罗马直立生菜、牛利生菜、奶油生菜等。

（2）皱叶生菜　叶片深裂，叶面皱缩，有松散叶球或不结球。品种有广州东山生菜、玻璃生菜、美国大速生、红叶生菜等。

（3）结球生菜　叶全缘，有锯齿或深裂，叶面平滑或皱缩，外叶开展，心叶抱合成圆球形至扁球形叶球。品种有广州青生菜、青白口、凯撒、大湖 659、皇帝等。

2. 茎用莴苣（莴笋）

（1）尖叶莴笋　叶片先端尖，叶面光滑，节间较稀，肉质茎棒状，下粗上细。较晚熟，苗期较耐热，可作秋季或越冬栽培。品种有上海大尖叶、柳叶莴笋、北京紫叶莴笋、南京白皮香、杭州尖叶、陕西尖叶白笋等。

（2）圆叶莴笋　叶片长倒卵形，顶部稍圆，叶面皱缩较多，叶簇较大，节间密，茎粗大，中、下部较粗，两端渐细，成熟期早，耐寒性较强，不耐热，多作越冬栽培。品种有上海大圆叶、南京紫皮香、北京鲫瓜笋、成都挂丝红、济南白莴笋，陕西圆叶白笋等。

三、栽培制度与栽培季节

莴苣主要栽培季节为春、秋两季。春莴笋一般于秋季播种育苗，初冬或早春定植，晚春收获，各地的具体播期应掌握在播种后 40～50 d，幼苗定植时具有 4～6 片真叶。黄淮地区一般于9月上旬至9月中旬播种,10月下旬至11月上旬定植,4月下旬至5月中旬采收。西北、东北冬季严寒,一般春季温室育苗,4月份定植,6月份收获。秋莴笋于夏季播种,秋末或初冬收获,各地具体播期应掌握在当地早霜前75～90 d播种。华北地区多在7月下旬至8月上旬播种。生菜采用不同栽培方式和品种可排开播种,周年供应。

工作任务1　春莴笋栽培技术

任务说明

任务目标:了解莴笋生产特性;掌握春莴笋的品种选择、播种育苗、定植、田间管理及采收技术。

任务材料:春莴笋的种子、农药、肥料、生产用具等。

任务方法与要求:在教师的指导下分组完成春莴笋生产的各任务环节。

工作流程

品种选择→播种育苗→施肥整地→定植→田间管理→采收

子任务一　品种选择

各地根据消费习惯,选择早熟、耐寒性强、适应性强、耐抽薹的品种。

子任务二　播种育苗

选择土层深厚、土质肥沃、管理方便的壤土地建造苗床,以腐熟有机肥作基肥,并适当配合磷钾肥。种子播前用冷水浸泡6 h,置于15～20℃下催芽,露白后即可播种。采用湿播法,播前整平床面,灌足底水,之后播种。播后覆盖一层薄细土,不超过0.5 cm,并盖薄膜、稻草等保湿。出苗后,去除覆盖物,间苗1～2次,苗距4～5 cm,每次间苗后覆以细潮土。苗期肥水不宜过多,以防徒长。

子任务三　施肥整地

选择肥沃、保水保肥力强、排灌方便的地块种植,每667 m^2 施入腐熟有机肥3 000～4 000 kg,过磷酸钙30～40 kg,深翻20～30 cm。

子任务四　定植

冬季露地可以越冬的地区,在冬前定植。越冬有困难的地区,早春土壤解冻后尽早定植。行株距30～40 cm。大小苗分开栽植,定植时多带土,定植后及时浇水,注意不要埋住心叶。

子任务五　田间管理

定植缓苗后施速效氮肥或浇粪稀水,然后中耕控水蹲苗,以利安全越冬。早春返青后,少浇水,多中耕。团棵期随水冲施提苗肥,每667 m^2 施尿素15～20 kg,之后适当控制水分。嫩茎增粗生长后需肥水量增大,一般8～10 d浇1次水,并随水追肥2～3次,促进嫩茎膨大。

子任务六　采收

当莴笋的心叶与外叶持平或现蕾以前为收获适期。过早收获则影响产量,收获太晚则花茎伸长,纤维增多,肉质变硬甚至中空,品质降低。

工作任务2　叶用莴苣栽培技术

任务说明

任务目标:了解莴苣生产特性;掌握叶用莴苣的品种选择、播种育苗、定植与田间管理技术。

任务材料:叶用莴苣的种子、农药、肥料、生产用具等。

任务方法与要求:在教师的指导下分组完成叶用莴苣生产的各任务环节。

工作流程

子任务一　品种选择

根据当地气候条件、栽培季节、栽培方式及市场需求,选择适宜的品种。高温季节选耐热、耐抽薹的品种,以散叶类型为主,其他季节以结球莴苣为主。

子任务二　播种育苗

可采用床土育苗,也可用纸袋、营养钵或营养土块等容器育苗。育苗床土宜选用保水保肥性好、肥沃的沙质壤土,掺入腐熟有机肥,土肥比例为1∶1,每立方米再加入氮、磷、钾三元复合肥1～2 kg,过筛混匀备用。春季栽培可干籽直播,夏秋栽培可浸种催芽后播种,先用凉水浸泡5～6 h,然后放到16～18℃条件下见光催芽。

播种量为5～10 g/m^2。播种后,覆细潮土0.5 cm,盖地膜保湿,保持土温15～18℃,出苗后揭去地膜。保持苗床温度白天18～20℃,夜间12～14℃为宜。冬春季湿度不宜过大,夏季多喷水降温。1～2片真叶时进行第1次间苗,2～3片真叶时第2次间苗或进行分苗,行株距6～8 cm,4～5片真叶时即可定植。

子任务三　定植

每667 m^2 施腐熟有机肥4 000～5 000 kg,复合肥20 kg,深耕15～20 cm。秋冬季节,可提前覆膜提温,当地温稳定在8℃以上时定植。高温季节宜搭建棚架,覆盖遮阳网,傍晚移栽。长叶莴苣,行株距20～25 cm,结球莴苣行株距30～40 cm。定植时带土坨护根,栽植深度以不埋住心叶为宜。

子任务四　田间管理

定植缓苗后每667 m^2 可随水追施尿素10 kg。结球初期随水追1次速效性氮肥;15～

20 d后第2次追肥，追氮磷钾复合肥15～20 kg，之后根据生长情况再追肥1～2次。根据天气、土壤墒情和生长状况适时浇水，一般5～7 d浇1次，春季气温较低时要少浇水，生长盛期要保持土壤湿润；叶球形成后，要控制浇水，防止裂球和烂心；采收前5 d要控制浇水。

子任务五 采收

生菜采收期较灵活，待叶片充分长大、肥厚、质地脆嫩期采收。结球生菜叶球包紧实时及时采收，收获时从地表割下，摘掉外部老叶，保留3～4片外叶，即可包装上市。

【拓展知识】

一、秋菠菜栽培技术

1.品种选择

秋菠菜的播期不很严格，大部分地区8月内均可播种，播种宜选用耐热的圆叶菠菜，播种晚时，可选用圆叶或尖叶菠菜品种。

2.播种

播种时若温度过高，可进行浸种催芽，将种子在冷水中浸泡12～24 h，捞出后稍晾一下，用纱布包好，置于15～20℃环境下催芽，每天用清水淘洗一次，3～4 d后待种子胚根露出进行播种。也可将浸泡后的种子用麻袋包好后，吊在井中离水面10 cm处催芽。宜用高畦，用湿播法，条播或撒播，每667 m^2 用种量7～8 kg。

土壤墒情好时，可趁墒撒播种子，浅锄约3 cm，将种子掩埋于土中，然后耙平畦面，当表土略干时轻轻压实。土壤墒情不好时，播种后不用压实，随即灌水。秋菠菜生长季节较适宜，应适当减少播种量。

3.田间管理

采用湿播法播种时，出苗前一般不需浇水；采用干播法播种时，当表土略显发干时，需轻浇1次水，以利出苗。出苗后，高温下幼苗生长缓慢，应小水勤浇，经常保持土壤湿润。4～5片真叶后，植株生长旺盛，应随灌水追施速效性氮肥2～3次。播种后50～60 d即可陆续收获上市。

二、春菠菜栽培技术

1.品种选择

宜选用抽薹迟，叶片肥大，产量高，品质好的圆叶菠菜品种。

2.播种

春菠菜在早春土壤表层4～6 cm化冻后，日平均气温达4～6℃时即可播种。一般在2月下旬至4月中旬可陆续分期播种。可在年前整地作畦，夹好风障，播前进行浸种催芽，以利尽快出苗。采用湿播法播种，适当增加播种量。

3.田间管理

播种时气温较低，前期可在畦面上覆盖塑料薄膜，也可用小拱棚覆盖，促进早出苗。出苗后多见光炼苗，小拱棚昼揭夜盖，晴揭雨盖。早期管理以保墒为主，少浇轻浇水，防止温度过低。2～3 片真叶后，肥水供应要充足，以促进植株旺盛生长，延迟抽薹。春菠菜应根据生长情况和市场需求及时采收上市。一般应抢在抽薹前及时采收，以保证品质和商品性。

三、秋芹菜栽培关键技术

1. 播种育苗

秋芹菜的播期正值高温季节，要采取遮阴降温育苗。

2. 定植

8 月中下旬为秋芹菜定植适期。采用平畦，一般行株距 10～12 cm，每穴 2～3 株，或采用株行距 10 cm 单株栽植。

3. 田间管理

定植后 15～20 d 为缓苗期，此期温度较高，宜小水勤浇，保持土壤湿润，并降低地温，促进缓苗。缓苗后要适当控制浇水，进行中耕蹲苗一般需 10～15 d。结束蹲苗之后，气候逐渐凉爽，进入营养生长旺盛期，要加强肥水供应，保持土壤湿润。蹲苗结束即结合浇水追施速效性氮肥，并注意适当配合磷、钾肥。随着气温渐低，浇水次数要减少。用于贮藏的芹菜，收获前 7～10 d 停止浇水。

立冬前后可陆续采收上市，冬贮芹菜在不受冻的情况下应适当延迟收获，但须掌握在气温降至－4℃前收完，以免受冻。

四、秋莴笋栽培技术

1. 播种育苗

播种前进行低温浸种催芽。种子于凉水中浸泡 5～6 h，催芽温度为 15～18℃。可将浸好的种子装入布袋中，悬挂于深井水面上 20～30 cm 处，每天淘洗 1～2 次，3～4 d 露芽后播种。也可将种子放入 0～4℃冰箱中冷冻 24 h，置于 15～18℃条件下见光催芽。播种采用湿播法，浅覆土，并进行遮阴降温。出苗后要早、晚浇水，并及时间苗，以免徒长。

2. 定植

整地前施足底肥。定植宜在午后带土移栽，苗龄 25 d 左右，具有 4～5 片真叶为宜，最长不超过 30 d，严格选苗，淘汰徒长苗、病苗等。选阴天定植，晴天要在下午进行，随栽苗随浇水，株行距为 25～30 cm。

3. 田间管理

定植后浇定根水，天旱时再浇一次透水，以保证成活，为防止先期抽薹，要保证肥水充足供应，特别是氮肥。缓苗后立即追施速效氮肥，之后少浇水，浅中耕，促进根系发展。团棵后进行第 2 次追肥，以速效氮肥为主，每 667 m^2 施尿素 20～30 kg，并适当配合钾肥。当茎部开始膨大进行第 3 次追肥，施复合肥 20 kg，之后视生长情况再追施 1～2 次。

【项目小结】

本项目介绍了常见的菠菜、芹菜和莴苣的生物学特性、品种类型。生产上要适期播种、培育壮苗，把产品器官形成期，安排在最适宜的生产季节，以便达到优质高产。

越冬菠菜栽培时应选择耐寒的尖叶类型，并尽量早播，使幼苗冬前具有 5～6 片叶，以保证植株安全越冬。越冬期间重点任务是防寒、保温、保墒，防止死苗。越冬后植株进入旺盛生长期，结合浇水追肥1～2次，促进营养生长，延迟抽薹。秋菠菜栽培宜选用耐热的圆叶类型。

芹菜用凉水浸泡24～48 h，以利种子吸水。夏季育苗时在15～20℃条件下催芽6～8 d。育苗畦上搭高1～1.5 m以上的阴棚。幼苗定植深度以不露根、不埋心为宜。田间管理上，应注意钙、硼肥的施用，缺钙容易发生心腐病，缺硼叶柄则易开裂。

莴笋产品器官形成后期适当控制水分，可防茎裂和软腐病。当莴笋的心叶与外叶持平或现蕾以前为收获适期。叶用莴苣叶球形成后，要控制浇水，采收前5 d要控制浇水。

【练习与思考】

一、填空题：

1.绿叶类蔬菜发芽适宜温度________。

2.秋季露地栽培芹菜适宜播种季节是________。

3.根据菠菜的叶型及种子上刺的有无，可分为________和________两个变种。

4.以萌动状态的种子在土里越冬，翌春萌芽生长，继越冬菠菜之后，春菠菜之前上市供应，这种栽培技术称为________。

5.莴苣有________和________两种。前者又名莴笋。后者又名生菜。

二、判断题：

6.尖叶菠菜的抗寒能力较圆叶菠菜强。（　　）

7.芹菜是绿体春化型蔬菜。（　　）

8.中国芹菜的生育期较西芹长。（　　）

9.菠菜在冷凉条件下生长良好。（　　）

10.菠菜播前采用机械摩擦的方法，有利于促进菠菜种子吸水发芽。（　　）

三、简答题：

11.绿叶类蔬菜在生物学特性及栽培上有哪些共同之处？

12.简述菠菜与芹菜的主要栽培茬口。

13.简述越冬菠菜的栽培技术要点。

14.西芹与本芹在形态特征及栽培技术上有何不同？

15.简述芹菜浸种催芽技术要点。

【能力评价】

在教师的指导下，以班级或小组为单位进行菠菜、芹菜和莴苣的生产实践。实践活动结束后，分小组、学生个人和教师三方共同对学生的实践情况进行综合能力评价，结果分别填入表11-3、表11-4。

表11-3　学生自我评价表

姓名		班级		小组	
生产任务		时间		地点	
序号	自评内容		分数	得分	备注
1	在工作过程中表现出的积极性、主动性和发挥的具体作用		5分		

续表 11-3

2	资料收集的全面性和实用性	10 分		
3	生产计划制订的科学合理性	10 分		
4	品种选择的准确性	10 分		
5	育苗操作的规范性和育苗质量	10 分		
6	整地、施肥和作畦操作的规范性和熟练程度	10 分		
7	定植操作的规范性和熟练程度	5 分		
8	田间管理操作的规范性和熟练程度	20 分		
9	病虫害诊断与防治的规范性和效果	10 分		
10	采收及采后处理操作的规范性和熟练程度	5 分		
11	解决生产实际问题的能力	5 分		
合计		100 分		
认为完成好的地方				
认为需要改进的地方				
自我评价				

表 11-4 指导教师评价表

指导教师姓名：__________ 评价时间：_____年_____月_____日 课程名称：__________

生产任务					
学生姓名		所在班级			
评价内容	评分标准	分数	得分	备注	
目标认知程度	工作目标明确，工作计划具体且结合实际，具有可操作性	5 分			
情感态度	工作态度端正，注意力集中，有工作热情	5 分			
团队协作	积极与他人合作，共同完成工作任务	5 分			
资料收集	所采集的材料和信息对工作任务的理解、工作计划的制定起重要作用	5 分			
生产方案的制订	提出的方案合理、可操作性强，对最终的生产任务起决定作用	10 分			
方案的实施	操作规范、熟练	45 分			
解决生产实际问题	能够较好地解决生产实际问题	10 分			
操作安全、保护环境	安全操作，生产过程不污染环境	5 分			
技术性的质量	完成的技术报告、生产方案质量高	10 分			
合计		100 分			

项目十二

多年生蔬菜生产技术

岗位要求

本部分内容面向的职业岗位是蔬菜生产管理岗，工作任务是多年生蔬菜的生产管理，工作要求是熟练地掌握芦笋的生产管理技术，首先做好生产茬口的安排，做好整地作畦，及时定植、查苗、补苗；合理灌溉、追肥；及时诊断防治病虫害、采收。

知识目标

理解芦笋的生物学特性与栽培的关系；掌握芦笋的高产栽培技术及采收技术。

能力目标

学会芦笋的繁殖及栽培管理技术。

多年生蔬菜是指一次种植可多年栽培和采收蔬菜的总称。包括多年生草本蔬菜和多年生木本蔬菜。草本蔬菜主要有黄花菜、百合、芦笋、菊花脑、朝鲜蓟、食用大黄、辣根等；木本蔬菜主要有竹笋、香椿等。多年生蔬菜大多无性繁殖用于鲜食、干制。

 子项目 12-1 芦笋生产技术 

芦笋,别名石刁柏、龙须菜。百合科天门冬属多年生宿根草本植物。在国际市场上享有"蔬菜之王"的美称。以嫩茎供食用,可鲜食或制罐。营养丰富,特别是芦笋中的天冬酰胺和微量元素硒、钼、铬、锰等,对人体有特殊的生理作用,具有消除疲劳,防止血管硬化,降低高血压,防癌抗癌的药用效能。

任务分析

芦笋虽为多年生蔬菜,但地上茎叶每到冬季低温霜冻即枯死,以地下根茎越冬休眠,至翌年3～4月份气温上升再由地下抽生新茎,新抽之嫩茎即芦笋,管理得好,采收期可长达10年以上。所以田间管理技术在芦笋的栽培中非常重要。

任务知识

一、生物学特性与栽培的关系

1.对环境条件的要求

(1)温度　种子的发芽适温为25～30℃,高于30℃,发芽率、发芽势明显下降。10℃以上嫩茎开始伸长;15～18℃最适于嫩芽形成;30℃以上嫩芽细弱,顶部鳞片散开,组织老化;35～37℃植株生长受抑制,甚至枯萎进入夏眠。芦笋光合作用的适宜温度是15～20℃。温度过高,光合强度大大减弱,呼吸作用加强,光合生产率降低。

(2)光照　芦笋喜光,但要求强度不高。通常光照充足,生长健壮,病害少。

(3)水分　芦笋有强大的根系,故耐旱力强,不耐积水。土壤排水不良易造成茎枯病,甚至造成根部腐烂死亡。但嫩茎采收期需充足的水分,否则嫩茎少而细,易老化而品质下降。

(4)土壤　芦笋对土壤的适应性广,但以土层深厚,排水良好、富含有机质的壤土和沙壤土为最好。适宜的pH在6～6.7,在微碱性土中也可以正常生长。

2.芦笋的繁殖方式

芦笋的繁殖方式有分株繁殖和种子繁殖两种。

(1)分株繁殖　是通过优良丰产的种株,掘出根株,分割地下茎后,栽于大田。其优点是,植株间的性状一致、整齐,但费力费时,运输不便,定植后的长势弱,产量低,寿命短。一般只作良种繁育栽培。

(2)种子繁殖　便于调运,繁殖系数大,长势强,产量高,寿命长。生产上多采用此法繁殖。种子繁殖有直播和育苗之分。

①直播栽培。有植株生长势强,株丛生长发育快,成园早,始产早,初年产量高的优点。但有出苗率低,用种量大,苗期管理困难,易滋生杂草,土地利用不经济,成本高,根株分布浅,植株容易倒伏,经济寿命短,应用较少。

②育苗移栽。是生产上最常用的方法，它便于苗期精心管理，出苗率高，用种量少，可以缩短大田的根株养育期，有利于提高土地利用率。

二、类型与品种

芦笋以色泽不同分为白芦笋、绿芦笋、紫芦笋三类，紫芦笋为美国从绿芦笋中培育出的四倍体芦笋。按嫩茎抽生早晚分早熟、中熟、晚熟三类。早熟类型茎多而细，晚熟类型嫩茎少而粗。中国品种多引自欧、美等国家，目前常用的品种如下。优良品种有阿波罗、哥兰德、阿特拉斯、玛丽·华盛顿 500W，加州 800(UC800)、72、157、UC711、UC873、UC157、UC309、UC873，新泽西的绿色伟奇，德国全雄，荷兰 Franklim、MbNo53146 和 Mb-No53139，日本欢迎，台选 1 号、2 号和 3 号，山东潍坊农业科学研究所育成的鲁芦笋 1 号、2 号、芦笋王子、冠军、硕丰、88-5 改良系等。

三、栽培制度与栽培季节

生产上多采用育苗移栽。春、秋两季均可播种。春季在土温 10℃以上，秋季在土温 30℃以下开始播种。长江流域以春播为好。南方 3 月上旬至 4 月中旬，北方 4～5 月份播种。早春采用冷床或小拱棚防寒保暖。为配合土地茬口及定植期，播期可适当调整。

早春保护地育苗，一般 3 月上中旬育苗，5 月中下旬定植小苗，加强夏、秋季生产管理，一般第二年春亩产可达 400～500 kg；秋季育苗，翌年 3 月下旬或 4 月上旬定植到大田中，这种方法适合留春地。此法移植后由于芦笋当年生长期长，生长量大，营养积累丰富，第 2 年亩产会达到 500 kg 以上。

工作任务　芦笋生产技术

任务说明

任务目标：了解芦笋的生产特性；掌握芦笋的选茬选地、品种选择技术、育苗技术、定植技术、田间管理技术、采收技术。

任务材料：芦笋品种的种子、农药、化肥、生产用具等。

任务方法与要求：在教师指导下分组完成芦笋生产的各任务环节。

工作流程

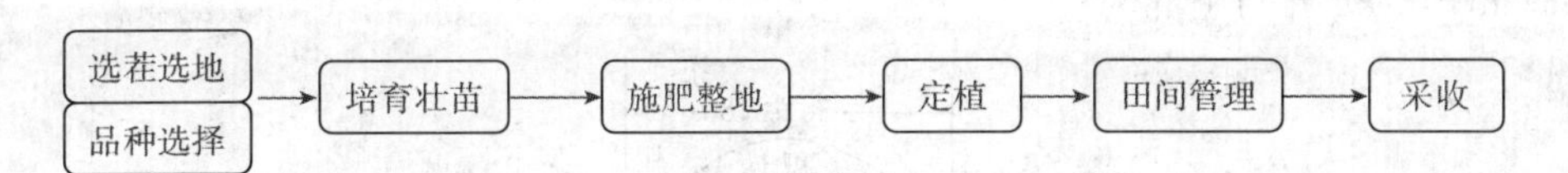

子任务一　选茬选地

苗床以排水良好，疏松透气的壤土或沙壤土为宜，能使根系发育良好，容易挖掘，不易断根。苗床要早挖晒垡，施足底肥，每 667 m^2 施腐熟厩肥 2 500 kg，深翻入土。土壤酸度大的地方，每 667 m^2 还应撒施硝石灰 60 kg，以中和土壤酸度。

如果用营养钵育小苗，最好制备营养土。营养土要求肥沃、疏松，既保水又透气，土温容易升高，无病菌、害虫和杂草种子。一般用洁净园土 5 份、腐熟堆厩肥 2～3 份、河泥 1 份、草木灰 1 份、过磷酸钙 2%～3%，充分混合均匀，用 40%甲醛 100 倍液喷洒，然后堆积成堆，用塑料薄膜密封，让其充分熏杀、腐熟发酵，杀灭病虫和杂草种子。堆制应在夏季进行，翌年播种前将这种培养土盛于直径 6～8 cm 的营养钵中。

子任务二　品种选择

应选择高产优质，植株抗性强嫩茎抽生早，数量多、肥大、粗细均匀、先端圆钝而鳞片包裹紧密，较高温度下也不松散。见光后呈淡绿色或淡紫色，绿芦笋还要求植株高大，分枝发生部位高，笋尖鳞片不易散开，颜色深绿的优良品种。

子任务三　培育壮苗

育苗移栽时，每平方米的播种量为 30～40 g，约有种子 1 500 粒以上。播种前应浇足底水，播后覆土 1～2 cm 厚。

芦笋种子皮厚坚硬，外被蜡质，播前必须先催芽。催芽的方法是：播种前将种子在 20～25℃水温下，漂洗去秕种，再用 50%的多菌灵 300 倍液浸泡 12 h，消毒后将种子用 30～35℃的温水浸泡 48 h，每天早晚换水一次。待 10%左右的种子胚根露白时，即可进行播种。

播种前先将苗床畦面灌足底水，按株行距各 10 cm 画线，将催芽的种子单粒点播在方格中央，然后每 667 m^2 撒施呋喃丹或辛硫磷 4～5 kg，再用细土均匀地筛在畦面上，覆土 2 cm。然后覆盖遮阳网(夏季)或塑料薄膜(春季)。当播下的种子 20%～30%出土后，揭去覆盖物。苗高 10 cm 左右，每隔 10 d 施 1 次腐熟稀薄人粪尿，并拔除杂草。苗龄为 60～80 d，苗高 30～40 cm，茎数 3～5 个。

子任务四　施肥整地

如图 12-2 所示，深翻土层 30～40 cm，耕后耙平耙碎表土，清除杂草和异物。全面施肥，定植田地每 667 m^2 均匀撒施腐熟有机肥 5 000 kg、过磷酸钙 60 kg/hm^2，深翻作畦后耙平。按 1.6～2 m 行距开种植沟，沟深 40～50 cm、宽 45 cm，沟底再施一层腐熟厩肥，每 667 m^2 施肥量为 2 500 kg，与土拌和踏实。酸性土施石灰中和。然后覆土施过磷酸钙每 667 m^2 20 kg、尿素每 667 m^2 15 kg 并与土混匀。

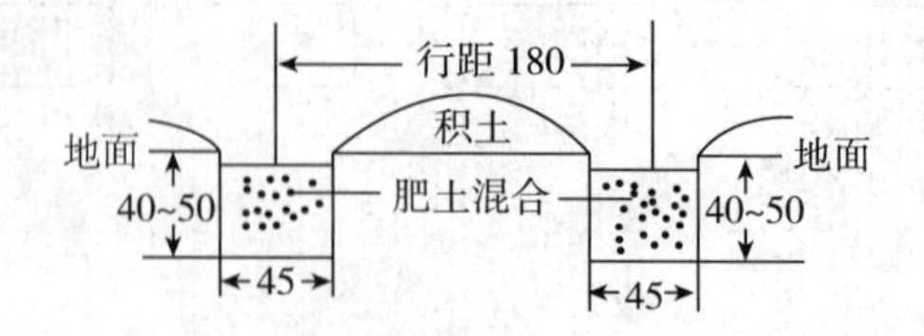

图 12-1　定植沟(单位：cm)

子任务五　定植

施肥后定植沟深约 15 cm，即可栽苗。移植须在休眠期进行。

定植苗要求是当年生，苗高 20 cm，贮藏根长 15 cm，有 3 条地上茎；2 年生苗高 40 cm，地下贮藏根 15～20 条，有地上茎 8～10 个。

白芦笋需培土软化，行距要宽，一般行距 1.5～1.8 m，株距 30～40 cm。绿芦笋行距 1.3～1.4 m，株距 20～30 cm。定植时，使贮藏根均匀向种植沟两侧伸展，方向与沟向垂直；地下茎上着生的鳞芽群一端与种植沟的方向平行，以使抽生嫩茎的位置能集中在沟中央成一直线，方便培土、田间管理、采收。苗放好后，先用少量土压实，使根与土壤密接，然后覆细土，春植覆土 3～4 cm，夏植覆土 5～6 cm，秋植覆土 4～5 cm。覆土后轻轻踏实，立即浇定根水或稀薄人粪尿，待水渗入后，再覆一层细土，以防土壤板结、裂缝。成活后再分次填平移植沟。定植深度一般离地表 10～15 cm，沙壤土 15 cm，黏性强的土壤 12 cm 左右。

子任务六　田间管理

1. 夏季定植的田间管理

(1)定植后当年的管理　缓苗期间，土壤干旱应及时浇水，雨涝时及时排水，保持土壤见干见湿，一般 5～7 d 浇一次水。适时中耕，促进根系发育。雨季杂草极多，要及时锄草，做到“锄早、锄小、锄了”。雨季到来前，应把定植沟填平，防止沟内积水沤根。填土时结合追肥，每 667 m^2 施草木灰 245～500 kg，或每 667 m^2 施磷酸二铵 5 kg、氯化钾 5 kg，以促进植株生长发育。将肥料施于距植株 20～30 m 处，然后埋土。8 月中旬每 667 m^2 施草木灰 245 kg 或复合肥 667 m^2 施 6～10 kg。施肥时注意磷、钾肥配合施入。在土壤封冻前应浇 1～2 次越冬水。当芦笋地上部完全枯死后，可将枯茎割除，并清理地面上的枯枝落叶。

(2)定植后第 2 年的管理　春天应适时浇水，中耕保墒，保持土壤见干见湿。在 4 月地温回升到 10℃以上时，地下害虫如金针虫、蝼蛄、地老虎、蛴螬、种蝇、蚂蚁等开始危害芦笋幼苗和嫩茎。5 月份危害最严重，6 月份危害部位下移。此期应及时用敌敌畏、美曲膦酯、辛硫磷等农药喷洒地面，或拌成毒土、毒饵撒于田间防治地下害虫。夏季高温多雨，应及时锄草和排涝，并防治病害。其他管理同定植当年。

2. 秋末春初定植的田间管理

春季出苗后适时浇水，保持土壤见干见湿，一般 5～7 d 浇水 1 次。结合浇水施腐熟的有机肥每 667 m^2 施 500～670 kg。在苗高 15 cm 左右时培土 4～5 cm，过半个月后再培土 4～5 cm。随着秧苗生长不断培土，使地下茎埋入地中约 16 cm。夏季追肥 2～3 次，每次施复合肥每 667 m^2 10～15 kg。入秋后，植株进入秋发阶段，苗回青后每 667 m^2 施尿素 10 kg 或人粪尿1 000 kg，过磷酸钙 15 kg，促使枝叶旺盛，积累更多的养分。雨季及时排涝防淹，及时中耕消灭草荒和防治病虫害。

定植后第 2 年，抽生的地上茎增多，为了使植株形成茂盛的地上部，增强光合能力，一般不应或少采收嫩茎。

3. 采收期间的田间管理

(1)施肥　芦笋播种后第 3 年春季大量采收。采收期应注意施肥。白芦笋应在早春未萌发前在植株旁浅掘沟并松土，施入人粪尿每 667 m² 500～750 kg，然后培土。嫩茎采收结束后，在畦沟中施腐熟的有机肥 30 000～37 000 kg/hm²，人粪尿每 667 m² 1 000 kg，过磷酸钙 30～50 kg、氯化钾 15～20 kg。浅松土使肥料与土壤混匀，然后把培在植株上的土扒下，盖在肥料上。夏季中耕松土后在植株附近施 2～3 次稀薄的人粪尿和氯化钾，促使秋梢生长。最后一次追肥应在秋梢旺发前、降霜前 2 个月施入，施复合肥每 667 m² 20 kg。以后每年的施肥法相同。随着株丛发展，产量的增加，肥料的用量应适当增加。

采收绿芦笋的地块，在春季未萌发前，在两行之间掘深沟，施入腐熟的有机肥，每 667 m² 施 1 500～2 000 kg，过磷酸钙每 667 m² 施 30 kg，氯化钾每 667 m² 施 10 kg。肥料填入沟中，分层加工，充分混合，用土覆盖。夏、秋季在植株附近施人粪尿和氯化钾 2～3 次，每次施量每 667 m² 500 kg 和 15 kg。在降霜前 2 个月施最后一次追肥，每 667 m² 施复合肥 20 kg。以后逐年随着株丛的发展和产量的提高，施肥量逐渐增加。

芦笋植株生长需要较多的钙。在红黄土壤中，钙含量较缺，应适当施用石灰，一方面补钙，一方面还有中和土壤酸度和改良土壤物理性质的作用。

(2)灌溉和排水　采笋期间应使土壤中保持足够的水分。春季萌发前及时浇萌发。采笋期间灌水应保持土壤见干见湿。采笋结束后，在高温季节，更应及时灌水，促进株丛茂盛。雨季要及时排水，防止烂根缺株。

在高温雨季，及时排水，少施氮肥防止植株倒伏。发生倒伏，设支柱扶持。

入冬土壤封冻前及时浇封冻水是保证冬季根系不致干旱致死和提高抗寒力的重要措施。

(3)培土　白芦笋培土(图 12-2)的目的是使嫩茎避光，以获得鲜嫩、洁白、柔软的嫩茎。在春季地温接近 10℃，芦笋将要出土的前 10～15 d 进行培土。培土前清除地上的茎、枝叶，防止嫩茎染病。中耕松土，拣出石块等杂物，保持土壤细碎。如果土壤较湿，地下水位又高，培土前应晒土 1～2 d，使土壤干湿适度然后培上。

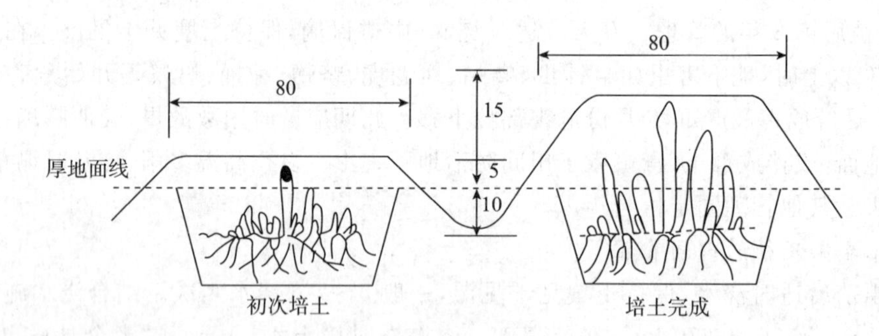

图 12-2　分期培土示意图(单位：cm)

培成上窄下宽、横断面为梯形的土埂。高度为 25～30 cm，上部宽 30～40 cm，下部宽50～60 cm；土埂要直，高度一致，位于株行的中间。具体做法是，培土时在行株中心插标记、拉线标直，并用 3 块木板钉成梯形的培埂模型，插入土中 15 cm，两人在两边合培一垄。培至垄土超过模型 10 cm 时，用锹拍实垄顶，使土下沉与模型高度一致时为止，再拍实两边，达到内松外紧，埂面松紧一致。

培土高度与采收嫩茎的长度呈正相关。应根据罐头加工厂的要求规格而定。培土宽度随着采收年限的增长而逐年加宽。雨后和多次采收后，若土垄下塌，应产即加工修整。嫩茎采收结束，应立即把培的土垄耙掉，使畦面恢复到培土前的高度，保持地下茎在土表下约 16 cm 处。倘若地下茎上方的土层过厚，则会促使它向上发展，造成以后培土困难。

子任务七　采收

绿芦笋可在定植后第 2 年开始少量采收。当嫩茎长 20～25 cm，粗 1.3～1.5 cm，色泽淡绿色，有光泽时采收。在离土面 1～2 cm 处用利刀割下，用湿毛巾包好。一般第一年采收期以 20～30 d 为宜，采收第二年 30～40 d，以后可延长到 60 d 左右。

采收白芦笋要求在早晨和傍晚进行，以免见光变色。在嫩茎抽出之前要进行高培土，每天黎明时巡视田间，发现垄面有裂缝时，表明有嫩茎即将出土。此时在裂缝处用手或工具扒开表土，露出笋尖 5 cm，用特制圆口笋刀，对准幼茎位置插入土中，于接近地下茎处割断，长度在 17～18 cm，割时要注意不能损伤地下茎及鳞芽，收完后立即将扒开的土恢复原状。采下的白芦笋以黑色湿布包好防止见光变色，影响质量。绿芦笋 2～3 d 采 1 次。

子项目 12-2　黄花菜生产技术

任务分析

黄花菜又名金针菜，萱草、安神菜等。是多年生宿根草本植物。具有适应性强、栽培简单的特点，经济效益高。其分布范围广，我国南北均有种植。其中陕西大荔、江苏宿迁、湖南邵东和甘肃庆阳是我国黄花菜的四大著名产区。掌握黄花菜的生产技术。

任务知识

一、类型与品种

我国黄花菜按成熟时间可分为早熟、中熟及晚熟 3 种类型；品种较多。早熟型有四月花、五月花、清早花、早茶山、条子花等品种，4 月下至 5 月中采收；中熟型有矮箭中期花、高箭中期花、白花、茄子花、杈子花、长把花、黑咀花、茶条子花、炮竹花、才朝花、红筋花、冲里花、棒槌花、金钱花、青叶子花、粗箭花、高垄花、长咀子花、陕西大荔黄花菜，江苏大乌嘴，浙江蟠龙花、猛子花等，5 月下至 6 月上开始采收；晚熟型有荆州花、长嘴子花、倒箭花、细叶子花、中秋花、大叶子花等，6 月下旬开始采收。

二、栽培制度与栽培季节

适时移栽黄花菜在一年中盛苗期和采摘期不宜栽植外，其余时期均可栽植。但最适宜的栽植季节有两个：一是早秋时期，即花蕾采摘完毕后到秋苗萌发前的这个时期；另一个时期是冬季降霜后从秋苗凋萎起，到翌年春苗萌发前的冬季休眠期。

工作任务　黄花菜生产技术

任务说明

任务目标:掌握黄花菜的选地、品种选择、育苗、定植、田间管理及采收技术。

任务材料:黄花菜的种子或母株、农药、化肥、生产用具等。

任务方法与要求:在教师的指导下分组完成黄花菜生产的各任务环节。

工作流程

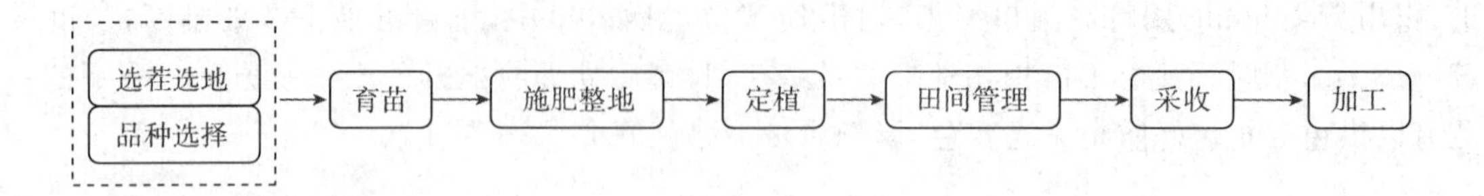

子任务一　选茬选地

黄花菜对土壤要求不严,沙土、黏土、平川、山地均可种植。但以红黄土壤最好。

子任务二　品种选择

黄花菜一般以中熟品种的产量较高,早、晚熟品种的产量较低,故在发展中就以中熟品种当家。但黄花菜的采收时期长,必须适当安排早熟与晚熟品种,做到早、中、晚熟品种合理搭配。

子任务三　培育壮苗

黄花菜主要采用分株繁殖,时间在花蕾采毕后到冬苗萌发前,也可在冬苗枯萎后春苗抽生前的一段时间,但以前者为好。挖苗分苗时最好选择晴天,尽量少伤根。边挖苗,边分苗,边栽苗。把每 2～3 个分蘖作为一丛,由株丛上掰下,将根茎下部的病、老根去除,只留下 1～2 层新根;再把过长的根留 10 cm 剪短,即可栽植。为了使株丛来年仍能保持较高产量,一般分株的部分占整丛的 1/4～1/3,经几年可再在株丛的另一侧掘取分株。

子任务四　施肥整地

深翻土地,每 667 m^2 施腐熟有机肥 5 000 kg。根据挖定植穴,深约 26 cm,口径为 33 cm。

子任务五　定植

黄花菜自花蕾采收后到翌年春发芽前均可栽植,以秋季栽植为主。苗栽下后,根部埋入土中 10～13 cm,以顶芽露出土面 3 cm 为宜,浇缓苗水,并培土。定植深度影响进入盛产期时间和分蘖数量。冬季定植的黄花菜在第 2 年就可抽薹;栽植采用多株丛植或者单株条栽。

1. 丛植

分单行丛植和宽窄行丛栽,单行丛栽行,穴距为 80 cm×40 cm,每 667 m^2 栽 1 600～2 000

穴。宽窄行丛栽，行、穴距为宽行距 100 cm，窄行距 60～65 cm，穴距 40～50 cm，每 667 m^2 栽 1 600～2 000 穴。一般采用三角形栽植，每穴栽 3 丛。

2. 条栽

分为宽行单栽和宽窄行单栽两种。宽行单栽，行距为 65～80 cm，株距为 16～20 cm，每 667 m^2 栽 4 000～6 000 株，宽窄行单栽，宽行 65～80 cm，窄行 50 cm，株距 16～20 cm，每 667 m^2栽 5 000～9 000 株。

子任务六　田间管理

1. 中耕、施肥

黄花菜是耐肥作物。结合中耕除草追肥。定植缓苗或播种出苗后要中耕除草，施肥浇水和培土，越冬浇封冻水并培土。第 2 年返青时中耕松土，2 月下旬至 3 月上旬，追施催苗肥，每 667 m^2 施尿素 10 kg；5 月中下旬，施催薹肥，先在行间浅中耕一次，深度为 6 cm 左右，每 667 m^2施尿素 10 kg 左右，促使花茎抽生整齐健壮；6 月下旬至 7 月下旬，追施催蕾肥，结合浅中耕，每 667 m^2 施复合肥 20 kg，施蕾肥时间以开始采摘 10 d 后，即快要进入盛采期前进行为好。采收后中耕培土。黄花菜根系每年从新生的基节上发生，有逐年上升的趋势，所以培土促进新根的发生，培土以肥沃的塘泥、河泥为好。越冬肥应以农家肥为主。越冬前结合秋深刨地，每 667 m^2 施有机肥 2 000 kg、过磷酸钙 25 kg，提高抗旱抗寒能力。

2. 浇水

黄花菜是喜水作物。苗期植株小。需水量少。抽薹开始，需水量逐渐增大，4～7 月间为旺盛生长，尤其是采收盛期，要勤浇水，浇饱水，并注意浇抽薹水、现蕾水。采摘结束后，植株需水不多，只浇一次水。7～8 月份雨量太大时，要及时排水防涝。采收完毕后，中耕除草，以控为主。入冬前，在昼融夜冻时，浇冻水，用细土及时填补裂缝，以利保墒。

3. 采后管理

寒露时，黄花菜的叶全部枯黄，要齐低割掉，并烧掉枯草、烂叶，减轻来年病虫危害。3 年以上的黄花地，割叶后结合施有机肥深刨地，深度为 20 cm，并在株丛上培土。

子任务七　采收

黄花菜花蕾的采收期一般为 30～80 d，采收标准是花蕾饱满、长度适宜、颜色黄绿、花苞上纵沟明显、蜜腺显著减少。晴天花蕾开放时间晚，采摘可稍迟一点；阴雨天花蕾开放早，应适当提前。采摘时将拇指抵住花茎与花蕾连接的凹陷处，用食指和中指握住花菁，轻轻向下折断。采摘要求带花蒂，不带梗，不损花，不碰伤幼蕾。

子任务八　加工

1. 原料选择

将采收的鲜菜进行分级挑选，拣出开放的黄花菜。

2. 热蒸

把黄花菜及时放进蒸汽锅中。先用大火蒸 5 min，再用文火炮 3～4 min，蒸到黄花稍微变软变色为度。取出自然散热。

3.晒制

蒸制后的花蕾,置于清洁通风的地方摊晾一个晚上,然后摊在室外的晒席上进行晾晒,每隔2～3 h翻1次,晚上收回。2～3 d后,用手紧握干菜,松手后仍能自然散开时即可。阳光干燥成本低,色泽美观,品质好。

4.人工干制

也可采用烘房进行干制。先将烘房温度升到85～90℃,然后放入黄花菜。黄花菜大量吸热,使烘房温度下降到60～65℃,维持此温度10～12 h,然后自然降温到50℃,直到烘干为止。干燥期间注意通风排湿,翻动3～4次。此法工效高,质量好。

5.保藏

烘干的黄花菜放进木制或竹制的容器中进行短期吸湿回软,使含水量达15%左右,即可进行包装外运或贮藏。

【项目小结】

本项目介绍了多年生蔬菜芦笋的生产技术,介绍了品种选择、培育壮苗、施肥整地、定植、田间管理、采收及采后处理等技术。在完成1个工作任务芦笋的生产过程中,进一步巩固相关技能,做到能做好生产茬口的安排、做好整地作畦、及时定植、查苗、补苗、进行蔬菜植株调整、及时灌溉、追肥、能进行病虫害的识别与诊断及综合防治、采收。

【练习与思考】

一、填空题

1.多年生蔬菜是指________的蔬菜种类,常见的多年生蔬菜有________、________、________等。

2.黄花菜主要采用________繁殖,时间在________。

3.香椿苗木的矮化处理,可用15%多效唑________倍液,每________喷1次,连喷________次即可。

4.白芦笋培土的目的是________。采收白芦笋要求在________和________进行,以免见光变色。

5.芦笋的叶分为鳞片退化叶和________两种。

二、判断题

6.芦笋为雌雄异株植物,雄株出笋多,雌株出笋少。 (　　)

7.芦笋一年四季均可移栽。 (　　)

8.香椿芽在白天18～24℃、晚上12～14℃条件下,生长快,呈紫红色,香味浓。 (　　)

9.黄花菜是喜水、耐肥植物。 (　　)

10.黄花菜是萱草科多年生宿根草本植物。 (　　)

三、简答题

11.简述芦笋的培土和施肥要点。

12.芦笋生产过程中经常发生的问题有哪些?如何防治?

13.简述黄花菜常用繁殖方法的技术要点和田间管理技术。

14.简述香椿苗木矮化的方法。

15.芦笋的采收标准及方法是什么?

【能力评价】

在教师的指导下，以班级或小组为单位进行黄花菜、芦笋、香椿保护地矮化密植栽培的生产实践。实践活动结束后，分小组、学生个人和教师三方共同对学生的实践情况进行综合能力评价，结果分别填入表12-1、表12-2。

表12-1　学生自我评价表

姓名		班级		小组	
生产任务		时间	地点		
序号	自评内容		分数	得分	备注
1	在工作过程中表现出的积极性、主动性和发挥的作用		5分		
2	资料收集的全面性和实用性		10分		
3	生产计划制订的合理性和科学性		10分		
4	品种选择的准确性		10分		
5	育苗操作的规范性和育苗质量		10分		
6	整地、施基肥和作畦操作的规范性和熟练程度		10分		
7	定植操作的规范性和数量词程度		5分		
8	田间管理操作的规范性和熟练程度		20分		
9	病虫害诊断与防治的规范性和效果		10分		
10	采收及采后处理操作的规范性和熟练程度		5分		
11	解决生产实际问题的能力		5分		
合计			100分		
认为完成好的地方					
认为需要改进的地方					
自我评价					

表12-2　指导教师评价表

指导教师姓名：＿＿＿＿＿　评价时间：＿＿年＿＿月＿＿日　课程名称：＿＿＿＿＿

生产任务				
学生姓名		所在班级		
评价内容	评分标准	分数	得分	备注
目标认知程度	工作目标明确，工作计划具体结合实际，具有可操作性	5分		
情感态度	工作态度端正，注意力集中，有工作热情	5分		
团队协作	积极与他人合作，共同完成工作任务	5分		

续表 12-2

资料收集	所采集的材料和信息对工作任务的理解、工作计划的制订起重要作用	5 分		
生产方案的制订	提出的方案合理、可操作性强，对最终的生产任务起决定作用	10 分		
方案的实施	操作规范、熟练	45 分		
解决生产实际问题	能够较好地解决生产实际问题	10 分		
操作安全、保护环境	安全操作，生产过程不污染环境	5 分		
技术性的质量	完成的技术报告、生产方案质量高	10 分		
合计		100 分		

项目十三

芽苗菜生产技术

岗位要求

本部分内容面向的职业岗位是芽苗菜生产管理岗，工作任务是芽苗类蔬菜的生产管理。工作要求是适应农业生产环境，熟练地掌握芽苗菜栽培的生产管理技术。能够及时发现和解决生产中存在的问题，保证产品质量安全，达到合格芽苗菜的品质要求。

知识目标

掌握指导芽苗菜生产的理论。

能力目标

掌握豆类、萝卜、荞麦、香椿等芽苗菜的栽培技术，能独立生产芽苗菜。

凡利用植物种子或其他营养贮存器官，在黑暗或光照条件下直接生长出可供食用的嫩芽、芽苗、芽球、幼梢或幼茎均称为芽苗类蔬菜，简称芽苗菜或芽菜。

子项目　芽苗菜生产技术

任务分析

了解芽苗菜的生物学特性，有助于采取适当的措施生产、管理芽苗类蔬菜。在选择适宜品种的基础上，以场地为依据，采用不同的栽培管理方式，生产芽苗菜。

任务知识

一、生物学特性与栽培的关系

1. 芽苗菜对环境条件的要求

芽苗菜的产品形成所需营养，主要依靠种子或根茎等营养贮藏器官所累积的养分。栽培管理上一般不必施肥，只需在适宜的温度环境下，保证其水分供应，便可培育出芽苗、嫩芽、幼梢或幼茎；而且其中的大多数因生长周期比较短，很少感染病虫害，而不必使用农药；因此，只要所采用的种子等养分贮藏器官和栽培环境清洁无污染，则芽苗产品便较易达到绿色食品的要求。

2. 芽苗菜具有很高的生产效率和经济效益

芽苗菜多属于速生的蔬菜，尤其是种芽菜，在适宜温湿度条件下，产品形成周期最短只需5～6 d、最长也不过 20 d 左右，平均每年可生产 30 茬，复种指数比一般蔬菜生产高出 10～15 倍。以萝卜苗和种芽香椿为例，萝卜在 5～7 d 内每 75 g 种子可形成 500 g 芽苗，每平方米可生产 3 300 g；香椿在 15～20 d 内，每 50～100 g 种子可形成 500 g 芽苗，每平方米可生产 2 300～3 300 g 产品。加之，芽苗菜大多较耐弱光，适合进行多层立体栽培，土地利用率可提高 3～5 倍。因此，芽苗菜具有极高的综合生产效率和很高的经济效益。

3. 芽苗菜生产技术具有广泛的适用性

大多数芽苗菜较耐弱光、较耐低温，因此既可以在露地进行遮光栽培，也可以于严寒冬季在温室、大棚、改良阳畦等保护设施内栽培，还可以在工业废弃厂房和空闲民房中进行栽培。不但可以平面栽培，也可以立体栽培；还可以在利用光照的不同强弱或黑暗条件生产“绿化型”、“半软化型”和“软化型”芽苗类。芽苗菜在南北各地广泛的栽培，特别是在房屋中进行半封闭式多层立体、苗盘纸床、无土免营养液栽培这一规范化集约生产新模式。

二、类型与品种

1. 芽苗菜的类型

(1)芽菜类　芽菜类也称籽芽菜。它是利用作物的种子通过遮光等措施培育出来的未经光合作用的幼嫩洁白的芽体。它们多数处在子叶已展平而真叶刚刚露心的阶段，如绿豆芽、花椒芽、蚕豆芽、红小豆芽、黄豆芽、香椿芽、苜蓿芽、萝卜芽、紫苏芽、芥菜芽、胡麻芽等。它们都是白嫩清脆的幼芽。这些芽菜类蔬菜多采用水培法,沙培法或利用蛭石、珍珠岩颗粒作基质培养,也可在育苗盘或盆内铺设报纸或棉布播种保湿、遮光培养,还可用土培法席地作畦生产,一般 7～15 d 可生产一茬。

(2)菜芽类　菜芽类也称体芽菜,是利用蔬菜的根、茎、枝、芽等组织或器官作材料,先经过一段遮光培育期,然后在有光的条件下继续培养,促其生长,培育出的白绿相伴或黄绿或紫绿色的幼芽、芽球、嫩茎、嫩枝、幼梢等幼嫩蔬菜。例如,利用粗壮根培育出来的萝卜芽球、甘蓝芽球、菊花脑芽球、胡萝卜芽球、苦苣菜芽球等;由宿根培育出的蒲公英、马兰头、苦荬菜的嫩芽或幼梢等由根基培育出的芦笋芽、姜芽和竹笋的幼嫩茎芽等;由植体或枝条培育出的香椿芽、花椒芽、枸杞头、佛手瓜嫩梢、辣椒和蕹菜、落葵的幼嫩梢等;用鳞茎培育的蒜苗;通过软化栽培生产的蒜黄、韭黄等。菜芽类芽苗菜的生产方式多用土培法、沙培法进行席地生产或在育苗盆内生产,也可用蛭石或珍珠岩等作基质,一般每生产 1 茬需半个月左右。

(3)苗菜类　苗菜类也称小植体菜,它的生产是以种子为材料,在芽菜生产的基础上,继续见光生长,培育出幼小而且独立的植体,一般在未纤维化前就采收上市,全株都可以食用。各种蔬菜的秧苗,如豌豆苗、香椿苗、苜蓿苗、荞麦苗、葱苗、蒜苗、蕹菜苗、落葵苗、苦苣苗、蒲公英苗等都属于这一类。苗菜生产多用育苗盘进行水培、沙培或用珍珠岩作基质,也可用土培法席地(就地)垄作或畦作培养,一般每生产一茬需 15～20 d。苗菜类蔬菜是芽苗蔬菜中数量最大的一种类型。

(4)整型蔬菜　芽苗菜是活体蔬菜。芽苗菜中的多数蔓生蔬菜,例如落葵、佛手瓜及甘薯等在食用芽苗的同时,也可整型造型,以活体上市展销。其主要方法是:在蔓生的植株上选留几个侧蔓使其继续生长,在育苗盆或生产芽苗菜的其他容器内插架,按自己的设计图案进行整型造型,将其摆在阳台上或天井的适当位置,不仅可以继续采摘幼嫩茎叶,而且还可观赏其艺术造型。托盆上市可以作为活体蔬菜销售,也可摆在展台上观赏。

整型蔬菜多在育苗盆内进行土培法生产或以营养液、沙培法生产,也可席地垄作或畦作栽培。一般芽苗菜可 10～15 d 采收一次嫩茎叶。如果为了观赏价值需要整型造型,就需要一个多月的时间,相应地也延长了芽苗菜采收的时间,一般长达 4～5 个月。

2. 芽苗菜的品种

芽苗菜的种类和品种,要求种子纯度、净度好、发芽率高、种子粒大、芽苗品质好、抗病、产量高。一般豌豆苗生产可采用青豌豆、花豌豆、灰豌豆、褐豌豆、麻豌豆等粮用豌豆;萝卜苗可采用石家庄白萝卜、国光萝卜、大红袍萝卜等秋冬萝卜;荞麦苗可采用山西荞麦或内蒙古荞麦等;种芽香椿可采用武陵山红香椿等。另外,还要考虑到货源是否充足、稳定、种子是否清洁无污染等情况。

工作任务 1　芽苗菜生产准备

任务说明

任务目标: 芽苗菜的生产,需要一定的产地及生产设施。所以安排适宜的场地和生产设施是生产芽苗菜的基础。通过学习实践,生产出绿色无公害的芽苗菜。

任务材料：黄豆种子、绿豆种子、蚕豆种子、花生种子、豌豆种子、萝卜种子、荞麦种子、香椿种子、苜蓿种子、赤豆种子等及各种生产设备。

任务方法与要求：在教师的指导下分组完成芽苗菜生产的各任务环节。

工作流程

生产场地的选择 → 生产设施的准备

子任务一　生产场地的选择

用作芽苗菜生产的场地必须具备以下条件：一是能经常保持催芽室温度 20～25℃，栽培室白天 20℃以上，夜晚不低于 16℃；二是有适宜的光照条件。强光季节需使用遮阳网遮阴，绿化型产品光照强度一般在 3 万～4 万 lx 以下，半软化型产品一般不超过 1 万 lx 烛光；三是能保持催芽室和栽培室空气清新；四是水源要有保证，以满足芽苗菜对水分的需求。此外，特别是在房室内生产，还必须设置排水系统。

南方地区生产重点在酷热夏季，宜选择在较易降温的房室内，生产半软化型产品（在室内弱光下形成茎秆较细，叶片较少、色泽较浅的产品）；而北方地区生产重点在严寒冬季，可在节能日光温室等耗能少的设施中，生产绿化型产品。此外，在温度适宜的季节，也可在露地遮阴篷或塑料大棚中进行芽苗菜生产。

子任务二　生产设施的准备

1. 栽培架与集装架

栽培架主要用于栽培室摆放多层苗盘，进行立体栽培以提高空间利用率。栽培架一般由 30 cm×30 cm×4 mm 角铁或横断面高 55～60 mm，宽 40～45 mm 的红松方木等为材料制成。架高 160～210 cm，每架 4～5 层。层间距 50 cm，架长 150 cm，宽 60 cm，每层放置 6 个苗盘，每架共计 24～30 个苗盘（图 13-1）。

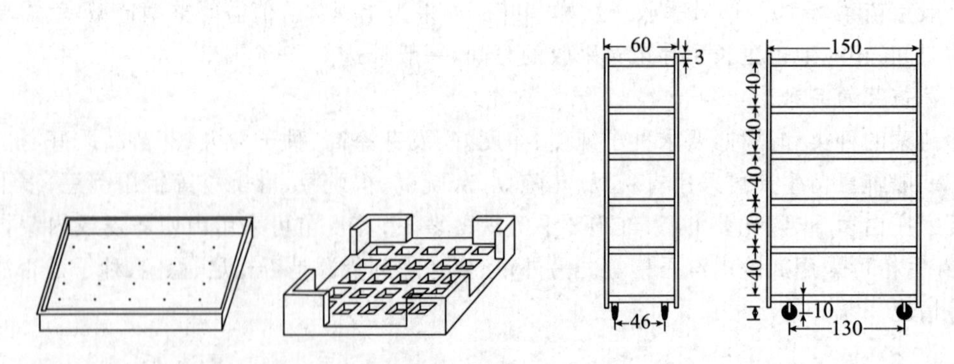

图 13-1　栽培架与栽培容器（单位：cm）

集装架主要为方便进行整盘活体销售，以提高产品运输效率。集装架大小尺寸需与运输工具相配套难忘的旅行，制作方法同栽培架，但层间距离可缩小至 22～23 cm。

2. 栽培容器与基质

为了减轻多层栽培架的承重，一般多选用较轻质的塑料蔬菜育苗盘，苗盘要求大小适当，底面平整，有透气眼，整体形状规范，且坚固耐用，价格低廉。苗盘的一般规格为：外长 62 cm、外宽 23.6 cm、外高 3～5 cm。

栽培基质应选用清洁、无毒、质轻、吸水持水能力较强，使用后其残留物容易处理的纸张如新闻纸、包装纸、纸巾纸等，以及白棉布、无纺布和珍珠岩等。

3. 浸种及苗盘清洗容器

浸种及苗盘清洗容器可依据不同生产规模分别采用盆、缸、桶、浴缸或砖砌水泥池等。采用或设计这些容器时应以作业方便，能减轻换水等劳动强度为原则。此外，浸种和洗刷苗盘用的容器不得混用。

4. 喷淋器械

采用苗盘纸床栽培生产芽苗菜，必须经常地、均匀地进行喷淋浇水，并针对不同种类品种和不同生长阶段分别进行喷雾或喷淋。喷雾常用的器械有工农-16 型背负式喷雾器和丰收-3 型压力喷雾器等，喷淋常用的器械有市售淋浴喷头或自制浇水壶细孔加密喷头(接在自来水管引出的皮管上)等。

5. 产品运输工具

因地制宜地采用自行车、三轮车以及箱式汽车等，配备相应的集装架。

工作任务 2　香椿芽苗菜生产技术

任务说明

任务目标：通过实践，了解香椿芽苗菜的生产特性；掌握香椿芽菜的品种选择技术、种子处理技术、栽培管理技术、采收等一系列生产技术。

任务材料：香椿种子、农膜、无根素、生产用具等。

任务方法与要求：在教师的指导下分组完成香椿芽苗菜生产的各任务环节。

工作流程

品种选择 → 种子处理 → 播种 → 芽苗管理 → 采收上市

子任务一　品种选择

香椿品种较多，常为人们食用的有红油香椿、紫油香椿和绿椿，其中紫油香椿的种粒大而饱满，发芽率高，是生产芽香椿的最佳品种。香椿种子呈三角形、半圆形或菱形，红褐色，一端有膜质长翅。千粒重为 10～11 g。选择 10～25 年树龄的香椿树种子为宜。香椿芽生产中宜选用未过夏的新种子，切忌使用隔年陈种。

子任务二　种子处理

香椿种子在浸种前要进行清选，拣去混在种子中的各种杂质。根据生产量的要求计算好用种量，清洗干净后先淘洗 2～3 次再进行浸种，水温 20～30℃，水量是种子体积的 2～3 倍。香椿种子浸种时间为 24 h。浸种期间最好换一次水，洗去种皮上的黏液。浸种结束将种子捞出洗净并沥去水分，放入首先清洗干净的底部铺有湿润白棉布(消过毒)的苗盘中(每盘约

500～700 g），种子上面再覆盖洁净的湿布保湿，然后放入 20～25℃的催芽室催芽。催芽期间每天翻动种子 2～3 次，并在其保湿布上喷水，以保证种子的适宜湿度，当有 60%以上的种子露芽、芽长不超过 2 mm 时即可播种。

子任务三　播种

播种到清洗干净的底部铺有湿润白棉布的苗盘中，播种量一般为干种子 40～50 g/盘，种子上面再覆盖保湿纸或洁净的白棉布，将播完种的苗盘每 6～7 盘为一摞，摞叠放置。此阶段要注意保持种子的湿润，但不能存水，每天喷 2～3 次，当苗高 12 cm 时，揭去覆盖种子上的布或纸，移到光照较弱的栽培架上生长。（栽培架可根据栽培容器的规格用角钢为材料设计成多层立体型，每层间隔约 35 cm，一般可设计 4～6 层。栽培室可用空闲房屋），有条件的冬季利用温室，夏季利用遮阴篷，但都要保证适宜的温度。

子任务四　芽苗管理

香椿苗需要中等强度的光照，当芽苗高 6～7 cm 时，移至散光较强处，使子叶较绿。生长适温为 20～23℃，低不低于 16℃，不高于 30℃。芽苗鲜嫩多汁，基质保水力又弱，所以，水分管理十分重要，小水勤浇。适宜用喷雾器或微喷装置补充水分，每天 2～3 次，以底部湿润不存水为度，同时地面保持湿润，有足够的空气相对湿度。另外，阴、雨、雾、雪天气及气温低时要少浇，注意发生种子霉烂及烂根等现象。出现烂根时，提前剪割上市。

子任务五　采收与销售

当苗高 10 cm 左右时，子叶已展开，并充分肥大，无烂种、烂根，香味浓郁时，就可连根拔起洗净后用塑料盒包装上市，也可采取整盘活体销售。或者剪割成长度 8 cm 左右，用透明塑料盒或封口袋剪割小包装上市。

【项目小结】

芽苗菜生产需要选择生产场地和准备生产设施，香椿芽苗菜的生产过程中要选择优良的品种。浸种时间为 24 h，催芽温度 20～25℃。当有 60%以上的种子露芽、芽长不超过 2 mm 时即可播种。播种量一般为干种子 40～50 g/盘，将播完种的苗盘每 6～7 盘为一摞，当芽苗高 6～7 cm 时，移至散光较强处。生长适温为 20～23℃，小水勤浇。用喷雾器或微喷装置补充水分，每天 2～3 次，以底部湿润不存水为度，当苗高 10 cm 左右时，子叶已展开，并充分肥大采收。

【练习与思考】

一、填空题：

1. 芽苗菜的类型有________、________、________、________。
2. 豆芽菜沙培的过程中，抓沙的适宜时期是________。
3. 香椿种子处理时，应把种子放在口袋中________，去除________，便于种子吸水发芽。
4. 芽苗菜种植时的浇水量和次数应根据________和________而定。
5. 芽菜类生产周期短，一般________天可生产一茬。

二、判断题：

6.豆芽菜在子叶完全展开时方可采收。（　　）

7.香椿芽苗长至 6～7 cm 时，应移至散光较强处，使子叶较绿。（　　）

8.芽苗菜的水分管理是每次都要浇透水。（　　）

9.萝卜芽球、甘蓝芽球、菊花脑芽球、苦苣菜芽球等属于芽苗菜中的体芽菜。（　　）

10.根据芽苗类蔬菜产品形成所利用营养的不同来源，又可将芽苗类蔬菜分为“种芽菜”和“体芽菜”两类。（　　）

三、简答题：

11.什么叫作芽苗菜？

12.什么叫作叠盘催芽？

13.芽苗菜生产的场地必须具备哪些条件？

14.香椿芽苗菜在生产的过程中，应注意的技术要点是什么？

15.豆芽菜在生产的过程中，应注意的技术要点有哪些？

附　录

附表 1　一般贮藏条件下主要蔬菜种子的寿命和使用年限

蔬菜名称	寿命(年)	使用年限	蔬菜名称	寿命(年)	使用年限
大白菜	4～5	1～2	番茄	4	2～3
结球甘蓝	5	1～2	辣椒	4	2～3
球茎甘蓝	5	1～2	茄子	5	2～3
花椰菜	5	1～2	黄瓜	5	2～3
芥菜	4～5	2	南瓜	4～5	2～3
萝卜	5	1～2	冬瓜	4	1～2
芜菁	3～4	1～2	瓠瓜	2	2～3
根芥菜	4	1～2	丝瓜	5	2～3
菠菜	5～6	1～2	西瓜	5	2～3
芹菜	6	2～3	甜瓜	5	1～2
胡萝卜	5～6	2～3	菜豆	3	1～2
莴苣	5	2～3	豇豆	5	1～2
洋葱	2	1	豌豆	3	2
韭菜	2	1	蚕豆	3	2
大葱	1～2	1	扁豆	3	

附表 2　主要蔬菜种子浸种催芽适宜时间和温度

蔬菜种类	适宜浸种时间(h)	适宜催芽温度(℃)	催芽天数(d)
黄瓜	4～6	25～30	1.5～2
冬瓜	24	28～30	6～8
西葫芦	6	25～30	6～8
丝瓜	24	25～30	4～5
苦瓜	24	30	6～8
蛇瓜	24	30	6～8
番茄	6～8	25～27	2～4
辣椒、甜椒	12～24	25～30	5～6
茄子	24～36	30	6～7
白菜	2～4	20	1.5
甘蓝	2～4	18～20	1.5
花椰菜	2～4	18～20	1.5
菜豆	2～4	20～25	2～3
芹菜	36～48	20	2～3
大葱	12	—	—

附表 3　蔬菜种子的质量、单位面积播种量

蔬菜种类	千粒重(g)	每克种子粒数	需种量(g/667 m²)
大白菜	0.8～3.2	313～357	125～150(直播)
小白菜	1.5～1.8	556～667	250(育苗)
小白菜	1.5～1.8	556～667	1 500(直播)
结球甘蓝	3.0～4.3	233～333	50(育苗)
花椰菜	2.5～3.3	303～400	50(育苗)
球茎甘蓝	2.5～3.3	303～400	50(育苗)
大萝卜	7～8	125～143	200～250(直播)
水萝卜	8～10	100～125	1 500～2 500(直播)
胡萝卜	1～1.1	909～1 000	1 500～2 000(直播)
芹菜	0.5～0.6	1 667～2 000	1 000(直播)
芫荽	6.85	146	2 500～3 000(直播)
茴香	5.2	192	2 000～2 500(直播)
菠菜	8～11	91～125	3 000～5 000(直播)
茼蒿	2.1	476	1 500～2 000(直播)
莴苣	0.8～1.2	800～1 250	50～75(育苗)
结球莴苣	0.8～1.0	1 000～1 250	50～75(育苗)
大葱	3～3.5	286～333	300(育苗)
洋葱	2.8～3.7	272～357	250～350(育苗)
韭菜	2.8～3.9	256～357	5 000(育苗)
茄子	4～5	200～500	50(育苗)
辣椒	5～6	167～200	150(育苗)
番茄	2.8～3.3	303～357	40～50(育苗)
黄瓜	25～31	32～40	125～150(育苗)
冬瓜	42～59	17～24	150(育苗)
南瓜	140～350	3～7	150～200(直播)
西葫芦	140～200	5～7	200～250(直播)
丝瓜	100	10	100～120(直播)
西瓜	60～140	7～17	100～150(直播)
甜瓜	30～55	18～33	100(直播)
菜豆	180	5～6	1 500～2 000(直播)
豇豆	81～122	8～12	1 000～1 500(直播)

续附表 3

蔬菜种类	千粒重(g)	每克种子粒数	需种量(g/667 m^2)
豌豆	125	8	7 000～7 500(直播)
苋菜	0.73	1 384	4 000～5 000(直播)

附表 4 育苗营养土的几种配方 %

蔬菜和苗床种类	腐熟有机质堆肥	腐熟马粪	腐熟草炭	肥沃园土	硫铵	过磷酸钙	草木灰
播种床	70	—	—	30	—	—	1
	—	50	—	50	—	—	1
	—	30	40	30	—	—	1
甘蓝床(移植)	80	—	—	20	0.05	0.1	1
	—	20	40	40	0.1	0.1	1
	—	—	40～50	60～50	0.1	0.1	1
茄果类(移植)	80	—	—	20	0.3	0.3	3
	—	30	50	20	0.4	0.5	4
	—	50～60	—	50～40	0.4	0.5	4
瓜类	80～90	—	—	20～10	0.14	0.12	4
	—	30～40	50～40	20	0.15	0.15	4
	—	40～50	—	60～50	0.15	0.15	4

附表 5 氮、磷、钾及微量元素的生理作用与缺素症的识别

名称	主要作用	缺素症的特征	备注
氮(N)	为蛋白质、叶绿素和许多酶的主要成分,有提高叶绿素含量,促进维生素 C 和单糖累计作用。增施氮肥,对促进光合作用、提高产量和产品品质有重要意义	生长受抑制,叶小,茎枝细弱而短,叶色淡绿或失绿以至变黄。如甘蓝,叶片出现澄黄和红色,下部老叶在早期即出现缺素症特征	为活体构成和体内移动性高的元素
磷(P)	为核蛋白、磷脂和植素的主要成分,是植物体内各种糖分的转化和淀粉、脂肪、蛋白质形成不可缺少的物质。增施磷肥有利于幼苗生长,促进根系发育,增强抗旱、抗寒、耐盐碱能力,促进花、果、种子的形成和发育,并提早成熟	叶色淡青、暗绿、暗灰,并出现紫红和铜青色泽。如缺磷又受旱,则叶片近于黑色,开花、成熟延迟,叶绿素含量降低。果菜类缺磷,果实中干物质、糖、维生素含量均降低,酸度提高;番茄幼苗先停止生长,而后叶片变紫红色;马铃薯块茎有红褐色的伤害	为活体构成和体内移动性高的元素

续附表 5

名称	主要作用	缺素症的特征	备注
钾(K)	对酶反应起催化作用,能促进植物体内代谢,对糖分运转及淀粉和纤维素的形成有很大作用,能促进导管和韧皮部输导组织的发育及厚角组织细胞的加厚。增施饵肥能使蔬菜生长健壮,增加抗倒伏、抗病虫害及抗旱、抗寒能力,尤其是对马铃薯等薯类蔬菜效果最好	叶色淡青(或暗绿、暗灰);叶缘呈“火烧”状,发黄或褐色;叶脉与叶尖组织衰老;也有叶片生长不正常;叶面多皱纹、叶脉沉入叶组织中,叶缘卷曲,生长受抑制,节间短小。番茄果实成熟不均。马铃薯叶片提早衰老,向下弯曲(一般先发生于老叶)	为活体激发和移动性高的元素,死组织中的钾易为水所浸出
钙(Ca)	促进氮(硝态氮)的吸收,调节植物体内的酸碱度,影响酶的活性,促进发育	叶失绿,叶缘呈白带状(芜菁、油菜、甘蓝),叶缘向上卷曲,(甜菜、马铃薯)或叶缘不齐(番茄)。番茄果实易染蒂腐病,芹菜易染心腐病	为活体构成和体内移动性低的元素。土壤过干、过湿或氮肥过量易引起缺钙症
镁(Mg)	为叶绿素的重要成分,能促进同化作用,并能促进磷的吸收。缺续将引起缺绿病,并使幼嫩组织的发育和种子成熟受影响	叶缘和中部失绿,其间保存有白绿带(黄瓜);叶缘呈褐红色(甘蓝),一般叶体脆弱	为活体构成和移动性高的元素
硫(S)	为蛋白质形成不可缺少的物质。十字花科及葱蒜类蔬菜的辣味,多为含硫化合物	叶片、叶脉呈淡绿色。但组织不衰老,茎加粗受阻(番茄茎木质化),多从幼嫩部分开始,与缺氮相似	为活体构成和体内移动性高的元素
铁(Fe)	参与叶绿素组成,直接或间接参与叶绿体蛋白形成	叶脉间(叶肉)普遍失绿,呈淡绿至黄色,但组织不衰老	为代谢催化和体内移动性低的元素
锰(Mn)	为维持植物体内代谢平衡不可缺少的催化物质,能加快光合作用的速度,提高维生素 C 的含量	叶脉间失绿,叶缘仍为绿色,叶面常现杂色斑点。豆科作物叶子失去叶绿素。豌豆种子有空腔,表面出现褐斑	为代谢催化和体内移动性低的元素
硼(B)	促进钙的吸收,促进根系发育,有利于豆科作物根瘤菌的形成及固氮能力的提高,能提高产品的质量	嫩叶失绿,顶芽与小根衰亡,侧枝发达,顶叶弯曲,不开花,不结实,易落叶,茎、根常患有空心病。番茄果实内部有衰亡组织。花椰菜的花球发育弱,呈褐色	为代谢催化和体内移动性低的元素
锌(Zn)	参与叶绿体形成,促进硫的代谢,提高植物体组织内氧化能力,促进顶芽和茎中生长素(吲哚乙酸)的形成	叶色发黄或青铜色,有斑点。豆科植物叶片常有不均匀的失绿	为代谢催化和体内移动性低的元素

续附表 5

名称	主要作用	缺素症的特征	备注
铜(Cu)	为各种氧化酶活化基的核心元素。施用铜肥能提高叶绿素含量	生长弱,叶失绿,叶尖发白。豆科植物种子形成受阻	为代谢催化和体内移动性低的元素
钼(Mo)	为硝酸还原酶的直接构成成分	纯蛋白、糖、维生素 C 等含量降低。豆科蔬菜不能形成根瘤。花椰菜不能形成花球	为代谢催化和体内移动性低的元素,是甘蓝所需最重要元素之一
氯(Cl)	对叶绿体内光化学反应起着不可缺少的辅酶作用	番茄、甜菜均表现缺绿	为活体构成元素

附表 6　几种主要蔬菜作物缺乏氮磷钾的典型特征

作物	缺氮	缺磷	缺钾
大白菜	早期缺氮,植株矮小,叶片少而薄,叶色发黄,茎部细长,生长缓慢。中后期缺氮,叶球不充实,包心期延迟,叶片纤维增加,品质降低	生长不旺盛,植株矮化。叶小,呈暗绿色。茎细,根部发育细弱	下部叶缘开始变褐,随后枯死,逐渐向内侧或上部叶发展。下部叶片枯萎。抗软腐病及霜霉病的能力降低
番茄	生长停滞、植株矮小。叶片淡绿或显黄色。叶小而薄,叶脉由黄色变为深紫色。茎秆变硬,富含纤维,并呈深紫色。花芽变为黄色,易脱落。果小,富含木质	早期叶背呈红紫色。叶肉组织起初呈斑点状,随后则扩展到整个叶片,而叶脉逐渐变为红紫色。茎细长,富含纤维。叶片很小,结果延迟。影响氮素吸收,结果期呈现卷叶	植株生长很慢,发育受阻。幼叶轻度皱缩,老叶最初变为灰棕色,而后叶缘处呈黄绿色,最后变褐死亡,茎秆变硬,富含木质,细长。根部发育不良,细长,常呈褐色。后期果实不圆而有棱角,果肉不饱满而有空隙。果实缺少红色素
黄瓜	早期缺氮,生长停滞,植株矮小,叶色逐渐变成黄绿色或黄色。茎细长,变硬,富含纤维。果实色浅,有花瓣的一端呈淡黄色至褐色,并变尖削	植株矮小细弱。叶脉间变褐坏死。影响花芽分化,雌花数量减少。果实畸形	叶缘附近出现青绿色的腐烂组织。下部老叶首先变黄。果实的尖端膨大,果柄发育不良
茄子	植株矮小,叶片少而薄,叶色浅绿。结果期缺氮,落果严重	叶呈深紫色。茎秆细长,纤维发达。花芽分化和结实延迟	下部老叶叶缘变为黄袍色,逐渐枯死,抗病力减低
萝卜	生长停滞。叶片窄小而薄,叶色发黄。茎细弱。根很小,发育不良,多木质化。辣味增强。叶背呈红紫色,叶小而皱缩	最初中部叶片呈深绿色,叶缘卷曲呈黄色至褐色。下部叶片和茎秆呈深黄至青铜色,叶片增厚。根不正常地膨大	

附表7　蔬菜常用植物生长调节剂、营养素的使用

名称	应用作物	使用目的	使用浓度或亩用量	使用方法
2,4-D	番茄 茄子 辣椒 西葫芦	防落花、落果	10～20 mg/kg 15～25 mg/kg 15～25 mg/kg 15～20 mg/kg	1. 蘸花　将刚开放的花浸入药液中 2. 涂花　毛笔蘸药涂抹花及花柄 3. 喷花　用手持小喷雾器喷花，但不要喷到植株体上
防落素	番茄 茄子 辣椒 西葫芦 甜瓜	提高坐果率，促进早熟增产，注意不要喷到植株体上	25～35 mg/kg 30～40 mg/kg 20～25 mg/kg 10～50 mg/kg 10～50 mg/kg	同一花序半数花开时喷花 花期喷施 花期喷施 花期喷施 花期喷施
矮壮素（CCC）	黄瓜 番茄 茄子 辣椒	防幼苗徒长，促进秧苗健壮	2 500～5 000 mg/kg 1 000 mg/kg 4 000～5 000 mg/kg 4 000～5 000 mg/kg	每平方米苗床浇施 1 kg 花期喷茎叶，40～50 kg/667 m^2 花期喷茎叶，40～50 kg/667 m^2 花期喷茎叶，40～50 kg/667 m^2
缩节胺	番茄 辣椒	提高坐果率，增加产量	100 mg/kg 100 mg/kg	移植前和初花期分两次叶面喷施 植株初花期喷施
比久(B9)	黄瓜 番茄	控制徒长，提高产量	1 000～5 000 mg/kg 2 500～5 000 mg/kg	喷洒植株 幼苗期 1～4 叶期、坐果后各喷 1 次
赤霉素（九Ｏ二）	菠菜 芹菜 芫荽 黄瓜 韭菜	加速生长，提高产量	10～30 mg/kg 40～100 mg/kg 10～20 mg/kg 20～40 mg/kg 20～30 mg/kg	4～6 叶后喷 3 次，或收获朋 7 d 喷 1 次 收获前 20 d 喷 2 次 收获前 20 d 和 15 d 各喷 1 次 雌花开花时喷花或喷幼瓜 收割前 15 d 和 10 d 各喷 1 次
五四Ｏ六细胞分裂素（3 号制剂）	黄瓜 番茄 辣椒 茄子 西瓜 芹菜	促进细胞分裂、叶绿素形成提高抗病性、抗寒性增加产量	600 倍浸提液	定植后 10 d 开始使用 4 叶期使用 定植后 10～15 d 使用 定植后 20～30 d 使用 始花期使用 定植后 20 d 使用 均须隔 10 d 喷施 1 次，连用 3 次
乙烯利	黄瓜 南瓜 番茄 西葫芦	增加雌花；控制徒长；促进根系生长；催熟增产	60～200 mg/kg 100 mg/kg 500～1 000 mg/kg 650 mg/kg	苗期 1、3 叶期各喷 1 次 4 叶期前喷 2 次、间隔 7 d 浸果、抹果，拔秧前 7 d 全株喷施 3 叶期后喷 3 次间隔 10 d

续附表 7

<table>
<tr><th>名称</th><th>应用作物</th><th>使用目的</th><th>使用浓度或亩用量</th><th>使用方法</th></tr>
<tr><td rowspan="6">丰产素</td><td>黄瓜</td><td rowspan="6">促进细胞分裂与伸长，促进根系发育提高结实，增加产量</td><td rowspan="6">0.5～1 mg/kg</td><td>开花结瓜前叶面喷 2 次，间隔 15～20 d</td></tr>
<tr><td>番茄</td><td>花期喷施 1 次</td></tr>
<tr><td>辣椒</td><td>苗期、结果期各喷 1 次</td></tr>
<tr><td>茄子</td><td>苗期、结果期各喷 1 次</td></tr>
<tr><td>芹菜</td><td>生育期共喷 3 次，间隔 15～20 d</td></tr>
<tr><td>韭菜</td><td>苗高 7～10 cm 时喷 1 次</td></tr>
<tr><td rowspan="8">三十烷醇</td><td>番茄</td><td rowspan="8">提早 2～5 d 成熟，减轻病害，增产增加雌花数，增产增糖，提高品质，提高菌丝活力，菌柄粗壮洁白、增产，促进生长、蒜薹粗壮</td><td>0.5～1 mg/kg</td><td>花期喷 2 次</td></tr>
<tr><td>茄子</td><td>1 mg/kg</td><td>花期喷叶</td></tr>
<tr><td>辣椒</td><td>1 mg/kg</td><td>花期喷叶</td></tr>
<tr><td>黄瓜</td><td>0.5 mg/kg</td><td>花期喷叶</td></tr>
<tr><td>西瓜</td><td>0.5 mg/kg</td><td>西瓜直径 10 cm 时喷用</td></tr>
<tr><td>食用菌</td><td>1 mg/kg</td><td>菌丝体生长期、菌丝更新期、子实体形成期喷用</td></tr>
<tr><td>韭菜</td><td>0.5 mg/kg</td><td>苗高 6～7 cm 时喷用</td></tr>
<tr><td>大蒜</td><td>0.5 mg/kg</td><td>喷洒植株</td></tr>
<tr><td rowspan="2">农乐</td><td rowspan="2">黄瓜</td><td rowspan="2">促进根壮、提高坐果率、延缓衰老</td><td rowspan="2">0.03%水溶液</td><td>根瓜坐住喷 1 次，20 kg/667 m^2，相隔 25 d</td></tr>
<tr><td>再喷 1 次，35 kg/667 m^2</td></tr>
<tr><td rowspan="2">爱多收</td><td>果菜类</td><td>促进发根、早熟提高抗逆性</td><td rowspan="2">6 000 倍液</td><td>浸种 12 小时；苗期每月喷 2～3 次；黄瓜定植后喷 4～5 次，番茄各花序 2～3 朵花开放时喷 1～2 次</td></tr>
<tr><td>叶菜类</td><td>发芽整齐、促生长</td><td>浸种 4～6 小时；生长期每周喷 1～2 次，直至收获</td></tr>
<tr><td>叶面宝</td><td>果菜类</td><td>提高坐果率，增加单瓜重</td><td>5～7.5 mL/667 m^2</td><td>瓜类开花前后及果期各喷 1 次；茄果类花前、结果期每 10 d 喷 1 次</td></tr>
</table>

附表 8　蔬菜常见病害及防治措施

病害名称	危害状况	防治方法
白菜软腐病（烂疙瘩、水烂）	大白菜多在包心期发病。病株一般是从白菜疙瘩开始向外帮腐烂，外叶凋萎下垂，露出叶球；一种是菜帮基部或菜疙瘩先发生水渍状软腐，外叶先烂，渐发展到球叶。严重时，心髓全部腐烂变成灰褐色黏稠物，发出恶臭；也有的心叶受病后迅速枯干呈薄纸状，叫"干烧心"。种株定植后也可发病，严重时整株腐烂死亡	1.选用抗病品种，适期播种 2.前茬要提早腾茬倒地，翻地晒土 3.高垄或高畦栽培 4.使用的有机肥要充分腐熟；铲、趟、打药要尽量减少伤口；严忌大水漫灌，实行长垄短灌 5.及时拔除病株，病穴撒生石灰消毒 6.注意防治传病的害虫，特别要注意防治地蛆 7.发病初期用 1 500～2 000 倍液农用链霉素喷雾；或用 70％敌克松 800 倍液，或退菌特 500～800 倍液灌根，有一定防治效果
白菜病毒病（孤丁、抽疯）	幼苗发病、叶柄向一边弯曲，叶片皱缩，植株矮化。包心后发病，外叶弯曲，变形，叶片皱缩或出现花叶。叶脉半透明呈明脉症状。内部叶片常产生黑褐色坏死斑点。病株不耐贮藏。留种株早期发病不抽薹即死亡，或抽薹而花苔短缩，花梗弯曲畸形，不结荚，或结荚而种子少，不饱满	1.播前若天旱土干，应先灌水后播种 2.苗期高温干旱，要勤浇水，降低土温 3.彻底消灭蚜虫 4.选用抗病品种，如青帮河头、大锉菜、大麻叶、小根等均较抗病 5.增施底肥，播种时施用 5～8 kg/667 m^2 硫按做种肥，壮苗抗病
白菜霜霉病	主要叶部发病，茎、花梗、种荚也能发病。斑病初为淡绿色水浸状小斑点，渐扩大为黄绿色至淡褐色斑，因受叶脉限制，呈多角形。天气潮湿，叶背病斑处生白色霉层（病菌孢子囊）。病斑边成片，病叶枯死。茎、花梗、种英发病，肥肿，畸形，病斑青白色，其上生白霉	1.秋菜收后要彻底清洁田园 2.选用抗病品种，适期播种 3.加强肥水管理，包心期不要缺水断肥；发病地块，在发病初期喷洒 50％退菌特 800～1 000 倍液或 75％百菌清可湿性粉剂 600 倍液、或 50％克菌丹可湿性粉剂 500 倍液，每 7～10 d 喷 1 次，连喷 3～4 次
白菜白斑病	专侵害叶片。叶部初散生灰褐色圆形小斑点，渐扩大为圆形或卵圆形病斑，病斑中央灰白色，有不明显的轮纹，周围有淡黄绿色的晕圈。潮湿时，病斑背面产生淡灰色霉状物。严重时。病斑常连成不规则形天病斑，从下部叶蔓延到上部叶。最后，病斑破裂穿孔，病叶枯黄	1.适期播种，不要播种过早 2.选用抗病品种 3.清洁田园深埋病叶 4.温汤浸种消毒 5.发病初期喷晒 50％克菌丹 400～800 倍液，或用防治白菜霜霉病的药剂，每 7～10 d 喷 1 次，连喷 2～3 次

续附表8

病害名称	危害状况	防治方法
甘蓝黑胫病（黑朽病）	幼苗受害，子叶、幼茎和真叶上出现灰色病斑，上生小黑点，茎上病斑稍凹陷，外有紫色晕圈。定植后，茎基部和根部形成黑紫色长条斑，严重时须根和根皮全部腐烂，主根木质部呈淡褐色干缩，地上部萎蔫。成株发病，茎部产生暗褐色病斑，稍凹陷，溃疡状。种株发病，种荚的病斑多集中于荚尖端，灰色，有小黑点。受病的种子往往皱缩，发芽率低	1. 从无病株上采种 2. 种子消毒，用50℃水浸种10～25 min。或用多菌灵等药液处理种子，用药量为种子重的0.1%，可达有效成分 3. 苗床地选择2～3年未种过十字花科蔬菜而且排水良好的地块。或用敌克松消毒，即每平方米苗床用敌克松原粉5 g与100 g细干土混匀，撒于床面再播种 4. 定植时严格剔除病苗，防止伤根。雨后及时排水 5. 实行3年以上轮作
甘蓝（萝卜）黑腐病	甘蓝发病多发生于老叶、叶柄及根颈部。叶缘产生“V”字形不规则或圆形淡黄色的病斑。叶脉变黑呈网状，病叶最后枯干。根颈部发病。维管束变黑，干腐，全株萎蔫死亡。萝卜发病，叶部先从叶缘变黄，渐形成多角形病斑，叶脉变黑。蔓延全叶；干枯、发病严重，肉质根内部变黑褐色，干腐，成空心。本病无臭味，但常并发软腐病而腐烂发臭	1. 从无病株上采种 2. 种子消毒，用55℃水浸种10 min或用种子重0.4%的50%福美双拌种 3. 播种前每亩用50%福美双500～750 g，兑细土10 kg，拌匀后撒于播种穴或条播沟 4. 与十字花科以外的蔬菜实行3年以上的轮作 5. 及时消灭芽虫和黄条跳虫甲 6. 药剂防治参照白菜软腐病药剂防治方法
黄瓜霜霉病（火龙、跑马干）	苗期就可发病。叶片受病后，最初产生水浸状小斑点，逐渐扩大，因受叶脉限制，呈多角形黄褐色病斑。湿度大时，病斑背面产生紫灰色的霉（病菌的孢子囊）。严重时病斑连片，全叶干枯。植株下部叶先发病，渐向上部叶蔓延，阴雨天发病快。最后全株枯死，严重减产，甚至绝收	1. 选用抗病品种。目前津研1、2、4号等比较抗病 2. 培育适龄壮苗 3. 注意肥水管理，施足底肥，及时追肥 4. 温室各塑料大棚黄瓜要加强通风，降低空气湿度 5. 做好预测预报，及时发现中心病株，控制蔓延 6. 保护地黄瓜提倡滴灌 7. 在可能发病之前，开始喷药保护。可喷洒50%退菌特500～700倍液；50%克菌丹400～500倍液；75%百菌清600～800倍液。一般7 d左右喷1次，要连续喷洒

续附表 8

病害名称	危害状况	防治方法
黄瓜蔓割病（枯萎病、卡脖子）	黄瓜从苗期至生长后期均能发病，但结瓜期发病较多。幼苗发病茎基部变黄褐色并收缩，子叶萎垂。成株发病初期，中午萎蔫，早晚恢复正常，反复几天后全株萎蔫枯死，病株茎基部水浸状腐烂缢缩，发生纵裂，常能流出胶质物。潮湿时，病部长出粉红色的霉（分生孢子），干缩后呈麻状。切开茎，可见到维管束变成褐色。根系变褐或腐烂	1.避免连作重茬，至少要实行 3～4 年轮作或更换新土 2.种子消毒 3.施用腐熟有机肥，N、P、K 肥配合使用，不要偏施 N 肥 4.切忌大水漫灌。病重时要适当控制水分 5.病株要及时拔除，带出温室外烧毁，病穴撒生石灰消毒 6.药剂防治，苗床消毒 7.定植时用 50％多菌灵 1 kg/667 m^2，与 20 kg 细土混匀，施入定植穴内。缓苗后，用敌克松的 800 倍液灌根 2～3 次
黄瓜炭疽病	幼苗发病，子叶边缘产生淡褐色半圆形病斑，其上生黑色小点或淡红色黏稠物。叶片发病，生红褐色近圆形病斑，其上有轮纹。茎及叶柄受害，产生水溃状长圆形稍凹陷的病斑，初为淡黄色，后变为深褐色或灰色，严重时全株枯萎。果实发病，产生圆形水浸状的褐色或黑褐色病，潮湿时，病斑上生出粉红色黏稠物	1.从无病株上留种 2.用 40％甲醛的 150 倍液浸种 90 min，充分冲流后播种 3.选择排水良好的地块 4.增施磷、钾肥 5.发病初期喷洒 75％百菌清 600～800 倍液；或托布津 1 500～2 000 倍液，每隔 7～10 d 喷 1 次，连续喷 3～4 次
黄瓜细菌性角斑病	幼苗发病，子叶上产生圆形或卵圆形水浸状凹陷小斑点，后变褐干枯。叶片发病，初为水浸状小斑点，扩大后受叶脉限制呈不正形或多角形，黄袍色病斑，湿度大时，叶背病斑上溢出白色黏液。病斑最后呈淡黄色，很脆，易穿孔。茎、叶柄、果实上的病斑均为水浸状小圆斑，后变为淡灰色，瓜上老病斑灰白色，形成溃疡和裂口，分泌白色黏液	1.从无病株上采种 2.用 40％福尔马林的 150 倍液浸种 90 min，清水冲洗后播种 3.用 50～55℃温水浸种 10～15 min 4.清除病株残体，实行 2 年以上的轮作 5.发病时期，喷洒硫酸铜、石灰、水为 2∶1∶500 的波尔多液，每隔 6～7 d 喷 1 次，连续喷 3～4 次
黄瓜灰霉病	主要危害温室及塑料薄膜大棚黄瓜。受害幼果的花蒂部位初呈水浸状，其上产生灰色霉，逐渐危害全果，脱落。稍大果实染病，病果畸形	1.适当密植 2.加强通风换气保持室内空气新鲜，温度不过大 3.发病初期喷洒 50％克菌丹 400～600 倍液，或 50％托布津 800～1 000 倍液，每 7～10 d 喷 1 次，连喷 2～3 次

续附表 8

病害名称	危害状况	防治方法
瓜类白粉病	黄瓜、角瓜、南瓜等均能发病。病叶背面及正面，蔓及叶柄上均能产生白色粉状霉(菌丝体及分生孢子)，病害发展快，白粉逐渐变成、灰白色，叶片变黄干枯，后期病斑上常产生小黑点(子囊壳)	1. 育苗温室和苗床在播种前用硫黄熏蒸消毒 2. 温室和塑料薄膜大棚要加强通风换气 3. 发病初期喷洒 50%托布津 800～1 000 倍液，或用 500 倍液灌根(每亩用药 1 kg)，喷洒 0.1～0.2 波美度的石硫合剂(高温时黄瓜易发生药害，只能用 0.1 度)。或喷 50%托布津或 50%多菌灵500～800 倍液
瓜类猝倒病	种子出土前发病，造成烂种。幼苗发病，茎基部产生水渍状圆形暗绿色病斑，绕茎扩展后，病部皱缩变细，腰折倒伏，枯死，地面潮湿时，病部可密生白色绵状霉。严重时，幼苗成片死亡	1. 选择地势高燥，排水良好的场地做苗床地 2. 选用未种过蔬菜的大田地土做床土，床土要充分晾晒，施用的有机肥要充分腐熟 3. 浇底水要适当，不要过多，出苗后，如床内温度高，湿度大，苗徒长，应加强通风，如床温低，应采取保温措施 4. 床土消毒，参照蔬菜育苗部分的苗床土壤消毒 5. 初期如发现少数病株，要拔除，喷洒铜铵合剂或 75%百菌清 1 000 倍液，防止蔓延
茄子黄萎病(凋萎病、半边疯)	一般多在对门茄坐果时发病，严重时根茄坐果时即发病。初期，多在植株一侧下部叶片上发病，先叶脉间和叶缘发黄，渐变黄褐色，严重者全叶枯黄下垂，直至脱落。病从植株下部向上或由一侧向全株蔓延，维管束变褐，输水能力受阻，最后叶片全部脱落，只剩茎秆	1. 从无病株上采种，播种前用 55℃水浸种 10 min 2. 发病地块，要实行 5 年以上轮作，停种茄科作物 3. 施入腐熟有机肥，配合一定量磷、钾肥做基肥 4. 注意灌水，一次灌水量不宜过大 5. 药剂防治：苗床消毒。定植前用 50%多菌灵 2 kg/667 m^2 与 20 kg 细土混匀施入定植穴。或用 400 倍液的 50%多菌灵或 70%敌克松 500 倍液在发病初期灌根
茄子绵疫病(烂茄子)	茄子普遍发生的重要病害，主要危害果实，叶、茎、花也可受害。受病果实先出现圆形水浸状病斑，逐渐变褐。扩大凹陷，温度高时，病斑表面密生棉毛状白霉(孢子囊)，病果腐烂脱落。被害叶片产生不规则褐色斑，潮湿时可生出白霉。嫩枝上发生水浸状暗褐色病斑，皱缩并凋谢萎枯死，幼苗发病则碎倒，花受害呈褐色水腐状	1. 与不感染此病的其他蔬菜实行 5 年以上轮作 2. 合理密植，消灭杂草 3. 及时摘除或捡出落地病果，以免扩大传播 4. 选用抗病品种 5. 发病初期，每隔 7～10 d 喷 1 次药，连喷 3～4 次。主要药剂有：75%百菌清 600 倍液；50%托布津或 50%多菌灵 800～1 000 倍液；1∶1∶(160～240)倍等量波尔多液

续附表 8

病害名称	危害状况	防治方法
茄子褐纹病	幼苗发病,叶上病斑圆形,茎上病斑梭形,梢凹陷,褐色。茎基部受害,幼苗折断倒伏。成株发病,叶上产生褐色圆形病斑,扩大后,病斑边缘深褐色,中央灰白色,其上密生小黑点,排成轮状。果实上病斑初为淡黄色。稍凹陷,圆形或不规则形,其上密生小黑点,有明显轮纹。径上病斑暗褐色,稍凹陷,表皮干腐,密生小黑点,严重时植株枯萎	1.从无病株上采种 2.用55℃温水浸湿种5～10 min 3.施足底肥,及时排除田间积水 4.及时摘除病果及清除地病果,深埋或烧毁 5.实行5年以上轮作 6.在雨季前喷洒75%百菌清500～600倍液,或1∶1∶200倍波尔多液,每7～10 d喷1次,连续喷3～4次
茄子苗期立枯病	刚发芽的种子即可受害死亡。育苗中、后期发病严重。幼茎或茎基部产生椭圆形暗褐色病斑,病斑逐渐扩大,凹陷,绕茎一周,最后病部收缩干枯,病苗死亡	1.播前55℃温水浸种10～15 min 2.播种时控制底水,提高土温,促进幼苗生长 3.出苗后如床内温度高,湿度大、幼苗徒长,应加强通风,降温降湿;如果床温低,应采取保温措施 4.药剂防治可参照瓜类猝倒病
辣椒病毒病	病株叶片产生黄绿相间的花斑,或产生黄白色的褪绿斑,或黄色轮纹,新叶的叶缘向上卷曲,叶片变细小。节间缩短,中、上部分枝增多,丛生。叶柄及茎部有时产生褐色条斑。早期落叶、落花落果。果实上有时出现花斑和坏死条斑	1.选用抗热耐病力较强的品种,如茄门甜椒等 2.彻底及早消灭蚜虫 3.加强田间管理,使植株生长健壮,提抗病力 4.拔除病株,控制蔓延
辣椒软腐病	受害果实最初果皮呈水浸状暗绿色,不久果实全部腐烂发臭,最后干枯呈白色,脱落或留在枝上	1.这种病菌不耐干旱,因此,田间要及时排水,加强通风,降低湿度 2.及时清除病果,减少病源 3.用90%美曲膦酯800～1 000倍液喷洒,消灭棉铃虫、烟草夜蛾的幼虫,可减轻发病 4.发病初期喷洒1∶(0.5～1)∶(200～250)的波尔多液,可减轻病害蔓延
辣椒日烧病	症状主要发生在果实上,果实向阳面被太阳晒的部分褪色变硬,呈淡黄色或灰白色皮革状。日烧病斑的表皮变薄,易破裂,如果被其他菌腐生,则腐烂或生霉	1.合理密植,一穴双株 2.加强前期田间管理,促进生长,使辣椒在入伏前封垄 3.及时防治病虫,防止早期落叶,使枝叶繁茂;遮蔽果实

续附表 8

病害名称	危害状况	防治方法
辣椒枯萎病（真菌性萎蔫病）	受害病株的主根及根颈先发病，维管束变褐色，须根及根皮变黑褐色腐烂脱落。发病初期，新叶变黄脱落，落花、落蕾、落果。严重时病株茎部自下而上形成条形黑褐色病斑，全株落叶。茎干枯变黑，湿度大时，病部形成白色菌丝	1. 实行 5 年以上的轮作 2. 选用抗病品种 3. 加强田间管理，促进植株健壮生长，提高抗病力 4. 用 50% 的多菌灵或 50% 的托布津 1 kg/667 m^2 与 40 kg 细干土拌匀，施入定植穴，进行土壤消毒；苗床消毒，用多菌灵或托布津 4～5 g，制成药土，播种时撒于床面
番茄病毒病	花叶型：叶色淡，叶面皱缩，花叶。苗期发病植株较矮，成株发病多为心叶表现花叶症状。蕨叶型：叶片变细呈柳叶状。色淡而薄，向内卷成桶状。节间缩短，病株矮化，长出许多细小分枝和小叶，不结果或果实变小 条斑型：叶、叶柄及茎上产生大量红褐色至黑褐色坏死条斑，严重时枯死。病果畸形，产生稍凹陷的褐色的不规则形病斑	1. 选用抗病品种，如强力米寿、台湾大红、北京大红、粉红甜肉等 2. 早期消灭蚜虫。防治传毒 3. 及早拔除病株，在打杈、绑蔓时，要先健株后病株，减少人为传毒 4. 发病初期可连续喷铜铵剂 400 倍液，或喷高锰酸钾 1 000 倍液 5. 从无病株上留种
番茄斑枯病（斑点病、鱼目斑病）	下部叶片先发病，初在叶背面产生圆形水浸状小病斑，逐渐扩大到叶表面。病斑扩大后，边缘褐色，中间灰白色至灰褐色，上散生小黑点。后期病斑连接成大形枯斑，部分产生穿孔。病严重，植株生长衰弱，叶片下部向上部枯死。茎上产生圆形或椭圆形病斑。花萼、果梗、果实上也能发病	1. 实行 2～3 年轮作 2. 有露时不要进行打杈、绑蔓等田间作业，以免人为传播病菌 3. 倒茬时收净病株残体，并进行深翻 4. 发病初期可喷洒 75% 百菌清 600～800 倍液；50% 托布津或 5% 多菌灵 800～1 000 倍液，每 7～10 d 喷 1 次，连喷 2～3 次
番茄脐腐病（尻腐病、蒂腐病、黑膏药）	病果在脐部产生暗绿色水浸状圆形病斑。病斑随果实生长而扩大，变成褐色或淡黑色，皱折凹陷。病果提早变红，果肉变色干腐。潮湿时，病斑表面往往被腐生菌感染，长出黑绿色或粉红色霉	1. 结果期注意灌水时间与次数，防止过多过少 2. 避免一次施用氮肥过多。要配合施用磷、钾肥 3. 土地、黏土地和盐碱地要多施有机肥料或用 1% 过磷酸钙液，进行根外追肥
番茄叶霉病	叶片受害，初在叶背面产生界线不明显的淡绿色病斑。其上密生白色至紫灰色粉状霉。叶表面呈淡黄色。叶片逐渐卷曲干枯。病害从老叶向新叶蔓延。果实上的病斑多环绕蒂部，为圆形黑色硬化斑	1. 温室在定植番茄前要用硫黄熏蒸消毒 2. 克菌丹拌种（药量为种子量的 1%～2%） 3. 温室及塑料大棚要注意通风换气，保持空气清新 4. 发病初期 50% 多菌灵 800～1 000 倍液或 75% 百菌清 600～800 倍液，每 7～10 d 喷 1 次，连喷 3～4 次

续附表 8

病害名称	危害状况	防治方法
番茄晚疫病	主要危害叶片和果实，也能侵害茎部。叶片上多从叶缘开始出现暗绿或灰绿色不规则水渍状病斑，潮湿时病斑的边缘和健叶交界处有白霉(孢子囊)全叶很快干枯或腐烂。茎部病斑暗绿色或黑褐色，稍凹陷，病斑边缘白霉较明显。一般仅危害青果，病斑不规则，暗褐色，边缘不明显	1.避免连作，也不宜与土豆邻作或轮作 2.温室番茄要加强通风，防止湿度过大 3.早防早喷药，发现个别病株时，就要喷洒 75%百菌清 500～700 倍液，或克菌丹 500 倍液，或福美双 600 倍液，或 1∶(0.7～0.8)∶240 倍波尔多液，每隔 7～10 d 喷 1 次，连喷 3～4 次
番茄青枯病	一般在果实成熟期发病。发病株的茎、叶好像严重缺水而骤然萎凋下垂。初期病叶在夜间或阴雨天可暂时恢复，但病势发展很快，2～4 d 内即全株凋萎死亡。但植株仍保持绿色，呈青枯状。病茎表面粗糙，并生出很多不定根。病株茎部维管束变褐，用手挤压，有污白色黏液流出	1.与茄科作物以外的蔬菜实行 3 年以上轮作 2.有露水不要进行打杈绑蔓等作业，防止人为传播病菌 3.倒茬时收净残株烧掉 4.发病初期可喷 75%百菌清 600～800 倍液，或 50%多菌灵 800～1 000 倍液；每隔 7～10 d 喷 1 次，连续喷 2～3 次
芸豆炭疽病	种子发芽期危害，子叶出土后产生近圆形红褐色病斑，很快腐烂枯死。叶片发病后畸形，产生黑褐色病斑，严重叶枯死。茎部病斑稍凹陷，角荚上病斑近圆形，暗色，稍凹陷，周围有深红色的晕圈。种子上病斑为黄褐色或黑褐色，潮湿时易腐烂。潮湿时，病斑上均可分泌出肉红色黏稠物(分生孢子)	1.选用抗病品种 2.从无病荚上留种，播种前严格选种，淘汰带病种子 3.留种芸豆要适当稀播，注意挑水 4.实行 2～3 年轮作 5.发病初喷洒 1∶1∶240 波尔多液或 50%克菌丹 400～800 倍液，或 50%托布津 800～1 000 倍液，每 7～10 d 配喷 1 次，连喷 2～3 次
芙豆锈病	主要危害叶片，也能危害茎蔓和荚，受害叶片初生苍白色小凸起，后变黄褐色，隆起呈小疱，扩大后病斑表皮破裂，散出红锈色粉末(夏孢子)。后期在叶柄、茎蔓、荚及叶片上长出黑褐色锈状病斑，表皮破裂后，散出黑褐色粉末(冬孢子)，严重时茎、叶早枯	1.选用抗病品种。如九粒白、白大架等均较抗病 2.实行轮作倒茬，病株残体收集烧毁 3.药剂防治：参照芸豆炭疽病
葱类霜霉病	大葱、圆葱均能发病。病叶上初产生卵形或长椭圆形稍凹陷的病斑，淡黄色，渐长出白色霜霉，高温时霉层呈淡紫色，严重枯死。花梗受害易从病部折断枯死。鳞茎发病严重时，外部鳞片皱缩，鳞茎变软	1.注意采种田的管理，预防霜霉病发生。确保种子不带菌 2.避免在低洼易涝，排水不良，窝风的地块种植，不要偏施过多氮肥，配合施磷、钾肥 3.清洁田园，清除病株残体 4.发病初期喷洒 75%百菌清 600～800 倍液喷洒

续附表 8

病害名称	危害状况	防治方法
芹菜叶枯病（斑枯病）	叶部受害，先从老叶发病渐向新叶蔓延，初产生油浸状淡褐色病斑，边缘明显，后变褐色，其上产生小黑点（分生孢子器），严重时全叶变褐干枯。叶柄和茎上产生褐色长圆形稍凹陷的病斑	1. 用 50℃温水浸种 10 min 2. 切忌大水漫灌，雨后注意排水 3. 发病初期喷洒 1∶0.5∶(160～240)倍波尔多液(每百斤药液加 1 两硫黄粉可提高药效，降低药害)，或 75%百菌清 600～800 倍液。每 7～10 d 喷 1 次，连续喷 3～4 次
芹菜早疫病（斑点病）	主要发生在叶片上，茎和叶柄也发生。叶上最初出现黄绿色水浸状斑点，逐渐变为褐色或暗褐色，病斑梢圆，周缘黄色。叶柄和茎上病斑为水浸状圆斑或条斑，渐变为暗褐色，稍凹陷。高温多湿条件下，病斑表面产生白色或紫色霉状物	防治方法：可参照芹菜叶枯病
菠菜霜霉病	此病主要危害叶片，叶面初生淡黄色、边缘不明显的小斑，后扩大成不规则形病斑，湿度大时，叶背的病斑处初生白色霉，后变为灰紫色。下部叶先发病，逐渐向上蔓延，病叶在干旱时枯黄，潮湿时腐烂	1. 收获时彻底清除残株落叶，早春要提早收获风障菠菜中的病株，减少病菌来源 2. 重病因应实行 2～3 年轮作 3. 汤剂防治：参照白菜霜霉病
马铃薯晚疫病	叶片发病，先从叶缘产生水浸状暗褐色病斑，叶背病斑边缘产生一圈白粉状霉，严重时，整株叶片变黑褐色枯死。茎部受害产生稍凹陷的褐色条斑。块茎受害，产生褐色或紫黑色病斑，稍凹陷，病部皮下组织变褐，干腐或腐烂	1. 从无病田块选留种薯 2. 播种前 20～25 d 晒种催芽，结合淘汰病薯 3. 选用抗病品种，如克新 1、4 号、金坑白等 4. 马铃薯开花前后注意检查中心病株，如发现立即拔除 5. 发现中心病株后要立即喷洒硫酸铜 500～1 000 倍液；或 1∶1∶200 的波尔多液，每 7～10 d 喷 1 次，连喷 2～3 次
马铃薯病毒病	卷叶病：老叶厚而脆，叶缘卷曲向上，呈匙状或圆筒状。节间缩短，植株矮化，结薯小。皱缩花叶病：叶片小，呈现浓淡相间的花斑，叶片皱缩，植株显著矮化。严重时，全株发生坏死性花斑，甚至枯死。条斑病：.叶脉、柄出现深褐色坏死条斑，叶由下而上逐渐萎垂干枯，顶部叶片显著皱缩，薯块小	1. 提倡夏播和二季作留种，加强管理，彻底防蚜，严格淘汰病株，选留无病种薯 2. 结薯期要防止高温干旱，土豆蕾期和花期要灌水 3. 选用抗病品种，如克新 1 号、4 号、丰收白、金坑白等

续附表 8

病害名称	危害状况	防治方法
马铃薯环腐病	一般在土豆开花前后表现症状:病株枝、茎缩短。叶片褪色凋萎,叶脉间变黄,产生黑褐色斑块,叶缘向上卷曲。叶片自下部渐至上部凋萎,最后全株枯萎。病薯切开后,靠近表皮部分形成乳黄色环状变色部分,严重时变黑,形成环状空洞,若并发软腐病,整薯腐病	1.严格检疫制度,防止病薯进入无病区 2.播种前彻底淘汰病薯,切薯块时每人要准备3把刀。切到病薯后,要将刀用2%~4%的高锰酸钾消毒后再用 3.发现病株及时拔除 4.注意防治地下害虫
马铃薯疮痂病	病薯块的表面形成圆形或不规则形褐色病斑,表皮粗糙,病斑隆起,中央凹陷。木质化,表面龟裂,呈现干腐状。病薯品质变劣,不耐贮	1.严格检疫制度,防止病薯进入无病区 2.播种前彻底剔除病薯 3.避免重茬不施碱性肥料 4.结薯期天旱,土温高,应浇水 5.病薯喂猪,必须煮熟,防止病菌通过粪肥传播

附表 9　蔬菜常见虫害及防治措施

虫害名称	危害症状	防治方法
菜蚜(腻虫、蜜虫)(萝卜蚜)	菜蚜(萝卜蚜、甘蓝蚜、桃蚜)主要危害萝卜、甘蓝、白菜等十字花科蔬菜、茄果类蔬菜、菠菜、芹菜等;棉蚜主要危害瓜类、豆类及其他蔬菜。蚜虫的成虫和幼虫群集叶背,吸食汁液,形成褐绿色斑点,叶片卷缩、变黄,植株矮小,白菜、甘蓝常不能包心结球。留种株不能正常抽薹、开花、结实。蚜虫又是病毒病的重要传播者。消灭蚜虫是防治病毒病的重要措施	菜田蚜虫发生都有明显的点片阶段,一般叫窝子蜜,这时要抓紧防治。从春到秋都要注意检查田间蚜虫发生情况,及时防治。目前蔬菜上适用的防蚜药剂;40%乐果乳剂1 000~2 000倍液;亚胺硫磷50%乳剂1 000~1 200倍液;20%蔬果磷乳油400倍液;灭蚜松50%乳油1 000~1 500倍液喷雾。或用1.5%乐果粉1.5~2 kg/667 m^2 喷粉。防蚜要联合作战。防止有翅蚜飞迁转移的危害
菜青虫	菜青虫是菜白蝶的幼虫。是我省甘蓝、苤蓝、白菜、萝卜、油菜等十字花科蔬菜的主要害虫。菜青虫偏嗜十字花科蔬菜,是因为这类植物都含有芥子油糖苷,是吸引菜白蝶成虫产卵的"指示植物"。在我省多在6、7、8、9月这4个月繁殖,危害大。初孵化的幼虫在叶背啃食叶肉,残留表皮,3龄以后食量剧增,叶片被咬成网状孔洞或缺刻,严重时仅剩叶脉,排泄的粪便污染菜心,咬食的伤口能诱致软腐病	1.清洁田园,铲除杂草,减少虫源 2.药剂防治,要抓早治。第1、2代幼虫发生比较集中。应抓住产卵盛期后5~7 d,突击打药1~2次,第3代以后,各代重叠,要注意检查虫情,及时喷药。可用:90%美曲膦酯800~1 000倍液喷雾;2.5%美曲膦酯粉1.5~2.5/667 m^2 在清晨喷粉;23%蔬果磷乳油400倍液喷雾。生物农药,用每克含100亿以上的杀螟杆菌或青虫菌粉加水1 000~2 000倍,加0.1的洗衣粉作黏着剂,有良好的杀虫效果

续附表 9

虫害名称	危害症状	防治方法
小地老虎（地蚕、截根虫）	我省各地均有发生。食性很杂，是粮食和蔬菜作物的重要地下害虫。蔬菜主要危害茄果类、瓜类、豆类及十字花科蔬菜的幼苗。3 龄以前的幼虫，多群集在心叶和幼嫩部分昼夜危害，3 龄以后，白天潜藏于土表以下.夜间活动危害。特别是清晨多露的时候危害最凶，咬断嫩茎心叶，造成缺苗，严重时甚至毁种重栽	1.低洼潮湿地块或杂章多易发生，要铲除杂草 2.人工查田捕捉，每早扒开根周围表土能捉到幼虫 3.黑光灯、糖蜜诱杀成虫 4.毒草诱杀，毒草配制：用鲜草 40 kg/667 m^2，切成一寸长左右，用水浸湿，加入 90％美曲膦酯 50 g 充分拌匀，傍晚堆放到地里，适于诱杀 3 龄以上幼虫 5.对 3 龄以下的幼虫，可喷 90％美曲膦酯 800～1 000 倍液或 2.5％美曲膦酯粉 2～2.5 kg/667 m^2 防治
地蛆（根蛆）	是我省多种蔬菜的重要害虫，常见的地蛆是种蝇和葱蝇的幼虫。种蝇的幼虫是杂食害虫，主要危害十字花科、瓜类、葱蒜类、豆类蔬菜；葱蝇的幼虫是寡食性害虫，只危害葱、圆葱、大蒜、韭菜等百合科蔬菜。危害白菜、萝卜的还有萝卜蝇。我省 5 月中下旬地蛆开始危害韭菜、大蒜、葱、圆葱。秋季主要危害萝卜、白菜。地蛆还是白菜软腐病的主要传播者	1.做好预测预报。当诱杀到的成虫雌、雄虫数大致相等时，应发出虫情预报，并开始打第一次药，隔 7～8 d打第二次药 2.在成虫较多时，用 90％美曲膦脂 800～1 000 倍液喷洒杀灭成虫，700～800 倍液灌根 3.施用有机肥料要充分腐熟。施用氨水对地蛆有一定防治效果
小菜蛾（小青虫、吊死鬼）	主要危害甘蓝、花椰菜、苤蓝、白菜等十字花科蔬菜。在我省以 5、6 月份这一代幼虫危害性较大。刚孵化的幼虫多半钻入心叶危害，并吐丝结网，影响全株生长。一般 1 龄幼虫将头部伸入叶片上下表皮之间，钻食叶肉；2 龄以后多在叶片背面啃食，残留叶面表皮，成为透明的斑块；较大的幼虫也可将叶吃穿成孔，寄存叶脉，还可将株嫩茎啃食，钻食吃空种子	1.清洁田园，甘蓝、苤蓝、花椰菜收获后，彻底清除枯叶残株。冬前可结合积肥铲除杂草，减少越冬虫源 2.药剂防治，由于小菜蛾与菜青虫，多混合发生，可共同防治，但应掌握在幼虫初孵化时进行。打药要注意打到心叶和叶背面；美曲膦酯和青虫菌对小菜蛾均可防治。效果较好，可结合防治菜青虫时使用，蔬菜磷对小菜蛾防效较差。
黄条跳虫甲（地蹦子）	主要危害白菜。萝卜，芥菜，也可危害瓜类和茄子。成虫取食叶片造成缺苗毁种。幼虫主要啃食根部，咬断须根，导致叶片枯黄，还能传播白菜软腐病	1.清洁田园，将残株落叶和杂草清除干净，减少越冬虫源 2.消灭成虫，喷洒 90％美曲膦酯 800～1 000 倍液，或美曲膦粉 1.5～2.5 kg/667 m^2 喷粉 3.消灭幼虫，可用 90％美曲膦酯 1 000～2 000 倍液灌根

续附表 9

虫害名称	危害症状	防治方法
二十八星瓢虫(花大姐)	主要危害土豆,茄子,也危害番茄,白菜,南瓜等。成虫和幼虫均能危害,于叶背面食叶肉,留下表皮而形成有规则的半透明的网纹。危害茄子不仅吃叶,而且啃食茄子果皮	1. 冬季或春季检查成虫越冬场所,捕杀越冬成虫 2. 作物生长期采摘卵块 3. 在第 1 代幼虫孵化盛期。幼虫分散危害前喷药。喷洒 90%美曲膦酯 600～800 倍液,或 25%亚胺硫磷乳剂 800～1 000 倍液
甘蓝夜盗	主要危害甘蓝、白菜等十字花科蔬菜,也能危害豆类蔬菜,幼虫咬食蔬菜,使叶片残缺不全,还能钻入甘蓝、白菜叶球心部,排出大量虫粪,严重时使整株菜不堪食用	1. 实行秋翻地,消灭一部分越冬蛹 2. 用糖醋液(糖酒醋水为 6∶1∶3∶10)、黑光灯诱杀 3. 在幼虫刚孵化时喷洒 90%敌百虫 800～1 000 倍液或 50%可湿性西维因粉剂 800～1 000 倍液
燕子红蜘蛛	主要危害茄子、土豆、辣椒、豆类和瓜类蔬菜。以成虫和若虫群集在植株下部叶背刺液,叶面出现黄色斑点,严重时全株变黄枯焦	1. 秋翻地和清洁田园,减少越冬虫源 2. 铲净菜田周围的杂草 3. 在点片发生阶段及时喷洒 0.1～0.2 度的石硫合剂,或 20%乐果乳剂 1 000 倍液
菜叶峰	萝卜、雪里蕻等十字花科蔬菜。以幼虫危害叶片为主,初孵化的幼虫只啃食叶肉,稍大的幼虫将叶咬穿成孔,将叶吃成网状或合成缺刻。幼虫大量发生时,可将叶片吃光仅剩叶脉,在留种株上,可食害花和嫩荚	1. 秋翻土地,消灭一部分越冬茧 2. 成虫大量发生时,可喷洒 90%敌百虫 1 000 倍液 3. 消灭幼虫,可喷洒敌敌畏 2 000～3 000 倍液;或 2.5%美曲膦酯粉剂,用量 2～2.5 kg/667 m^2
棉铃虫和烟夜蛾	在蔬菜上,主要危害辣椒、番茄,也能危害南瓜、茄子等。以幼虫钻蛀果实为主,也能危害幼嫩茎、叶和芽。幼虫食害番茄果实,一般不钻入果内,被蛀食部分常腐烂或发育不良,影响产量和品质。危害辣椒时;蛀入果内,啃食果皮、胎座,并在果内缀丝、排粪,引起果实腐烂.不堪食用。受害果腐烂后,幼虫又转食好果,一条幼虫一生能危害 3～5 个果	药剂防治:在产卵盛期至幼虫孵化盛期喷洒 90%美曲膦酯 1 000 倍液,每 7 d 喷 1 次,连喷 2～3 次;用黑光灯诱杀成虫
菠菜潜叶蝇	主要危害菠菜和甜菜,幼虫钻叶肉内取食。留下表皮,叶上出现块状虫,虫道内残留很多虫粪。大发生时虫道扩展到全叶大部分,严重降低产量和质量,以至不堪食用	在幼虫初孵化时,喷洒 50%乐果乳剂 1 500 倍液,或 90%美曲膦酯的 1 000～1 500 倍液进行防治

附表 10　竹木结构大棚的主要用材(667 m^2)(单价随市场而变)

主要用材	规格	单位	用量	备注
中柱	直径 6～7 cm,长 2.7 m 硬杂木	根	106	二排
第一排腰柱	直径 6～7 cm,长 2.5 m 硬杂木	根	106	宽度 10 m 以内的棚用二排
第二排腰柱	直径 6～7 cm,长 2.3 m 硬杂木	根	106	宽度 10～12 m 大棚用二排
边柱	直径 5～6 cm,长 2 m 硬杂木	根	106	二排
边柱支杆	直径 5～6 cm,长 2 m 硬杂木	根	106	二排
拱杆	小头直径 3～4 cm,长 3 m 木杆	根	153	长度不足应连接
纵向拉杆	直径 5～6 cm,长 5 m 木杆	根	52	纵向连接立柱
压杆	小头直径 3～4 cm,长 6 m 竹竿	根	100	长度不足应连接
铁线	12#	kg	30	拧拉杆、地锚拉线
铁线	18#	kg	5	固定拱杆用
铁钉	长 12 mm	kg	5	加固边柱用
塑料农膜	厚 0.1～0.12 mm	kg	165	

附表 11　全钢架大棚建造用材 (667 m^2)

主要材料	规格	用量(kg)
铁管	2 寸	60
圆钢	1 寸	0.6 寸
	ϕ18	200
	ϕ16	330
	ϕ14	570
	ϕ10	530
	ϕ6.5	100
角铁	36 mm×36 mm×5 mm	280
铁板	10 mm 厚	150
铁丝	8#	200
电焊条		80
水泥	400#	1 000
聚乙烯农膜	0.1 mm	120

注：上表根据四季青公社全钢架棚实际用材统计。

附表 12　土木结构温室的主要用材(667 m^2)

主要用材	规格	单位	用量	备注
脊檩	直径 15～20 cm,长 3 m	根	33	

续附表 12

主要用材	规格	单位	用量	备注
腰檩	直径 8～10 cm,长 3 m	根	33	
中柱	直径 20～25 cm,长 3.3 m	根	50	
腰柱	直径 8～10 cm,长 2.2 m	根	50	
前柱	直径 6～8 cm,长 1.2 m	根	100	
拱杆	直径 6～8 cm,长 5.5 m	根	100	
压膜线		kg	10	专用压膜线
棉被	长 7 m	条	60	
绳子	长 14 m	根	60	卷放棉被用
铁线	12#、18#	kg	10～15	
铁钉		kg	20	
秸、草		捆	200	
砖		快	6 000	立柱基础用
塑料农膜	厚 0.1～0.12 mm	kg	80	

参考文献

[1]宝聚，靳保英. 绿色豆芽和芽苗菜生产新技术. 北京:中国农业科学技术出版社,2005.

[2]陈光宇. 芦笋无公害生产技术. 北京:中国农业出版社,2005.

[3]陈杏禹. 蔬菜栽培. 北京,高等教育出版社,2005.

[4]董玉琛,刘旭总主编.朱德蔚,王德槟,李锡香主编.中国作物及其野生近缘植物蔬菜作物卷(下).北京:中国农业出版社，2008.

[5]龚攀,等.大棚春花椰菜栽培技术.西北园艺,2009,11.

[6]韩世栋，黄晓梅，徐小芳.《设施园艺》.十二五规划教材.中国农业大学出版社，2011.12.

[7]韩世栋,鞠剑峰等.蔬菜生产技术.北京:中国农业出版社,2012.

[8]韩世栋. 蔬菜生产技术.北京:中国农业出版社,2006.

[9]韩世栋. 蔬菜栽培.北京:中国农业出版社,2001.

[10]何永梅.温室茄子病虫害防治.农村科学实验,2008(2):21.

[11]胡繁荣. 蔬菜生产技术(南方本). 北京,中国农业出版社，2012.

[12]贾社安.设施茄子栽培技术.河北农业科技,2008(17):16-17.

[13]鞠剑峰.《园艺专业技能实训与考核》.国家级高职高专教材.中国农业出版社，2006.

[14]李天来. 设施蔬菜栽培学. 北京,中国农业出版社,2011.

[15]李文荣. 香椿栽培新技术. 北京:中国林业出版社,2007.

[16]李新峥,蒋燕.蔬菜栽培学. 北京:中国农业出版社，2006.

[17]刘世琦.蔬菜栽培学简明教程.北京:化学工业出版社,2007.

[18]卢育华. 蔬菜栽培学各论(北方本). 北京:中国农业出版社，2000.

[19]吕建华,朱伟玲. 芽苗菜生产新技术. 郑州:河南科学技术出版社,2001.

[20]山东农业大学.蔬菜栽培学各论(北方本).北京:中国农业出版社，1999.

[21]山东农业大学.蔬菜栽培学总论.北京:中国农业出版社,2007.

[22]汪劲武.种子植物分类学.北京:高等教育出版社,1985.

[23]王淑芬,何启伟,刘贤娴,等. 萝卜、胡萝卜、山药、牛蒡.北京:中国农业大学出版社,2011.

[24]吴志刚,宋明.观赏茄子的盆栽技术.西南园艺,2005,33(2):60-61.

[25]严芬娟,等.结球甘蓝地膜覆盖栽培技术.现代农业科技,2013.1.

[26]杨维田,刘立功.豆类蔬菜.北京:金盾出版社,2011.

[27]于广建,付胜国.《蔬菜栽培》.村村大学生计划专业教材.黑龙江人民出版社，2005.3.

[28]于广建,潘凯,黄晓梅.蔬菜栽培. 中国农业科学技术出版社，2009.3.

[29]于锡宏，黄晓梅，林尤奋. 蔬菜生产技术与实训. 中国劳动社会保障出版社，2005. 7.
[30]张和义，杨德宝，胡群波. 黄花菜扁豆栽培技术. 北京：金盾出版社，2002.
[31]张虎成. 基因操作技术. 北京：化学工业出版社，2010.
[32]浙江农业大学. 蔬菜栽培学总论. 北京：中国农业出版社，1997.
[33]中国农业科学院蔬菜研究所主编. 中国蔬菜栽培学. 北京：中国农业出版社，1993.
[34]周克强，陈先荣. 蔬菜生产技术. 北京：中国农业大学出版社，2011.
[35]周克强. 蔬菜栽培. 北京：中国农业大学出版社，2007.
[36]http://baike. baidu. com/view/298609. htm
[37]http://www. vegnet. com. cn 中国蔬菜网
[38]http://www. vegnet. com. cn 中国蔬菜网
[39]http://www. yamiaocai. com/中国芽菜网